“十二五”职业教育国家规划教材
经全国职业教育教材审定委员会审定
普通高等教育“十一五”国家级规划教材

可编程序控制器及其应用

第 2 版

主　编　王成福
副主编　叶红芳
参　编　张小杭　吴兰娟

机 械 工 业 出 版 社

本书为“十二五”职业教育国家规划教材，经全国职业教育教材审定委员会审定。本书根据国家示范院校建设项目成果，结合作者多年从事PLC工程应用实践及高等职业教育的教学经验进行编写。本书主要内容包括：交流电动机PLC控制系统设计、气动传动PLC控制系统设计、变频器与PLC控制系统设计、伺服运动PLC控制系统设计、PLC通信网络设计与调试。书中以三菱Q系列模块组合式PLC、GOT1000触摸屏、FR－A700变频器、QD75定位模块、MR－J3伺服放大器等为例，由浅入深，循序渐进地介绍了PLC的工作原理，模块组合式PLC控制系统的构成，PLC控制系统的外部接线，PLC控制程序的设计、编辑与调试方法，以突出实用性及岗位技能培养为目标，以图文方式简洁介绍相关知识并与典型案例应用实践相结合，适合在实训室开展“教、学、做”一体化教学。

本书可作为高职高专院校电气自动化、机电一体化、应用电子技术专业的教材，也可作为应用型本科、成人教育的教材，以及作为相关专业的师生和工程技术人员的参考用书。

凡选用本书作为教材的教师，均可登录机械工业出版社教育服务网www.cmpedu.com下载本教材配套电子教案，或发送电子邮件至cmpgaozhi@sina.com索取。咨询电话：010－88379375。

图书在版编目（CIP）数据

可编程序控制器及其应用/王成福主编．—2版．—北京：机械工业出版社，2017.4

“十二五”职业教育国家规划教材　经全国职业教育教材审定委员会审定　普通高等教育“十一五”国家级规划教材

ISBN 978-7-111-56339-6

Ⅰ.①可…　Ⅱ.①王…　Ⅲ.①可编程序控制器－高等职业教育－教材
Ⅳ.①TM571.6

中国版本图书馆CIP数据核字（2017）第051095号

机械工业出版社（北京市百万庄大街22号　邮政编码100037）
策划编辑：赵志鹏　责任编辑：赵志鹏　张利萍
责任校对：杜雨霏　封面设计：鞠　杨
责任印制：李　飞
北京铭成印刷有限公司印刷
2017年5月第2版第1次印刷
184mm×260mm·17.75印张·431千字
0 001—3 000册
标准书号：ISBN 978-7-111-56339-6
定价：43.00元

凡购本书，如有缺页、倒页、脱页，由本社发行部调换

电话服务
服务咨询热线：010－88379833
读者购书热线：010－88379649

网络服务
机　工　官　网：www.cmpbook.com
机　工　官　博：weibo.com/cmp1952
教育服务网：www.cmpedu.com
金　书　网：www.golden－book.com

前　言

本书为“十二五”职业教育国家规划教材，经全国职业教育教材审定委员会审定。可编程序控制器（Programmable Logic Controller，PLC）是以微处理器为核心的工业自动化控制装置，由于它具有体积小、控制功能强、可靠性高、使用灵活方便、易于扩展、兼容性强等一系列优点，现已跃居为现代工业生产自动化三大支柱（可编程序控制器、机器人、计算机辅助设计与制造）的首位。它不仅可以应用于开关量的逻辑控制领域，而且可以应用于过程控制和运动控制等领域，实现一些较复杂的数控功能。

全书共分5章，主要内容包括交流电动机PLC控制系统设计、气动传动PLC控制系统设计、变频器与PLC控制系统设计、伺服运动PLC控制系统设计、PLC通信网络设计与调试。书中以三菱Q系列模块组合式PLC、GOT1000触摸屏、FR－A700变频器、QD75定位模块、MR－J3伺服放大器等为例，由浅入深，循序渐进地介绍了PLC的工作原理，模块组合式PLC控制系统的构成，PLC控制系统的外部接线，PLC控制程序的设计、编辑与调试方法。

本书以突出实用性及岗位技能培养为目标，以图文方式简洁介绍相关知识并与典型案例应用实践相结合；在内容选取上充分考虑高职学生“形象思维较强、逻辑思维较弱”的智能特点，采取图文结合并且以图为主的方法组织相关知识，突出工程应用性；在教材结构组织上，充分考虑学生职业能力发展和遵循PLC应用技术、社会规范的要求，内容由浅入深，案例典型、全面；各章节均能从生产实际出发，将控制方案、器件选型、电路设计、外部接线、软件设计、联机调试等内容以项目的形式进行优化组合，适合在实训室开展“教、学、做”一体化教学，以便使学生掌握PLC应用的关键技术，达到举一反三的目的。

全书共分5章，第1章、第2章由王成福和叶红芳共同编写，第3章由王成福、张小杭和叶红芳共同编写，第4章由王成福编写，第5章由王成福和吴兰娟共同编写。本书由王成福任主编，叶红芳任副主编，全书由王成福统稿。本书编写过程中得到了金华职业技术学院和金华市技师学院领导和许多教师的大力支持，在编写过程中参考了大量相关文献和相关厂家的技术资料，在此一并表示感谢！

由于编者水平所限，书中难免存在疏漏之处，恳请读者批评指正。

编　者

目　　录

前言
第1章　交流电动机PLC控制系统设计 …… 1
1.1　电动机起动PLC控制 …… 1
1.1.1　可编程序控制器概述 …… 2
1.1.2　PLC的内部结构及工作原理 …… 3
1.1.3　Q系列PLC硬件的认识及应用 …… 10
1.1.4　Q系列PLC控制系统外部接线 …… 17
1.1.5　I/O地址分配 …… 20
1.1.6　Q系列PLC的编程元件 …… 23
1.1.7　软元件的使用 …… 31
1.1.8　Q系列PLC编程软件 …… 31
1.1.9　电动机起动PLC控制电路设计 …… 38
1.1.10　电动机起动PLC控制程序设计 …… 40
1.2　电动机正反转PLC控制电路设计 …… 41
1.2.1　Q系列PLC指令系统的数据类型 …… 42
1.2.2　Q系列PLC的顺控程序指令（一） …… 44
1.2.3　电动机正反转PLC控制电路设计 …… 59
1.2.4　电动机正反转PLC控制程序设计 …… 60
1.3　三相异步电动机Y－△减压起动PLC控制 …… 61
1.3.1　电动机Y－△减压起动PLC控制电路设计 …… 61
1.3.2　电动机Y－△减压起动PLC控制程序设计 …… 63
1.4　送料小车PLC控制 …… 64
1.4.1　认识限位开关与接近开关 …… 64
1.4.2　送料小车PLC控制系统设计与调试 …… 66
复习思考题 …… 68
第2章　气动传动PLC控制系统设计 …… 70
2.1　气动分拣PLC控制 …… 70
2.1.1　Q系列PLC的顺控程序指令（二） …… 71
2.1.2　气动元件与气动控制 …… 74
2.1.3　气动分拣PLC控制系统设计与调试 …… 82
2.2　气动机械手PLC控制 …… 98
2.2.1　机械手及气动控制回路设计 …… 99
2.2.2　气动机械手PLC控制电路设计 …… 101
2.2.3　气动机械手PLC控制程序设计 …… 103
复习思考题 …… 106
第3章　变频器与PLC控制系统设计 …… 107
3.1　PLC控制系统人机界面设计 …… 107
3.1.1　三菱GOT1000 HMI应用 …… 108
3.1.2　生成GOT画面 …… 111
3.2　变频器操作与应用 …… 117
3.2.1　三菱FR－A700变频器

外部接线 …………………… 119
3.2.2 三菱 FR－A700 变频器参数设置与操作………… 126
3.2.3 变频器通过面板操作运行………………… 144
3.2.4 变频器点动（JOG）运行 ……………………… 146
3.2.5 变频器多段速度运行……… 147
3.3 三层电梯变频 PLC 控制 ……… 150
3.3.1 Q 系列 PLC 的基本指令 ……………………… 151
3.3.2 三层电梯变频 PLC 控制系统设计………………… 166
复习思考题 ……………………………… 181
第 4 章 伺服运动 PLC 控制系统设计 ……………………… 182
4.1 Q 系列 PLC 的应用指令 ……… 183
4.1.1 逻辑运算指令……………… 183
4.1.2 旋转指令 ………………… 187
4.1.3 移位指令 ………………… 192
4.1.4 位处理指令………………… 194
4.1.5 数据处理指令……………… 196
4.1.6 结构化指令………………… 203
4.1.7 读取日期指令……………… 205
4.2 步进电动机的工作原理及其应用 ………………… 206
4.2.1 步进电动机的工作原理…… 206
4.2.2 步进电动机的控制应用…… 209
4.3 立体仓库 PLC 控制系统设计 ………………………… 212
4.3.1 交流伺服系统概述………… 212
4.3.2 三菱 MR－J3－A 伺服放大器应用…………………… 214
4.3.3 三菱 QD75 定位模块应用 …………………… 224
4.3.4 立体仓库 PLC 控制系统实例 ………………… 234
复习思考题 ……………………………… 246
第 5 章 PLC 通信网络设计与调试 …… 247
5.1 PLC 通信基础知识……………… 247
5.1.1 数据通信基础……………… 247
5.1.2 网络结构和通信协议……… 251
5.1.3 Q 系列 PLC 的网络系统 ……………………… 253
5.2 Q 系列 PLC 的串行通信 ……… 255
5.2.1 使用 CPU 串行口的通信 ……………………… 256
5.2.2 使用串行通信模块的通信 ………………… 258
5.2.3 串行通信功能的仿真调试 ………………… 261
5.3 PLC 现场总线网（CC－Link） ……………………… 263
5.3.1 CC－Link 通信硬件 ……… 263
5.3.2 CC－Link 通信功能 ……… 266
5.3.3 CC－Link 应用实例 ……… 270
复习思考题 ……………………………… 275
参考文献 ………………………………… 276

第 1 章　交流电动机 PLC 控制系统设计

按结构及工作原理分类，交流电动机可分同步电动机和异步电动机。交流异步电动机由于结构简单、运行可靠、维护方便、价格便宜，是所有电动机中应用最广泛的一种。根据使用电源的不同，交流异步电动机可分为三相交流异步电动机和单相交流异步电动机。一般的机床、起重机、传送带、鼓风机、水泵以及农副产品的加工等都普遍使用三相异步电动机，各种家用电器、医疗器械和许多小型机械则常使用单相异步电动机。交流电动机的控制线路包括电动机的起动、运行、调速、制动、保护等电路。交流电动机 PLC 控制系统就是用 PLC 代替原电动机的继电器、指令电器、传感器等组成的控制电路，而保持原来的主电路基本功能不变的电气控制系统，具有功能强大、使用方便、可靠性高、体积小、能耗低等特点。

学生通过完成交流电动机 PLC 控制系统的设计、安装、编程、调试等工作任务，应了解 PLC 的构成与工作原理，学习用 PLC 实现交流电动机控制的方法，掌握 PLC 控制系统的外部接线、程序编制与调试、系统联机调试等技能。

1.1　电动机起动 PLC 控制

工作任务

三相交流异步电动机手动操作起停控制电路如图 1-1 所示。QF 是空气断路器（按电动机额定电流 I_n 的 1.3～1.5 倍选择），FU1 是主电路熔断器（熔体按电动机额定电流的 1.5～2.5 倍选择），KM 是交流接触器（按电动机额定电流 I_n 的 1.3～2 倍选择），FR 是热继电器

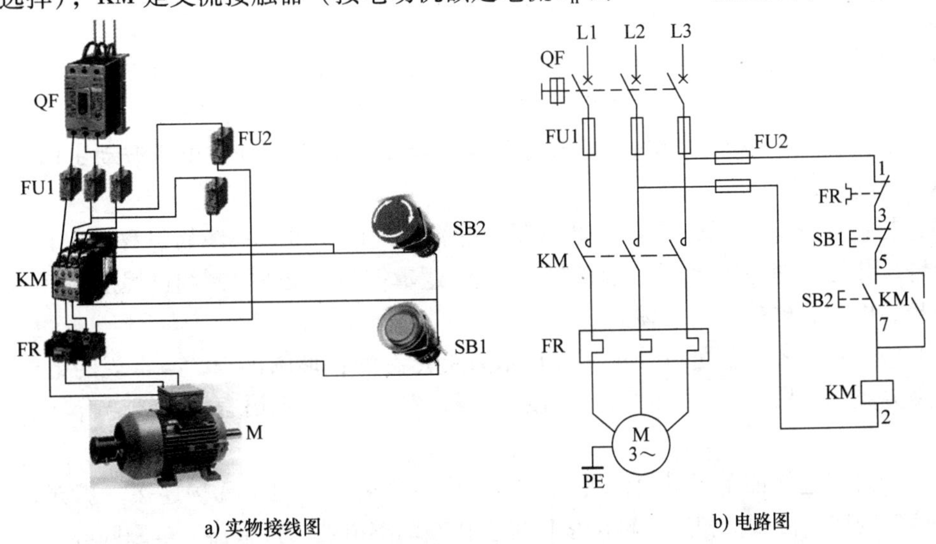

a) 实物接线图　　b) 电路图

图 1-1　三相交流异步电动机手动操作起停控制电路

（按电动机额定电流 I_n 的1.1～1.5倍选择，整定值应等于电动机额定电流）；FU2是控制电路熔断器（选择3～5A），SB1是停止按钮（红色），SB2是起动按钮（绿色）。

1）请你完成交流电动机起动PLC控制系统的电动机驱动电路设计与接线工作。

2）请你完成交流电动机起动PLC控制系统的PLC控制电路设计与接线工作。

3）请你完成交流电动机起动PLC控制系统的PLC控制程序设计与调试工作。

4）请你完成交流电动机起动PLC控制系统的联机调试工作。

相关知识

1.1.1 可编程序控制器概述

1. PLC的定义

可编程序控制器（Programmable Controller），简称PLC，是一种集计算机技术、自动控制技术和通信技术于一体的新型自动控制装置。国际电工委员会（IEC）于1987年对PLC所做的定义为："PLC是一种数字运算操作的电子系统，专为工业环境下应用而设计。它采用可编程序的存储器，用来在其内部存储执行逻辑运算、顺序控制、定时、计数和算术运算等操作的指令，并通过数字式、模拟式的输入和输出，控制各种机械或生产过程。可编程序控制器及其有关外部设备，都按易于与工业控制系统联成一个整体、易于扩充其功能的原则设计。"从这个定义可以看出，PLC是一种软硬件紧密结合、并用程序来改变控制功能的工业控制计算机，除了能完成各种控制功能外，还具有与其他计算机通信联网的功能。

2. PLC的工作特点

随着微处理器、计算机和数字通信技术的飞速发展，计算机控制已经应用到了几乎所有工业领域。同时，现代社会要求制造业对市场需求做出迅速反应，生产出小批量、多品种、多规格、低成本和高质量的产品，这对生产设备和生产线控制系统均提出了极高可靠性和灵活性的要求，而PLC正是为了顺应这一要求研发的通用工业控制装置。PLC的主要特点有以下几方面。

（1）适合工业现场的恶劣环境。该特点具体表现在PLC抗干扰能力强、可靠性高、对环境适应能力强。PLC的硬件、电源设计均有抗干扰措施，平均故障间隔时间（MTBF）超过2万h，整个控制系统的故障常见于外部接触器等；环境方面允许电压波动±15%、温度0～60℃、湿度15%～95%。

（2）控制功能强。PLC具有逻辑判断、计数、定时、步进、跳转、移位、四则运算、数据传送、数据处理等功能，可实现顺序控制、逻辑控制、位置控制和过程控制等。它集三电（电控、电仪、电传）于一体。

（3）编程方法易学。可以采用工程技术人员熟悉的梯形图编程，与常规的继电接触器控制电路类似，容易掌握。同时，还可以用流程图、布尔逻辑语言、高级语言（如C）等编程。

（4）与外设连接简单。采用模块化结构，接口种类多，便于现场连接、扩充，输入接口可直接与按钮、传感器相连，输出接口可直接驱动继电器、接触器、电磁阀等。

（5）维护方便　控制程序变化方便，具有很好的柔性，设计、安装、调试和维修工作量少。

3. PLC 的应用领域

随着微电子技术的快速发展，PLC 的制造成本不断下降，而功能却大大增强，应用领域已覆盖了所有工业企业。其应用范围大致可归纳为以下几种。

（1）开关量的逻辑控制。这是 PLC 最基本、最广泛的应用领域，它取代传统的继电器控制系统，实现逻辑控制、顺序控制，可用于单机控制、多机群控、自动化生产线的控制等。例如注塑机、印刷机械、订书机械、切纸机械、组合机床、石料加工生产线的控制等。

（2）位置控制。大多数 PLC 制造商目前都能提供驱动步进电动机或伺服电动机的单轴或多轴位置控制模块。这一功能可广泛用于各种机械，如金属切削机床、金属成形机床、装配机械、机器人、电梯控制等。

（3）过程控制。PLC 可以对温度、压力、流量等连续变化的模拟量进行闭环控制。PLC 通过模拟量 I/O 模块，实现模拟量与数字量之间的 A－D、D－A 转换，并对模拟量进行 PID 闭环控制。PID 闭环控制功能可用 PID 子程序来实现，也可用智能 PID 模块来实现。

（4）数据处理。现代的 PLC 具有数学运算（包括矩阵运算、函数运算、逻辑运算等）、数据传送、转换、排序和查表、位操作等功能，可以完成数据的采集、分析和处理。

（5）通信联网。PLC 的通信包括 PLC 之间、PLC 与上位机、PLC 与其他智能设备之间的通信。PLC 可以与其他智能控制设备相连组成网络，构建“集中管理、分散控制”的分布式控制系统，以满足工厂自动化系统的发展需要。

1.1.2 PLC 的内部结构及工作原理

PLC 主机主要由中央处理单元（CPU）、存储器（RAM、ROM）、输入/输出单元（I/O 接口）、I/O 扩展接口、通信接口、电源等组成。根据结构形式的不同，PLC 可分为整体式和模块组合式两类。

1. 整体式 PLC 的组成

整体式 PLC 由输入单元、电源、中央处理单元（CPU）、输出单元、通信接口、存储器、I/O 扩展接口等组成。其中，CPU 是核心，输入单元与输出单元是连接现场输入/输出设备与 CPU 之间的接口电路，通信接口用于连接编程器、上位计算机等外设，如图 1-2 所示。

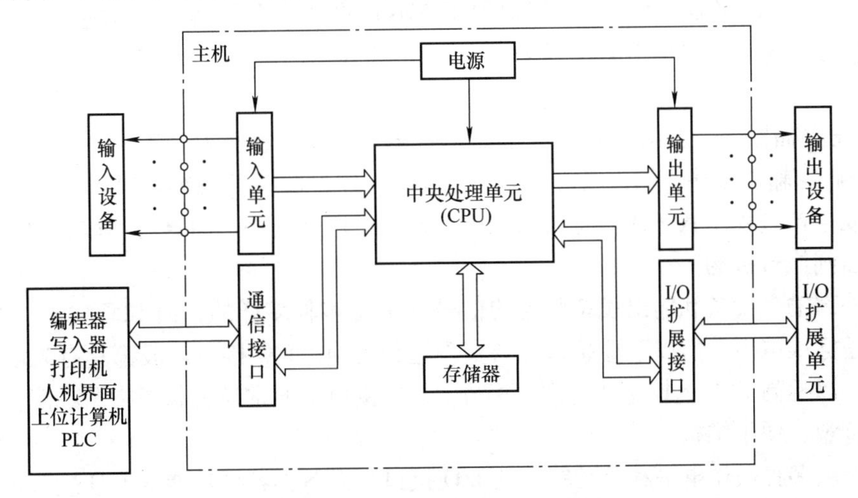

图 1-2　整体式 PLC 组成示意图

2. 模块组合式 PLC 的组成

模块组合式 PLC 是由基板、电源模块、CPU 模块、网络模块、I/O 模块、智能（特殊）功能模块等组成的，如图 1-3 所示。

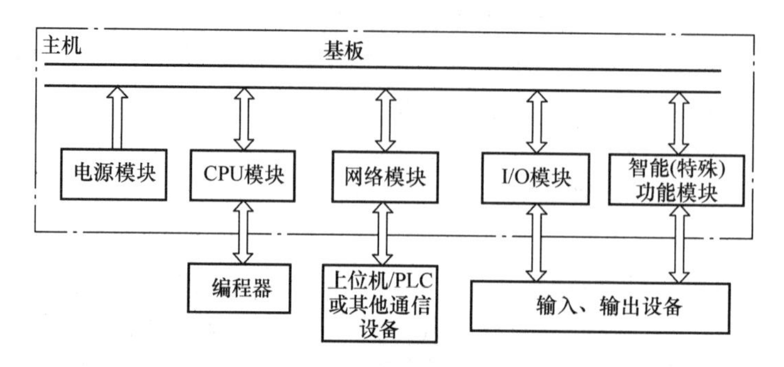

图 1-3　模块组合式 PLC 组成示意图

3. PLC 各组成模块介绍

（1）中央处理单元（CPU）。CPU 的作用是按照预先编好的系统程序完成各种控制任务。具体来说有以下几点。

1）接收、存储由编程器输入的用户程序和数据，并可通过显示器显示出程序的内容和存储地址。

2）检查、校验用户程序。

3）接收、调用现场信息。

4）执行用户程序。

5）诊断电源、PLC 内部电路的工作故障和编程中的语法错误等。

（2）存储器。PLC 的存储器分为以下三种。

1）系统程序存储器，用于存储监控程序，为只读存储器（ROM）。

2）用户程序存储器，用于存放用户程序。不同的 PLC 存储器类型可能不同。有的 PLC 采用锂电池或大电容后备的 RAM；有些 PLC 采用快闪存储器（Flash Memory）；有些 PLC 采用 EPROM。

3）数据存储器，一般选用 RAM，通常有锂电池或大电容作为后备。

（3）输入/输出模块。输入/输出模块是 PLC 与外设联系的桥梁。PLC 通过输入模块把工业设备或生产过程的状态或信息读入主机，再通过用户程序的运算与操作，把结果通过输出模块输出到执行机构。

由于外部输入设备和输出设备所需的信号电平是多种多样的，而 PLC 内部 CPU 处理的信息只能是标准电平，所以 I/O 接口需要实现这种转换。I/O 接口一般都具有光电隔离和滤波的功能，以提高 PLC 的抗干扰能力。另外，I/O 接口上通常还有状态指示功能，这样工作状况显示直观，便于维护。

PLC 提供多种操作电平和驱动能力的 I/O 接口，有各种各样功能的 I/O 接口可供用户选用。输入/输出模块一般包括：数字量（开关量）输入模块、数字量输出模块、模拟量输入模块和模拟量输出模块。

1）按照输入电源类型的不同，常用的开关量输入模块可分为开关量直流输入模块和开关量交流输入模块。

① 开关量直流输入模块内部电路如图 1-4 所示。点画线框内为直流输入模块的内部电路。点画线框左边部分为 PLC 一个输入点的外部接线，接直流电源 +24V。其工作原理是：当 S 闭合时，LED 点亮，对应的输入寄存器状态置 1；当 S 断开时，LED 不亮，对应输入寄存器状态置 0。

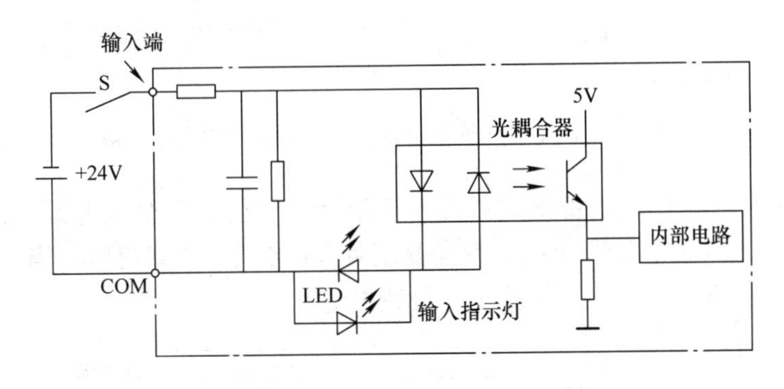

图 1-4　开关量直流输入模块内部电路

② 开关量交流输入模块内部电路如图 1-5 所示。其工作原理和直流输入模块类似。外接交流电压的数值应参阅随机使用手册的要求来确定。另外，PLC 的输入电路有共点式（整个输入单元只有一个公共端 COM）、分组式（几个输入端组成一组，每组共用一个 COM）、隔离式（每个输入点都有一个独立的 COM）。

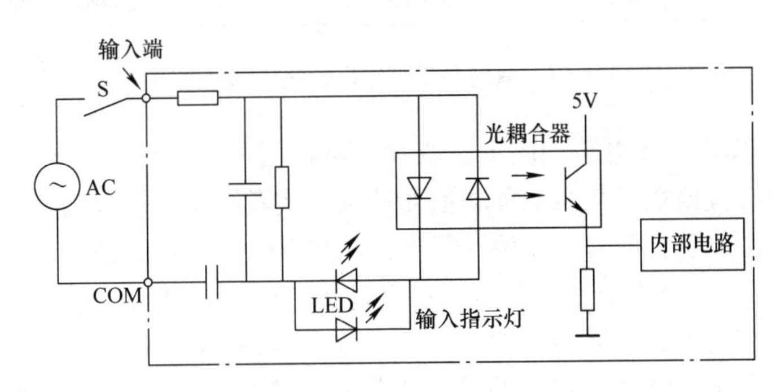

图 1-5　开关量交流输入模块内部电路

2）按输出电路所用开关器件的不同，PLC 的开关量输出模块可分为晶体管输出模块、晶闸管输出模块和继电器输出模块。

① 晶体管输出模块有汇流型（NPN）和源流型（PNP）两种，这两种输出模块的外加直流电压极性不同。图 1-6 给出了汇流型晶体管输出模块的外部接线和内部电路。当内部输出锁存器为状态 1 时，LED 点亮，晶体管 VT 饱和导通，负载得电；当内部输出锁存器为状态 0 时，LED 熄灭，晶体管 VT 截止，负载失电。如果是感性负载（如接触器），则必须与负载并联续流二极管（图中虚线所示），以提供能量释放通路。晶体管输出模块主要用于输出脉冲信号。

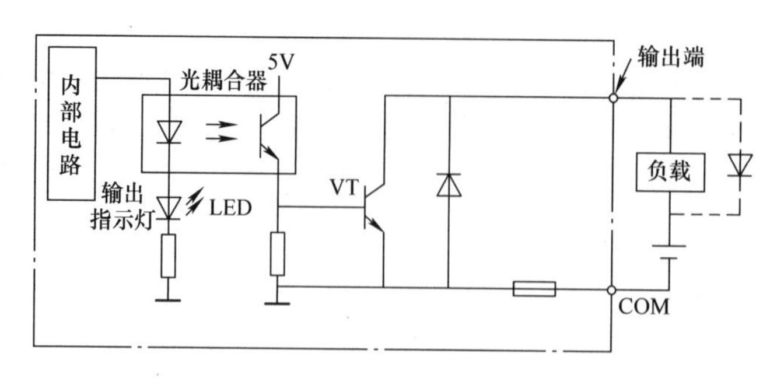

图 1-6　汇流型晶体管输出模块的外部接线和内部电路

② 双向晶闸管输出模块内部电路如图 1-7 所示，只能使用交流电源。其工作原理为：当输出锁存器状态为 1 时，LED 点亮，双向晶闸管 VT 导通，负载得电；当输出锁存器状态为 0 时，LED 熄灭，双向晶闸管 VT 截止，负载失电。

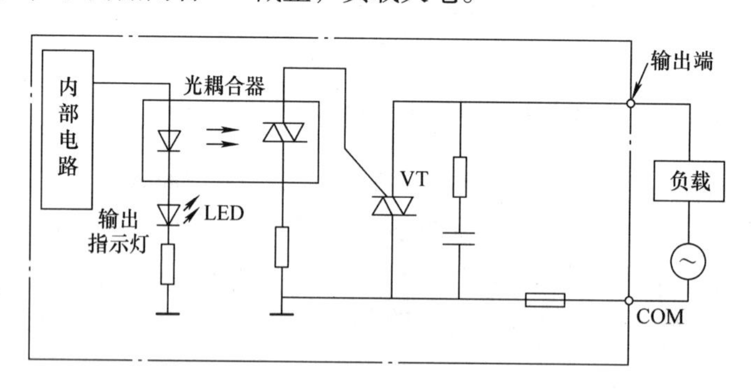

图 1-7　双向晶闸管输出模块内部电路

③ 继电器输出模块内部电路如图 1-8 所示，可根据负载需要，选择直流电源或交流电源。对于感性负载，应该在负载两端并联浪涌抑制器或者续流二极管。其工作原理为：当输出锁存器状态为 1 时，继电器的常开触点闭合，负载得电，LED 点亮；当输出锁存器状态为 0 时，继电器的常开触点断开，负载失电，LED 熄灭。继电器触点的电气寿命一般为 10～30 万次，因此，需要在输出点频繁通断的场合，应选用晶体管（直流负载）或晶闸管（交流负载）输出型（模块）的 PLC。PLC 的输出模块有共点式、分组式、隔离式的区别，应参阅随机使用手册选用。

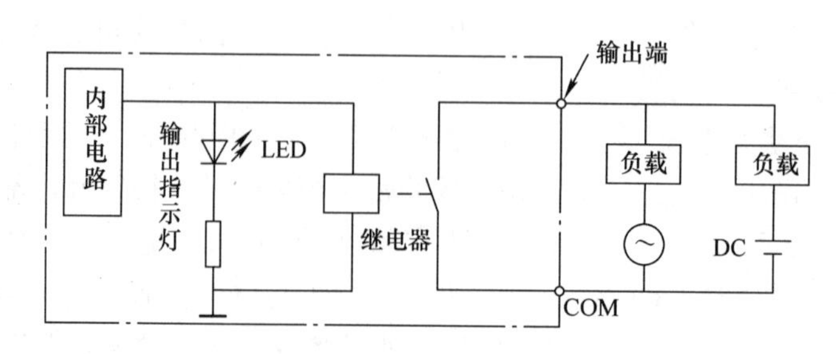

图 1-8　继电器输出模块内部电路

（4）电源模块。电源模块将外部输入的交流电压或直流电压转换成 PLC 内部所需要的直流电压。对于交流输入的电源模块，一般输入电压为 AC 100 ~ 240V、50/60Hz；对于直流输入的电源模块，一般输入电压为 DC 24V。有些电源模块（如 Q62P 型电源模块）还能向外部电路提供 DC 24V 电源，请参阅随机手册。

（5）网络模块。网络模块是 PLC 和其他网络设备相连的接口，主要包括以太网模块、控制网络模块和现场网络模块。

（6）智能（特殊）功能模块。为适应较复杂的控制工作需要，PLC 具有独立 CPU 和专门处理能力的工作模块，如 A - D 模块、D - A 模块、PID 控制模块、温度控制模块、脉冲输出模块、位置控制模块等。

（7）编程器。编程器是 PLC 重要的外部设备，是人机对话的窗口，它可将用户程序输入到 PLC 的存储器内，还可用于检查程序、修改程序以及监视 PLC 的工作状态。

4. PLC 的编程语言

PLC 是一种工业控制计算机，其正常运行离不开软件支持。PLC 的软件包括系统软件和应用（用户）软件两大部分。其中，系统软件负责 PLC 的运行管理、系统自检等工作，由制造公司在用户使用 PLC 之前就已经装入机内，并且永久保存，在各种控制工作中也不需要做什么更改。而应用软件（用户）软件是用户根据具体的控制要求，采用专用的编程语言编制的程序。IEC 自 1992 年以来颁布了 PLC 国际标准（IEC1131）的各个部分，在 IEC1131-3 中规定了 PLC 的 5 种编程语言，即梯形图（Ladder Diagram）、语句表（Instruction List）、功能块图（Function Block Diagram）、顺序功能图（Sequential Function Chart）和结构文本（Structured Text）编程语言。

（1）梯形图（LAD）编程语言。梯形图编程语言是一种以图形符号及图形符号在图中的相互关系来表示控制关系的图形编程语言。梯形图与继电器控制系统的电路图很相似，不同公司生产的 PLC 的梯形图稍微有点区别，只要熟悉继电器控制电路，就能比较容易学会梯形图编程语言。在编制梯形图时，可以将 PLC 的元件看成和继电器一样，即具有常开、常闭触点和线圈，且线圈的得电、失电将导致触点的相应动作；再用母线代替电源线，用能量流来代替继电器电路中的电流概念；用绘制继电器电路图类似的思路来绘制梯形图。不过，需要说明的是，PLC 中的继电器不是实际物理元件，而只是计算机存储器中的一个位，它的所谓接通不过是相应存储单元置 1 而已。PLC 中的继电器与物理继电器的区别如下。

1）物理继电器在控制电路中使用时，必须通过硬接线来连接。PLC 中的继电器是“软继电器”，具有物理继电器的特点（通电线圈、常开触点、常闭触点），但实际上是内部存储器的一个位，互相之间的连接通过编程来实现。

2）PLC 的继电器有无数个常开、常闭触点供用户使用，而物理继电器的触点数是有限的。

3）PLC 的输入继电器是由外部信号驱动的，而物理继电器的状态是由通过它的线圈电流确定的。

（2）语句表（STL）编程语言。语句表编程语言是一种类似于计算机的汇编语言，用助记符来表示各种指令的功能。不同厂家的 PLC，其助记符一般不同。语句表编程语言不如梯形图编程语言形象、直观，但具有编写方便、快捷的特点。在某些手持式编程器输入用户程序时，必须把梯形图程序转换成语句表编写的程序才能输入。当用户程序较长时，也常用语句表编程语言编写。

（3）功能块图（FBD）编程语言。功能块图编程语言是一种通过由逻辑功能符号组成的功能块来表达命令的图形语言，这种编程语言基本上沿用了半导体逻辑电路的逻辑方块图，有数字电路基础的人员很容易掌握。

（4）顺序功能图（SFC）编程语言。顺序功能图编程语言是一种顺序控制系统描述语言，它按照工艺流程图的记述方法来表现控制过程的执行顺序和处理内容。不少PLC的新产品可以采用顺序功能图编写程序，原来十几页的梯形图程序，改用SFC编程只需一页即可表述。SFC编程语言既直观，又方便，非常适合从事工艺设计的工程技术人员使用，也是一种效果显著、深受欢迎、前途光明的编程语言，例如，三菱公司Q系列PLC就可以用SFC编程语言编程。

（5）结构文本（ST）编程语言。结构文本编程语言是一种用结构化的描述语句来描述程序的程序设计语言。它是一种类似于高级语言的程序设计语言，在大、中型PLC中得到应用。大多数制造厂商采用的结构文本编程语言与BASIC语言、PASCAL语言或C语言等高级语言相类似，但为了应用方便，在语句的表达方法及语句的种类等方面都进行了简化。

5. PLC的工作原理

（1）PLC的工作方式。PLC虽然与微型计算机（包括单片机）有许多相同之处，但它的工作方式却与微型计算机有很大的不同。微型计算机一般采用执行用户程序指令的方式工作，而PLC采用循环扫描的工作方式。即从用户程序的第一条指令开始执行，在无中断或跳转的情况下，顺序扫描到结束符后自动返回第一条指令再次执行，如此周而复始地不断循环。这种循环扫描的工作方式，对于PLC分别处于停止（STOP）和运行（RUN）两种状态下，其扫描过程所要完成的任务将不同，如图1-9所示。

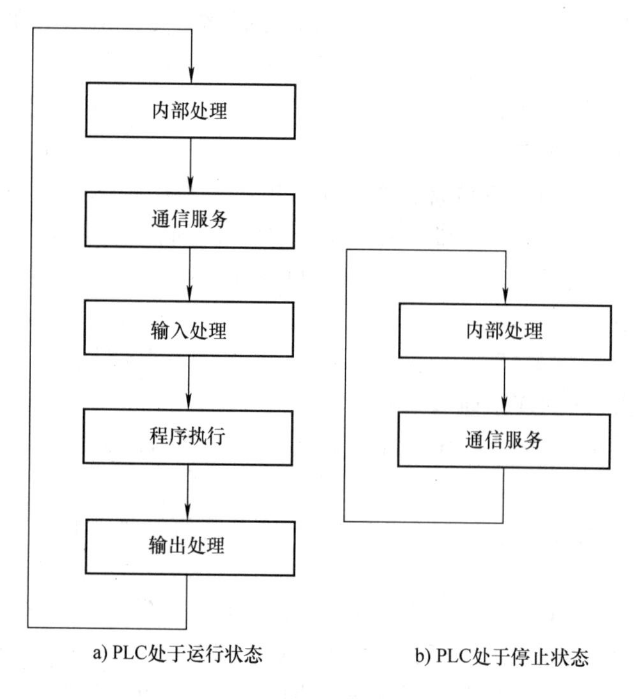

图1-9　PLC扫描工作过程

当通过方式开关选择停止状态时，PLC 只进行内部处理和通信服务操作，一般用于程序的编制与修改。当通过方式开关选择运行状态时，PLC 将进行内部处理、通信服务、输入处理、程序执行、输出处理 5 个阶段的循环扫描工作。

1）在内部处理阶段，PLC 检查 CPU 模块的硬件是否正常，复位监视定时器，以及完成一些其他内部工作。

2）在通信服务阶段，PLC 与一些智能模块通信，响应编程器键入的命令，更新编程器的显示内容等；当 PLC 处于停止状态时，只进行内部处理和通信服务操作等内容。

3）在输入处理阶段，读取所有输入端子的通断状态，并将读入的信息存入对应的输入映像寄存器。

4）在程序执行阶段，PLC 按先左后右，先上而下的步序，逐句扫描，执行程序。但遇到程序跳转指令，则根据跳转条件是否满足来决定程序的跳转地址。若用户程序涉及输入输出状态时，PLC 从输入映像寄存器中读出上一阶段采入的对应输入端子状态（指令执行时刻的输入端子状态变化不被采入），从元件映像寄存器读出对应映像寄存器的当前状态，根据用户程序进行逻辑运算，最后将运算结果存入有关器件的寄存器中。

5）在输出处理阶段，PLC 将所有输出映像寄存器的状态信息传送到相应的输出锁存器中，再经输出电路隔离和功率放大后传送到 PLC 的输出端向外界输出控制信号。

（2）PLC 控制的执行过程。执行过程指从输入设备采集信号，经过程序执行处理，再从输出端子输出控制信号的过程，如图 1-10 所示。

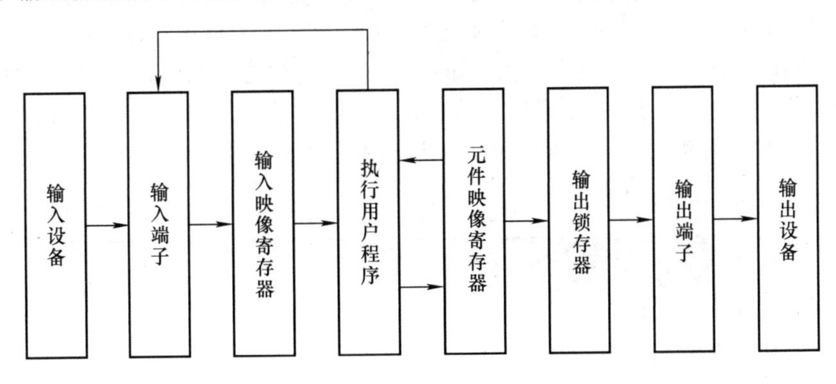

图 1-10　PLC 控制信号执行过程

其主要控制过程如下。

1）在本次程序执行前的输入处理阶段，CPU 从输入端子读出输入设备所对应的各个输入点的状态信息，并写入输入映像寄存器中。

2）在本次用户程序执行阶段，CPU 读取输入映像寄存器在输入处理阶段的采样值（而非当前值）和元件映像寄存器的当前状态信息，并根据这些状态数据执行用户程序，将执行结果写入元件映像寄存器中。

3）在本次用户程序执行后的输出处理阶段，CPU 将输出继电器所对应的元件映像寄存器的状态信息写入输出锁存器，再经过输出端子输出控制信号给输出设备。

（3）PLC 的 I/O 滞后时间。输入/输出（I/O）滞后时间又称系统响应时间，是指 PLC 输入信号发生变化的时刻至它控制有关外部输出信息发生变化的时刻之间的时间间隔，它由输入电路滤波时间、输出电路的滞后时间和因扫描工作方式产生的滞后时间3部分组成。

1）输入模块的 *RC* 滤波电路用来消除由输入端引入的干扰噪声，消除因外接输入触点动作时产生的抖动引起的不良影响，滤波电路的时间常数决定了滤波时间的长短，其典型值为10ms。

2）输出模块的滞后时间与模块类型有关，继电器型输出模块的滞后时间一般在10ms左右；双向晶闸管型输出模块在负载通电时的滞后时间约为1ms，负载由通电到断电的最大滞后时间约为10ms；晶体管型输出模块的滞后时间一般在1ms以下。

3）由扫描工作方式引起的滞后时间最长可达2~3个扫描周期。而扫描周期主要由用户程序决定，一般为1~100ms。

PLC总的响应时间一般只有几十毫秒，最多上百毫秒，因此在慢速系统中使用普通控制指令是没有问题的，但在要求快速响应的控制系统中就需要采用中断指令和高速处理指令。

1.1.3 Q系列PLC硬件的认识及应用

1. Q系列PLC概述

Q系列PLC是三菱公司由A系列PLC基础上发展而来的中、大型PLC产品，其产品性能主要向着性能高、体积小的方向发展。Q系列PLC采用模块化的结构形式，系列产品的规模与组成可以根据要求进行灵活的变动，最大输入/输出点数达到4096点；最大的程序存储器容量为252K步，采用扩展存储器后可以达到32MB；基本指令的处理周期为34ns；适合各种中等复杂机械、自动生产线的控制场合，其性能指标处于世界领先地位。

Q系列PLC的基本组成包括基板、电源模块、CPU模块、输入模块、输出模块等，如图1-11所示。三菱公司生产有多种基板、电源模块、CPU模块、I/O模块供用户选择，用户可以根据控制系统的设计需要，对各个模块以不同的方式进行组合。同时还可以通过扩展基板和I/O模块来增加I/O点数；通过扩展存储卡的方式增加程序存储器容量；通过各种特殊功能模块可提高PLC的性能，扩大PLC的应用范围；通过配置不同网络层次的通信模块实现网络化。

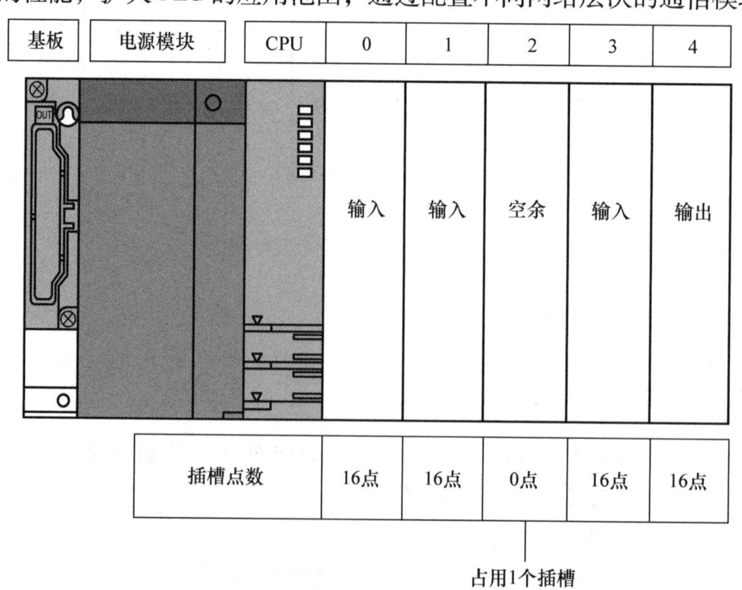

图1-11　Q系列PLC的基本组成示意图

Q系列PLC产品特点如下。

1）节省空间：其体积仅相当于以前ANS系列PLC的60%。

2）节省配线：优越的模块插口设置可节省配线时间和空间。

3）安装灵活：有多种主基板和扩展基板供选择。

4）强大的网络功能：相比以前产品更为支持 CC - LINK，在软件 GX - Developer 设置下，可以方便地使用 CC - LINK 模块，缩短编程时间，并且支持 MODBUS、Profibus、DeviceNet、ASi、以太网等。

5）高性能模块：提供多种特殊功能模块，功能更为强大，并且有相关设置软件，编程及调试更加方便。

2. Q 系列 PLC 的组成

（1）基板。基板是用于安装 CPU 模块、电源模块、I/O 模块、智能功能模块的基座，基板上布置有模块间相互连接、传送 PLC 内部信号的控制总线。只要是模块式 PLC，就必须配置基板，以便安装各种模块。

1）基板的分类。Q 系列 PLC 的基板大体可分为主基板与扩展基板两类，前者可用于安装 CPU 模块与其他模块，后者只能用于安装扩展模块，不可以安装 CPU 模块。扩展基板又可分为需要和不需要电源模块两类。

2）主基板。Q 系列 PLC 的主基板型号包括：可以安装 CPU 模块（Q00JCPU 除外）、Q 系列电源模块、Q 系列 I/O 模块以及智能功能模块的 Q33B、Q35B、Q38B、Q312B 型主基板；可以安装基本模式 QCPU（Q00JCPU 除外）、高性能模式 QCPU、超薄型电源模块、Q 系列 I/O 模块、智能功能模块的 Q32SB、Q33SB、Q35SB 超薄型主基板；可以安装 CPU 模块（Q00JCPU 除外）、冗余电源模块、Q 系列 I/O 模块、智能功能模块的 Q38RB 型电源冗余系统用主基板；可以安装 CPU 模块（Q00JCPU 除外）、Q 系列电源模块、Q 系列 I/O 模块、智能功能模块的 Q38DB、Q312DB 型多 CPU 高速主基板。主基板可以安装的模块数是指基板实际可以安装的 I/O 模块数，而不包括电源与 CPU 模块的安装位置，例如 Q33B 型主基板的结构如图 1-12 所示，除了安装电源模块和 CPU 模块外，还可以安装 3 个 I/O 模块。

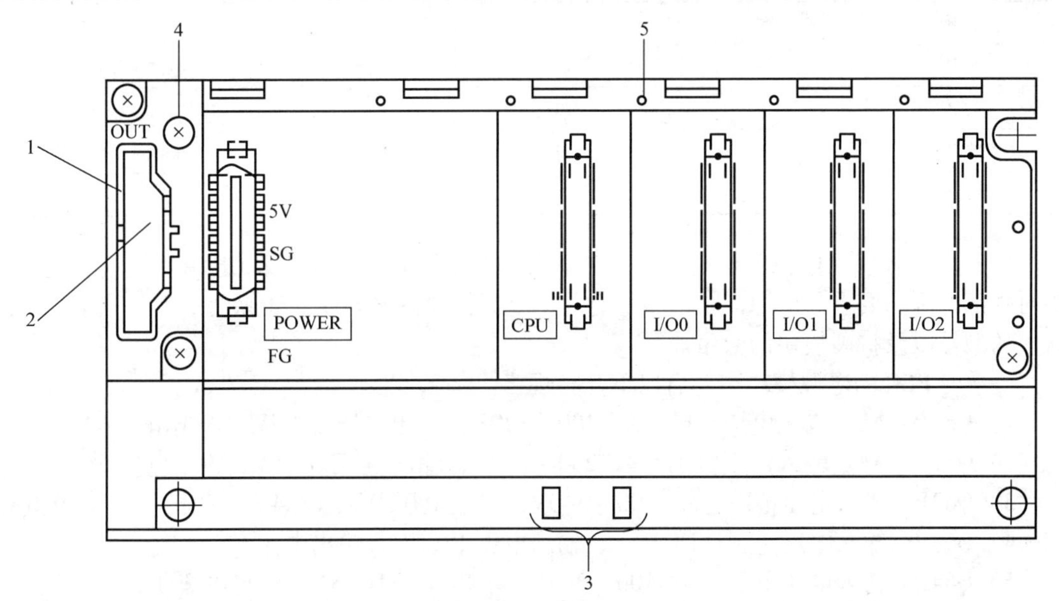

图 1-12　Q33B 型主基板结构示意图

1—扩展电缆连接器　2—基板盖板　3—DIN 导轨适配器安装孔　4—基板安装孔　5—模块固定螺栓孔

Q00JCPU 是集电源模块、主基板为一体的 CPU 模块，所以不需要主基板（Q3□B）和 Q 系列电源模块。Q 系列 PLC 主基板和超薄型主基板规格见表 1-1。

表 1-1　Q 系列 PLC 主基板与超薄型主基板规格

类型	型号	主要参数			
		可安装的模块数	5V 电源消耗/mA	扩展性能	安装模块的类型
主基板	Q33B	3	105	可扩展	电源 + CPU + 3 个模块
	Q35B	5	110	可扩展	电源 + CPU + 5 个模块
	Q38B	8	114	可扩展	电源 + CPU + 8 个模块
	Q312B	12	121	可扩展	电源 + CPU + 12 个模块
超薄型主基板	Q32SB	2	80	不可扩展	Q61SP + CPU + 2 个模块
	Q33SB	3	85	不可扩展	Q61SP + CPU + 3 个模块
	Q35SB	5	100	不可扩展	Q61SP + CPU + 5 个模块

3）扩展基板。扩展基板用于安装 PLC 的扩展模块，用以增加系统的 I/O 点数。Q 系列 PLC 的扩展基板可以分为“需要电源模块”与“不需要电源模块”两类。不需要电源模块的扩展基板有 Q52B、Q55B 型扩展基板，可以安装 Q 系列 I/O 模块、智能功能模块；需要电源模块的扩展基板有 Q63B、Q65B、Q68B、Q612B 型扩展基板，可以安装 Q 系列电源模块、Q 系列 I/O 模块、智能功能模块。Q 系列 PLC 扩展基板规格见表 1-2。

表 1-2　Q 系列 PLC 扩展基板规格

扩展基板型号	主要参数			
	可安装的模块数	5V 电源消耗/mA	扩展性能	安装模块的类型
Q52B	2	80	可扩展	2 个模块
Q55B	5	100		5 个模块
Q63B	3	105		电源 +3 个模块
Q65B	5	121		电源 +5 个模块
Q68B	8	80		电源 +8 个模块
Q612B	12	85		电源 +12 个模块

（2）电源模块。电源模块是为安装在基板上各个模块提供 DC 5V 电源的模块。电源模块对外部电源的要求与电源模块的型号有关，电源模块的选择决定于系统的 I/O 点数、扩展基板的型号以及扩展模块的数量。

Q 系列 PLC 的电源模块主要有以下几种规格。

1）Q61P – A1。输入电压范围：AC 100 ~ 120V，输出电压 DC 5V，输出电流 6A。

2）Q61P – A2。输入电压范围：AC 200 ~ 240V，输出电压 DC 5V，输出电流 6A。

3）Q62P。输入电压范围：AC 100 ~ 240V，输出电压 DC 5V/24V，输出电流 3A/0.6A。

4）Q63P。输入电压范围：DC 24V，输出电压 DC 5V，输出电流 6A。

5）Q64P。输入电压范围：AC 100 ~ 240V，输出电压 DC 5V，输出电流 8.5A。

6）Q64PN。输入电压范围：AC 100 ~ 240V，输出电压 DC 5V，输出电流 5A。

7）Q61SP。输入电压范围：AC 100 ~ 240V，输出电压 DC 5V，输出电流 2A，超薄型电源。

电源模块的结构如图 1-13 所示。其中，1—电源指示灯：当电源指示灯（POWER）亮（绿）表示工作正常，当电源指示灯熄灭，表示断电或电源模块故障；2—输出 DC 24V 电源（只有 Q62P 电源有此功能）：可以向外部提供 DC 24V 电源（端子为 +24V、24G 为电源地线）；3—端子盖板：保护端子排；4—$\overline{\text{ERR}}$端子：当整个系统正常运行时为 ON，当未输入电源、发生 CPU 模块停止型出错（包括复位）、熔丝熔断时，端子变为 OFF；5—FG 端子（抗干扰接地）：连接在印制电路板上屏蔽部分的接地端子（屏蔽地）：6—LG 端子（保护接地）：电源滤波器的接地（AC 输入时，具有输入电压的 1/2 电位点，需要接地）；7—电源输入端子：用于连接输入电源；8—端子螺栓：M3.5×7 螺栓，用于固定端子排；9—模块固定螺钉孔：用于将模块固定到基板上的螺栓孔（M3×12 螺栓，紧固扭矩范围 0.36～0.48N·m）；10—模块安装杆：将模块安装到基板上时使用。

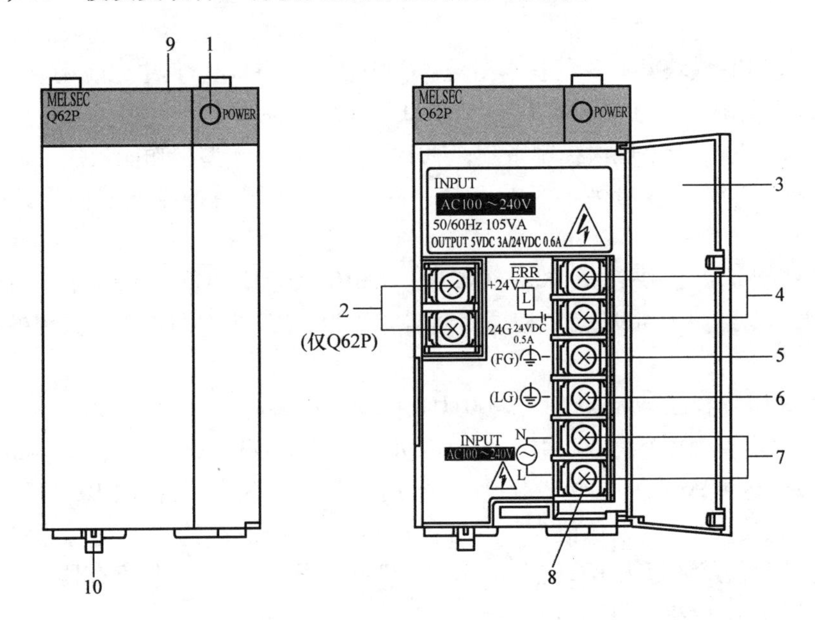

图 1-13　电源模块的结构

1—电源指示灯　2—DC 24V 电源　3—端子盖板　4—$\overline{\text{ERR}}$端子　5—FG 端子　6—LG 端子
7—电源输入端子　8—端子螺栓　9—模块固定螺钉孔　10—模块安装杆

电源模块选择的基本要求是：由电源模块供电的基板、CPU 模块、各 I/O 模块、智能功能模块、特殊功能模块以及外围设备的合计总消耗电流决定。

选择主基板电源模块时，主要考虑以下因素。

1）CPU 模块的 5V 电源消耗电流。

2）主基板上安装的扩展模块、功能模块的 5V 电源消耗电流。

3）Q52B、Q55B 扩展基板的 5V 电源消耗电流。

4）Q52B、Q55B 扩展基板上安装的扩展模块、功能模块的 5V 电源消耗电流。

应特别注意，由于 Q52B、Q55B 扩展基板不能安装电源模块，因此在计算主基板电源容量时，务必考虑 Q52B、Q55B 扩展基板以及 Q52B、Q55B 扩展基板上安装的扩展模块、功能模块的电源消耗电流。

选择扩展基板电源模块时，主要考虑以下因素。

1）扩展基板本身的5V电源消耗电流。

2）扩展基板上安装的扩展模块、功能模块的5V电源消耗电流。

3）各种控制模块的消耗电流，应根据不同的模块进行计算，具体参见各模块的规格表。

此外，在使用Q52B、Q55B扩展基板时，进行PLC安装、连接还应注意如下两点。

1）为了减少5V压降，Q52B、Q55B扩展基板与主基板间的连接电缆应尽可能短。

2）电源消耗大的I/O模块、功能模块尽可能安置在主基板上。

（3）CPU模块。根据功能的不同，CPU可分为顺序型、过程型、冗余型和运动控制型模块四大系列。其中顺序型CPU模块属于常用控制系列产品，它又可分为基本型CPU、高性能CPU和通用型CPU模块；而过程型、冗余型和运动控制型是应用于特殊控制场合的CPU模块。

1）基本型CPU模块共有3种基本型号：Q00J、Q00、Q01。其中，Q00J型为结构紧凑、功能精简型，集电源模块与主基板为一体的CPU模块，最大I/O点数为256点，程序存储器容量为8K步，适用于小规模控制系统；Q01型CPU在基本型中功能最强，最大I/O点数为1024点，程序存储器容量为14K步，是一种为中、小规模控制系统而设计的常用PLC产品。

2）高性能型CPU模块包括Q02、Q02H、Q06H、Q12H、Q25H等品种，Q25H型的功能最强，最大I/O点数为4096点，程序存储器容量为252K步，适用于中大规模控制系统的要求。

3）通用型CPU模块包括Q00UJ、Q01U、Q02U、Q03U、Q04U、Q06U等品种，I/O点数为256～4096点，程序容量为14K～1000K步。其中，Q03UDCPU，程序容量为30K步，输入输出点数可达4096点（X/Y0～FFF），定时器默认值为2048点（T0～T2047）（可变更），累计定时器［ST］的默认值为0点（低速累计定时器/高速累计定时器的共享）（可变更），普通计数器默认值为1024点（C0～C1023）（可变更），数据寄存器［D］的默认值为12288点（D0～D12287）（可变更）。

4）过程型CPU模块包括Q12H、Q25PH两种，用于小型DCS的控制。过程型CPU模块具有强大的过程控制指令，支持I/O模块热插拔功能，可以使用专用的过程控制软件PX Developer，通过专用编程语言（FBD）进行编程；同时过程控制CPU有52种控制算法，有PID调节功能，可实现PID自动计量、测试，对回路进行高速PID运算与控制，通过自动调谐还可以实现控制对象参数的自动调整，适合于各类过程控制的需要。

5）冗余型CPU模块包括Q12PRH、Q25PRH两种，适用于对控制系统可靠性要求极高、需要24h运行的场合下使用。在冗余系统中，备用系统始终处于待机状态，只要工作控制系统发生故障，备用系统就可以立即投入工作，成为工作控制系统，以保证控制系统的连续运行。

6）运动控制型CPU模块包括Q172、Q173两种，它主要用于处理复杂的伺服控制，并且可以收集伺服数据、设定参数、监控伺服的运行状态等。通过三菱的专用运动控制网络SSCNET，可以进行高速度、高精度的定位。运动控制型CPU模块具备多种运动控制编程语言，使用运动控制软件平台（MT）进行编程、调试、监控。系统可以实现点定位、回原点、直线插补，圆弧插补、螺旋线插补，还可进行速度、位置的同步控制。位置控制的最小周期达0.88ms，具有S形加速、高速振动控制等功能。

以Q系列CPU为例，介绍CPU的主要类型与主要性能，见表1-3。

表1-3　CPU的主要类型与主要性能

CPU类型	CPU模块型号	I/O点数	程序容量
基本型CPU	Q00JCPU	256点（X/Y0～FF）	8K步
	Q00CPU	1024点（X/Y0～3FF）	8K步
	Q01CPU		14K步
高性能型CPU	Q02CPU、Q02HCPU	4096点（X/Y0～FFF）	28K步
	Q06HCPU		60K步
	Q12HCPU		124K步
	Q25HCPU		252K步
过程型CPU	Q02PHCPU	4096点（X/Y0～FFF）	28K步
	Q06PHCPU		60K步
	Q12PHCPU		124K步
	Q25PHCPU		252K步
冗余型CPU	Q12PRHCPU	4096点（X/Y0～FFF）	124K步
	Q25PRHCPU		252K步
通用型CPU	Q00UJCPU	256点（X/Y0～FF）	10K步
	Q00UCPU	1024点（X/Y0～3FF）	10K步
	Q01UCPU		15K步
	Q02UCPU	2048点（X/Y0～7FF）	20K步
	Q03UDCPU、Q03UDECPU	4096点（X/Y0～FFF）	30K步
	Q04UDHCPU、Q04UDEHCPU		40K步
	Q06UDHCPU、Q06UDEHCPU		60K步
	Q10UDHCPU、Q10UDEHCPU		100K步
	Q13UDHCPU、Q13UDEHCPU		130K步
	Q20UDHCPU、Q20UDEHCPU		200K步
	Q26UDHCPU、Q26UDEHCPU		260K步
	Q50UDEHCPU		500K步
	Q100UDEHCPU		1000K步

（4）I/O模块　Q系列PLC的I/O模块是可以配用高功能、高性能Q系列CPU模块的输入输出模块。Q系列CPU模块不带固定I/O点，因此需要根据实际控制对I/O点数、规格的

要求，选择安装合适的I/O模块，Q系列PLC的I/O模块类型及主要性能见表1-4。

表1-4　Q系列PLC的I/O模块类型及主要性能

I/O类型	I/O模块型号	I/O点数	备　注
DC输入模块	QX40	输入16点	DC 24V公共端接电源正极输入（普通输入）
	QX40 - S1	输入16点	DC 24V公共端接电源正极输入（高速输入）
	QX41	输入32点	DC 24V正公共端输入（普通输入）
	QX41 - S1	输入32点	DC 24V正公共端输入（高速输入）
	QX42	输入64点	DC 24V正公共端输入（普通输入）
	QX42 - S1	输入32点	DC 24V正公共端输入（高速输入）
	QX70	输入16点	DC 5/12V正公共端/负公共端共用输入
	QX71	输入32点	DC 5/12V正公共端/负公共端共用输入
	QX72	输入64点	DC 5/12V正公共端/负公共端共用输入
	QX80	输入16点	DC 24V负公共端（公共端接电源负极）输入
	QX81	输入32点	DC 24V负公共端输入
AC输入模块	QX10 AC	输入16点	AC 100～120V
	QX28 AC	输入8点	AC 100～240V
输出模块	QY10	输出16点	AC 240V/DC 24V2A，触点输出（公共端）
	QY18A	输出8点	AC 240V/DC 24V2A，触点输出模块（所有点独立）
	QY22	输出16点	晶闸管输出模块（公共端）
	QY40P	输出16点	晶体管输出模块（公共端/漏型）
	QY41P	输出32点	晶体管输出模块（公共端/漏型）
	QY42P	输出64点	晶体管输出模块（公共端/漏型）
输出模块	QY50	输出16点	晶体管输出模块（公共端/漏型）
	QY68A	输出8点	晶体管输出模块（所有点独立漏型/源型）
	QY70	输出16点	晶体管输出模块（公共端/漏型）
	QY71	输出32点	晶体管输出模块（公共端/漏型）
	QY80	输出16点	晶体管输出模块（公共端/漏型）
	QY81P	输出32点	晶体管输出模块（公共端/漏型）
输入输出混合模块	QH42P	输入32点、输出32点	DC 24V正公共端输入、晶体管输出（公共端/漏型）
	QX48Y57	输入8点、输出7点	DC 24V正公共端输入、晶体管输出（公共端/漏型）
远程输入模块	AJ65SBT1 - 16D	输入16点	DC 24V正公共端（漏型）/负公共端（源型）、共用输入、1线型、响应时间1.5ms、端子排型
远程输出模块	AJ65SBTB2N - 16R	输出16点	继电器输出（DC 24V/AC 240V）、2线型、端子排型

（5）特殊功能模块　CPU的特殊模块可以直接安装在PLC的基板上，也可以与PLC基本

单元的扩展接口进行连接，用以构成 PLC 系统的整体。特殊功能模块根据不同的用途，分成 A－D和 D－A 转换类、温度测量与控制类、脉冲计数与位置控制类、网络通信类四大类。

A－D 转换功能模块的作用是将来自过程控制的传感器输入信号，如电压、电流等连续变化的物理量（模拟量）直接转换为一定位数的数字量信号，以供 PLC 进行运算与处理。其型号主要有 Q64AD－GH、Q62AD－DGH、Q64AD、Q68ADV、Q68ADJ。

D－A 转换功能模块的作用是将 PLC 内部的数字量信号转换成电压、电流等连续变化的物理量（模拟量）输出。它可以用于变频器、伺服驱动器等控制装置的速度、位置控制输入，也可以用来作为外部仪表的显示。其型号主要有 Q62DA－FG、Q64DA、Q68DAV、Q68DAI。

温度测量与控制类功能模块主要包括温度测量与温度控制两类。根据测量输入点数、测量精度、检测元器件类型等的不同，有多种规格可以选择。温度控制模块有 Q64TCTT、Q64TCTTBW、Q64TCRT、Q64TCRTBW；温度测量模块有 Q64TDV－GH、Q64TD、Q64ED－G、Q64RD。

脉冲计数与位置控制类功能模块包括脉冲计数、位置控制两类。脉冲计数功能模块用于速度、位置等控制系统的转速、位置测量，对来自编码器、计数开关等的输入脉冲信号进行计数，主要的模块型号有 QD62、QD62D、QD62E。位置控制功能模块可以实现自动定位控制功能，Q 系列的定位模块主要有 QD75P1、QD75P2、QD75P4、QD75D1、QD75D2、QD75D4，是与步进电动机或伺服放大器组合来执行机械位置控制或速度控制的模块。其中，QD75D2 是 2 轴差动驱动的定位模块，QD75D4 是 4 轴差动驱动的定位模块，可以实现最高 1Mpps 的高速指令、最大 10m 距离的高速高精度控制。

1.1.4 Q 系列 PLC 控制系统外部接线

1. Q 系列 PLC 的结构

下面以基本型 Q00J 型 PLC 为例介绍 Q 系列 PLC 的结构介绍。Q00J 型 PLC 是集 CPU 模块、电源模块和主基板（5 插槽）于一体的 CPU 模块，如图 1-14 所示。Q00JCPU 最多可安装 2 级扩展基板，最大可安装 16 块输入/输出模块（包括智能功能模块），主基板和扩展基板能控制的最大 I/O 点数为 256 点。

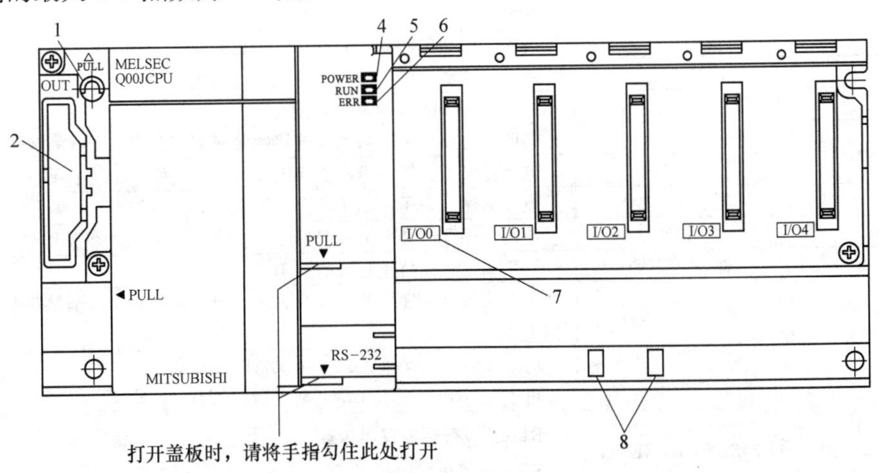

图 1-14 Q00J 型 PLC 主基板安装结构示意图

图 1-15 是 Q00JCPU 外部结构示意图。图 1-14 与图 1-15 中有关端子功能说明见表 1-5。

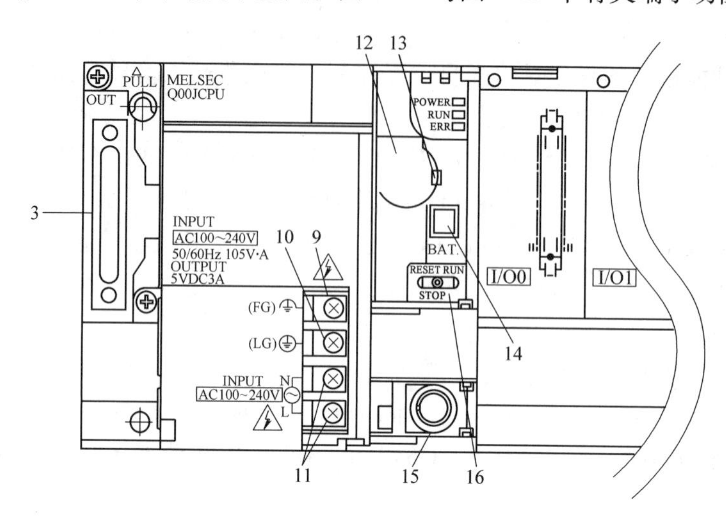

图 1-15　Q00JCPU 外部结构示意图

表 1-5　Q00J 型 CPU 外部端子功能说明

端子	名称	用途
1	基板安装孔	用于将模块安装在控制盘等面板上
2	盖板	用于扩展电缆连接器的保护盖。进行扩展时，请移开此盖
3	扩展电缆连接器	通过连接器连接扩展电缆
4	“POWER” LED	DC 5V 的电源指示用 LED。当 DC 5V 正常输出时，该绿灯亮
5	“RUN” LED	指示 CPU 模块的运行状态： 亮灯：说明 RUN/STOP/RESET 开关设定到“RUN”，处于运行状态 熄灯：说明 RUN/STOP/RESET 开关设定到“STOP”，处于停止状态 在检测出会导致工作停止的故障时，该灯也熄灭 灯闪：当处于 STOP 状态，进行参数/程序写入时会闪烁；或者将 RUN/STOP/RESET 开关从“STOP”→“RUN”时也会闪烁
6	“ERR.” LED	亮灯：说明检测到不会导致工作停止的自诊断故障 熄灯：说明工作正常 闪烁：说明检测到会导致工作停止的故障
7	模块连接器	用于安装输入输出模块、智能功能模块的连接器
8	DIN 导轨适配器安装孔	用于安装 DIN 导轨适配器的孔
9	FG 端子	与印制电路板上屏蔽部分连接的接地端子，为抗干扰的屏蔽接地
10	LG 端子	电源滤波器接地，带有输入电压 1/2 的电位点。属于保护接地
11	电源输入端子	电源的输入端子，用于连接 AC 100～240V 的交流电源
12	电池	使用程序存储器、标准 RAM，停电保持功能时的备份用电池
13	电池固定钩	用于固定电池防止其脱落的钩子
14	电池连接器针	用于连接电池导线的接头（为防止电池消耗，出厂前已将导线从连接器上卸下）
15	RS－232 连接器	用于通过 RS－232 连接外围设备的连接器 可以通过 RS－232 连接电缆（QC30R2）连接
16	RUN/STOP/RESET 开关	RUN：执行顺控程序运算 STOP：停止顺控程序运算 RESET：执行硬件复位、发生运算异常时的复位和运算初始化

对于 Q 系列 PLC，如果要使用两个及以上扩展基板时，则必须对扩展基板上的扩展级数设置连接器进行扩展级数的设置。扩展级数的设置方法是，先将基板上 IN 侧盖板的上下螺栓松开，从扩展基板上取下基板盖板，然后，在扩展电缆连接器的 IN 侧和 OUT 侧之间的连接器上插入连接器针完成扩展级数设置。例如，对于 Q00J 型 CPU，用 Q68B 型 8 槽扩展基板和 Q65B 型 5 槽扩展基板进行 2 级扩展连接，可以按照图 1-16 的方法进行连接，同时对扩展级数（扩展 1 级、扩展 2 级）进行设置。在连接扩展基板的过程中，要注意以下几点。

1）扩展电缆的总延长距离控制在 13.2m 以内。

2）扩展电缆不能和主电路高电压、大电流的电线捆扎在一起，也不要靠近。

3）扩展级数的设置采用升序，避免同一编号的重复使用。

4）需要增加扩展时，应根据扩展基板的需要，决定是否选用相应的电源模块。

5）扩展基板上可以安装的 I/O 模块数量（或特殊模块的数量）受到最大 I/O 点数（256 点）与最大允许安装的 I/O 模块数（16 个）两方面的限制。当超过 256 点时，扩展基板的空余插槽上不可以再安装 I/O 模块；同样，安装模块达到最大允许安装的数量 16 个后，即使 I/O 点未满 256 点，也不能再增加 I/O 模块。

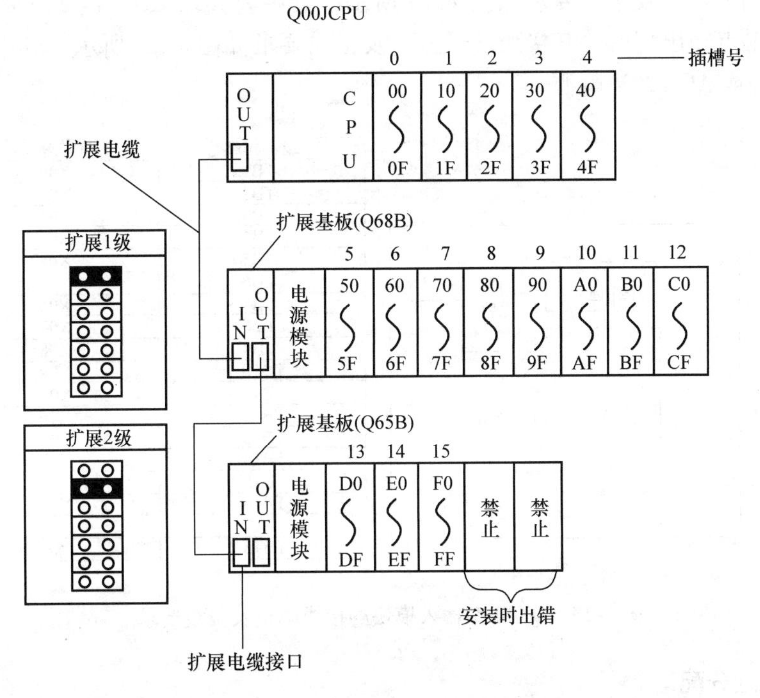

图 1-16　Q00J 型 CPU 连接两个扩展基板示意图

2. Q 系列 PLC 的接线

以基本型 Q00J 型 CPU 为例来说明 Q 系列 PLC 的接线要求。Q00J 型 CPU 和 QX40 型输入模块、QY10 型输出模块构成的 PLC，其接线端子分布如图 1-17 所示。其中，Q00JCPU 的 1 脚（L、N）接 AC 220V 的交流电源，2 脚（LG）为保护接地，3 脚（FG）为抗干扰接地，接地电阻小于 100Ω。QX40 型输入模块是 DC 24V 正公共端（公共端接电源正极）输入

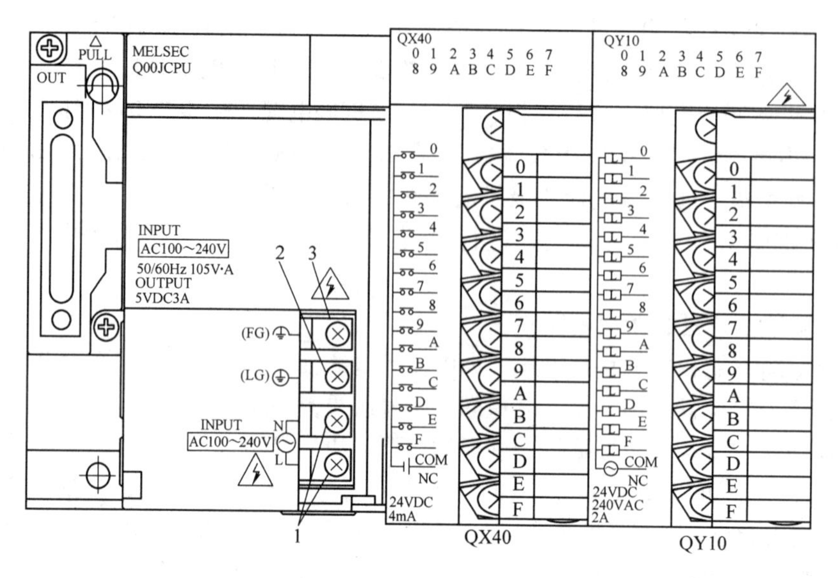

图 1-17　Q00J 型 PLC 接线端子分布图

型的，其接线端子分布及接线要求如图 1-18 所示，其中公共端 COM 接 24V 的正极。QY10 型输出模块是触点输出型的，其接线端子分布及接线要求如图 1-19 所示，其中公共端 COM 接 DC 24V 电源或 AC 220V 电源。

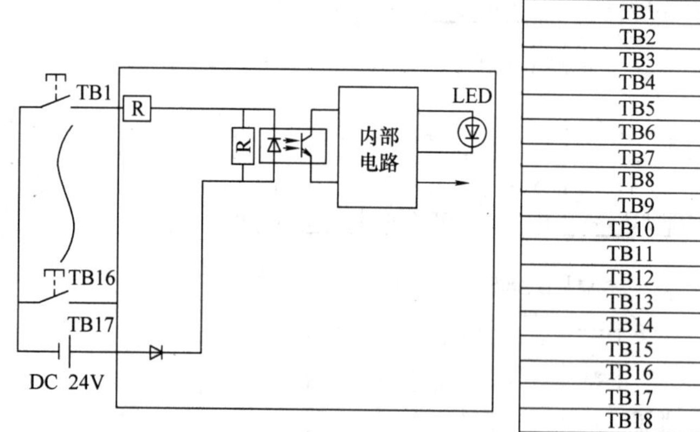

端子排编号	信号名称
TB1	X00
TB2	X01
TB3	X02
TB4	X03
TB5	X04
TB6	X05
TB7	X06
TB8	X07
TB9	X08
TB10	X09
TB11	X0A
TB12	X0B
TB13	X0C
TB14	X0D
TB15	X0E
TB16	X0F
TB17	COM
TB18	空

图 1-18　QX40 型输入模块的接线端子及接线要求

1.1.5　I/O 地址分配

1. I/O 地址分配原则

I/O 地址分配是 CPU 模块对 I/O 模块、智能功能模块进行数据收发所需要的 I/O 地址号的分配。I/O 地址号表示在顺控程序中，CPU 模块接收 ON/OFF 数据以及从 CPU 模块向外部输出 ON/OFF 数据时所使用的地址。I/O 地址号采用十六进制数表示，且为连续编号。对于输入模块的编址，在十六进制数之前加上 X；对于输出模块的编址，在十六进制数之前加上 Y。对于智能功能模块，只需十六进制数的编址。

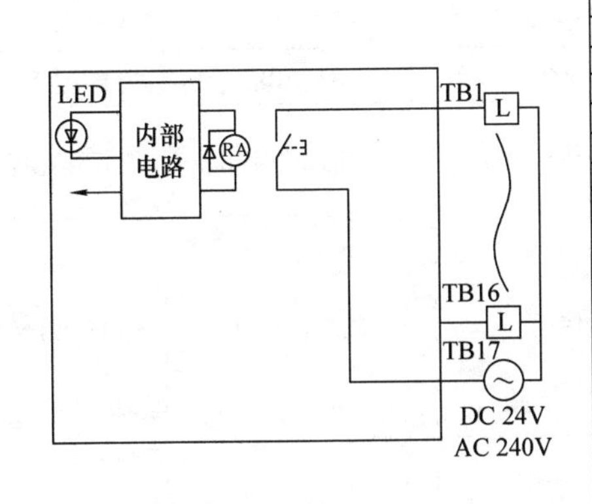

端子排编号	信号名称
TB1	Y00
TB2	Y01
TB3	Y02
TB4	Y03
TB5	Y04
TB6	Y05
TB7	Y06
TB8	Y07
TB9	Y08
TB10	Y09
TB11	Y0A
TB12	Y0B
TB13	Y0C
TB14	Y0D
TB15	Y0E
TB16	Y0F
TB17	COM
TB18	空

图 1-19　QY10 型输出模块的接线端子及接线要求

2. CPU 可以使用的基板与插槽数

Q 系列 PLC 的基板可分为主基板和扩展基板两类，主基板可用于安装 CPU 模块、电源模块、输入输出模块和智能功能模块，扩展基板只能用于安装电源模块、输入输出模块和智能功能模块。不同类型的 CPU 可以使用的主基板、可连接的扩展基板级数以及可以使用的最大插槽数是不同的，详见表 1-6。例如，Q00JCPU 最多只能使用 2 级扩展，最大为 16 个插槽。对于模块的安装，要在可以使用的最大插槽数的范围内进行。

表 1-6　QCPU 模块可使用的主基板、最大扩展基板级数和插槽数

CPU 模块	主基板	最大扩展级数	最大插槽数
Q00JCPU、Q00UJCPU	不需要（采用集电源和主基板于一体的 CPU 模块）	2	16
Q00CPU、Q01CPU	Q3□B、Q3□SB、Q38RB、Q3□DB	4	24
Q02CPU、Q02HCPU、Q06HCPU Q12HCPU、Q25HCPU	Q3□B、Q3□SB、Q38RB、Q3□DB	7	64
Q12PHCPU、Q25PHCPU	Q3□B、Q38RB、Q3□DB	7	64
Q12PRHCPU、Q25PRHCPU	Q3□B、Q38RB、Q3□DB	7	63
Q02UCPU	Q3□B、Q3□SB、Q38RB、Q3□DB	4	36
Q03UDCPU、Q04UDCPU、Q06UDCPU	Q3□B、Q3□SB、Q38RB、Q3□DB	7	64

使用扩展基板进行模块扩展时，要通过扩展基板上的连接器来设定扩展级的顺序（顺序为扩展 1 级、扩展 2 级、……），把与主基板连接的扩展基板设为扩展 1 级，与扩展 1 级相连的为扩展 2 级，与扩展 2 级相连的为扩展 3 级等。在扩展级数设定时要注意以下事项。

1）扩展级数要连续设定。

2）在多个扩展基板中，如果设定了相同的扩展级数，则导致不能正常使用。

3）级数设定的连接器插针，如果插入两个以上的地方或者没有一个位置插入，则该扩展基板不能使用。

扩展基板必须和主基板组合才能使用，不同的主基板所能组合使用的扩展基板不同，详见表 1-7 的说明。

表 1-7　主基板和扩展基板的组合使用情况

主基板	与主基板组合的扩展基板			
	Q52B、B55B	Q63B、Q65B、Q68B、Q612B	Q68RB	Q65WRB
Q00JCPU	能组合使用	能组合使用	不能组合使用	不能组合使用
Q00UCPU				
Q33B	能组合使用	能组合使用	能组合使用	能组合使用
Q35B				
Q38B				
Q312B				
Q32SB	不能组合使用	不能组合使用	不能组合使用	不能组合使用
Q33SB				
Q35SB				
Q38RB	能组合使用	不能组合使用	能组合使用	能组合使用
Q35DB	能组合使用	能组合使用	不能组合使用	不能组合使用
Q38DB				
Q312DB				

3. 基板插槽号的分配模式

CPU 模块的主基板、超薄型主基板、扩展基板上的插槽号的分配有自动模式和详细模式两种。实际使用时选用哪一种模式，可以在基板插槽号的基本模式设定中进行设定，可以选择自动模式或详细模式。在选择自动模式时，基板上各插槽号是根据基板上可以安装的模块数来进行分配的。在选择详细模式时，在 PLC 参数的 I/O 分配中对基板上各插槽号进行设置。

4. 主基板 I/O 地址分配

CPU 模块在电源接通或者复位解除时，进行 I/O 地址号（插槽号）的分配。当基板插槽号的分配模式为自动模式时，主基板/超薄型主基板的 I/O 地址号是从 CPU 模块的右面第一个插槽开始，按照十六进制数从左到右的顺序以连号方式分配地址，如 00H、20H、……、90H。

Q00JCPU 包括 CPU 模块、带电源的 5 槽主基板，不需要另外再选用 Q3 系列主基板与 Q 系列电源模块，对于 I/O 点数不超过 256 点的 PLC 控制系统，只需选择必要的 I/O 模块就能满足控制要求。对于除 Q00JCPU 之外的主基板或者超薄型主基板，安装了电源模块、CPU 模块、3 个 16 点的输入模块和 2 个 16 点的输出模块所构成 80 点的 PLC 控制系统，其 I/O 地址号分配情况如图 1-20 所示。第一个输入模块的地址为 X000 ~ X00F，第二个输入模块的地址为 X010 ~ X01F，第三个输入模块的地址为 X020 ~ X02F；第一个输出模块的地址为 Y030 ~ X03F，第二个输出模块的地址为 Y040 ~ X04F。

5. 带扩展基板的 I/O 地址分配

如果 PLC 控制系统带有扩展基板，则扩展基板在主基板 I/O 地址号的下一个号开始分配 I/O 地址号。基板的各个插槽占用着 I/O 模块、智能功能模块所拥有的 I/O 点数的地址

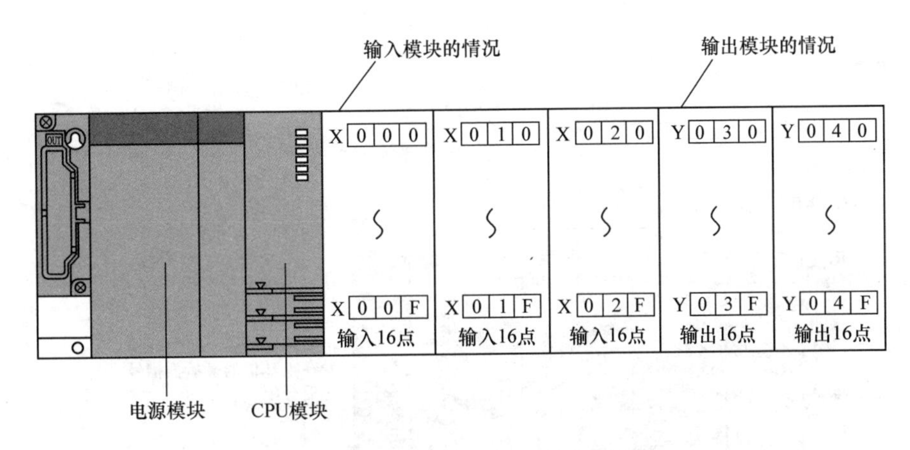

图 1-20　主基板的 I/O 地址分配

号，空的插槽将被分配为固定的点数（默认值为 16 点）。Q35B 型主基板带 Q65B 型扩展基板和 Q68B 型扩展基板的 I/O 地址分配如图 1-21 所示。扩展级数的设置方法是，先将 IN 侧基板盖板的上下螺栓松开，从扩展基板上取下基板盖板，然后，在扩展电缆连接器的 IN 侧和 OUT 侧之间的连接器上插入连接器针完成扩展级数设置。在所设置的扩展 1 级中，地址 90 ~ AF、B0 ~ CF、D0 ~ EF 是用来安装 32 点的智能功能模块。不同的智能功能模块所占用的 I/O 点数会有不同，请通过查阅智能功能模块手册确认所占用的 I/O 点数后，再进行 I/O 地址号的分配。

6. 带远程站的 I/O 地址分配

图 1-22 是带远程站的 I/O 地址分配。在主站 CPU 模块的右边第 0 槽安装了 MELSEC-NET/H 模块，它占用 32 点 I/O 地址（00 ~ 1F），第 1 槽安装了 CC – Link 模块，它也占用 32 点 I/O 地址（20 ~ 3F），第 2 槽输入模块地址为 X40 ~ 5F，第 3 槽输入模块地址为 X60 ~ 7F，第 4 槽输入模块地址为 X80 ~ 9F。在远程站中，CPU 侧的 I/O 模块和智能功能模块使用 X/Y000 ~ 3FF（共 1024 点）的地址号，还将预留将来扩展使用 X/Y400 ~ 4FF（共 256 点）的地址号，所以远程站只能使用其后面的地址号，即从 X/Y500 开始往后分配地址号。

1.1.6　Q 系列 PLC 的编程元件

Q 系列 PLC 的编程元件是按照用途使用的内部用户软元件。内部用户软元件预先设定了使用的最大点数（默认值）。通过 PLC 参数的软元件设定可以变更使用的最大点数。一个软元件以 16 点为单位进行设定，最大点数为 32K 点。根据所使用的 QCPU 不同，程序上可使用的内部用户软元件范围也不同，详见表 1-8。

1. 输入继电器（X）

当输入继电器与 PLC 输入端相连时，可以把外部的按钮、切换开关、限位开关、传感器等产生的开关信号送到 CPU 模块。安装在基板上的输入模块所对应的输入继电器，必须由外部信号来驱动，不能由程序驱动；但它提供无数对常开触点和常闭触点，在程序中可以自由使用。对那些没有和 PLC 输入端相连的输入继电器，也可作内部继电器使用。

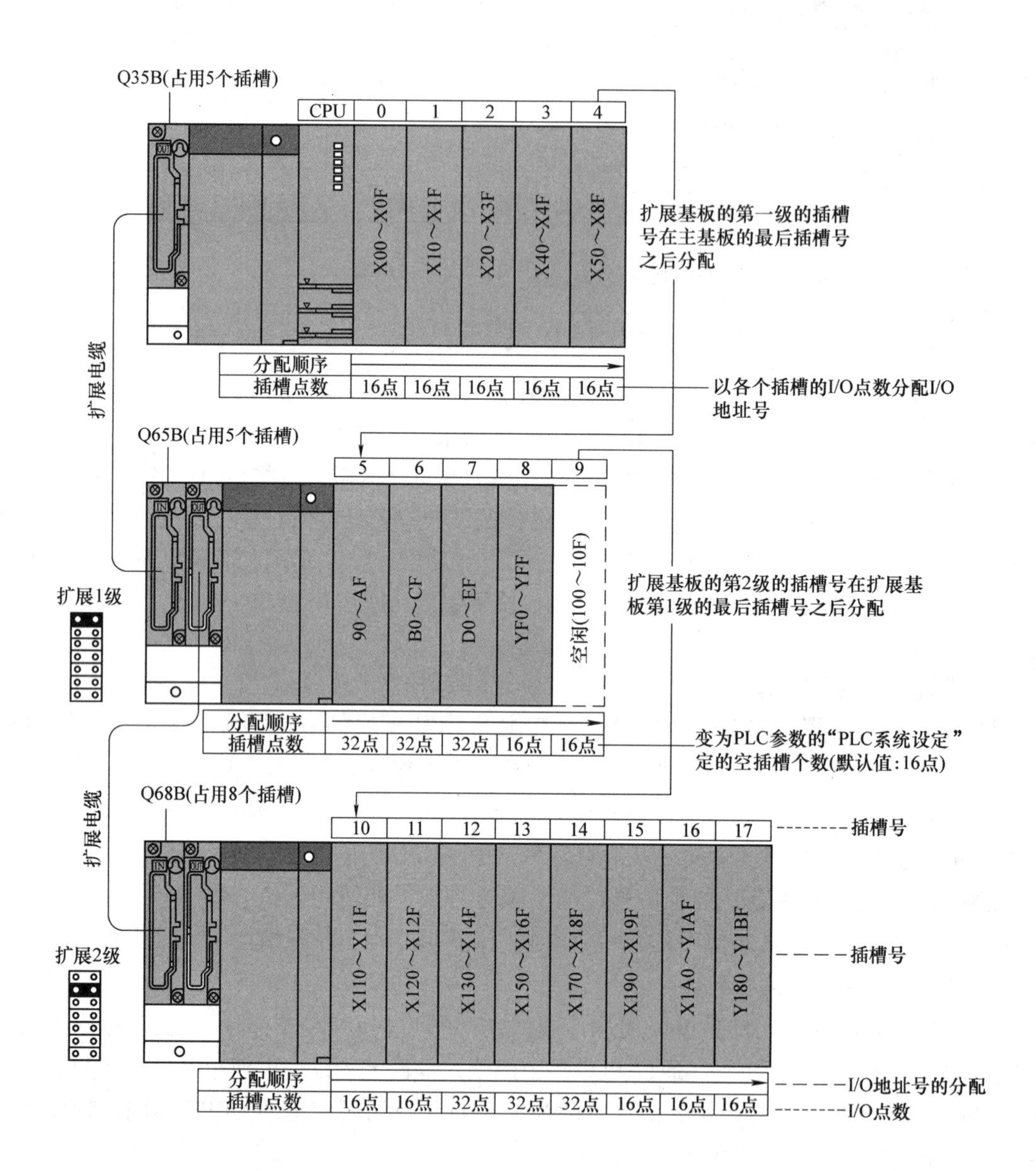

图1-21 带扩展基板的I/O地址分配

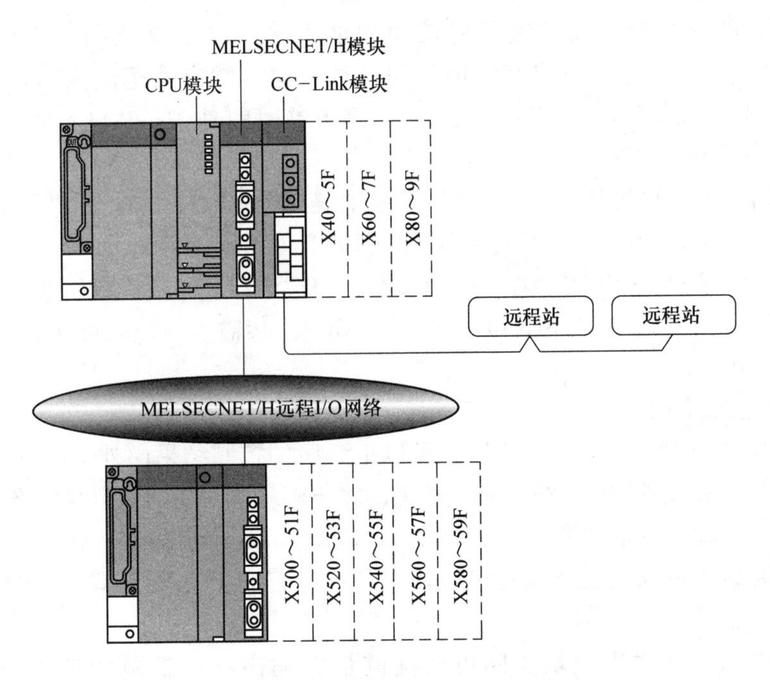

图 1-22　带远程站的 I/O 地址分配

表 1-8　Q 系列 PLC 内部用户软元件的使用范围

类别	软元件名称	点　数		使用范围	
		基本型 CPU	高性能型 CPU	基本型 CPU	高性能型 CPU
位软元件	输入继电器（X）	2048	8192	X0～7FF	X0～1FFF
	输出继电器（Y）	2048	8192	Y0～7FF	Y0～1FFF
	内部继电器（M）	8192	8192	M0～8191	M0～8191
	特殊继电器（SM）	1024	2048	SM0～1023	SM0～2047
	锁存继电器（L）	2048	8192	L0～2047	L0～8191
	报警器（F）	1024	2048	F0～1023	F0～2047
	变址继电器（V）	1024	2048	V0～1023	V0～2047
	步进继电器（S）	2048	8192	S0～2047	S0～8191
	连接继电器（B）	2048	8192	B0～7FF	B0～1FFF
	连接特殊继电器（SB）	1024	2048	SB0～3FF	SB0～7FF
字软元件	定时器（T）	512	2048	T0～511	T0～2047
	累计定时器（ST）	0（默认值）	0（默认值）	ST0～511（可设置）	ST0～2047（可设置）
	计数器（C）	512	1024	C0～511	C0～1023
	数据寄存器（D）	11136	12288	D0～11135	D0～12287
	特殊寄存器（SD）	1024	2048	SD0～1023	SD0～2047
	连接寄存器（W）	2048	8192	W0～7FF	W0～1FFF
	连接特殊寄存器（SW）	1024	2048	SW0～3FF	SW0～7FF

对于 Q00JCPU，其输入模块实际可访问的最大输入继电器范围是 X0 ~ XFF；对于 Q00CPU 和 Q01CPU，其输入模块实际可访问的最大输入继电器范围是 X0 ~ X3FF；对于 Q00UJCPU，其输入模块实际可访问的最大输入继电器范围是 X0 ~ XFF；对于 Q00UCPU 和 Q01UCPU，其输入模块实际可访问的最大输入继电器范围是 X0 ~ X3FF；对于 Q02UCPU，其输入模块实际可访问的最大输入继电器范围是 X0 ~ X7FF。对于 Q03UD（E）CPU、Q04UD（E）HCPU、Q06UD（E）HCPU、Q10UD（E）HCPU、Q13UD（E）HCPU、Q02CPU、Q02HCPU、Q06HCPU、Q12HCPU、Q25HCPU、Q02PHCPU、Q06PHCPU、Q12PHCPU、Q25PHCPU、Q12PRHCPU、Q25PRHCPU，其输入模块实际可访问的最大输入继电器范围是 X0 ~ XFFF。

2. 输出继电器（Y）

当输出继电器与 PLC 输出端相连时，可以把程序的控制结果向外部的信号灯、数字显示器、接触器等负载元件输出。安装在基板上的输出模块所对应的输出继电器，只能用程序指令驱动，每一个输出继电器有一个外部输出的常开触点。而其内部的软触点，不管是常开还是常闭，都可以无限次由程序指令使用。对那些没有和 PLC 输出端相连的输出继电器，也可作内部继电器使用。

对于 Q00JCPU，其输出模块实际可访问的最大输出继电器范围是 Y0 ~ YFF；对于 Q00CPU 和 Q01CPU，其输出模块实际可访问的最大输出继电器范围是 Y0 ~ Y3FF；对于 Q00UJCPU，其输出模块实际可访问的最大输出继电器范围是 Y0 ~ YFF；对于 Q00UCPU 和 Q01UCPU，其输出模块实际可访问的最大输出继电器范围是 Y0 ~ Y3FF；对于 Q02UCPU，其输出模块实际可访问的最大输出继电器范围是 Y0 ~ Y7FF。对于 Q03UD（E）CPU、Q04UD（E）HCPU、Q06UD（E）HCPU、Q10UD（E）HCPU、Q13UD（E）HCPU、Q02CPU、Q02HCPU、Q06HCPU、Q12HCPU、Q25HCPU、Q02PHCPU、Q06PHCPU、Q12PHCPU、Q25PHCPU、Q12PRHCPU、Q25PRHCPU，其输出模块实际可访问的最大输出继电器范围是 Y0 ~ YFFF。

3. 内部继电器（M）

内部继电器是指在 CPU 模块内部（程序）使用的辅助继电器，使用范围（默认值）为 M0 ~ M8191。

4. 锁存继电器（L）

锁存继电器是在 CPU 内部（程序）使用的能够进行锁存（断电保持）的辅助继电器。当 PLC 的电源断电和重新通电以及 CPU 模块复位操作后，锁存继电器仍将保持程序运算结果。对于基本型 QCPU，其使用范围（默认值）为 L0 ~ L2047；对于高性能 QCPU 和通用型 QCPU，其使用范围（默认值）为 L0 ~ L8191。

5. 报警器（F）

报警器是用来检测设备异常和故障、供程序使用的内部继电器。对于基本型 QCPU，其使用范围（默认值）为 F0 ~ F1023；对于高性能 QCPU 和通用型 QCPU，其使用范围（默认值）为 F0 ~ F2047。在报警器置 ON 后，特殊继电器（SM62）将置 ON，置 ON 的报警器的个数和编号将被保存到特殊寄存器（SD62 ~ SD79）中。

只要有一个报警器置 ON，特殊继电器 SM62 就会被置 ON；而特殊寄存器 SD62 用于存储最先置 ON 的报警器编号；特殊寄存器 SD63 用于存储置 ON 的报警器的个数；SD64 ~

SD79 按照报警器被置 ON 的顺序来存储报警器编号。因此，在故障检测程序中使用报警器后，在 SM62 置 ON 时对特殊寄存器（SD62 ~ SD79）进行监视，便可确认设备是否有异常和故障。

6. 变址继电器（V）

变址继电器是记忆梯形图块的起始运算结果（ON/OFF 信息）的软元件，只能作为触点使用，而不能作为线圈使用。变址继电器是在变址修饰的结构化程序中脉冲上升沿时执行。在程序中，不能使用多个编号相同的变址继电器。对于基本型 QCPU，其使用范围（默认值）为 V0 ~ V1023；对于高性能型 QCPU 和通用型 QCPU，其使用范围（默认值）为V0 ~ V2047。

7. 步进继电器（S）

步进继电器是顺序功能图（SFC）程序专用的软元件，不能在顺控程序中代替内部继电器使用。对于基本型 QCPU，其使用范围（默认值）为 S0 ~ S2047；对于高性能型 QCPU 和通用型 QCPU，其使用范围（默认值）为 S0 ~ S8191。

8. 连接继电器（B）

连接继电器是 MELSECNET/H 等网络模块与 CPU 模块交换数据时在 CPU 模块侧的继电器。需要进行网络参数设定，才能作连接继电器使用。在未设定网络参数的范围内，可作为内部继电器或锁存继电器使用。对于基本型 QCPU，其使用范围（默认值）为 B0 ~ B7FF；对于高性能型 QCPU 和通用型 QCPU，其使用范围（默认值）为 B0 ~ B1FFF。

9. 连接特殊继电器（SB）

连接特殊继电器用来保存 MELSECNET/H 等智能功能模块的通信状态、异常检测状态。连接特殊继电器的 ON/OFF 是在数据连接时产生，通过监视连接特殊继电器，可以掌握数据连接的通信状态、异常状态等。对于基本型 QCPU，其使用范围（默认值）为 SB0 ~ SB3FF；对于高性能型 QCPU 和通用型 QCPU，其使用范围（默认值）为 B0 ~ B7FF。

10. 定时器（T）

PLC 中的定时器相当于继电器控制系统中的延时继电器，它可提供无数对常开延时触点和常闭延时触点供程序使用。对于基本型 QCPU，其使用范围（默认值）为 T0 ~ T511；对于高性能型 QCPU 和通用型 QCPU，其使用范围（默认值）为 T0 ~ T2047。当定时器的线圈为 ON 时开始计时，当前值采用加法累计，当前值达到设定值时即定时时间到，定时器常开触点将变为 ON 状态。当定时器的计测时间到时，定时器线圈保持 ON，定时器的当前值将维持设定值不变。

（1）定时器的种类。定时器有两种，一种是线圈为 OFF 时，当前值变为 0 的定时器，用 T 表示；另一种是线圈为 OFF 时，保持当前值的累计定时器，用 ST 表示。根据计时单位的不同，定时器有低速定时器和高速定时器。

（2）定时器的使用方法。低速定时器与高速定时器为同一软元件，通过定时器的指定（指令的写法）可成为低速定时器或高速定时器。例如，指定为 OUT T0 将成为低速定时器，而指定为 OUTH T0 则成为高速定时器。指定为低速定时器的编号，不能再用作高速定时器，反之亦然。

（3）低速定时器。低速定时器是指计时单位为 1 ~ 1000ms 的定时器。低速定时器的线圈为 ON 时即开始计测，时间到时其触点变为 ON。低速定时器的线圈为 OFF 时，当前值变为0，其触点也将变为OFF。低速定时器的计时单位（时限）的默认值为100ms。计时单位的范围为1～1000ms，以1ms为单位进行变更，计时单位设定在PLC参数的系统设定中进行。

（4）高速定时器。高速定时器是比低速定时器计量精度高的定时器。对于基本型QCPU、高性能型QCPU、过程型CPU、冗余型CPU，高速定时器的计时单位为0.1～100ms，以0.1ms为单位进行变更，计时单位设定在PLC参数的系统设定中进行。对于通用型QCPU，高速定时器的计时单位为0.01～100ms，以0.01ms为单位进行变更，计时单位设定在PLC参数的系统设定中进行。

高速定时器使用时，在语句表指令后面加上字母“H”（即OUTH），或者在梯形图中设定值之前加上字母“H”。高速定时器的线圈为ON时即开始计测直到设定值为止，时间到后其常开触点变为ON。高速定时器的线圈为OFF时，高速定时器当前值变为0，其常开触点也将变为OFF状态。

11. 累计定时器（ST）

累计定时器是指线圈为ON时计测时间、线圈变为OFF时当前值保持不变的定时器。累计定时器的线圈为ON时即开始计测时间，时间到时其触点变为ON。定时器的线圈变为OFF后，当前值及触点的ON/OFF状态均保持不变。线圈重新变为ON时，则从所保存的当前值开始计测时间。在使用累计定时器之前，需要通过PLC参数的软元件设定来设定累计定时器的使用点数。

1）累计定时器的种类：累计定时器有低速累计定时器和高速累计定时器2种。低速累计定时器与高速累计定时器为同一软元件，通过定时器的指定（指令的写法）成为低速累计定时器或高速累计定时器。例如，指定为OUT ST0将成为低速累计定时器，而指定为OUTH ST0则成为高速累计定时器。

2）累计定时器的计测单位（时限）：与低速定时器、高速定时器相同。

3）累计定时器的清除：累计定时器当前值的清除和常开触点状态复位（变为OFF状态），需要通过执行RST ST指令来实现。

12. 计数器（C）

计数器是指顺控程序中对输入条件的上升次数进行计数的软元件。计数值与设定值相同时，计数器常开触点为ON，计数器为加法计数。计数器分为两种：一种是在顺控程序中对输入条件的上升次数进行计数的一般计数器；另一种是对中断因子的发生次数进行计数的中断计数器。对于基本型QCPU，一般计数器（默认值）的使用范围为C0～C511，中断计数器的最大值为128（默认值为0，可以进行参数设置）；对于高性能型QCPU，一般计数器（默认值）的使用范围为C0～C1023，中断计数器的最大值为256（默认值为0，可以进行参数设置）；对于通用型QCPU，一般计数器（默认值）的使用范围为C0～C1023。

13. 数据寄存器（D）

数据寄存器是指可存储数值数据（－32768～32768或者0000H～FFFFH）的存储器。一个数据寄存器由16位二进制构成，以16位为单位读出和写入。当PLC的电源断电（为OFF）或者CPU模块复位时，数据寄存器中的数据将被初始化。对于基本型QCPU，数据寄存器（默认值）的使用范围为D0～D11135；对于高性能型QCPU和通用型QCPU，数据寄存器（默认值）的使用范围为D0～D12287。

14. 连接寄存器（W）

连接寄存器是 MELSECNET/H 等网络模块通过刷新与 CPU 模块交换数据的 CPU 模块侧存储器。一个连接寄存器由 16 位二进制构成，以 16 位为单位读出和写入。当 PLC 的电源断电（为 OFF）或者 CPU 模块复位时，连接寄存器中的数据将被初始化。对于基本型 QCPU，连接寄存器（默认值）的使用范围为 W0 ~ W7FF；对于高性能型 QCPU 和通用型 QCPU，连接寄存器（默认值）的使用范围为 W0 ~ W1FFF。

15. 连接特殊寄存器（SW）

连接特殊寄存器是存储 MELSECNET/H 等智能模块的通信状态、异常内容的寄存器。由于数据连接时的信息是以数值的形式存储的，所以通过对连接特殊寄存器进行监视，便可检查异常及其原因等。对于基本型 QCPU，连接特殊寄存器的使用范围为 SW0 ~ SW3FF；对于高性能型 QCPU 和通用型 QCPU，连接特殊寄存器的使用范围为 SW0 ~ SW7FF。

16. 功能软元件（FX、FY、FD）

功能软元件是指在带变量的子程序中使用的软元件，在带变量的子函数调用源与带变量的子程序之间进行数据的写入/读出。在子程序中使用功能软元件，决定了调用源中使用的软元件，因此即使使用同一子程序也无须在意其他子程序的调用源。功能软元件有三种：功能输入（FX）、功能输出（FY）和功能寄存器（FD）。

对于基本型 QCPU，功能输入的使用范围为 FX0 ~ FXF，功能输出的使用范围为 FY0 ~ FYF，功能寄存器的使用范围为 FD0 ~ FD4；对于高性能型 QCPU 和通用型 QCPU，功能输入的使用范围为 FX0 ~ FXF，功能输出的使用范围为 FY0 ~ FYF，功能寄存器的使用范围为 FD0 ~ FD5。

1）功能输入（FX）：用于将 ON/OFF 数据传递至子程序。在子程序中，接收带变量的子程序调用指令指定的位数据，并用于运算。

2）功能输出（FY）：用于将子程序中的运算结果（ON/OFF 数据）传递到子程序调用源。子程序的运算结果被存储在带变量的子程序所指定的软元件中。

3）功能寄存器（FD）：用于在子程序调用源与子程序之间写入/读出数据。CPU 模块自动判断数据的输入或输出：如果是子程序中的源数据，则自动作为子程序的输入数据；如果是子程序中的目标数据，则自动作为子程序的输出数据。

17. 特殊继电器（SM）

特殊继电器是 PLC 内部有固定规格的内部继电器，是存储 CPU 模块状态的继电器。因此，不能像普通的内部继电器那样被用于顺控程序中。但是根据需要，可以对其进行 ON/OFF 操作以控制 CPU 模块。特殊继电器按照用途分类见表 1-9。其中，编程时常用特殊继电器的使用说明见表 1-10。

表 1-9　特殊继电器按照用途分类

用途	特殊继电器	CPU 类型				
		基本型	高性能型	过程型	冗余型	通用型
检测（状态）信息	SM0 ~ SM99	有	有	有	有	有
串行通信功能	SM100 ~ SM165	有	无	无	无	仅 Q00U、U01U 有

（续）

用途	特殊继电器	CPU 类型				
		基本型	高性能型	过程型	冗余型	通用型
系统信息	SM200 ~ SM391	有	有	有	有	有
系统时钟/计数器	SM400 ~ SM499	有	有	有	有	有
指令相关	SM700 ~ SM799	有	有	有	有	有
调试	SM800 ~ SM899	无	有	有	有	有

表 1-10　常用特殊继电器的使用说明

特殊继电器	功能说明	内容说明	适用 CPU 类型
SM1	自诊断出错	OFF：无自诊断出错；ON：有自诊断出错	QCPU（全部类型）
SM52	电池电压过低	OFF：电池电压正常；ON：电池电压过低	QCPU
SM56	运算出错	OFF：运算正常；ON：运算出错（且锁存）	QCPU
SM60	熔丝为熔断	OFF：正常；ON：有熔丝熔断（且锁存）	QCPU
SM62	报警器检测	OFF：未检测到；ON：检测到有报警	QCPU
SM400	常 ON	正常运行为 ON	QCPU
SM401	常 OFF	正常运行为 OFF	QCPU
SM402	在 RUN 之后，第一个扫描周期为 ON	ON：仅第一个扫描周期；OFF：其余时间	QCPU
SM403	在 RUN 之后，第一个扫描周期为 OFF	OFF：仅第一个扫描周期；ON：其余时间	QCPU
SM409	0.01s 时钟	每隔 5ms 重复 ON/OFF	高性能型和通用型 CPU
SM410	0.1s 时钟	每隔 50ms 重复 ON/OFF	QCPU
SM411	0.2s 时钟	每隔 100ms 重复 ON/OFF	QCPU
SM412	1s 时钟	每隔 0.5s 重复 ON/OFF	QCPU
SM413	2s 时钟	每隔 1s 重复 ON/OFF	QCPU
SM414	2*n* s 时钟	每隔 *n* s（SD414 中指定时间，单位为 s）重复 ON/OFF	QCPU
SM700	进位标志	ON：进位 ON；OFF：进位 OFF	QCPU
SM704	块比较	ON：全部一致；OFF：有不一致	QCPU

18. 特殊寄存器（SD）

特殊寄存器是 PLC 内部有固定规格的内部寄存器，是存储 CPU 模块故障检测代码、系统信息等的寄存器。因此，不能像普通的内部寄存器那样被用于顺控程序中。但是根据需要，可以对其进行数据写入操作以控制 CPU 模块。特殊寄存器按照用途分类见表 1-11。

表 1-11　特殊寄存器按照用途分类

用途	特殊寄存器	CPU 类型				
		基本型	高性能型	过程型	冗余型	通用型
检测（代码）信息	SD0～SD99	有	有	有	有	有
串行通信功能	SD100～SD157	有	无	无	无	仅 Q00U、U01U 有
系统信息	SD200～SD399	有	有	有	有	有
系统时钟/计数器	SD412～SD430	有	有	有	有	有
指令相关	SD705～SD799	有	有	有	有	有
调试	SD840～SD899	无	有	有	有	有

1.1.7　软元件的使用

在 CPU 模块中，可存储并执行多个程序。CPU 模块中的各种软元件分成两类：一类是在多个程序中可共享的全局软元件；另一类是各程序中可作为独立的软元件使用的局部软元件。

1. 全局软元件

全局软元件存储在 CPU 模块的软元件内存中，全部程序可使用同一数据。未进行局部软元件设置的软元件全部为全局软元件。执行多个程序时，需要事先决定全部程序共享的范围或者各程序单独使用的范围。

2. 局部软元件

局部软元件是指在各程序中可独立使用的软元件。使用局部软元件后，在执行多个独立的程序时，可以无需理会其他程序，但是局部软元件数据只能存储在标准 RAM 和存储卡中。在使用局部软元件的程序中，程序执行后，存储卡的局部软元件文件的数据与 CPU 模块的软元件内存的数据将进行交换，因此扫描时间增加了延时数据的交换时间。使用局部软元件时，要设定局部软元件的使用范围，此范围在全部程序中通用，各程序不能变更其设定范围。例如，将 M0～M100 设定为局部软元件后，在使用局部软元件的程序中，M0～M100 将成为局部软元件。局部软元件的设置方法是：在编程软件 GX Developer 中，在“参数”→“PLC 参数”→“软元件”菜单下，进行局部软元件的起始地址和结束地址的设置。通过设定可作为局部软元件使用的软元件有：内部继电器（M）、变址继电器（V）、定时器（T）、累计定时器（ST）、计数器（C）、数据寄存器（D）。

1.1.8　Q 系列 PLC 编程软件

Q 系列 PLC 的编程软件有 GX Developer 和 GX Works2 两种。GX Developer 是三菱电机公司通用性较强的编程软件，它能够完成 Q 系列、QnA 系列、A 系列（包括运动控制 CPU），FX 系列 PLC 梯形图、指令表、SFC 等的编辑，并能将编辑的程序转换成 GPPQ、GPPA 格式的文档，当选择 FX 系列时，还能将程序存储为 FXGP（DOS）、FXGP（WIN）格式的文档，以实现与 FX－GP/WIN－C 软件的文件互换。该编程软件能够将 Excel、Word 等软件编辑的说明性文字、数据，通过复制、粘贴等简单操作导入程序中，使软件的使用、程序的编辑更加便捷。GX Works2 是三菱电机公司新一代 PLC 综合编程软件，具有简单工程（Simple Project）和结构化工程（Structured Project）两种编程方式，支持梯形图、指令表、SFC、ST 及结构化梯形图等编程语言，可实现程序编辑、参数设定、网络设定、程序监控、调试及在线更改、智能功能模块设置等功能，适用于 Q、QnU、L、FX 等系列 PLC，兼容 GX Developer 软件，可以保存为 Gx Developer 格式的文件，不支持保存为 FX－win 格式；支持三菱电机工控产品 iQ Platform 综合管理软件 iQ Works，具有系统标签功能，可实现 PLC 数据与 HMI、运动控制器的数据共享。本书主要介绍编程软件 GX Works2 的使用方法。

1. GX Works2 主画面

GX Works2 主画面（基本画面）如图 1-23 所示。标题栏主要是对工程名等进行显示，菜单栏是对执行各功能的菜单进行显示；工具栏是对执行各个功能的工具按钮进行显示；工作窗口是进行编程、参数设置、监视等的主画面；折叠窗口是用于支持工作窗口中执行的作业画面，在折叠窗口下可以选择导航窗口、部件选择窗口、输出窗口、交叉参照窗口、软元件使用列表窗口、监看窗口 1～4 等；导航窗口是将工程以树状结构形式进行显示；输出窗口是对编译及检查的结果（出错、报警等）进行显示；交叉参考窗口是对交叉参照的结果进行显示；监视窗口是对软元件的当前值等进行监视及更改的画面；状态栏是对编辑中的工程信息进行显示。

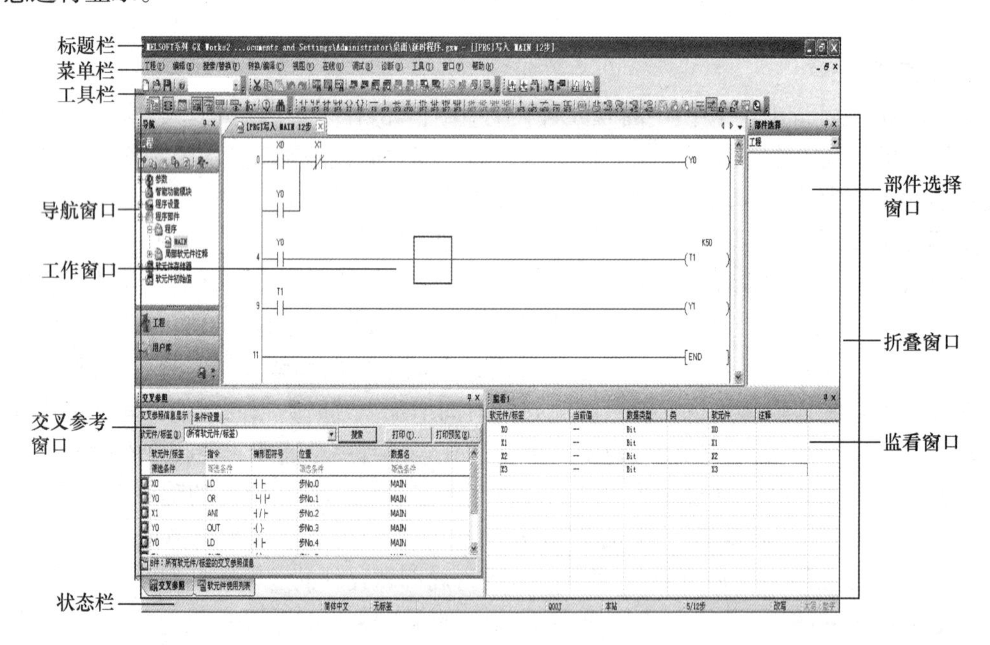

图 1-23　GX Works2 主画面

2. 工程的创建及下载调试

（1）创建新工程。单击“工程”→“新建工程”，在“新建工程”的对话框中，选择简单工程/结构化工程、PLC 系列（QCPU）、PLC 类型、程序语言进行设置。所谓简单工程就是使用三菱 PLC 的 CPU 指令创建的顺控程序。当选择简单工程时，编程语言只有梯形图和 SFC 两种。对于结构化工程，可以通过结构化编程创建程序。通过将控制细分化，将程序的公共部分执行部件化，可以实现易于阅读的、高引用性的编程（结构化编程）。当选择结构化工程时，编程的语言有梯形图、ST（语句表）、SFC、结构化梯形图/FBD 等。下面以简单工程为例对 Q00JCPU 进行设置，如图 1-24 所示。使用标签进行编程，在设备构成（设备名）确定的时候，可以将标签名与软元件建立关联，生成执行程序。注意当“使用标签”的复选框打勾后，对全局或局部标签进行了定义。对于标签的使用/不使用，在新建工程时可以选择。对于 FXCPU，在有标签的工程中不支持 SFC 语言。

（2）工程窗口结构。当新建工程后，在导航窗口出现如图 1-25 所示的工程视图窗，简单工程的程序结构以树状结构形式在工程视图窗口显示。根据 PLC 类型及工程类型的不同，显示的内容也有所不同。这里以 QCPU（Q 模式）为例进行介绍，它主要由参数、程序设置、程序部件和软元件存储器 4 大部分组成。其中，程序设置部分主要是对程序的执行类型进行定义，程序部件主要是对程序的部件进行定义，通常我们编写的 PLC 梯形图就在程序部件的“MAIN”下。软元件存储器是指对 PLC 的 CPU 的软元件存储器进行数据的读取、写入的功能。

图 1-24　Q00JCPU 工程设置画面

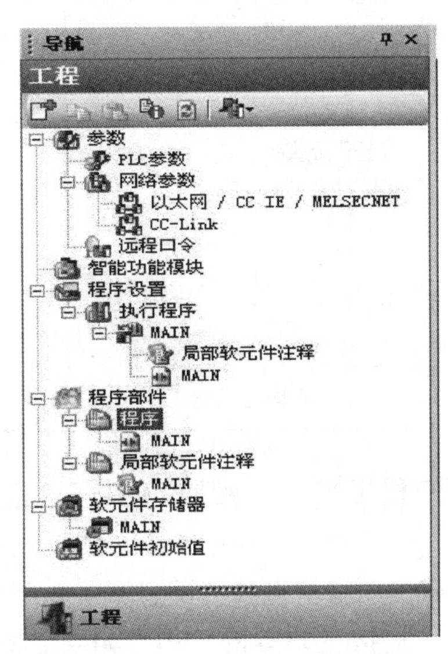

图 1-25　工程视图窗

（3）梯形图程序输入与编辑。程序的输入及编辑等工作都在工作窗口中展开。当要进行梯形图程序输入时，操作步骤如下：将光标移至梯形图的输入位置，选择“编辑”→“梯形图符号”→“指令图形符号”→“输入软元件”（对于没有软元件的指令，直接输入指令），此时显示梯形图输入画面，如图 1-26 所示。其中梯形图的连续输入按钮将设置为连续输入状态，可以连续进行梯形图输入；梯形图注释连续输入按钮将设置为连续输入状态，可以在梯形图输入中连续输入软元件注释。梯形图符号选择栏可以对梯形图符号的设置进行更改，软元件指令输入栏是对软元件进行输入，也可以用鼠标直接单击功能图处的指令图形符号，进行指令的输入。常用指令在功能栏上的梯形图符号及快捷键见表 1-12。

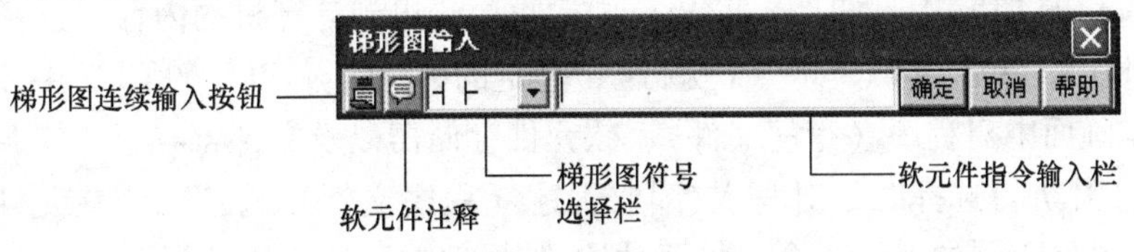

图 1-26　梯形图输入画面

表 1-12　常用指令在功能栏上的梯形图符号及快捷键

指令		工具栏	快捷键
指令梯形图符号	常开触点	F5	F5
	常开触点 OR	sF5	Shift + F5
	常闭触点	F6	F6
	常闭触点 OR	sF6	Shift + F6
	线圈	F7	F7
	应用指令	F8	F8
	上升沿脉冲	sF7	Shift + F7
	下降沿脉冲	sF8	Shift + F8
	上升沿脉冲 OR	aF7	Alt + F7
	下降沿脉冲 OR	aF8	Alt + F8
	运算结果上升沿脉冲化	aF5	Alt + F5
	运算结果下降沿脉冲化	caF5	Alt + Ctrl + F5
	运算结果取反	caF10	Alt + Ctrl + F10

（4）程序的转换/编译。通过对程序进行转换/编译，使之变为 PLC 的 CPU 中可执行的顺控程序。当创建的梯形图输入编辑完毕后，选择“转换/编译”→“转换（全部程序）”，所有的梯形图块均将被转换。

（5）连接至 PLC 的 CPU。如果要将创建的顺控程序写入 PLC 的 CPU，或者要从 PLC 的 CPU 读取程序，则需要将个人计算机连接到 PLC 的 CPU。在“导航”→“连接目标”，双击“当前连接目标”，进入连接目标设置窗口，如图 1-27 所示。首先对“计算机侧 I/F”进行设置，对 RS－232C 串行口 COM 与波特率或者 USB 口进行通信端口的选择；然后对“可编程控制器侧 I/F”进行设置，对要连接的 PLC 的 CPU 进行 QCPU（Q 模式）或者 LCPU 的选择，最后将“其他站指定”设置为“No Specification”（无其他站指定），具体应根据需要对通信时间检查、重试次数进行设置。当设置成功后，进行通信测试。

（6）对 PLC 的 CPU 进行写入/读出。当计算机与 PLC 的 CPU 通信测试成功后，选择“在线”→“PLC 写入（W）”，此时出现图 1-28 所示的画面，写入的内容可以为“Parameter＋Program”（参数＋程序）或“Select all”（全选），单击“Execute”（执行），将指定的数据写入到 PLC 的 CPU 中。如果要将 PLC 中的程序读出到计算机的内存，选择“在线”→“PLC 读取（R）”，单击“Execute”（执行），指定的数据即从 PLC 的 CPU 中读取。在“在线”数据操作画面中对程序（程序文件）、软元件存储器以及文件寄存器、全局软元件注释/局部软元件注释进行选择时，对写入/读取程序（程序文件）的范围、软元件存储器的类型及范围、文件寄存器的范围、全局软元件注释/局部软元件注释进行设置。

（7）PLC 的 CPU 的执行状态的监视。监视是指在连接计算机和 PLC 的 CPU 后对 PLC 的

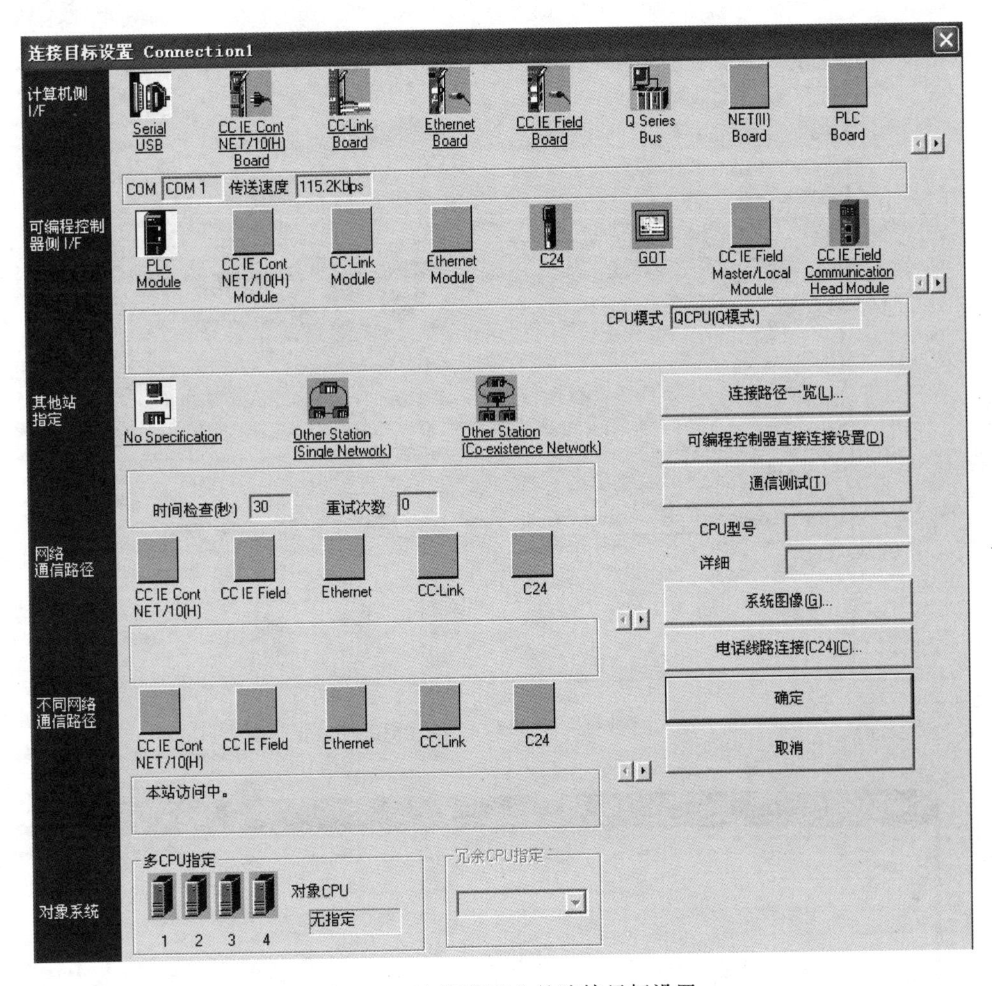

图 1-27　连接到 PLC 的连接目标设置

CPU 的运行状态进行确认的功能。当数据写入 PLC 的 CPU 完成并且运行工作后，将 PLC 的 CPU 中的程序执行状态在程序编辑器上进行监视，可以通过以下任一菜单开始/停止监视：①“在线”→“监视（Monitor）”→“监视开始（所有窗口）”/“监视停止（所有窗口）”；②“在线”→“监视”→“监视开始”/“监视停止”；③“在线”→“监看（Watch）”→“监看开始”/“监看停止”。而在监视过程中，可以对位软元件进行强制 ON/OFF、对软元件/缓冲存储器/标签的当前值进行更改，程序监视的画面如图 1-29 所示。当监视的程序中对应的触点为 ON 时，相应的光标处变为蓝色。

GX Works2 软件中有监看 1、监看 2、监看 3 和监看 4 共 4 个监看窗口，以便在 1 个画面中登录多个软元件/标签，同时进行监看。监看窗口画面显示操作步骤：“显示”→“折叠窗口”→“监看 1（Watch1）”~“监看 4（Watch4）”。监看操作步骤：①选择要登录到监看窗口的软元件/标签；②右键单击，在弹出的快捷菜单上选择“登录至监看窗口”，软元件/标签将被登录到监看窗口中；或者从程序编辑器/标签编辑器中把软元件/标签拖放到监看窗口中进行登录；③选择“在线”→“监看”→“监看开始”，将登录的软元件/标签的当前值显示到所选择的监看窗口中。

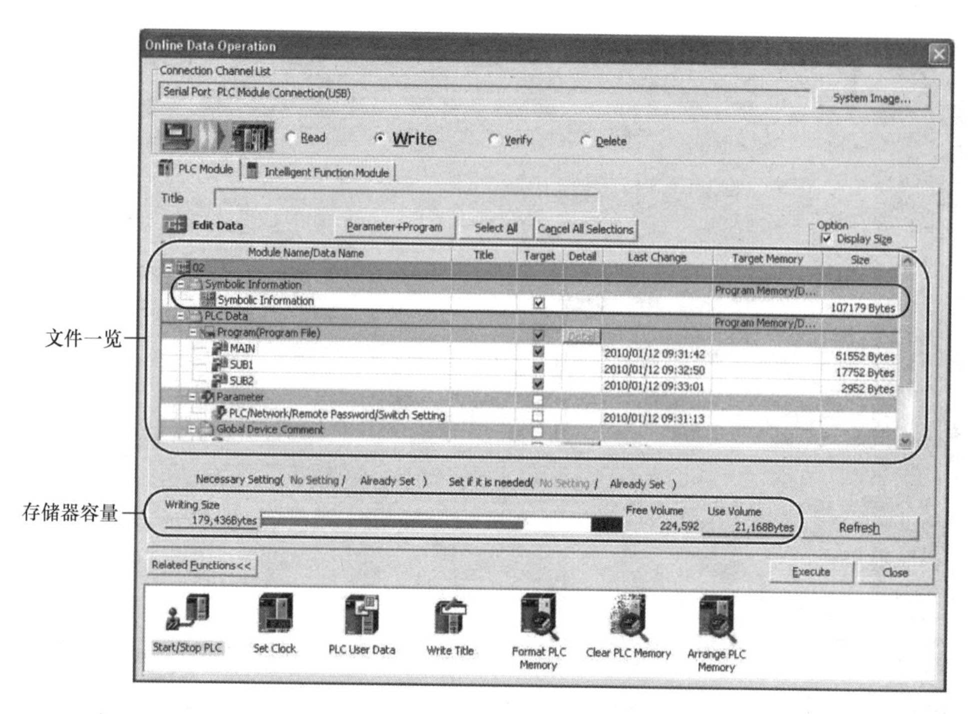

图 1-28　将数据写入 PLC 的 CPU 中的操作窗口

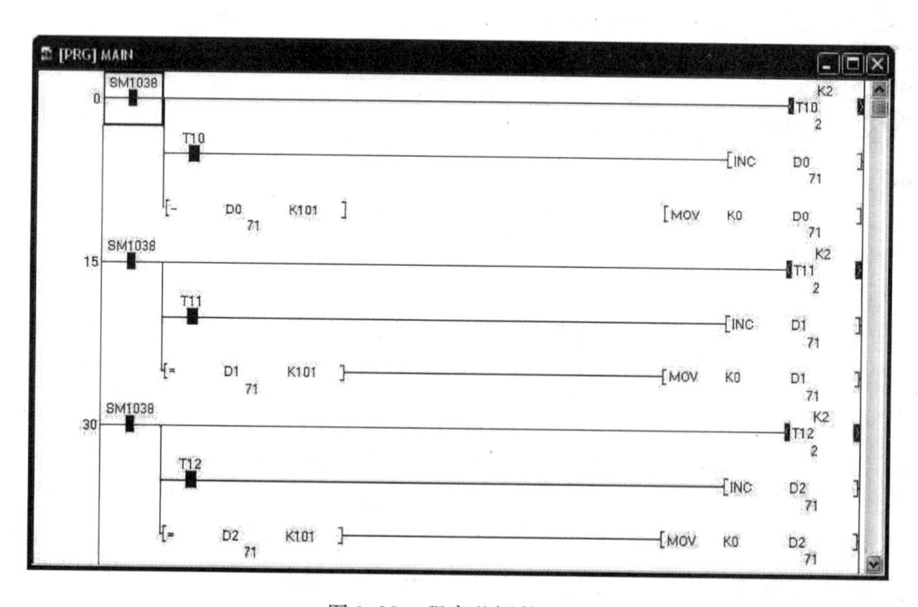

图 1-29　程序监视的画面

（8）保存工程。通过操作“保存工程（S）”或“工程另存为（A）”，将编辑的工程保存到计算机的硬盘中。“工程另存为”是将当前打开的工程附加名称后另行保存，具体操作步骤：选择“工程”→“工程另存为”，输入保存位置、工作区名、工程名、标题，对继承履历信息/继承安全性信息进行选择，然后单击“保存”，将工程保存在硬盘上。“保存工程”是对当前编辑中的工程进行覆盖保存，具体操作步骤：选择“工程”→“保存工程”，将数据保存到当前的工程中。

（9）工程的安全设置。通过进行安全设置，可以对工程访问进行限制。通过对各用户进行访问等级设置，就能对各数据访问进行限制。此外，可以防止用户对创建的程序部件及软元件注释、参数等数据进行误编辑，可以防止对无须进行参照的用户进行开放。

访问等级赋予工程登录用户的操作权限。在访问等级中共有5级，见表1-13。例如，对于设置了 Developers（Level 2）访问权限的数据，以 Developers（Level 2）以上的访问等级［Administrators、Developers（Level 3）、Developers（Level 2）］进行登录的用户可以进行编辑。

表1-13　登录用户的访问等级与操作权限

访问等级		操作权限
高	Administrators	〈管理者等级〉 可以执行所有操作
↑	Developers（Level3）	〈开发者等级〉 在安全的设置、数据访问、操作方面有部分限制
	Developers（Level2）	
↓	Developers（Level1）	
低	Users	〈操作者等级〉 只能对工程数据进行浏览 不能从 PLC 的 CPU 中进行读取

工程的安全设置步骤：“工程”→“安全性”→“更改口令/用户管理/设置访问权限”。在更改口令或者设置访问权限之前，先进行用户管理（或者添加用户）。

用户管理（添加/删除/更改）：对进行了安全设置的工程的用户登录状态进行管理，对用户进行添加/删除/更改。只有以 Administrators 或 Developers 身份登录时才可以对用户管理进行操作。

用户管理操作步骤：“工程”→“安全性”→“用户管理”，进入用户管理的操作画面，如图1-30所示。在用户管理画面，输入用户名、口令、确认口令，单击“确定”，工程安全设置完毕。

用户的添加/删除/更改：在进行用户管理操作（设置 Administrators）之后，才能进行用户的添加/删除/更改。操作步骤：“工程”→“安全性”→“用户管理”，显示用户添加/删除/更改画面，单击“添加”，可以添加用户；单击“删除”，可以删除选中的用户；单击“更改”，可以更改选中用户名（Administrators 用户除外）和访问等级。如果删除了所有用户，则对工程的安全设置进行解除，恢复为无安全设置的工程。

设置访问权限：对各访问等级设置各个数据的显示/保存的允许/禁止。对于高于已登录用户的访问等级的访问权限无法进行更改。此外，若当前登录用户的访问等级为 Users 的情况下，则无法对访问权限进行更改。操作步骤：“工程”→“安全性”→“设置访问权限”，显示访问权限设置画面，通过上下移动滑标，对访问等级的读取/写入进行允许/禁止的设置，单击“确定”，完成访问等级设置。

注意，通过访问等级设置，不能对 PLC 的 CPU 的数据写入/读取等进行限制。希望对 PLC 的 CPU 内的数据进行保护时，应使用在线口令功能。

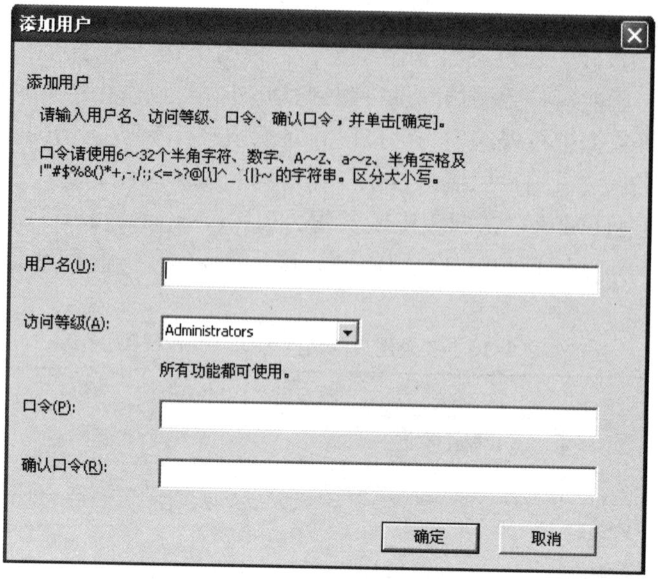

图 1-30　用户管理的操作画面

（10）PLC 的 CPU 的数据保护。为了保护（防止更改及流出）PLC 的 CPU 内的数据，对 PLC 的 CPU 内的数据进行口令（FXCPU 的情况下为关键字）设置功能。执行口令登录时，应预先连接 PLC 的 CPU。在口令登录功能中，不能保护工程内的数据，对工程内的数据进行保护时，应使用工程安全设置功能。

对口令应妥善加以保管。如果口令遗忘，应通过 PLC 存储器格式化，对 PLC 的 CPU 进行初始化后，重新将工程写入到 PLC 的 CPU 中。

口令的登录/更改步骤：“在线”→“口令/关键字”→“登录/更改”，进入口令登录/更改画面。在口令登录/更改画面中，对对象存储器进行选择，从数据一览中对要进行口令登录/更改的对象数据进行选择，单击“设置”，进入登录口令输入画面，可以对口令登录条件、新口令的输入、新口令的确认输入进行设置，单击“确定”，将返回至口令登录/更改画面，在进行了口令设置的数据处将显示。再次单击“确定”，PLC 的 CPU 内数据的口令将被登录/更改。

工作任务重点

1）三相交流异步电动机控制电路分析。

2）电动机起动 PLC 控制电路设计。

3）电动机起动 PLC 控制程序设计。

1.1.9　电动机起动 PLC 控制电路设计

1. 三相交流异步电动机的接法

三相异步电动机的典型产品主要有 Y 系列（含 Y、Y2、Y3、YE、YB 等系列）三相交流异步电动机，它具有高效、节能、性能好、振动小、噪声低、寿命长、可靠性高、维护方便、起动转矩大等优点，应用于无特殊要求的农业机械、食品机械、风机、水泵、机床、搅拌机、空气压缩机等机械设备。Y 系列中小型异步电动机功率在 4kW 及以上的，其额定电压为 380V（线电压），定子绕组均采用三角形（△）联结，相电压也为 380V，相电流是线电流的 $1/\sqrt{3}$；3kW 及以下电动机的额定电压有 220V 和 380V 两种，写成 220/380V，分别对应三角形联结和星形联结，标成△/Y，如图 1-31 所示。采用星形（Y）联结时，相电压为线电压的 $1/\sqrt{3}$，即 220V，相电流与线电流相同。

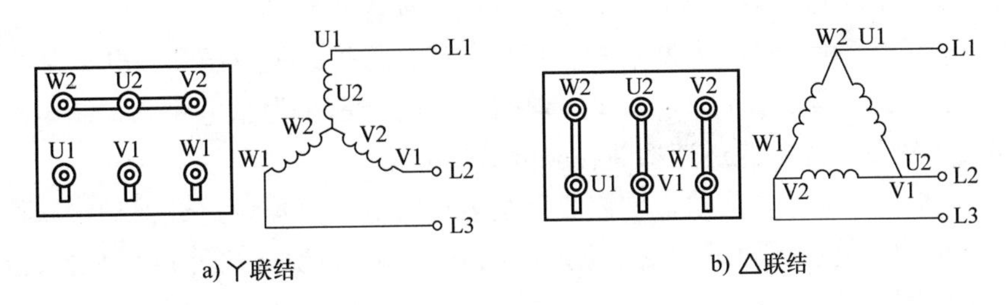

图 1-31　三相交流异步电动机定子绕组星形（Y）联结/三角形（△）联结

2. 三相交流异步电动机的起动电路

三相交流异步电动机的起动电路如图 1-32 所示。在图 1-32 中，主电路是由电源开关 QS、熔断器 FU1、接触器 KM 主触点、热继电器 FR 的发热元件和电动机 M 构成的；控制电路由熔断器 FU2、热继电器 FR 常闭触点、停止按钮 SB1（SB3）、起动按钮 SB2（SB4）、接触器 KM 常开辅助触点和它的线圈构成。

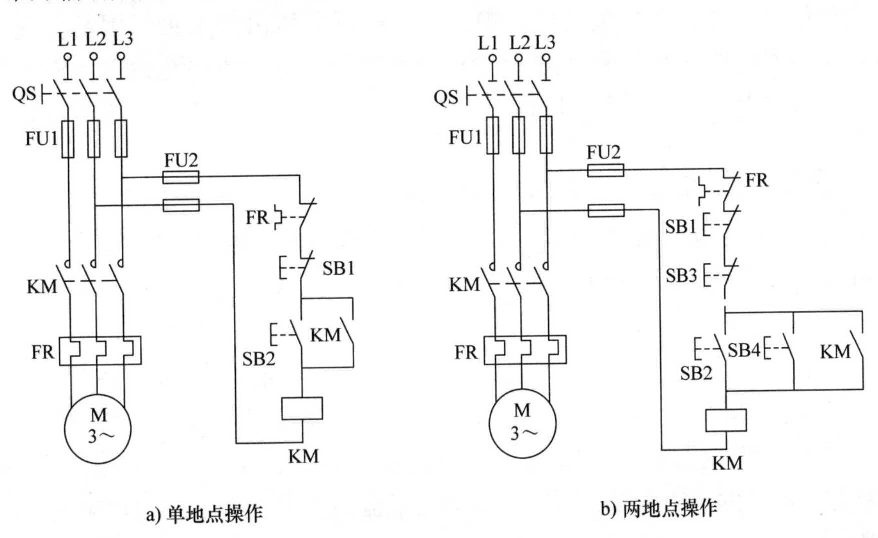

图 1-32　三相交流异步电动机的起动电路

（1）单地点操作的电动机起动电路如图 1-32a 所示。电动机起动时，合上电源开关 QS，引入三相电源，按下起动按钮 SB2，接触器 KM 的线圈通电吸合，主触点 KM 闭合，电动机 M 接通电源起动运转。同时与 SB2 并联的常开触点 KM 闭合，从而保持电动机的连续运行。电动机停止时，只要按下停止按钮 SB1，这时接触器 KM 的线圈断电释放，KM 的常开主触点将三相电源切断，M 停止旋转。

（2）两地点操作的电动机起动电路如图 1-32b 所示。两地点（多地点）操作是指在两地或两个以上地点进行的控制操作，多用于规模较大的设备。多地点控制按钮的连接原则为：常开按钮均相互并联，组成“或”逻辑关系，常闭按钮均相互串联，组成“与”逻辑关系。电动机起动时，合上电源开关QS，引入三相电源，按下位于不同地方的起动按钮SB2或SB4，接触器KM的线圈通电吸合，主触点KM闭合并且自锁，电动机M接通电源起动运转。电动机停止时，只要按下位于不同地方的停止按钮SB1或SB3，这时接触器KM的线圈断电释放，KM的常开主触点将三相电源切断，M停止旋转。

（3）保护环节。图1-32电路具有短路保护、过载保护、失电压和欠电压保护功能。

1）短路保护是由熔断器FU1、FU2实现的，它们分别作为主电路和控制电路的短路保护，当线路发生短路故障时能迅速切断相应电路的电源。

2）过载保护：通常在生产机械中需要持续运行的电动机均设过载保护，其特点是过载电流越大，保护动作越快，但不会受电动机起动电流影响而动作。图1-32中的热继电器FR就起过载保护作用。

3）失电压和欠电压保护：在电动机正常运行时，如果电动机因为电源电压的消失而停转，那么在电源电压恢复时电动机若自行起动，将可能会造成人身事故或设备事故。防止电源电压恢复时电动机自行起动的保护叫作失电压保护，也叫零电压保护。在电动机正常运行时，电源电压过分降低会引起电动机转速下降和转矩降低，若负载转矩不变，会使电流过大，会造成电动机停转和损坏。因此需要在电源电压下降到最小允许的电压值时将电动机电源切除，这样的保护叫作欠电压保护。图1-32所示的电路中是依靠接触器自身电磁机构实现失电压和欠电压保护的。当电源电压由于某种原因而严重欠电压或失电压时，接触器的衔铁自行释放并带动主触点断开，电动机停止运转。而当电源电压恢复正常时，接触器线圈也不会自动通电，只有在操作人员再次按下起动按钮后电动机才会起动。

3. PLC控制的三相交流异步电动机起动电路

以两地点操作的电动机起动电路为例，设计三相交流异步电动机起动的PLC控制电路。该电路是由Q00JCPU模块、QX40型16点DC 24V输入模块（电源“+”端为公共端）和QY10型16点继电器输出模块组成的，如图1-33所示。其中，SB1和SB3为停止按钮，SB2和SB4为起动按钮；第0槽安装QX40型输入模块，其I/O地址为X00~X0F；第1槽安装QY10型继电器输出模块，其I/O地址为Y10~Y1F。电动机起动的主电路和图1-32完全相同。控制电路改为PLC控制后，起动按钮、停止按钮由原来AC 380V供电变为DC 24V供电，可提高按钮触点的使用寿命；同时，交流接触器线圈的工作电压由原来的AC 380V变为AC 220V。

1.1.10 电动机起动PLC控制程序设计

根据电动机起动的控制要求，结合图1-33所示的PLC外部接口电路及I/O地址分配，设计两地点操作电动机起动的梯形图程序如图1-34所示。当按下起动按钮SB2或SB4时，对应常开触点X01或X03接通（为ON），使线圈M00得电自锁（保持ON状态）。在电动机不发生过载故障时，常闭触点X04接通，使线圈Y10得电，通过接通主电路中的接触器KM，使电动机起动运行。当按下停止按钮SB1或SB3时，对应常闭触点X00或X02断开，使M00失电（为OFF状态），进而使Y10失电（为OFF状态），主电路中的接触器KM失

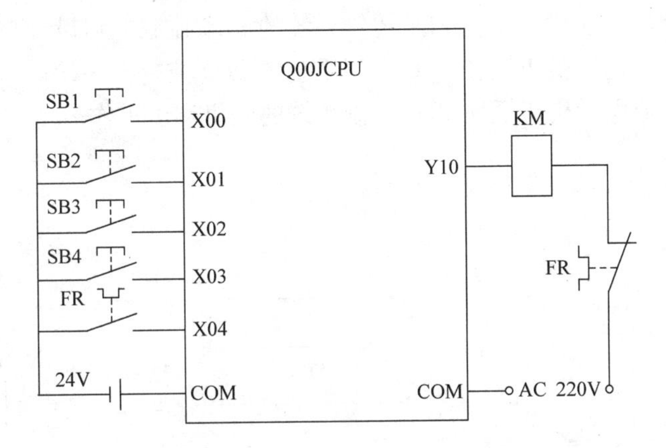

图 1-33　三相交流电动机起动的 PLC 控制电路

电，电动机停止运行。在电动机运行发生过载故障时，热继电器 FR 动作，其常开触点闭合，使 Y10 变为 OFF 状态，同时 FR 的常闭触点断开，使主电路中的接触器 KM 失电，电动机停止运行；过载故障消除后，FR 的常开触点断开和常闭触点闭合，使 Y10 变为 ON 状态，主电路中的接触器 KM 得电，电动机继续运行。

图 1-34　两地点操作电动机起动梯形图程序

1.2　电动机正反转 PLC 控制电路设计

工作任务

三相交流异步电动机正反转控制电路如图 1-35 所示。当按下正转起动按钮 SB2 时，正转线圈 KM1 得电吸合，KM1 常开触点闭合自锁，电动机得电正向运转；按下反转起动按钮 SB3 时，使 KM1 线圈失电，KM2 线圈得电自锁，电动机反向运转。SB2 和 SB3 采用复合按钮，实现机械联锁；将 KM1 和 KM2 的辅助常闭触点分别与对方的接触器线圈串联，实现电气联锁，从而避免了两个接触器同时动作而造成短路危险。

1）请你完成交流电动机正反转 PLC 控制系统的电动机驱动电动路设计与接线工作。

2）请你完成交流电动机正反转 PLC 控制系统的 PLC 控制电路设计与接线工作。

3）请你完成交流电动机正反转 PLC 控制系统的 PLC 控制程序设计与调试工作。

4）请你完成交流电动机正反转 PLC 控制系统的联机调试工作。

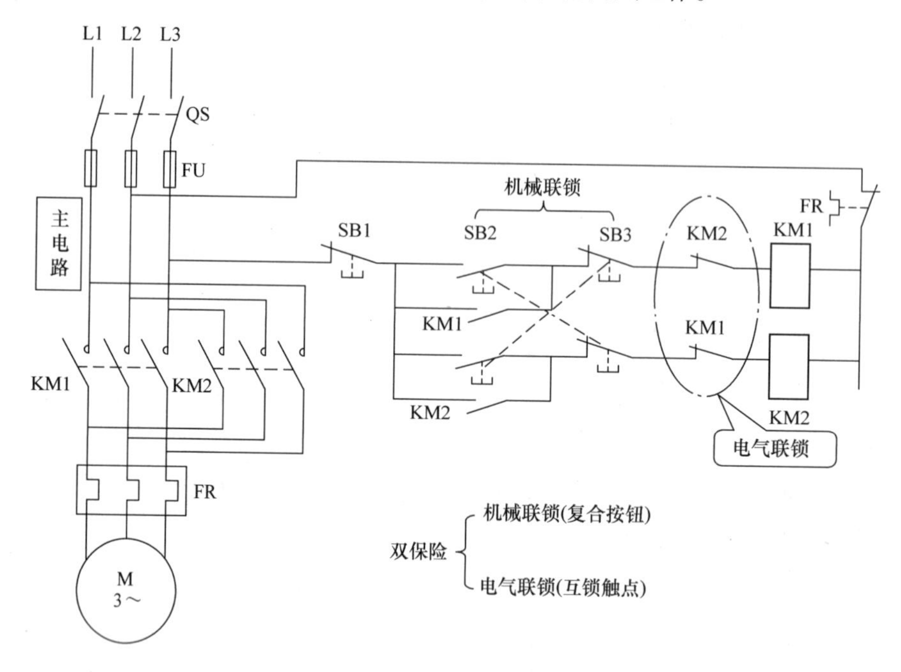

图 1-35　三相交流异步电动机正反转控制电路

相关知识

1.2.1　Q 系列 PLC 指令系统的数据类型

1. 位数据

位数据是指以一位（二进制）为使用单位的数据，如触点或线圈，可表示的数值只有 0/1。只具有接通（ON 或 1）或断开（OFF 或 0）两种状态的软元件称为位软元件；处理数据的软元件称为字软元件。“位软元件”和“位指定字软元件”可以作为位数据使用。

1）当直接使用位软元件时，只指定一个 bit（位）。如输入继电器、输出继电器、内部继电器、步进继电器等。

2）当使用位指定字软元件时，字软元件通过指定位号，可以将指定位号的 1/0 作为位数据使用。字软元件的位指定是通过指定“字软元件．位号”来完成的（位号指定是用 16 进制数表示的）。例如 D0 的位 0（b0）指定为 D0. 0，D0 的位 5（b5）指定为 D0. 5，D0 的位 15（b15）指定为 D0. F。但是，对于定时器（T）、累计定时器（ST）、计数器（C）或变址寄存器（Z），不能进行位指定（如不能指定为 Z0. 0）。

2. 字数据

字数据是基本指令和应用指令中使用的 16 位数值数据。以下两种形式的字数据可以在

CPU 模块中使用：十进制常数（K－32768～K32768）和十六进制常数（H0000～HFFFF）。字软元件和进行了位数指定的位软元件可以作为字数据使用。但是，对于直接访问输入（DX）和直接访问输出（DY），不能通过位数指定进行字数据指定。

1）当使用位软元件时，通过位数指定，位软元件就可以处理字数据。位软元件的位数指定是通过指定“位数（K1～K4）、位软元件的起始号”来完成的。位数指定以4点（4位）为单位，可在K1～K4的范围内指定。例如，K1X0表示X0～X3的4点被指定；K2X0表示X0～X7的8点被指定；K3X0表示X0～XB的12点被指定；K4X0表示X0～XF的16点被指定。对于链接直接软元件，位数指定是通过“J网络号\位数、位软元件的起始号”来完成的。例如，J2\K4X100表示网络号2的X100～X10F共16点被指定。

2）当使用字软元件时，1个字单元（16位）被指定。

3. 双字数据

双字数据是基本指令和应用指令中使用的32位数值数据。CPU模块可处理的双字数据有以下2种：十进制常数（K－2147483648～K2147483647）和十六进制常数（H00000000～HFFFFFFFF）。字软元件以及进行了位数指定的位软元件可以当作双字数据使用。但是，对于直接访问输入（DX）和直接访问输出（DY），不能通过位数指定进行双字数据指定。

1）使用位软元件时，位软元件的位数指定是通过指定“位数、位软元件的起始号”来完成的。位数指定以4点（4位）为单位，可在K1～K8的范围内指定。例如，K1X0表示X0～X3的4点被指定，K2X0表示X0～X7的8点被指定，K3X0表示X0～XB的12点被指定，K4X0表示X0～XF的16点被指定，K5X0表示X0～X13的20点被指定，K6X0表示X0～X17的24点被指定，K7X0表示X0～X1B的28点被指定，K8X0表示X0～X1F的32点被指定。对于链接直接软元件，指定是通过“J网络号\位数、位软元件的起始号”来完成的。例如，将网络号2指定为X100～X11F时，位数指定为J2\K8X100。

2）使用字软元件时，字软元件是被指定为在低16位中使用的软元件。在32位指令中，使用（指定软元件号）及（指定软元件号＋1）。

4. 实数型数据

实数型数据是用于基本指令和应用指令的浮点小数，只有字软元件能够存储实数型数据。在处理单精度浮点小数的指令中，指定低16位中使用的软元件。单精度浮点小数存储在“指定软元件号”及“指定软元件号＋1”的32位中。

在处理双精度浮点数据的指令中，双精度实数（双精度浮点数据）指定低16位中使用的软元件。双精度浮点数据存储在“指定软元件号”～“指定软元件号＋3”的64位中。

5. 字符串数据

字符串数据是基本指令和应用指令中使用的字符型数据。它包含从指定字符至表示字符串末尾的NULL码（00H）为止的所有数据，每个字符占用一个字软元件。

1）当指定字符为 NULL 码时，使用 1 个字来存储 NULL 码。

2）当字符数是偶数时，使用“字符数/2 + 1”个字存储字符串及 NULL 码。例如，如果将“ABCD”传送至 D0 ~，则字符串（ABCD）将被存储到 D0 及 D1 中，NULL 码将被存储到 D2 中（NULL 码将被存储到最后的 1 个字中。）

3）当字符数是奇数时，使用“字符数/2”个字（小数部分进位）存储字符串及 NULL 码。例如，如果将“ABCDE”传送到 D0 ~，则字符串（ABCDE）及 NULL 码将被存储到 D0 ~ D2 中（NULL 码将被存储到最后 1 个字的高 8 位处。）

1.2.2 Q 系列 PLC 的顺控程序指令（一）

Q 系列 PLC 的 CPU 模块指令的主要类型包括顺控程序指令、基本指令、应用指令、数据链接指令、多 CPU 高速专用指令、多 CPU 高速通信专用指令和冗余系统指令。指令分类见表 1-14。

表 1-14　Q 系列 PLC 的指令分类

指令分类		内　　容
顺控程序指令	触点指令	运算开始、串行连接、并行连接
	连接指令	梯形图块的连接，运算结果的记忆、读取，运算结果的脉冲化
	输出指令	位软元件的输出、脉冲输出、输出取反
	移位指令	位软元件的移位
	主控制指令	主控制
	结束指令	结束程序
	其他指令	程序停止、无处理等未列入上述分类中的指令
基本指令	比较运算指令	=、>、<等的比较
	算术运算指令	BCD、BIN 的加法、减法、乘法或除法
	BCD↔BIN 转换指令	将 BCD 转换成 BIN 以及将 BIN 转换成 BCD
	数据转移指令	传送指定的数据
	程序分支指令	程序跳转
	程序的执行控制指令	中断程序的允许/禁止
	I/O 刷新指令	部分刷新的执行
	其他使用方便的指令	用于以下目的指令：计数器增加/减小、示教定时器、特殊功能定时器、旋转台的就近控制等指令

（续）

指令分类		内　　容
应用指令	逻辑运算指令	逻辑和、逻辑积等的逻辑运算
	旋转指令	指定数据的旋转
	移位指令	指定数据的移位
	位处理指令	位设置/复位、位测试、位软元件的批量复位
	数据处理指令	16 位数据的查找、解码和编码等数据处理
	结构化指令	重复运算、子程序调用、梯形图单位的变址修饰
	表操作指令	数据表的读/写
	缓冲存储器访问指令	智能功能模块的数据读/写
	显示指令	ASCII 码的打印等
	调试·故障诊断指令	检查、状态锁存、采样跟踪
	字符串处理指令	BIN/BCD 与 ASCII 之间的转换、BIN 与字符串之间的转换、浮点数据与字符串之间的转换、字符串处理等
	特殊函数指令	三角函数、角度和弧度之间的转换、指数运算、自然对数、常用对数、方根运算
	数据控制指令	上下限控制、死区控制、区域控制、标度
	切换指令	文件寄存器的块号切换、文件寄存器/注释文件的指定
	时钟指令	年、月、日、时、分、秒和星期的读/写；时、分、秒的加减法运算；时、分、秒的变换；年、月、日的比较；时、分、秒的比较
	扩展时钟指令	年、月、日、时、分、秒、1/1000 秒和星期的读取；时、分、秒、1/1000 秒的加减法运算
	程序控制用指令	用于切换程序的执行条件的指令
	其他指令	其他未列入上述分类的指令，如看门狗定时器复位指令和定时时钟指令等
数据链接指令	链接刷新用指令	指定网络的刷新
	路由信息读取/写入指令	路由信息的读取/登录
	刷新软元件写入/读取指令	刷新软元件的写入/读取
多 CPU 专用指令	多 CPU 专用指令	至自站 CPU 共享存储器的写入，从其他站 CPU 共享存储器的读取
多 CPU 高速通信专用指令	多 CPU 软元件写入/读取指令	至其他站的软元件写入、从其他站的软元件读取
冗余系统指令	用于冗余 CPU 的指令	系统切换

1. 触点指令

（1）LD、LDI、AND、ANI、OR、ORI 指令。

可用软元件：内部软元件（系统、用户）、文件寄存器、链接直接软元件、智能功能模块软元件、变址寄存器 Zn、常数（十进制常数为 K 和十六进制常数为 H）、DX、BL。

1）LD、LDI 指令。

指令	LD	LDI
梯形图表示	软元件号	软元件号

说明：LD 和 LDI 是触点运算开始指令，其中 LD（取指令）是以常开触点与左母线连接的指令，LDI（取反指令）是以常闭触点与左母线连接的指令，它们是从指定的软元件中读取 ON/OFF 信息（如果是字软元件的位指定情况，那么就读取指定位的 ON/OFF 信息），并将其作为一个运算结果（1/0）。

例 1 取常开触点（LD 指令）后输出以及取常闭触点（LDI 指令）后输出的梯形图程序如图 1-36 所示。仅当 X1/D0.1 为 ON 时，Y1 输出为 ON；仅当 X2/D0.2 为 OFF 时，Y2 输出为 ON。

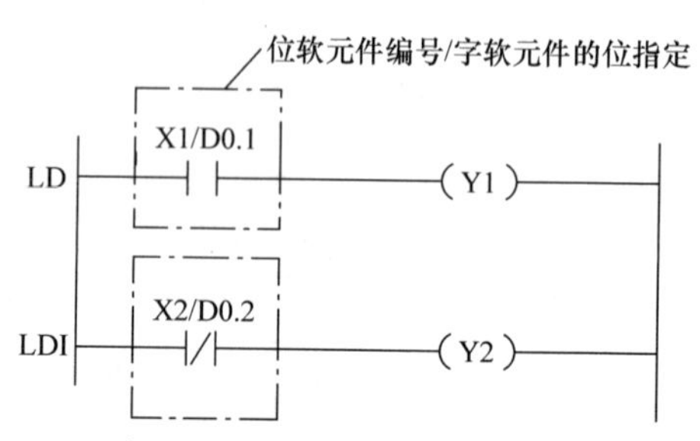

图 1-36 LD/LDI 指令应用举例

2）AND、ANI 指令。

指令	AND	ANI
梯形图表示	软元件号	软元件号

说明：当同一指令行上串联两个或多个条件时，第一个条件使用 LD 或 LDI 指令，其余的条件应该使用 AND 或 ANI 指令。AND（与指令）是单个常开串联连接指令，完成逻辑“与”运算；ANI（与反指令）是单个常闭串联连接指令，完成逻辑“先非后与”运算，主要功能是它们读取指定位软元件的 ON/OFF 信息（如果是字软元件的位指定情况，那么就读取指定位的 ON/OFF 信息），并对该数据和到目前为止的运算结果进行“先非后与”运算。

例 2 常开触点和前面触点串联（AND 指令）后输出，以及常闭触点和前面触点串联（ANI 指令）后输出的梯形图程序如图 1-37 所示。仅当 X0 和 X2/D0.2 同时为 ON 时，Y0 输出为 ON；仅当 X1 为 ON 且 X3/D0.3 为 OFF 时，Y1 输出为 ON。

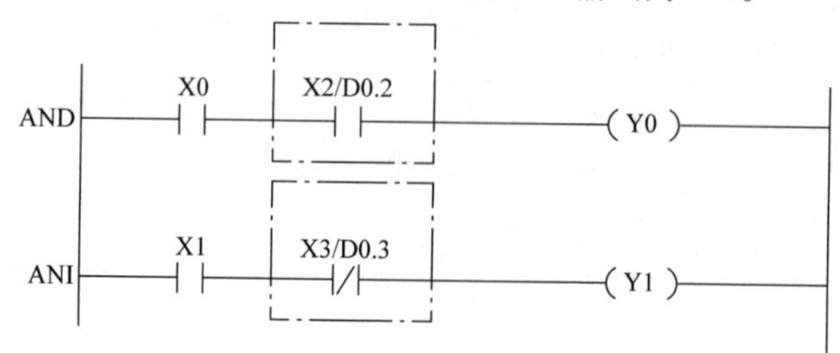

图 1-37 AND/ANI 指令应用举例

注意：AND、ANI 都是单个触点串联连接的指令，其使用的次数是没有限制的，可反复使用。

3）OR、ORI 指令。

指令	OR	ORI
梯形图表示	软元件号	软元件号

说明：当同一指令行上并联两个或多个条件时，第一个条件使用 LD 或 LDI 指令，其余的条件应使用 OR 或 ORI 指令。OR（或指令）是单个常开触点并联指令，完成逻辑“或”运算；ORI（先非后或指令）是单个常闭触点并联指令，完成逻辑“先非后或”运算，主要功能是它们读取指定位软元件的 ON/OFF 信息（如果是字软元件的位指定情况，那么就读取指定位的 ON/OFF 信息），并对该数据和到目前为止的运算结果进行“先非后或”运算，并将这个值作为运算结果。

例 3　常开触点和上面指令并联（OR 指令）后再输出，以及常闭触点和上面指令并联（ORI 指令）后输出的梯形图程序如图 1-38 所示。当 X1 为 ON 或者 X3/D0. 3 为 ON 时，Y1 输出为 ON；当 X2 为 ON 或者 X4/D0. 4 为 OFF 时，Y2 输出为 ON。

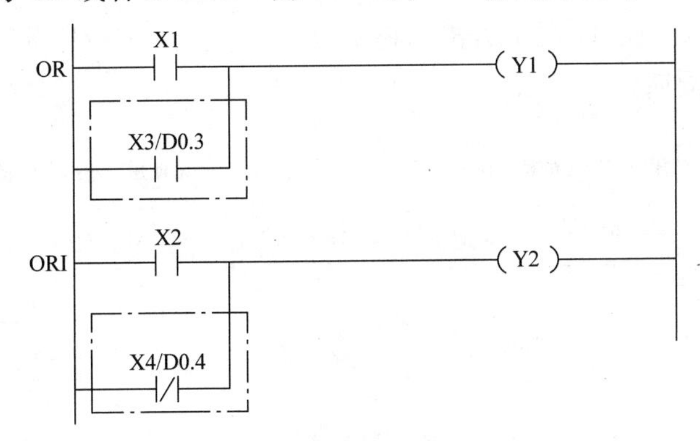

图 1-38　OR/ORI 指令应用举例

注意：OR、ORI 都是单个触点并联连接的指令，其使用的次数是没有限制的，可反复使用。

例 4　取触点、串并联及输出指令的梯形图和语句表程序的对应关系举例如图 1-39 所示。当 X3、D0. 5、X5 之中任一个为 ON 时，Y33 输出为 ON；仅当 X5 和 M11 同时为 ON 或者 X6 为 OFF 时，Y34 输出为 ON。

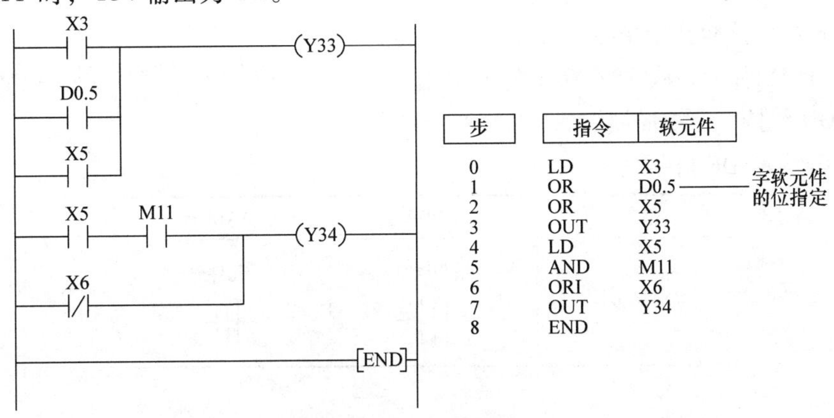

步	指令	软元件
0	LD	X3
1	OR	D0.5
2	OR	X5
3	OUT	Y33
4	LD	X5
5	AND	M11
6	ORI	X6
7	OUT	Y34
8	END	

图 1-39　梯形图和语句表程序的对应关系举例

(2）LDP、LDF、ANDP、ANDF、ORP、ORF 指令。

可用软元件：内部软元件（系统、用户）、文件寄存器、链接直接软元件、智能功能模块软元件、DX。

1）LDP、LDF 指令。

指令	LDP	LDF
梯形图表示	软元件号 ─┤↑├─	软元件号 ─┤↓├─

说明：LDP（上升沿脉冲开始指令），它是与左母线连接的常开触点上升沿检测指令，仅在指定位软元件的上升沿（由 OFF→ON 时）导通（维持一个扫描周期）。如果字软元件的位指定，仅在指定位从 0→1 时导通（维持一个扫描周期）；如果只有一个 LDP 指令，则与 ON 中执行指令的脉冲化指令（“指令”＋P）具有同样的作用。

例 5　上升沿脉冲开始指令（LDP 指令）和脉冲化指令（如 MOVP、PLS 指令）对应关系举例如图 1-40 所示。在 X1 的上升沿，将常数 K0 传送给 D0；从 X2 的上升沿开始，M0 将 ON 维持一个扫描周期。

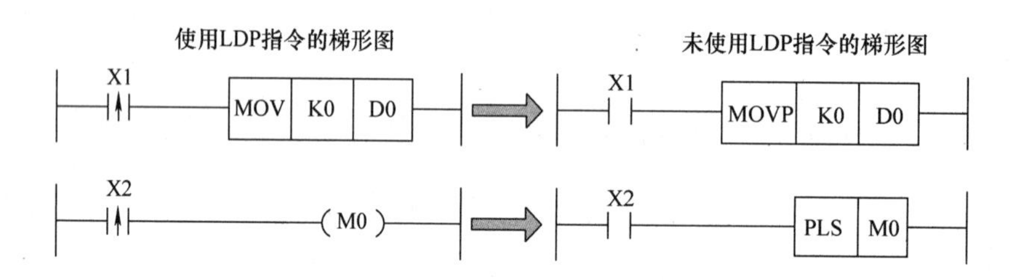

图 1-40　LDP 指令和脉冲化指令对应关系举例

LDF 是下降沿脉冲开始指令，它是与左母线连接的常开触点下降沿检测指令，仅在指定位软元件的下降沿（由 ON→OFF 时）才为 ON。如果字软元件的位指定，在指定位变化 1→0 时导通（维持一个扫描周期）。

例 6　下降沿脉冲开始指令（LDF 指令）应用举例如图 1-41 所示。从 X2/D0.2 的下降沿开始，M0 将 ON 维持一个扫描周期。

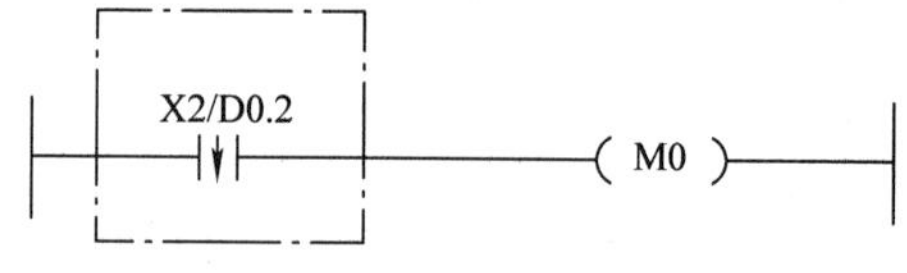

图 1-41　LDF 指令应用举例

2）ANDP、ANDF 指令。

指令	ANDP	ANDF
梯形图表示	软元件号 ─┤↑├─	软元件号 ─┤↓├─

说明：ANDP 是一个上升沿脉冲串行连接指令，ANDF 是下降沿脉冲串行连接指令。主要的功能是对到目前为止的运算结果执行逻辑“与”运算，并将结果值作为运算结果。ANDP、ANDF 使用的 ON/OFF 状态信息见表 1-15。

表 1-15　ANDP、ANDF 使用的 ON/OFF 状态信息

ANDP、ANDF 中指定的软元件		ANDP 的状态	ANDF 的状态
位软元件	字软元件的位指定		
OFF→ON	0→1	ON 维持一个扫描周围	OFF
OFF	0	OFF	
ON	1		
ON→OFF	1→0		ON 维持一个扫描周围

例 7　上升沿脉冲串行连接指令（ANDP 指令）和下降沿脉冲串行连接指令（ANDF 指令）应用举例如图 1-42 所示。当 X1 为 ON 且在 X2/D0.2 的上升沿开始，M0 将 ON 维持一个扫描周期；当 X1 为 OFF 且在 X3/D0.3 的下升沿开始，M1 将 ON 维持一个扫描周期。

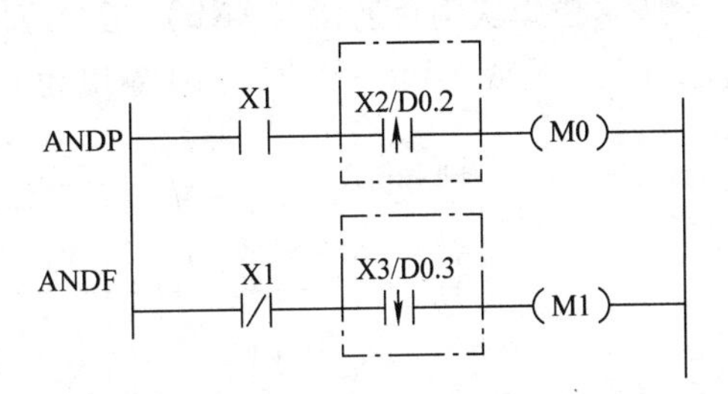

图 1-42　ANDP 和 ANDF 指令应用举例

3）ORP、ORF 指令。

指令	ORP	ORF
梯形图表示	软元件号	软元件号

说明：ORP 是一个上升沿脉冲并行连接指令，ORF 是下降沿脉冲并行连接指令。主要的功能是对到目前为止的运算结果执行逻辑“或”运算，并将结果值作为运算结果。

例 8　上升沿脉冲并行连接指令（ORP 指令）和下降沿脉冲并行连接指令（ORF 指令）的应用举例如图 1-43 所示。当 X1 为 ON 时，M0 输出为 ON；当 X1 为 OFF 且从 X4/D0.4 的

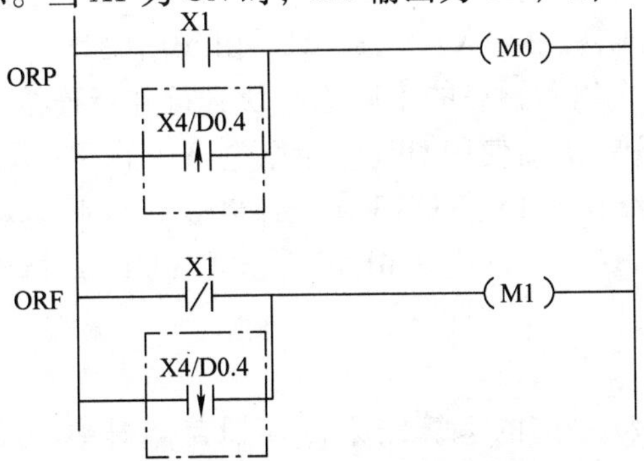

图 1-43　ORP 和 ORF 指令应用举例

上升沿开始，M0将ON维持一个扫描周期。当X1为OFF时，M1输出为ON；当X1为ON且从X4/D0.4的下降沿开始，M1将ON维持一个扫描周期。

2. 连接指令

（1）逻辑块串行连接（ANB）和逻辑块并行连接（ORB）指令。

可用软元件：无。

1）ANB指令，梯形图表示如下。

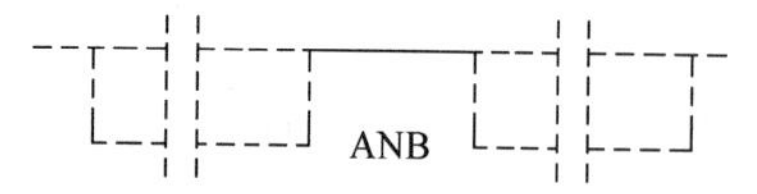

说明：将逻辑块（两个或两个以上触点并联块）和逻辑块之间进行“与”运算，并将结果值作为运算结果。

例9 逻辑块串行连接（ANB）指令应用举例如图1-44所示。当X1为ON或X2为ON并且X3为ON或X4为ON时，Y0输出为ON。

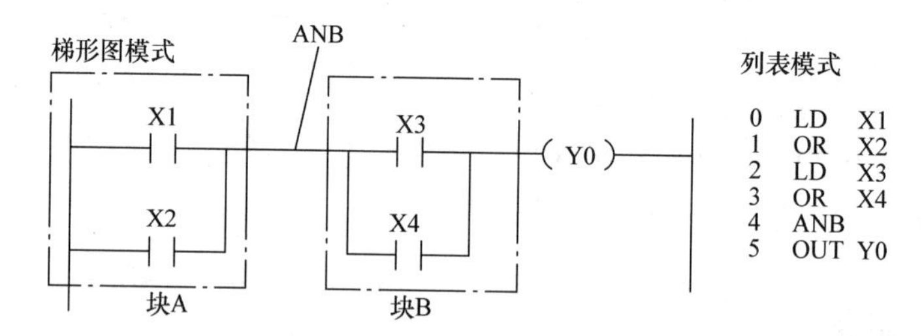

图1-44 ANB指令应用举例

注意：当在列表模式下，几个并联逻辑块串联时，并联逻辑块的开始均用LD或LDI指令，并且均无操作数，最多可以连续写入15条ANB指令（最多16个逻辑块）。

2）ORB指令，梯形图表示如下。

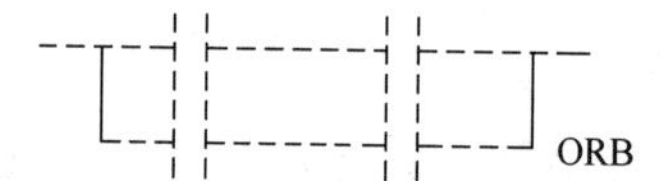

说明：将逻辑块（两个或两个以上触点串联块）和逻辑块之间进行“或”运算，并将结果值作为运算结果。

例10 逻辑块并行连接（ORB）指令应用举例如图1-45所示。X1和X3串联，X2和X4串联，这两个串联块并联后再与X5并联，最后由Y0输出。

注意：ORB是用于2个以上触点的串联电路块进行并行连接的。对于只有1个触点的梯形图块，使用OR或ORI，无需使用ORB。串联电路块的开始均用LD或LDI指令，并且均无操作数，最多可以连续写入15条ORB指令（最多16个逻辑块）。

（2）运行结果入栈（MPS）、读栈（MRD）、出栈（MPP）指令。

可用软元件：无。

梯形图表示：无。

说明：MPS指令用来将之前的运算结果保存到存储器中，最多可以连续使用16次；MRD指令用来读取MPS指令存储的运算结果，并且使用该结果执行下一步运算；MPP指令先读取MPS指令存储的运算结果，并且使用该结果执行下一步运算，清除通过MPS指令存

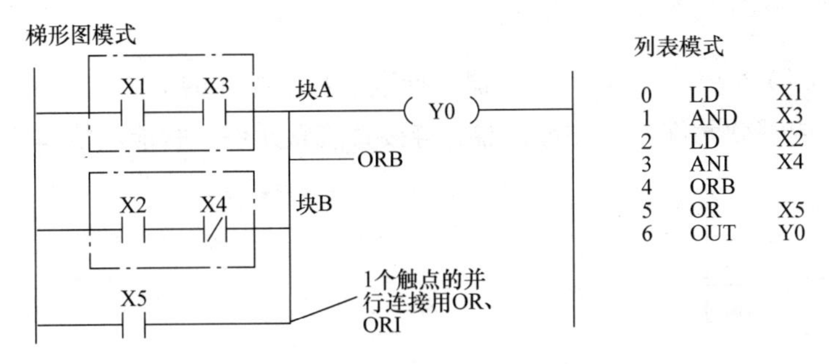

图 1-45　ORB 指令应用举例

储的运算结果，然后从 MPS 指令使用次数数量中减 1。在梯形图中无需使用，仅在语句表中使用这 3 条指令。

例 11　入栈（MPS）、读栈（MRD）、出栈（MPP）指令在语句表（列表模式）程序中应用例子及对应的梯形图程序，如图 1-46 所示。

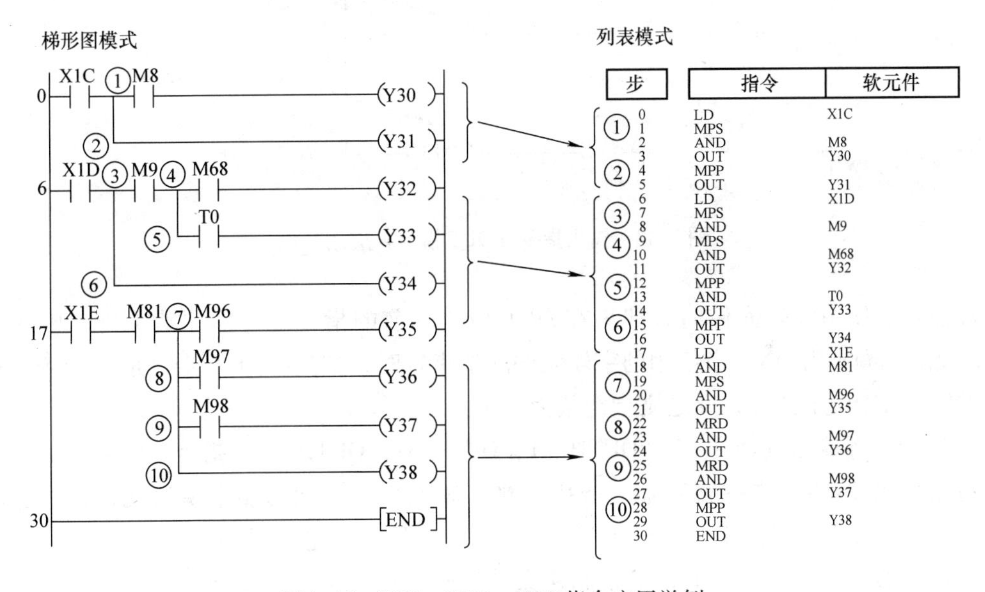

图 1-46　MPS、MRD、MPP 指令应用举例

（3）运算取反（INV）指令。

梯形图表示：

说明：将 INV 指令之前的运算结果取反，并将结果值作为运算结果。

例 12　运算取反（INV）指令的应用举例如图 1-47 所示。在图 1-47 中，将 X0 的 ON/OFF 数据取反后，通过 Y10 输出的程序。

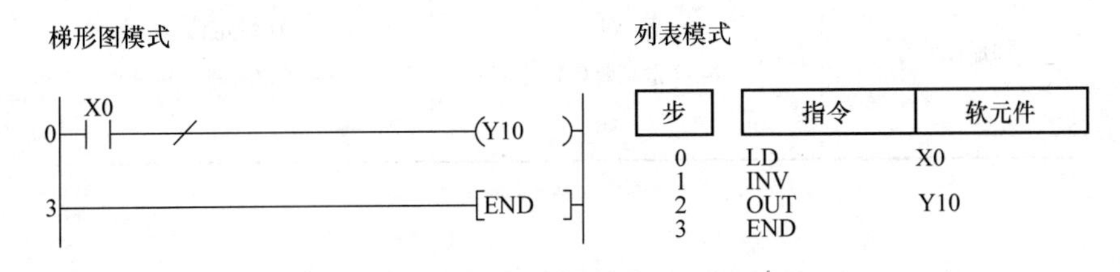

图 1-47　运算取反（INV）指令的应用举例

3. 输出指令

（1）输出（OUT）指令（不包括定时器、计数器和报警器的输出）。

可用软元件：内部软元件、文件寄存器、链接直接软元件、智能功能模块软元件、DY。

梯形图表示如下。

说明：将 OUT 指令前的运算结果输出到指定的软元件中。

例 13 输出指令（OUT 指令）应用举例如图 1-48 所示。仅当 X0 为 ON 时，位软元件 Y10 输出为 ON；仅当 X1 为 ON 时，字软元件的位指定 D0.5 输出为 ON。

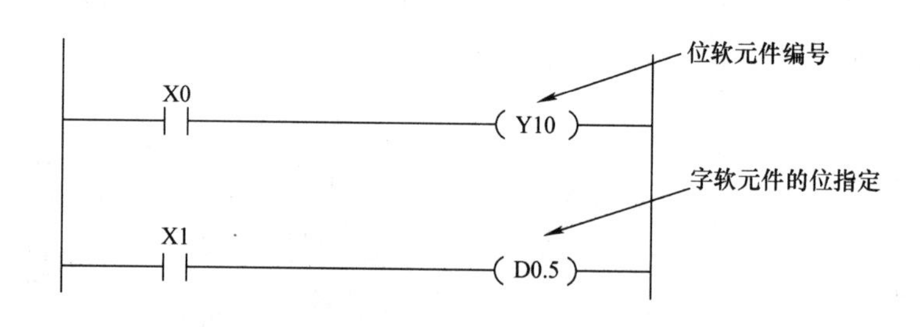

图 1-48 输出指令（OUT 指令）应用举例

注意：当使用位软元件时，如果在 OUT 指令之前的指令运算结果为 OFF，则线圈为 OFF，反之线圈则为 ON；当使用的字软元件的位指定时，如果 OUT 指令之前的指令运算结果为 OFF，则指定位为 0，反之则指定位为 1。

（2）定时器输出（OUT T，OUTH T，OUT ST，OUTH ST）指令。

可用软元件：T、文件寄存器、链接直接字软元件、智能功能模块软元件、十进制常数。其中，OUT T 是低速定时器输出指令，OUTH T 是高速定时器输出指令，OUT ST 是低速累计定时器输出指令，OUTH ST 是高速累计定时器输出指令。各种定时器的时限（定时单位）是在 PLC 参数的系统设置中进行设置，见表 1-16。

1）OUT T 指令和 OUTH T 指令。

指令	OUT T	OUTH T
梯形图表示	设定值 —(定时器号)—|	H 设定值 —(定时器号)—|

表1-16　各种定时器的时限（定时单位）的设置范围

定时器类型	基本型 QCPU、高性能型 QCPU、过程 CPU、冗余 CPU		通用型 QCPU、LCPU	
	设置范围	设置单位	设置范围	设置单位
低速定时器	1～1000ms（默认值：100ms）	1ms	1～1000ms（默认值：100ms）	1ms
低速累计定时器				
高速定时器	0.1～100ms（默认值：10.0ms）	0.1ms	0.01～100ms（默认值：10.0ms）	0.01ms
高速累计定时器				

说明：OUT T 是低速定时器输出指令，OUTH T 是高速定时器输出指令。如果 OUT 指令之前的指令运算结果为 ON，则定时器线圈将 ON 且定时器计测到设置值为止，当到达“时间到”（计数值 = 设置值）状态时，其常开触点导通（为 ON）。当 OUT 指令之前的指令运算结果为 OFF 时，则定时器线圈和触点将复位。低速定时器的系统默认定时单位为 100ms，定时时间 = 设定值 * 100ms。由于低速定时器与高速定时器为同一软元件，通过定时器的指定（指令的写法）可成为低速定时器或高速定时器。例如，指定为 OUT T0 将成为低速定时器，而指定为 OUTH T0 则成为高速定时器。指定为低速定时器的编号，不能再用作高速定时器，反之亦然。

例 14　低速定时器输出（OUT T）指令和高速定时器输出（OUTH T）指令应用举例如图 1-49 所示。当 X0 为 ON 时，T0 定时器开始计时，当计数值达到设定值 50，即定时时间为 5s（50 * 0.1）时，定时器 T0 的常开触点闭合；此后如果 X0 变为 OFF，则 T0 的常开触点复位。当 X1 为 ON 时，T1 定时器开始计时，当计数值达到 D10 存储的值时，定时器 T1 的常开触点闭合；此后如果 X1 变为 OFF，则 T1 的常开触点复位。当 X2 为 ON 时，T2 定时器开始计时，当计数值达到设定值 100，即定时时间为 1s（100 * 0.01）时，定时器 T2 的常开触点闭合；此后如果 X2 变为 OFF，则 T2 的常开触点复位。当 X3 为 ON 时，定时器 T3 开始计时到 D10 存储的值为止。

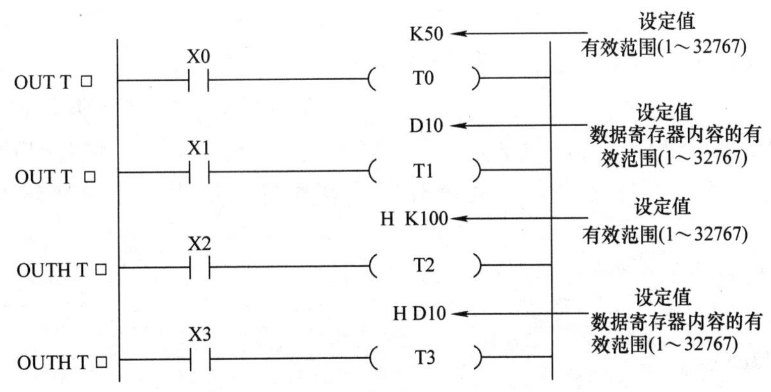

图 1-49　OUT T 和 OUTH T 指令应用举例

注意：定时器的设定值只能使用十进制常数（K），不能使用十六进制常数（H）和实数。不能将定时器的设定值设置为负数，通过字软元件（D、W、R、ZR、J□\□、U□\G□）指定的定时器设定值，不进行设定值的范围（是否负数）检查，因此，为了防止这样的设定值中被输入了负数，应通过用户程序进行设定值的范围检查。如果将设定值设置为0，当执行OUT指令时，定时器将会变为“时间到”的状态。如果在OUT T指令为ON的条件下，通过JMP指令等跳过了OUT T指令时，将不进行当前值的更新以及触点的ON/OFF动作。

2）OUT　ST指令和OUTH　ST指令。

指令	OUT　ST	OUTH　ST
梯形图表示	设定值 —(累计定时器号)—┤	H 设定值 —(累计定时器号)—┤

说明：OUT ST是低速累计定时器输出指令，OUTH ST是高速累计定时器输出指令。如果OUT指令之前的指令运算结果为ON时，则定时器线圈将ON且定时器计测到设置值为止，当到达“时间到”（计数值=设置值）状态时，其常开触点导通（为ON）。如果OUT指令之前的指令运算结果变为OFF，当前值及触点的ON/OFF状态均保持不变。线圈重新变为ON时，则从所保存的当前值开始计测时间。在时间到之后，只能通过RST指令进行累计定时器当前值的清除以及常开触点复位。由于低速累计定时器与高速累计定时器为同一软元件，通过定时器的指定（指令的写法）可成为低速累计定时器或高速累计定时器。在使用累计定时器之前，需要通过PLC参数的软元件来设定累计定时器的使用点数。

例15　低速累计定时器输出（OUT ST）指令和高速累计定时器输出（OUTH ST）指令应用举例如图1-50所示。当X3为ON时，ST0开始计测时间；当X3变为OFF时，ST0的当前值保持不变；当X3再次变为ON时，ST0从所保存的当前值开始计测时间。当到达“时间到”（计数值=设置值）状态时，即定时时间为20s，其常开触点导通（为ON）。当X5为ON时，ST0当前值清除，其常开触点复位。高速累计定时器ST1的工作过程与ST0相似，只是计时单位不同。

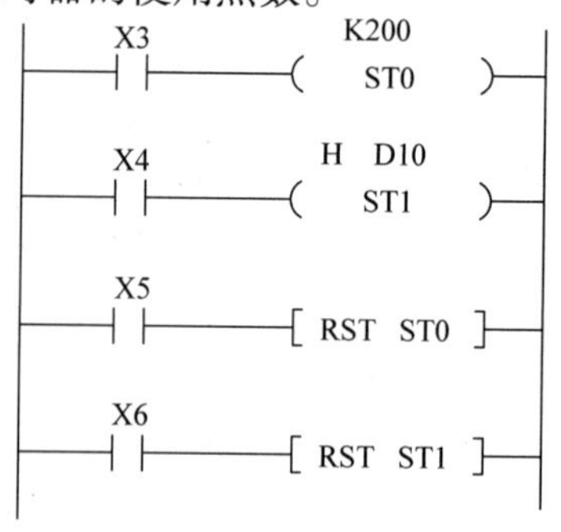

图1-50　OUT ST和OUTH ST指令应用举例

(3）计数器输出（OUT C）指令。

可用软元件：C、文件寄存器、链接直接字软元件、智能功能模块软元件、十进制常数。

梯形图表示如下。

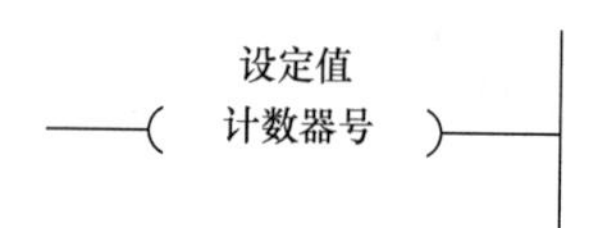

说明：OUT C 是计数器输出指令。如果 OUT 指令之前的运算结果为由 OFF 变为 ON，计数器的当前值（计数值）加 1，当计数完成时（当前值 = 设定值），其常开触点输出为 ON。当 OUT 指令之前的运算结果为 ON 不变时，计数器不进行任何计数；当 OUT 指令之前的运算结果变为 OFF 时，则计数器当前值和常开触点状态保持不变。当计数完成后，只能通过 RST 指令进行计数器的复位。

例 16 计数器输出（OUT C）指令应用举例如图 1-51 所示。当 X0 由 OFF 变为 ON 时，C1 的当前值（计数值）加上 1，当计数值达到设定值 50（当前值 = 设置值）状态时，C1 常开触点为 ON；当 X0 为 ON 不变时，C1 不进行任何计数。当 X2 为 ON 时，执行 RST 指令，使 C1 的计数值以及常开触点复位。同样，当 X1 由 OFF 变为 ON 时，C2 的计数值加上 1，当计数值达到 D10 内容时，C2 常开触点为 ON。计数器的设定值不能为负数（ -32768 ~ -1）。此外，如果计数器的设置值为 0，将进行与 1 相同的处理。

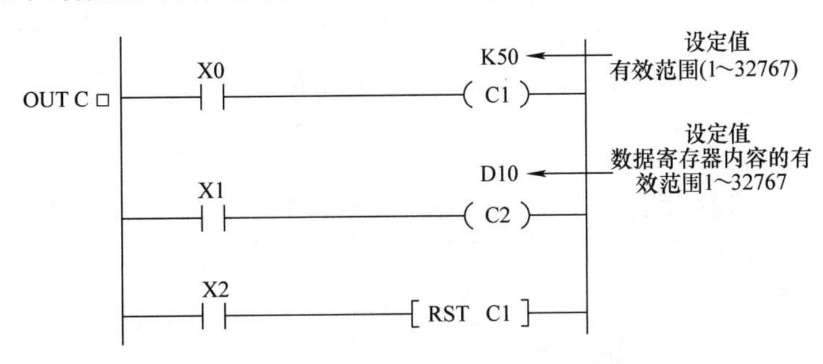

图 1-51 计数器输出（OUT C）指令应用举例

例 17 当 X0 为 ON 时将计数器 C10 的设定值设置为 10，当 X1 为 ON 时将计数器 C10 的设定值设置为 20 的梯形图程序如图 1-52 所示。

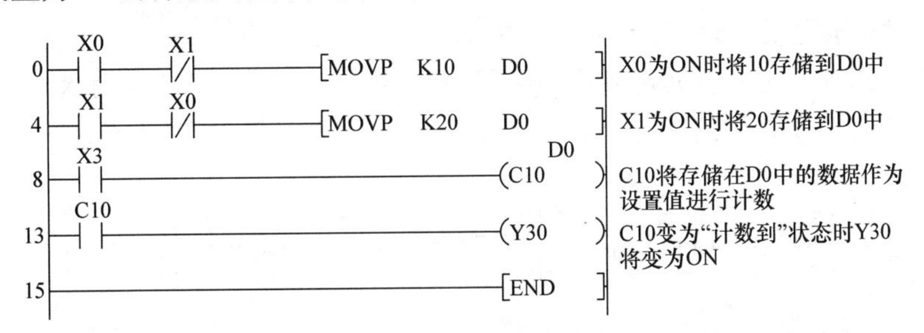

图 1-52 根据不同条件计数器设定不同值的程序

（4）置位（SET）指令。

可用软元件：内部软元件、文件寄存器、链接直接字软元件、智能功能模块软元件、DY。

梯形图表示如下。

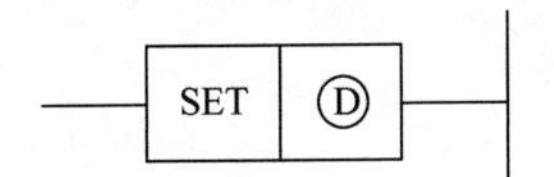

说明：当 SET 输入条件为 ON 时，指定的位软元件或字软元件的指定位将置位。位软元

件的线圈和常开触点将变为 ON，或者字软元件的指定位将置 1，即使 SET 输入变为 OFF 时，为 ON 的软元件将一直保持当前 ON 的状态，如果要将软元件变为 OFF，则需使用 RST 指令完成。

例 18 置位（SET）指令应用举例如图 1-53 所示。当输入信号 X5 为 ON 时，输出线圈 Y10 同时为 ON，当 X5 信号变为 OFF 时，输出线圈 Y10 为 ON 的状态保持不变。当 X7 为 ON 时，RST 指令执行将 Y10 复位。

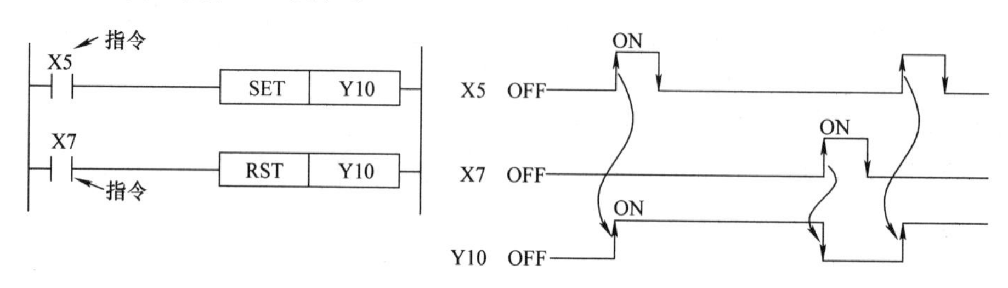

图 1-53 置位（SET）指令应用举例

（5）复位（RST）指令。

可用软元件：内部软元件、文件寄存器、链接直接字软元件、智能功能模块软元件、DY。

梯形图表示如下。

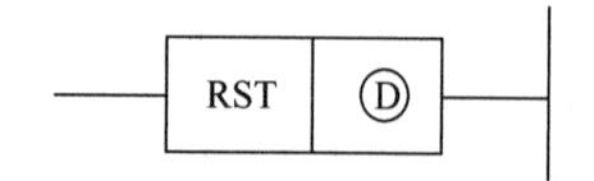

说明：当 RST 输入条件为 ON 时，指定的软元件将复位，位软元件的线圈和常开触点将变为 OFF，定时器和计数器的当前值设定为 0，并且常开触点和线圈为 OFF，字软元件的指定位将置 0，除定时器、计数器以外的字软元件的内容为 0。即使 RST 输入条件变为 OFF 时，软元件的状态不会发生改变。

例 19 RST 指令用于字软元件复位的例子如图 1-54 所示。当输入信号 X0 为 ON 时，通过 RST 指令指定的字软元件的功能（将 D10 清零）与右边 MOV 指令功能相同。

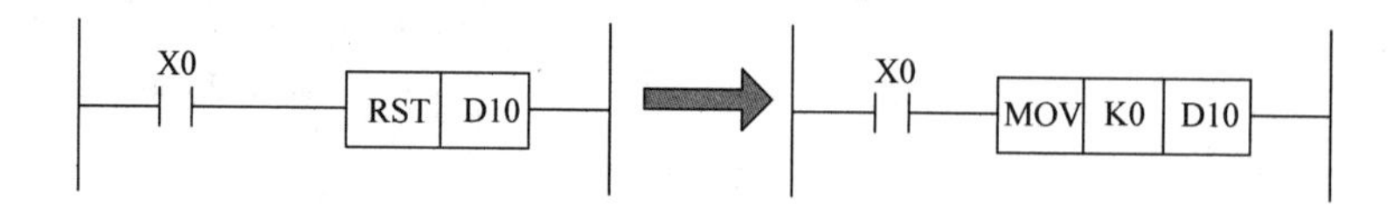

图 1-54 RST 指令用于字软元件复位的例子

例 20 当 X0 为 ON 时，将 X10 ~ X1F 的内容存储到 D8 中；当 X5 为 ON 时，将 D8 内容设置为 0。该程序的梯形图如图 1-55 所示。

（6）前沿脉冲输出（PLS）指令与后沿脉冲输出（PLF）指令。

可用软元件：内部软元件、文件寄存器、链接直接字软元件、智能功能模块软元件、DY。

1）PLS 指令，梯形图表示如下。

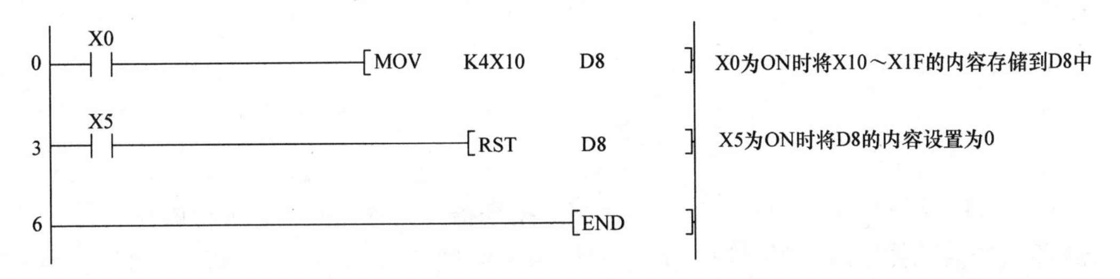

图 1-55　根据条件将 D8 设置不同数值的梯形图

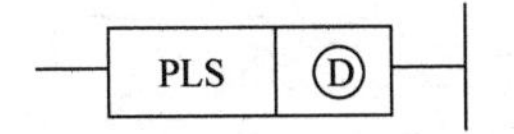

说明：PLS 是前沿脉冲输出指令，只有在之前的运算结果产生脉冲前沿（由 OFF 转换成 ON）时，PLS 指令指定的软元件将 ON 维持一个扫描周期。如果在执行了 PLS 指令之后，RUN/STOP 开关变换到 STOP，则即使再次置于 RUN，也不会执行 PLS 指令。

例 21　PLS 指令应用举例如图 1-56 所示。在 X5 的上升沿开始，M0 输出宽度为一个扫描周期的脉冲。

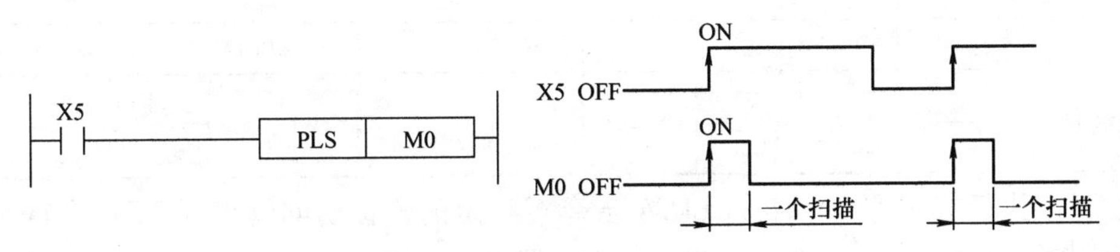

图 1-56　PLS 指令应用举例

2）PLF 指令，梯形图表示如下。

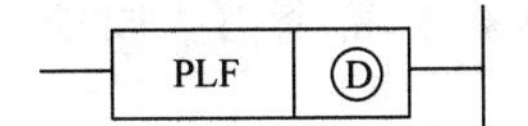

说明：PLF 是后沿脉冲输出指令，只有在之前的运算结果产生脉冲后沿（由 ON 转换成 OFF）时，PLF 指令指定的软元件将 ON 维持一个扫描周期。如果在执行了 PLF 指令之后，RUN/STOP 开关变换到 STOP，则即使再次置于 RUN，也不会执行 PLF 指令。

例 22　PLF 指令应用举例如图 1-57 所示。在 X5 的上降沿开始，M0 输出宽度为一个扫描周期的脉冲。

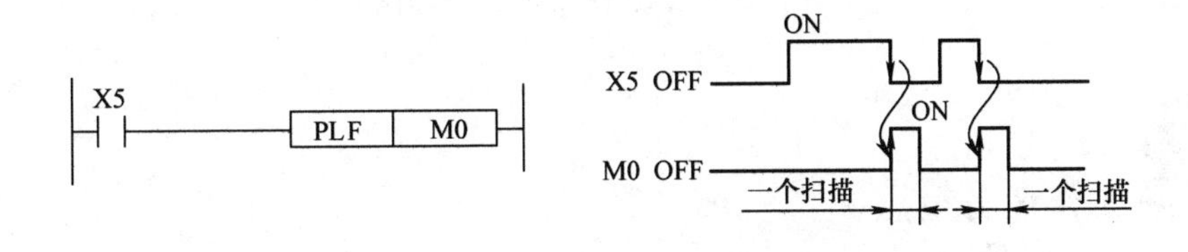

图 1-57　PLF 指令应用举例

（7）位软元件输出取反（FF）指令。

可用软元件：内部软元件、文件寄存器、链接直接字软元件、智能功能模块软元件、DY。

梯形图表示如下。

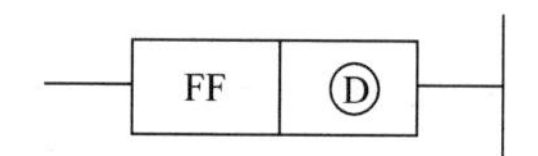

说明：当执行条件 OFF→ON 变化时，对 FF 指令指定的软元件状态进行取反。

例 23 位软元件输出取反（FF）指令应用举例如图 1-58 所示。当 X9 由 OFF 变为 ON 时，Y10 的输出状态取反一次。

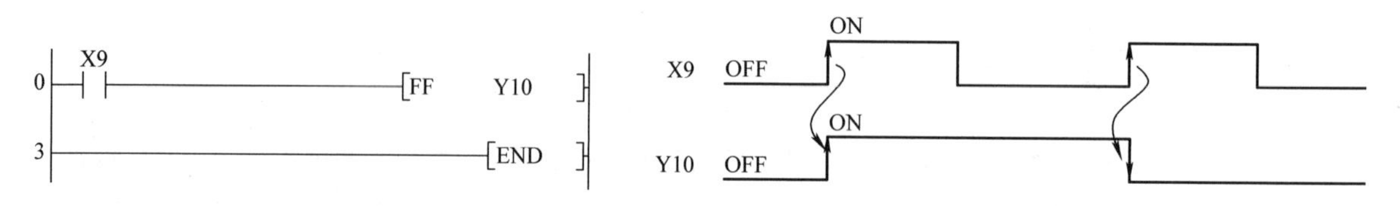

图 1-58 位软元件输出取反（FF）指令应用举例

（8）直接输出脉冲的变换（DELTA、DELTAP）指令。

可用软元件：DY。

指令	DELTA	DELTAP
梯形图表示	DELTA Ⓓ	DELTAP Ⓓ

说明：在执行条件为 ON 时，DELTA 指令对指定的直接访问输出（DY）进行脉冲串（每个扫描周期均输出一个脉冲）输出；而 DELTAP 指令与 DELTA 指令的主要区别在于执行条件不同，DELTAP 指令是在执行条件的上升沿（由 OFF 变为 ON 时）执行指令，使指定 DY 输出一个脉冲。DELTA（DELTAP）指令主要用于智能功能模块的启动执行指令。

例 24 DELTA 指令应用举例如图 1-59 所示。当 X100 为 ON 时，每个扫描周期均使 DY0 输出一个脉冲。

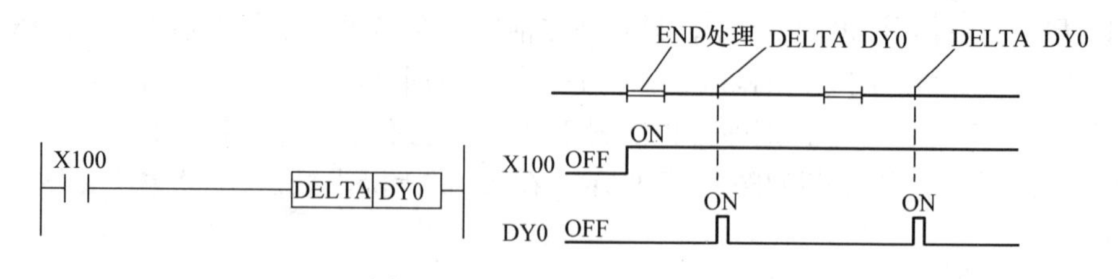

图 1-59 DELTA 指令应用举例

工作任务重点

1）三相异步电动机正反转电路分析。

2）电动机正反转 PLC 控制电路设计。

3）电动机正反转 PLC 控制程序设计。

1.2.3 电动机正反转 PLC 控制电路设计

在生产实践中，许多设备均需要两个相反方向的运行控制，如机床工作台的进退、升降以及主轴的正反向运转等。此类控制均可通过电动机的正转与反转来实现。由电动机原理可知，电动机三相电源进线中任意两相对调，即可实现电动机的反向运转。

1. 电动机“正—停—反”控制电路

在图 1-60 所示的三相电动机正反转控制电路中，接触器 KM1 和 KM2 触点不能同时闭合，以免发生相间短路故障，因此需要在各自的控制电路中串接对方的常闭触点，构成互锁，如图 1-60a 所示。电动机正转时，按下正转起动按钮 SB2，KM1 线圈得电自锁，KM1 常闭触点断开，这时按下反转按钮 SB3，KM2 也无法通电。当需要反转时，先按下停止按钮 SB1，令 KM1 断电释放，KM1 常开触点复位断开，电动机停转。再按下反转按钮 SB3，KM2 线圈才能得电自锁，电动机反转。由于电动机由正转切换成反转或由反转切换为正转时，均需要先停机，才能反转起动，故称该电路为“正—停—反”控制电路。这种利用接触器常闭触点进行互相制约的关系称为互锁，而这两个常闭触点称为互锁触点。

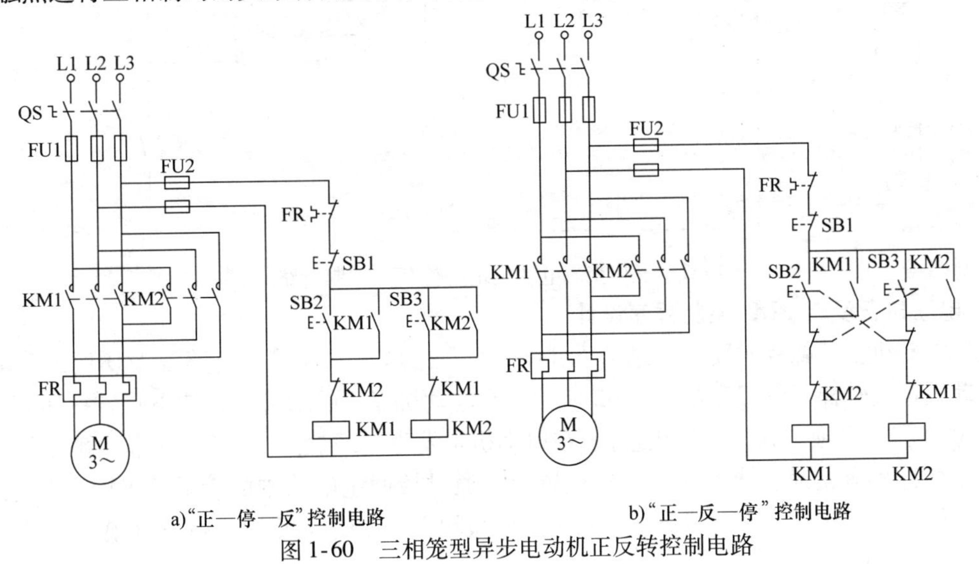

a)“正—停—反”控制电路 b)“正—反—停”控制电路

图 1-60 三相笼型异步电动机正反转控制电路

2. 电动机“正—反—停”控制电路

在图 1-60a 中，电动机由正转到反转或由反转到正转，均需要先按停止按钮 SB1，在操作上不方便，为了解决这个问题，可利用复合按钮进行控制。将图 1-60a 中的起动按钮均换为复合按钮（先断开常闭触点，再闭合常开触点），构成按钮、接触器双重联锁的控制电路，如图 1-60b 所示。如果按下正转复合按钮 SB2，接触器 KM1 线圈吸合自锁，主触点 KM1 闭合，电动机正转。欲切换电动机的转向，只需按下反转复合按钮 SB3 即可。按下 SB3 后，其常闭触点先断开 KM1 线圈回路，KM1 释放，主触点断开正序电源；稍后复合按钮 SB3 的常开触点闭合，接通 KM2 的线圈回路，KM2 通电吸合且自锁，KM2 的主触点闭合，负序电源送入电动机绕组，电动机反转。若欲使电动机由反转直接切换成正转，操作过程与上述类似。

但应注意，在实际应用中只用按钮进行联锁，而不用接触器常闭触点之间互锁，是不可靠的。这是因为在实际应用中，由于负载短路或大电流的长期作用，接触器的主触点可能会被强烈的电弧“烧焊”在一起，或者接触器的机构失灵，使衔铁卡住总是在吸合状态，主触点不能断开，这时如果另一个接触器动作，就会造成电源短路事故。如果使用了接触器常闭触点进行联锁，不论什么原因，只要有一个接触器处在吸合状态，它的联锁常闭触点就必然将另一个接触器线圈电路切断，避免事故的发生。

3. 电动机正反转 PLC 控制电路

PLC 控制系统由 Q00JCPU 模块、QX40 型 16 点 DC 24V 输入模块（电源“+”端为公共端）和 QY10 型 16 点继电器输出模块组成。第 0 槽安装 QX40 型输入模块，其 I/O 地址为 X00 ~ X0F，第 1 槽安装 QY10 型继电器输出模块，其 I/O 地址为 Y10 ~ Y1F，设计三相交流电动机正反转 PLC 控制电路，如图 1-61 所示。其中，SB1 为停止按钮，SB2 为正转按钮，SB3 为反转按钮。电动机正反转的主电路和图 1-60 完全相同，分别由交流接触器 KM1 和 KM2 控制，KM1 闭合时，电动机正转，KM2 闭合时，电动机反转。

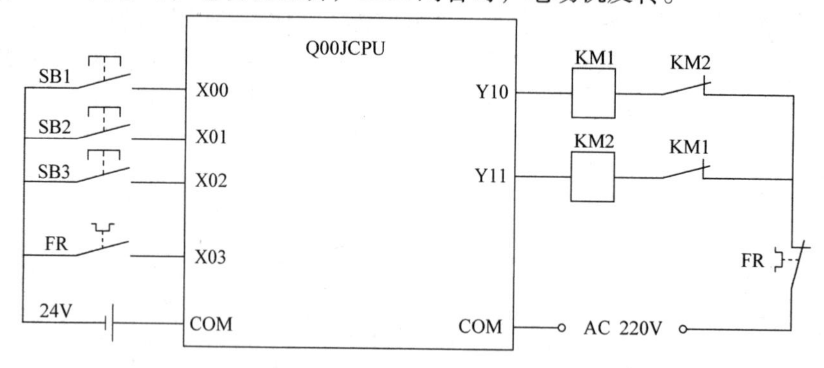

图 1-61　三相交流电动机正反转 PLC 控制电路

1.2.4　电动机正反转 PLC 控制程序设计

根据电动机正反转控制要求，结合图 1-61 所示的 PLC 外部接口电路及 I/O 地址分配，设计电动机正反转梯形图程序如图 1-62 所示。在电动机停止的状态下，按下正转按钮 SB2，使线圈 M00 得电自锁（保持 ON 状态），在电动机不发生过载故障时，FR 的常开触点断开，使 X03 的常闭触点接通，使线圈 Y10 得电置位，通过接通主电路中的接触器 KM1，使电动机正转运行。在电动机停止的状态下，按下反转按钮 SB3，使线圈 M01 得电自锁（保持 ON 状态），在电动机不发生过载故障时，X03 的常闭触点接通，使线圈 Y11 得电置位，通过接通主电路中的接触器 KM2，使电动机反转运行。当按下停止按钮 SB1 时，对应常闭触点 X00 断开，使 M00 或 M01 复位（为 OFF 状态），进而使 Y10 或 Y11 复位（为 OFF 状态），主电路中的接触器 KM1 或 KM2 失电，电动机停止运行。电动机从正转切换成反转，或者从反转切换成正转，需要经过操作停机按钮 SB1 这个中间环节。在电动机运行发生过载故障时，热继电器 FR 动作，

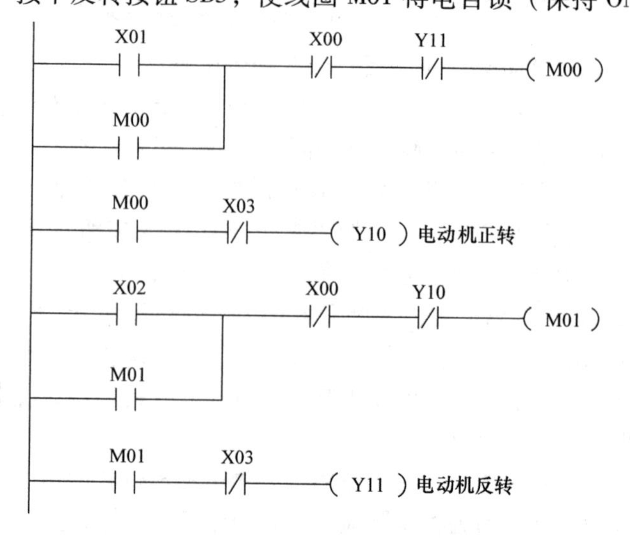

图 1-62　电动机正反转梯形图程序

FR的常开触点闭合，使X03的常闭触点断开，进而使Y10或Y11复位（为OFF状态），同时FR的常闭触点断开，使主电路中的接触器KM1或KM2失电，电动机停止运行；过载故障消除后，使X03的常闭触点闭合，接触器KM1或KM2重新闭合，电动机继续运行。

1.3　三相异步电动机Y－△减压起动PLC控制

工作任务

对于正常运行为三角形（△）联结、电动机功率较大（几十千瓦）、负载对电动机起动转矩无严格要求的三相异步电动机，为了降低起动电流，减小对电网及供电设备的危害，可以采用Y－△（星形－三角形）减压起动方法。Y－△减压起动方法简便、经济可靠，且Y联结的起动电流是正常运行△联结的1/3，起动转矩也只有正常运行时的1/3，因而，Y－△减压起动只适用于空载或轻载的情况。

1）请你完成交流电动机Y－△减压起动PLC控制系统的电动机驱动电路设计与接线工作。

2）请你完成交流电动机Y－△减压起动PLC控制系统的PLC控制电路设计与接线工作。

3）请你完成交流电动机Y－△减压起动PLC控制系统的PLC控制程序设计与调试工作。

4）请你完成交流电动机Y－△减压起动PLC控制系统的联机调试工作。

相关知识

1.3.1　电动机Y－△减压起动PLC控制电路设计

三相交流笼型异步电动机采用全压起动时，控制电路简单、经济，但起动电流大，可达到电动机额定电流的5～7倍，对电网冲击大，一般只适于10kW以下笼型异步电动机的起动控制。对于容量大于10kW的笼型异步电动机，一般不允许采用全压直接起动，而应采用减压起动。减压起动的目的是限制起动电流。减压起动利用起动设备将电压适当降低后加到电动机的定子绕组上起动，等电动机转速升高到接近稳定转速时，再使电动机定子绕组上的电压恢复至额定值，保证电动机在额定电压下稳定工作。由于电动机电磁转矩与电源电压二次方成正比，所以减压起动时起动转矩将大幅下降，只能应用于电动机空载起动或轻载起动。三相笼型异步电动机常用的减压起动方式有定子电路串电阻减压起动、星－三角（Y－△）减压起动、延边三角形减压起动、自耦变压器减压起动、变频器起动、软起动器起动等。下面以Y－△减压起动电路为例，来介绍电动机的减压起动原理。

1. 电动机Y－△减压起动电路

主电路由3个接触器进行控制，KM1、KM3主触点闭合，将电动机定子绕组连接成星形；KM1、KM2主触点闭合，将电动机定子绕组连接成三角形。减压起动控制过程，用时间继电器KT来实现电动机定子绕组由星形向三角形联结的自动转换，如图1-63所示。

Y－△减压起动电路的工作原理：在合上电源开关QS后，按下起动按钮SB2，KM1线

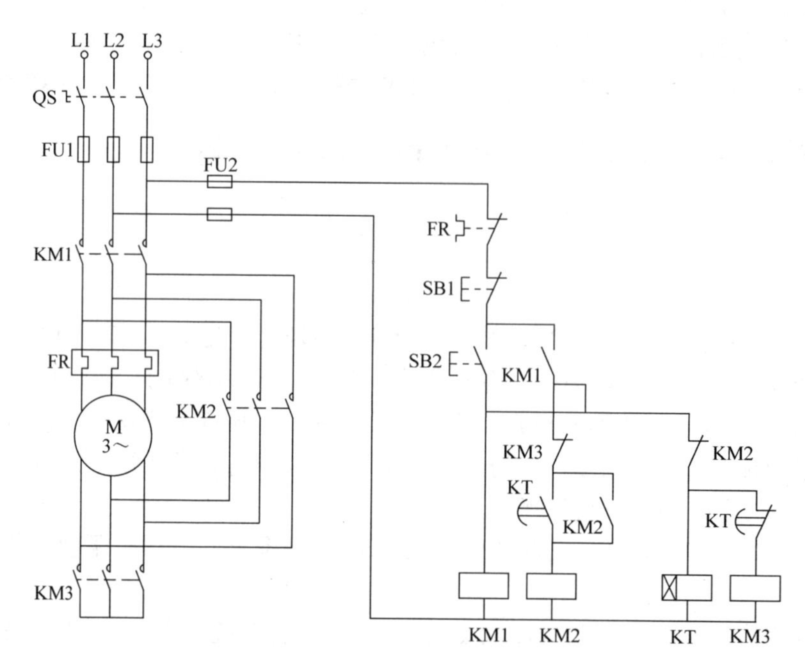

图 1-63 三相笼型电动机Y－△减压起动电路

圈得电自锁，KM2 线圈处于失电状态，KM3 线圈得电，把定子绕组接成星形（Y），使得每相绕组电压为三角形联结相电压的 $1/\sqrt{3}$，同时时间继电器 KT 线圈通电开始计时；待电动机转速上升到接近额定转速，KT 计时时间到发生动作（延时时间长短可根据电动机起动时间要求事先确定），其通电延时断开触点断开，使 KM3 线圈失电，其通电延时闭合触点闭合，使 KM2 线圈得电自锁，将定子绕组改接成三角形（△），使电动机全压运行，同时使 KT 线圈失电。

Y－△减压起动方法简便、经济可靠，且Y联结的起动电流是正常运行△联结的 1/3，这是因为电动机Y联结时的线电流为 $I_{\text{YL}}=I_{\text{YP}}=U_{\text{YP}}/Z=U_{\text{N}}/(\sqrt{3}Z)$，电动机△联结时的线电流为 $I_{\triangle\text{L}}=\sqrt{3}I_{\triangle\text{P}}=\sqrt{3}U_{\Delta\text{P}}/Z=\sqrt{3}U_{\text{N}}/(Z)$，$I_{\text{YL}}/I_{\triangle\text{L}}=1/3$，其中，额定线电压 $U_{\text{N}}=380\text{V}$，Z 为电动机的相阻抗。然而，Y联结的起动转矩（与线电流成正比）也只有正常运行时的 1/3，因而，Y－△减压起动只适用于空载或轻载的情况。另外，额定运行状态为Y联结的电动机，不可采用本方法进行减压起动。

2. 电动机Y－△减压起动 PLC 控制电路

PLC 控制系统由 Q00JCPU 模块、QX40 型 16 点 DC 24V 输入模块（电源“＋”端为公共端）和 QY10 型 16 点继电器输出模块组成。第 0 槽安装 QX40 型输入模块，其 I/O 地址为 X00～X0F，第 1 槽安装 QY10 型继电器输出模块，其 I/O 地址为 Y10～Y1F，设计三相交流电动机Y－△减压起动 PLC 控制电路，如图 1-64 所示。其中，SB1 为停止按钮，SB2 为起动按钮。电动机Y－△减压起动的主电路和图 1-63 完全相同，当交流接触器 KM1 和 KM3 闭合时，电动机定子绕组为星形联结，电动机低压起动；经过适当延时后，变为 KM1 和 KM2 闭合时，电动机定子绕组为三角形联结，电动机全压正常运行。

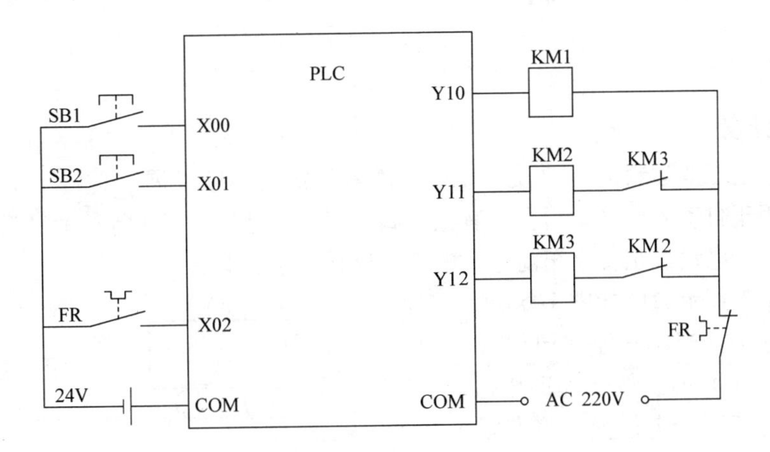

图 1-64　交流电动机Y-△减压起动 PLC 控制电路

工作任务重点

1）电动机Y-△减压起动电路分析。

2）电动机Y-△减压起动 PLC 控制电路设计。

3）电动机Y-△减压起动 PLC 控制程序设计。

1.3.2　电动机Y-△减压起动 PLC 控制程序设计

根据电动机Y-△减压起动的控制要求，结合图 1-64 所示的 PLC 外部接口电路及 I/O 地址分配，设计电动机减压起动梯形图程序如图 1-65 所示。在电动机停止的状态下，按下起动按钮 SB2，使线圈 M00 得电自锁（保持 ON 状态），定时器 T0 开始定时，在电动机不发生过载故障时，X02 的常闭触点接通，使线圈 Y10 得电置位，接通主电路中的接触器 KM1。在定时器定时 5s 时间未到时，使 Y11 为 OFF 状态、Y12 为 ON 状态，进而使接触器 KM3 得电，电动机定子绕组为Y联结，电动机减压起动。当定时器定时 5s 时间到时，使 Y11 变为 ON 状态，使 Y12 变为 OFF 状态，进而使 KM3 失电、KM2 得电，电动机定子为△联结，电动机全压正常运行。当按下停止按钮 SB1 时，使 M00 变为 OFF 状态，进而使 Y10 变为 OFF 状态，主电路中的接触器 KM1 失电，电动机停止运行。

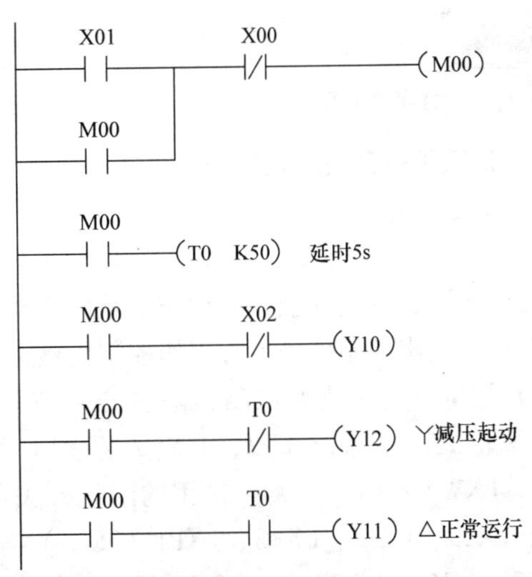

图 1-65　电动机Y-△减压起动梯形图程序

1.4 送料小车 PLC 控制

工作任务

送料小车是工业运料的主要设备之一，随着经济的不断发展，送料小车的应用得到拓展，广泛应用于自动生产线、冶金、有色金属、煤矿、港口、码头等行业。送料小车通常采用电动机驱动，电动机正转小车前进，电动机反转小车后退。

送料小车工作示意图如图 1-66 所示。小车的工作过程为：当小车停在原位（左限位开关 SQ1 被压下）时，按下起动按钮，小车开始右行，右行到一定位置时将右限位开关 SQ2 压下，停止右行，装料电磁阀 YV1 得电开始装料，装料时间为 80s，装完料后开始左行；当左行到一定位置时将左限位开关 SQ1 压下，小车停止左行开始卸料，卸料时间为 60s，卸料结束后，小车完成一个工作周期。

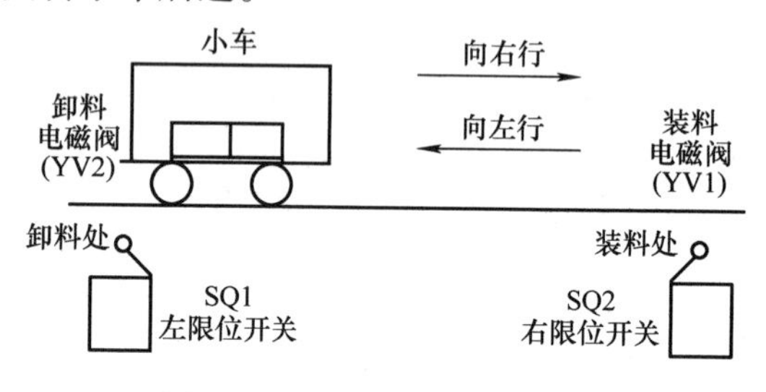

图 1-66 送料小车工作示意图

1）请你完成送料小车 PLC 控制系统的电动机驱动电路设计与接线工作。

2）请你完成送料小车 PLC 控制系统的 PLC 控制电路设计与接线工作。

3）请你完成送料小车 PLC 控制系统的 PLC 控制程序设计与调试工作。

4）请你完成送料小车 PLC 控制系统的联机调试工作。

相关知识

1.4.1 认识限位开关与接近开关

1. 限位开关

1）限位开关的作用：限位开关（Limit Switch）又称行程开关或位置开关，其作用和原理与按钮相同，只是其触点的动作不是靠手动操作，而是依靠生产机械运动部件的碰撞使其触点动作，发出控制信号，常用作控制机械运动的行程、方向及安全保护。

2）限位开关的典型产品：限位开关按其结构可分为直动式（例如，LX1、JLXK1 系列）、滚轮式（例如，LX2、JLXK2 系列）和微动式（例如，LXW2、LXW－11、JW、LXW5、LXW6 系列）三类。常用的限位开关还有 LX3、LX8、LX10、LX19、LX21、LX23、LX25、LX29、LX33、LXK3、LXP1（3SE3）等系列产品。例如，LX1 系列限位开关适用于交流 50～60Hz、AC 380V、DC 220V，电流 5A 的电路中，作为控制速度不小于 0.1m/min 的运动机构之行程或变换其运动方向或速度之用。LX2 系列行程开关适用于交流 50～60Hz、AC 380V、DC 220V，电流 10A 的控制电路中，作为机床、机械的自动控制、限制运动、传动机构动作或程序控制之用。LXW2－11 行程开关适用于交流 50Hz，AC 380V 或 DC 220V 的控制电路中，作为控制运动机构的行程或变换其运动方向或速度之用。

3）限位开关的选用：选用限位开关时，主要考虑应用场合、控制对象、防护等级、额定电压、额定电流、触点类型和数量等。直动式行程开关，适用于移动速度高于 0.1m/min 的场合，当运动部件的移动速度低于 0.1m/min 时，因其触点断开、闭合的速度缓慢，易被电弧烧坏而不能选用，应选用具有瞬动机构的滚轮式或微动式限位开关。滚轮式限位开关适用于低速运动的机械。微动式限位开关适用于操作力小且操作行程短的场合。

2. 接近开关

（1）接近开关的作用。接近开关（Proximity Switch）是一种无触点式的行程开关。这种开关一般由感应头、电子振荡器等组成。当生产机械运动部件上的感应体接近感应头时，感应头的参数值发生变化，影响振荡器的工作，而使电子开关电路导通或关断，从而输出相应的主令信号。接近开关不仅能用于行程控制、限位保护，还可用于高速计数、测速、检测零件尺寸、液面控制、检测金属体的存在等。

（2）接近开关的典型产品。接近开关按其工作原理来分，主要有高频振荡式、霍尔式、超声波式、电容式、差动线圈式、永磁式等。接近开关的主要特点是工作可靠、寿命长、功耗低、重复定位精度高、操作频率高以及适应恶劣的工作环境等。常用产品有 LIONPOWER、AB、LJ、CJ、SJ、JKDX、JKS、LXJ3、LXJ6、LXJ8（3SG）、LXJ10 等系列接近开关。

下面以狮威（LIONPOWER）直流三线电感式接近开关为例，介绍接近开关的相关参数。这种接近开关的供电电压为 DC 10～30V，标准导线长度是 1.5m，均有 NPN 和 PNP 两种输出，负载能力为：阻性负载≤100mA，感性负载≤50mA；其连接的三根线分别是：棕色线——电源正极，蓝色线——电源负极，黑色线——输出信号。

1）型号为 SN04－N、SN04－P 接近开关，其中，SN 表示方形，04 表示感应距离 4mm，N 表示输出是 NPN 型，P 表示输出是 PNP 型。

2）型号为 TL－Q5MC1/TLQM5B1TL 接近开关，Q5MC1 为 NPN 型输出，TLQM5B1 为 PNP 型输出，外形为方形，感应距离 5mm。

3）型号为 PL－05N/PL－05P 接近开关，感应距离 5mm，PL－05N 是 NPN 型，PL－05P 是 PNP 型。

4）型号为 W－05N/W－05P 接近开关，扁形，上（侧）面感应，感应距离 5mm。

5）型号为 LP－8N2C/LP－8P2C 接近开关，圆柱形，直径 8mm，感应距离 2mm。

6）型号为 LP－18N8C/LP－18P8C 接近开关，圆柱形，直径 18mm，感应距离 8mm。

另外，还有交流二线式接近开关，使用时将负载和接近开关串联后接在交流电源端，如 SN04－Y 型交流二线式方形接近开关，感应距离 4mm，供电电压 AC 90～250V；LP－12Y4C 型圆柱形交流二线式接近开关，直径 12mm，感应距离 4mm，供电电压 AC 90～250V；LP－18Y8C 型圆柱形交流二线式接近开关，直径 18mm，感应距离 8mm，供电电压 AC 90～250V；CP－18R8DN/CP－18R8DP 型圆柱形电容式接近开关，感应距离 8mm，可感应非金属。

（3）接近开关的选用。对于不同材质的检测体和不同的检测距离，应选用不同类型的接近开关，以使其在系统中具有高的性能价格比，为此在选型中应遵循以下原则。

1）当检测体为金属材料时，应选用高频振荡型接近开关，该类型接近开关对铁镍、A3 钢类检测体检测最灵敏；但对铝、黄铜和不锈钢类检测体，其检测灵敏度较低。

2）当检测体为非金属材料时，如木材、纸张、塑料、玻璃和水等，应选用电容型接近开关。

3）金属体和非金属要进行远距离检测和控制时，应选用光电型接近开关或超声波型接近开关。

4）检测体为金属时，若检测灵敏度要求不高，可选用价格低廉的磁性接近开关或霍尔式接近开关。

5）除考虑接近开关的类型外，还应考虑的主要参数有：动作行程、工作电压、动作频率、响应时间、输出形式以及触点电流容量等参数。

工作任务重点

1）分析送料小车控制要求。

2）送料小车 PLC 控制电路设计。

3）送料小车 PLC 控制程序设计。

1.4.2 送料小车 PLC 控制系统设计与调试

1. 送料小车控制要求

1）采用单周期工作方式，即操作一次起动按钮，小车自动完成从装料到卸料整个过程；当小车停在原位（左限位开关 SQ1 被压下）时，按下起动按钮 SB2，KM1 得电，小车开始右行。

2）小车右行到一定位置将右限位开关 SQ2 压下，停止右行，装料电磁阀 YV1 得电开始装料，装料时间为 80s。

3）小车装完料，KM2 得电，小车开始左行，当左行到一定位置时将左限位开关 SQ1 压下，小车停止左行开始卸料，卸料时间为 60s。

4）小车卸料结束，停在原位，完成一个工作周期。

5）小车由交流电动机拖动，具有过载保护功能。

6）装料和卸料均由电磁阀控制。

7）在小车运行中，按下停止按钮 SB1，小车立即暂停运行，再次操作运行按钮 SB2 后，小车继续执行暂停之前的动作，直到完成一个工作周期。

2. 送料小车控制电路设计

在小车往返运输的控制装置中，小车的往返控制是通过电动机的正反转实现的。在这里采用的是三相异步电动机。假设运输小车可用型号为 Y2 - 112M - 2 的电动机拖动，额定功率为 4kW、满载时转速为 2890r/min、额定电流为 8.1A、效率为 85%、功率因数为 0.88，堵转电流是额定电流的 7.5 倍，电动机过载采用热继电器 FR1 保护，设计电动机控制的主电路如图 1-67a 所示。

PLC 控制系统由 Q00JCPU 模块、QX40 型 16 点 DC 24V 输入模块（电源“+”端为公共端）和 QY10 型 16 点继电器输出模块组成。第 0 槽安装 QX40 型输入模块，其 I/O 地址为 X00 ~ X0F，第 1 槽安装 QY10 型继电器输出模块，其 I/O 地址为 Y10 ~ Y1F，设计三相交流电动机Y - △减压起动 PLC 控制电路，如图 1-67b 所示。

输入电路设置了停止按钮 SB1、起动按钮 SB2、两个行程开关 SQ1 和 SQ2，其中 SQ2 是装料位置行程开关，SQ1 是卸料位置行程开关。装料和卸料一般通过液压和气动装置来控制，在本系统中，电磁阀 YV1 完成装料控制，电磁阀 YV2 完成卸料控制；系统输出需控制两个接触器 KM1 和 KM2 的线圈，两个电磁阀 YV1 和 YV2 的线圈；断路器 QF1 对控制电路

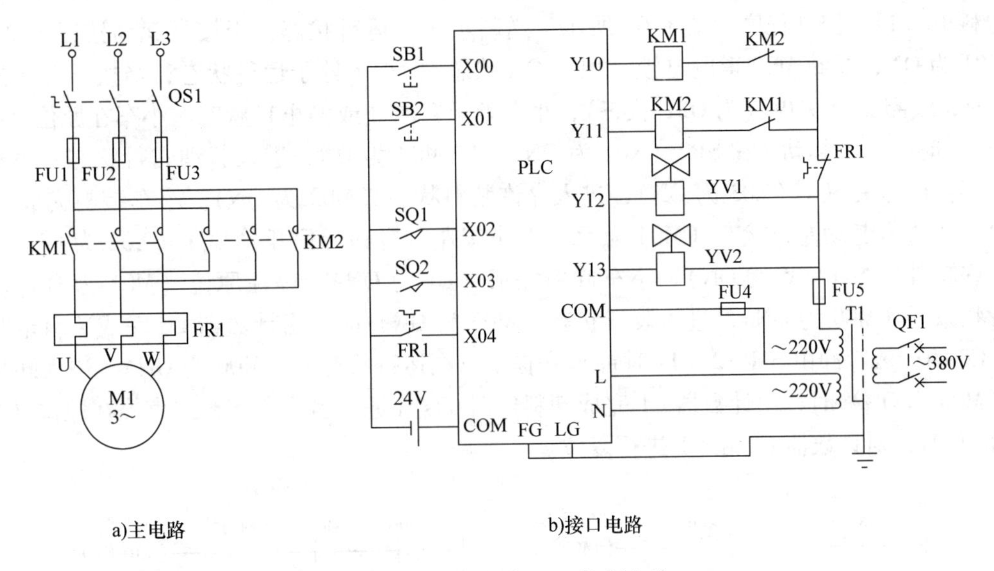

a)主电路

b)接口电路

图 1-67　送料小车 PLC 控制电路

起过载和短路保护的作用；隔离变压器 T1 将 AC 380V 转变为两组 AC 220V，分别供给 PLC 和外围电路，以提高整个控制系统的可靠性。

根据图 1-67 和运输小车的控制要求，经过分析与计算，选择的元器件见表 1-17。

表 1-17　送料小车控制系统元器件清单

设备代号	名称	型号	规格	数量	备注
PLC	可编程序控制器	Q00JCPU、QX40、QY10	DC 24V 输入模块、继电器输出模块		
M1	电动机	Y2－112M－2	4kW，2890r/min	1	
QS1	主电路电源开关	HZ15－25/3		1	
QF1	控制电路电源开关	DZ5－20/230－6.5A		1	
T1	隔离变压器		380V/220V，1kW	1	
FU1、FU2、FU3	熔断器	RL1－60/20	熔座 60A/熔体 20A	3	
FU4、FU5	熔断器	RL1－15	熔座 15A/熔体 5A	2	
KM1、KM2	接触器	CJ20－10/03	线圈电压 220V	2	
热继电器	热继电器	JR20－10/14R	7～8.6～10A	1	整定在 8.37A
SB1	起动按钮	LA19－11	绿色	1	
SB2	停止按钮	LA19－11	红色	1	
SQ1	行程开关	LX2－131		1	自动复位
SQ2	行程开关	LX2－131		1	自动复位
YV1	装料电磁阀	AIRTAC　4M310－10	线圈电压：220V	1	
YV2	卸料电磁阀	AIRTAC　4M310－10	线圈电压：220V	1	

3. 送料小车控制程序设计

根据送料小车的控制要求，结合图 1-67 所示的 PLC 外部接口电路及 I/O 地址分配，设计送料小车 PLC 控制程序如图 1-68 所示。送料小车的运行状态：当按下起动按钮 SB2 时，使 X01 为 ON，线圈 M00 得电自锁（保持 ON 状态），小车处于运行状态；当按下停止按钮 SB1 时，线圈 M00 失电（为 OFF 状态），小车处于暂停（或停止）状态。小车在原位（M01 为 ON）时，按下起动按钮 SB2（X01 为 ON），则 M02 为 ON，进入起动右行状态。小车右行碰到行程开关 SQ2（X03 为 ON），进入允许装料状态（M03 为 ON）。小车装料完成（C0 为 ON），进入起动左行状态（M04 为 ON）。小车左行碰到行程开关 SQ1（X02 为 ON），进入允许卸料状态（M05 为 ON）。小车卸料完成（C1 为 ON），停在原位（M01 为 ON）。在运行状态下（M00 为 ON），进入装料状态（M03 为 ON）时，由计数器 C0 完成装料定时任务，C0 的计数脉冲由 SM412（1s 时钟）来提供。在运行状态下（M00 为 ON），进入卸料状态（M05 为 ON）时，由计数器 C1 完成卸料定时 60s 任务。当小车卸料结束停在原位（M01 为 ON）时，对计数器 C0 和 C1 进行复位。

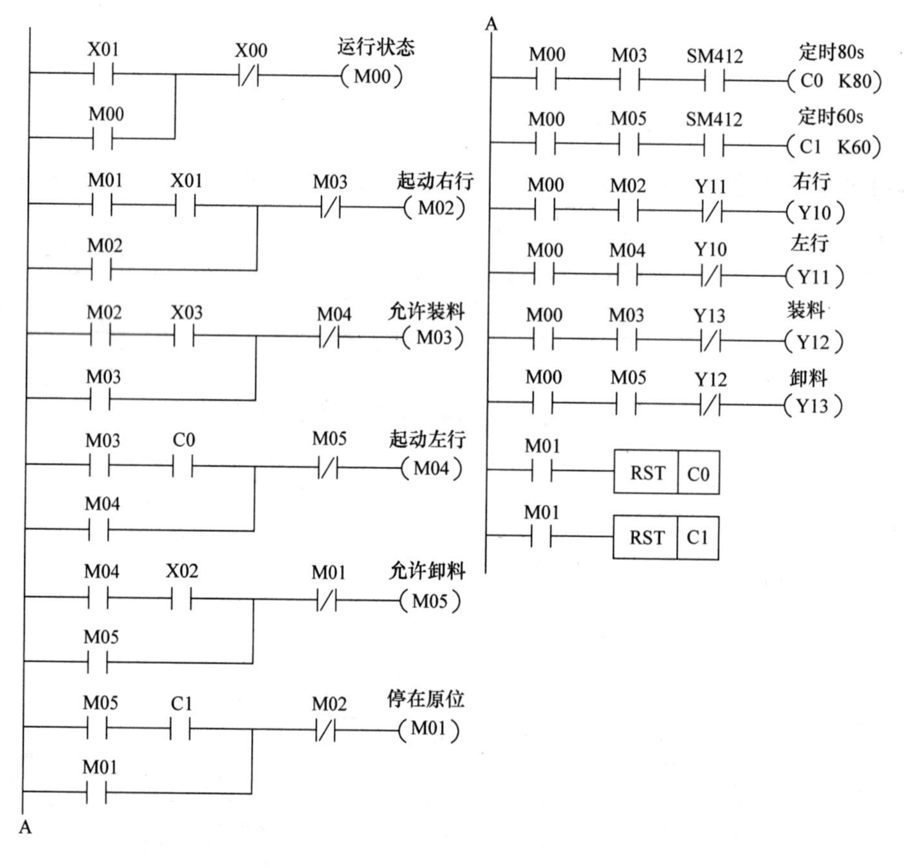

图 1-68 送料小车 PLC 控制程序

复习思考题

1. PLC 有哪些主要特点和技术指标？
2. PLC 的基本结构如何？试阐述其基本工作原理。
3. PLC 有哪些常用编程语言？

4. 说明 Q 系列 PLC 的主要编程组件和它们的组件编号。

5. 画出具有双重互锁的三相异步电动机正、反转控制电路。

6. Y-△减压起动方法有什么特点？并说明其使用场合。

7. 用 Q00JCPU 设计一个 PLC 控制电动机 M 的电路与程序，要求：按下按钮 SB，电动机 M 正转；松开 SB，M 反转，1min 后 M 自动停止。

8. 用 Q00JCPU 设计一个 PLC 控制系统，要求第一台电动机起动 10s 以后，第二台电动机自动起动。第二台电动机运行 5s 后，第一台电动机停止，同时第三台电动机自动起动；第三台电动机运行 15s 后，全部电动机停止。

9. 简单介绍 Q 系列 PLC 编程工具的主要功能。

10. 简要分析电动机正反转 PLC 控制程序的工作过程。

11. 简要分析电动机Y-△减压起动 PLC 控制电路的工作过程。

12. 简要分析送料小车 PLC 控制程序的工作过程。

第2章　气动传动 PLC 控制系统设计

气动技术——这个被誉为工业自动化之“肌肉”的传动与控制技术，在加工制造业领域越来越受到人们的重视，并获得了广泛应用。目前，伴随着微电子技术、通信技术和自动化控制技术的迅猛发展，气动技术也不断创新，以工程实际应用为目标，得到了前所未有的发展。气动技术（Pneumatics）是以压缩空气为介质来传动和控制机械的一门专业技术，由于具有节能、无污染、高效、低成本、安全可靠、结构简单，以及防火、防爆、抗电磁干扰、抗辐射等优点，广泛应用于汽车制造、电子、工业机械、食品等工业产业中。随着生产自动化程度的不断提高，气动技术应用面迅速扩大，气动产品品种规格持续增多，性能、质量不断提高，市场销售产值稳步增长。在工业技术发达的欧美、日本等国家，气动元件产值已接近液压元件的产值，而且仍以较快的速度在发展。气动技术正朝着精确化、高速化、小型化、复合化和集成化的方向发展。

气动传动 PLC 控制系统就是以 PLC 为核心元件，做信号的处理工作，而感应部分采用光电、电感、电容等传感器，实现物体的检测与信号转换，气动部分在 PLC 控制下执行相关操作，具有价格适宜、故障率低、可靠性高、维修调试方便等优点，因而得到广泛的应用。

2.1　气动分拣 PLC 控制

分拣是把很多货物按品种从不同的地点和单位分配到所设置场地的作业。按分拣的手段不同，可分为人工分拣、机械分拣和自动分拣。目前自动分拣已逐渐成为主流，因为自动分拣是从货物进入分拣系统送到指定的分配位置为止，都是按照人们的指令靠自动分拣装置来完成的。这种装置是一种通过控制装置、计算机网络，把到达分拣位置的货物送到别处的搬送装置。由于全部采用机械自动作业，因此，分拣处理能力较大，分拣分类数量也较多。

物料分拣采用 PLC 进行控制，能连续、大批量地分拣货物，分拣误差率低且劳动强度大幅降低，可显著提高劳动生产率。而且，分拣系统能够灵活地与其他物流设备无缝连接，实现对物料实物流、物料信息流的分配和管理。其设计采用标准化、模块化结构，具有系统布局灵活，维护、检修方便，受场地影响小等特点。

PLC 控制分拣装置涵盖了 PLC 技术、气动技术、传感器技术、位置控制技术等内容，是气动控制技术在实际工业现场生产的典型应用。

工作任务

1）熟悉气动分拣 PLC 控制系统的作用、结构组成与工作过程。

2）请你根据现场条件和控制要求选择合适的气动物料分拣 PLC 控制方案。

3）请你根据生产现场的实际要求完成气动物料分拣 PLC 控制系统的设计与调试工作。

相关知识

2.1.1 Q 系列 PLC 的顺控程序指令（二）

1. 移位指令（SFT、SFTP）

可用软元件：内部（位、字）软元件（除 T、C 以外）、文件寄存器 R、链接直接软元件 ZR、智能功能模块软元件、DY。

指令	SFT	SFTP
梯形图表示	SFT Ⓓ	SFTP Ⓓ

说明：在执行条件为 ON 时，SFT 指令将其前一个号的位的 1/0 状态移位到在Ⓓ中指定的位中，并且将前一个号的位置于 0。SFTP 和 SFT 指令的区别在于 SFTP 在执行条件的上升沿执行指令。

（1）当指令中使用位软元件时 SFT 指令的执行过程。

1）对于在Ⓓ中指定的软元件，SFT 指令执行后，将其前一个号的软元件的 ON/OFF 状态移位到在Ⓓ中指定的软元件中，并且将前一个号的软元件置于 OFF。例如，通过 SFT 指令指定了 M11 时，在 SFT 指令被执行时将 M10 的 ON/OFF 状态移位至 M11 中，并将 M10 置于 OFF。

2）应通过 SET 指令将要移位的起始软元件置于 ON，以便进行移位处理。

3）当 SFT 和 SFTP 被连续使用时，应将程序编制为从较大号的软元件处开始使用 SFT（P）指令，参见图 2-1 的例子。

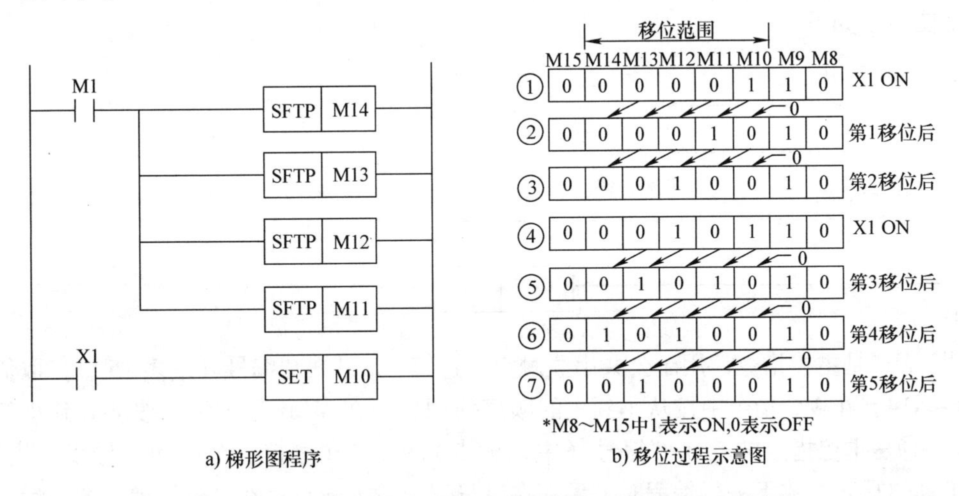

a) 梯形图程序　　b) 移位过程示意图

图 2-1　SFTP 位软元件移位程序举例及执行过程示意图

（2）当指令中使用字软元件的位指定时 SFT 指令的执行过程。

对于在Ⓓ中指定的软元件位，将其前一个号的位的 1/0 状态移位到在Ⓓ中指定的位中，并且将前一个号的位置于 0。例如，通过 SFT 指令指定了 D0.5［D0 的位 5（b5）］时，SFT

指令执行时将 D0 的 b4 的 1/0 移位到 b5 中，并将 b4 置于 0。

例 1 SFTP 指令用于位软元件移位的程序例子如图 2-1 所示。当输入信号 X1 为 ON 时，通过 SET 置位指令把 M10 置为 ON，当 M1 变为 ON 时，通过 SFTP M11 指令指定了 M11，在 SFTP 指令被执行时（第 1 次移位后）将 M10 的 ON/OFF 状态移位至 M11 中，并将 M10 置于 OFF；当 M1 再次由 OFF 变为 ON 时，SFTP M12 指令执行（第 2 次移位），将原 M11 内容移到 M12，并将 M11 清零。当 X1 再次为 ON 时，将 M10 置位；随后在 M1 多次由 OFF 变为 ON 时，进行第 3 次、第 4 次、第 5 次移位。

SFT 指令用于字软元件的位指定时的移位过程如图 2-2 所示。通过 SFT D0.5 指令指定了 D0.5［D0 的位 5（b5）］时，SFT 指令执行时将 D0 的 b4 的 1/0 移位到 b5 中，并将 b4 置于 0。

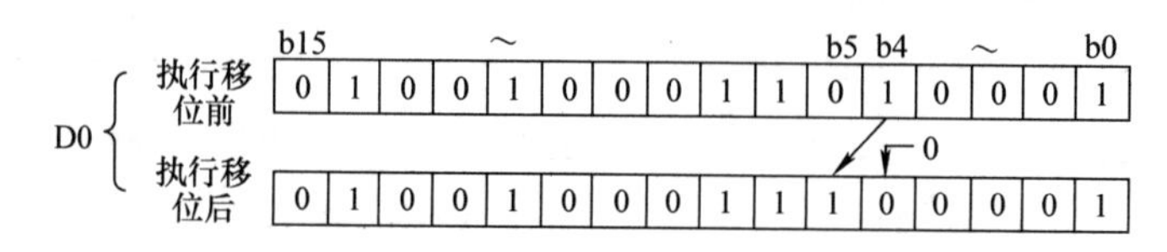

图 2-2 SFT 指令中字软元件位指定的移位过程示意图

2. 主控指令（MC、MCR）

在编程时常会出现这样的情况，多个线圈同时受一个或一组触点控制，如果在每个线圈的控制电路中都串入相同的触点，将占用很多存储单元，使用主控指令（MC、MCR）就可以解决这一问题。也就是说，主控指令是用于创建通过梯形图公共母线的开闭以进行高效的梯形图切换的顺控程序的指令。

主控指令操作数Ⓓ的可用软元件：内部（位、字）软元件、文件寄存器 R、链接直接软元件 ZR、智能功能模块软元件、DY。

梯形图表示如下。

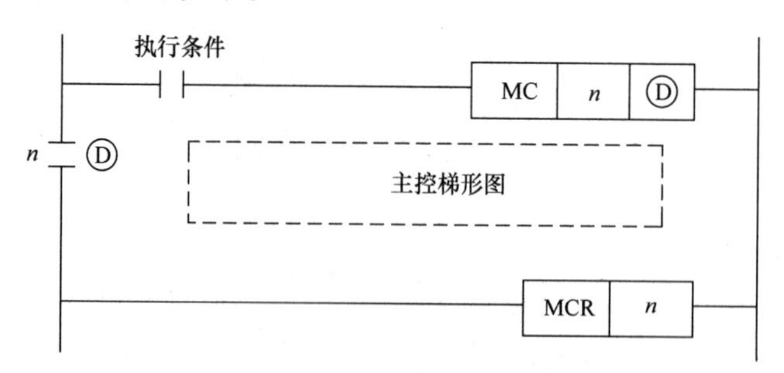

说明：MC 是主控指令，用于公共串联触点的连接。n 是嵌套编号（最多 15 级，取值范围为 N0 ~ N14，在 MC 指令中按从小到大的顺序使用，而在 MCR 指令中是按从大到小的顺序使用）。Ⓓ是主控指令的软元件编号（主控触点），分别在主控指令中和纵母线上出现，在编程工具的写入模式下进行编程时，无需在纵母线上输入触点；在创建了梯形图之后，执行“转换”操作，置于读取模式时将会自动显示在纵母线上的输入触点。MCR 是主控复位指令，与具有相同嵌套号的 MC 指令配套使用，是对相同嵌套号的 MC 指令的复位指令。但是，在 MCR 指令集中在一个位置的嵌套结构的情况下，通过最小的 1 个嵌套号（N0）即可使所有的主控指令均结束。

应该注意，如果 MC 指令的执行条件为 ON，则在 MC 与 MCR 指令之间的各条指令均按执行条件为 ON 执行。但是，如果 MC 的执行条件变为 OFF，在 MC 与 MCR 指令之间的各条指令均按执行条件为 OFF 进行执行，所以 MC 与 MCR 指令之间各条指令的执行结果见表 2-1。

表 2-1　当执行条件变为 OFF 时在 MC 与 MCR 之间各条指令的执行结果

指令使用的软元件	执行后的软元件状态
高速定时器、低速定时器	定时器的当前值变为 0，将线圈和常开触点均置于 OFF
高速累计定时器、低速累计定时器、计数器	线圈变为 OFF 状态，但计数值及触点均保持之前状态
在 OUT 指令中的软元件	全部置于 OFF
SET、RST、SFT 指令中的软元件	保持之前状态

例 2　主控指令（MC、MCR）应用例子如图 2-3 所示。在图 2-3a 中，在线圈 Y1 和 Y2 的控制条件中都串入同样的触点 X0，将占用较多的存储单元，为此可以用图 2-3b 所示的主控指令来代替，以节约存储单元，但程序执行功能和图 2-3a 完全相同。

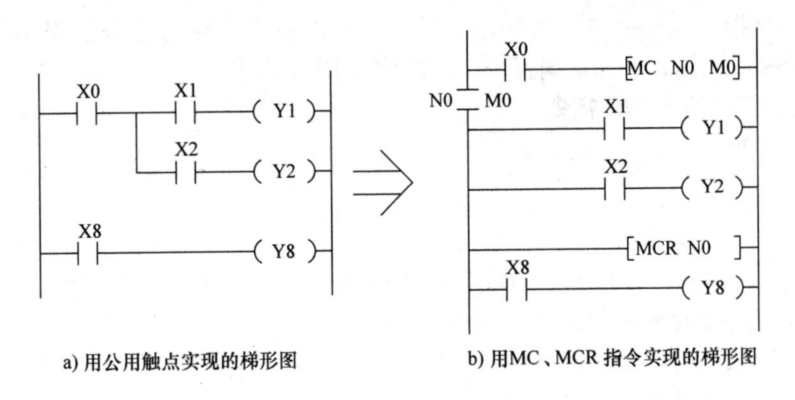

图 2-3　主控指令（MC、MCR）应用例子

3. 结束指令（FEND、END）

（1）主程序结束 FEND 指令，梯形图表示如下。

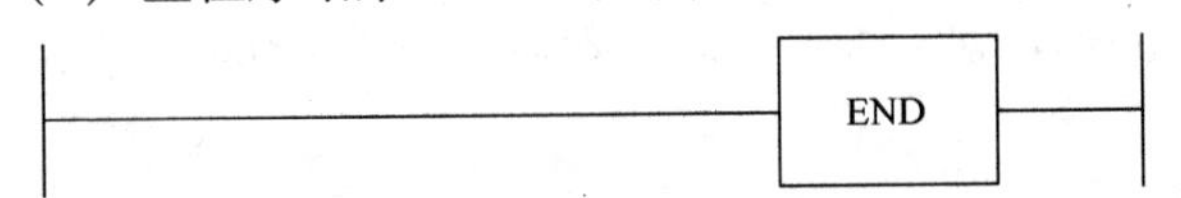

说明：FEND 指令为主程序结束指令。当程序执行到 FEND 指令时，将结束 CPU 模块正在执行的程序，返回主程序的第一条指令重新执行程序。FEND 指令主要有两种应用情况：第一种情况，当用 CJ 指令对顺控程序运算进行分支处理时，可使用 FEND 指令将 2 个不同的主程序块（主程序 2 和主程序 3）分开；第二种情况，程序应用中包括了主程序、子程序或中断程序时，可使用 FEND 指令把主程序从子程序或中断程序中分离出来，如图 2-4 所示。注意，编程工具持续显示梯形图直至 END 指令为止。

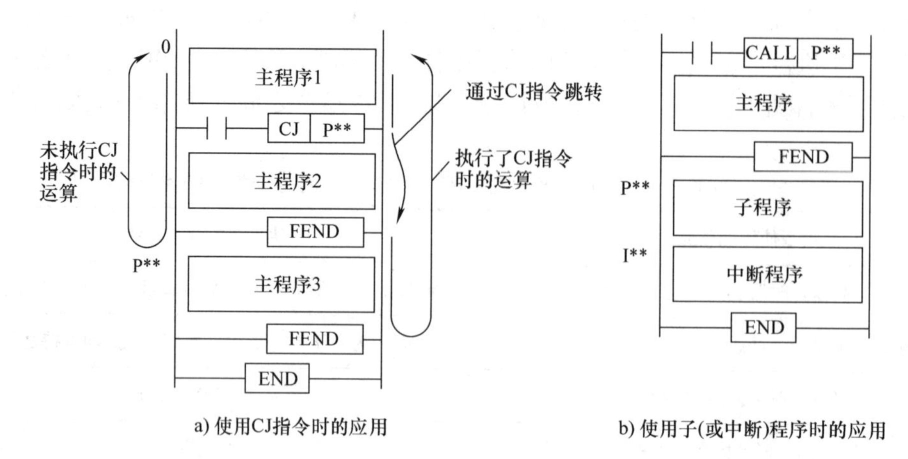

图 2-4　FEND 指令应用的两种结构

（2）全部程序结束 END 指令，梯形图表示如下。

说明：END 指令是表示包括主程序、子程序和中断程序在内的全部程序的结束指令。在编程工具的梯形图模式下进行编程时，无需输入 END 指令。

4. 使 PLC 停机的 STOP 指令

梯形图表示如下。

说明：当执行条件为 ON 时，STOP 指令使输出继电器 Y 复位，并且使 CPU 模块停止运行（与 PLC 方式开关被置于“STOP”位置的功能完全相同）。

在程序执行 STOP 指令之后若要重新起动 PLC 运行，则需要对 PLC 方式开关进行 RUN→STOP 操作后，并且再次置于 RUN 位置。

5. 无处理指令（NOP、NOPLF）

（1）NOP 指令。

说明：NOP 指令在梯形图中不使用，仅在语句表中使用。该指令为无处理指令，对程序运行不会施加任何影响，但能为顺控程序调试插入空间，在不改变步数的状况下删除指令。

（2）NOPLF 指令，梯形图表示如下。

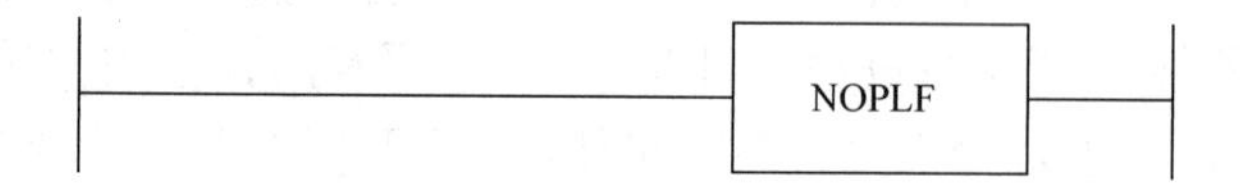

说明：该指令为无处理指令，对程序运行不会施加任何影响。在通过编程工具进行梯形图程序打印时，可以使用 NOPLF 指令在任意位置进行换页打印。

2.1.2　气动元件与气动控制

1. 气动系统的组成

气压传动（简称气动）是指以压缩空气作为工作介质来传递动力和控制信号，控制和驱动各种机械和设备，以实现生产过程机械化、自动化。因为以压缩空气为工作介质具有防火、防爆、防电磁干扰，抗振动、抗冲击，无辐射、无污染，结构简单，工作可靠等优点，所以气动技术与液压、机械、电气和计算机技术一起，互相补充，已经发展成为生产过程自动化的一个重要手段，在机械、冶金、化工、交通运输、国防建设等各个行业部门得到广泛的应用。以气体（常用压缩空气）为工作介质传递动力或信号的系统称为气动系统。气动系统是利用空气压缩机将电动机输出的机械能转变为空气的压力能，通过执行元件把空气的压力能转变为机械能，从而完成直线或回转运动。只有充分理解气动系统各个组成元件的工作原理、性能特点并能正确识别相应的图形符号以后，才能进行气动系统的应用、安装、调试、维护等工作。气动系统主要由气源装置、气动执行元件、气动控制元件及各种辅助元件组成，如图2-5所示。

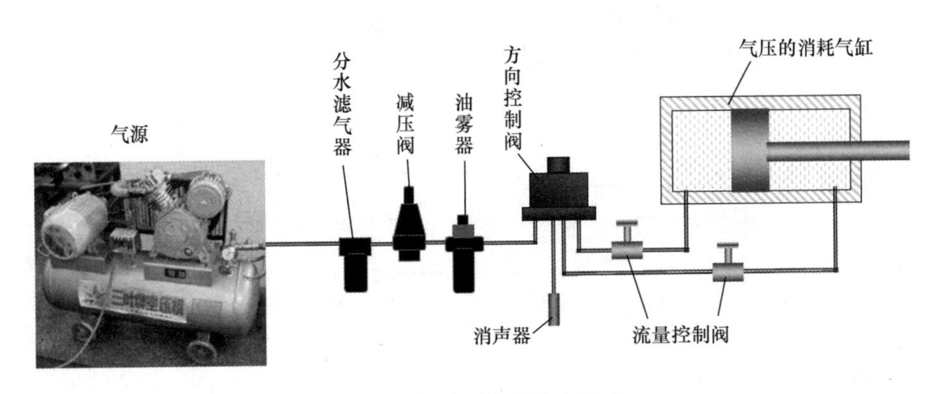

图2-5　气动系统的基本组成

1）气源装置：压缩空气的发生装置以及压缩空气的存储、净化的辅助装置。气动三联件由分水过滤器、油雾器和压力控制阀（减压阀）组成。分水过滤器的作用是除去空气中的灰尘、杂质，并将空气中的水分分离出来。油雾器是一种特殊的注油装置，它将润滑油进行雾化并注入空气流中，随压缩空气流入需要润滑的部位，达到润滑的目的。减压阀起减压和稳压作用。气动三联件是气动元件及气动系统使用压缩空气质量的最后保证。

2）气动执行元件：将压缩空气的压力能转换为机械能的装置，包括气缸和气马达。实现直线运动和做功的是气缸，实现旋转运动和做功的是气马达。

3）气动控制元件：控制气体压力、流量及运动方向的元件，如各种阀类。用以改变管道内气体流向的控制元件叫作方向控制阀。在一定压力差下，依靠改变节流口液阻的大小来控制节流口的流量，从而调节执行元件运动速度的阀叫作流量控制阀，主要包括节流阀、调速阀、溢流节流阀和分流集流阀等。能完成一定逻辑功能的元件，即气动逻辑元件。感测、转换、处理气动信号的元器件，如气动传感器及信号处理装置。

4）气动辅助元件：气动系统中的辅助元件，如消声器、管道、接头等。例如，消声器（Muffler）是阻止声音传播而允许气流通过的一种器件，是消除空气动力性噪声的重要措施。消声器一般安装在空气动力设备（如鼓风机、空压机、锅炉排气口、发电机、水泵等排气口噪声较大的设备）的气流通道上或进、排气系统中。

2. 气源装置的作用与组成

气源装置为气动系统提供满足一定质量要求的压缩空气，是气动系统的重要组成部分。气动系统对压缩空气要求其具有一定压力和流量，并具有一定的净化程度。图 2-6 是气源装置的组成示意图，它主要由以下三部分组成。

1）空气压缩机：空压站的心脏部分，它是把电动机输出的机械能转换成气体压力能的能量转换装置。

2）后冷却器：其作用就是安装在空压机排气口处，将空压机出口的高压空气冷却到 40～50℃，将大量水蒸气和油雾冷凝成液态水滴和油滴，从空气中分离出来。

3）储气罐：用于储存一定容积的压缩空气，在空压机停机后，短时间供应管线完成必要的气动程序操作。另外它可以消除往复式空压机的压力脉动，使气源压力趋于稳定。

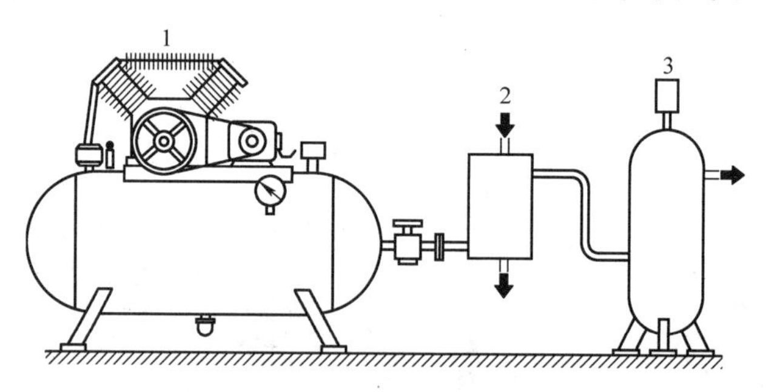

图 2-6　气源装置的组成示意图

1—空气压缩机　2—后冷却器　3—储气罐

3. 气动执行元件

气缸是气动系统的主要执行元件，它把压缩空气的压力能转化为机械能，带动工作部件运动。常见的气缸有双作用气缸和单作用气缸。

（1）双作用气缸（带磁电开关）。双作用气缸的工作特点是：气缸活塞的两个运动方向都由空气压力推动，因此在活塞两边，气缸有两个气孔作供气和排气用，以实现活塞的往复运动，如图 2-7 所示。使用方法是：通过调节节流阀来调节气缸的运行速度。左边节流阀通

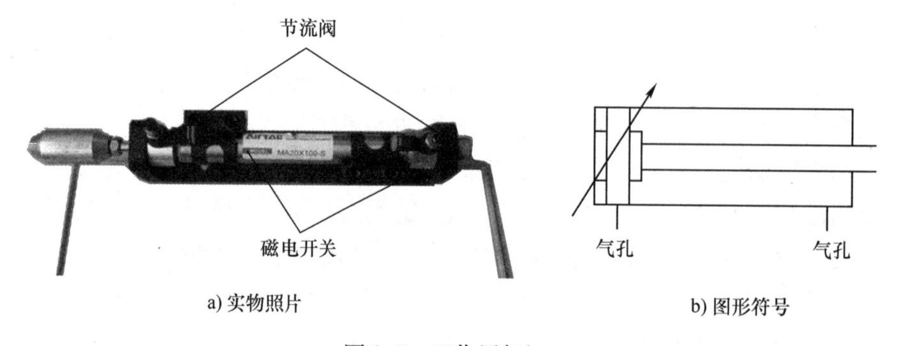

a) 实物照片　　b) 图形符号

图 2-7　双作用气缸

气，气缸缩回，右边节流阀通气，气缸伸出。磁电开关（磁电式接近开关）用来检测气缸位置，气缸缩回时，右边磁电开关导通，反之左边导通。

（2）单作用气缸。单作用气缸的工作特点是：气缸活塞的一个运动方向靠空气压力驱

动，另一个运动方向靠弹簧力或其他外部的方法使活塞复位，如图 2-8 所示。使用方法是：通过调节节流阀来调节气缸的运行速度，当节流阀中有气通过时，气缸伸出，反之没气时，气缸缩回（通过弹簧自动复位）。

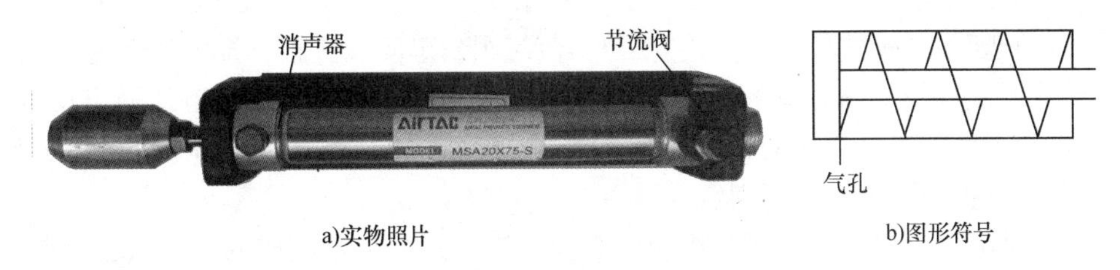

图 2-8　单作用气缸

4. 气动控制元件

气动控制元件就是用来控制和调节压缩空气的压力、流量、流动方向和发送信号的重要元件，利用它们可以组成各种气动控制回路，以保证气动执行元件或机构按设计的程序正常工作。

（1）压力控制阀。压力控制阀是用于控制和调节压缩空气压力的元件，主要有溢流阀（安全阀）、减压阀、顺序阀。图 2-9 是压力控制阀的图形符号。它们都是利用作用在阀芯上的空气压力和弹簧力相平衡的原理来进行工作的。

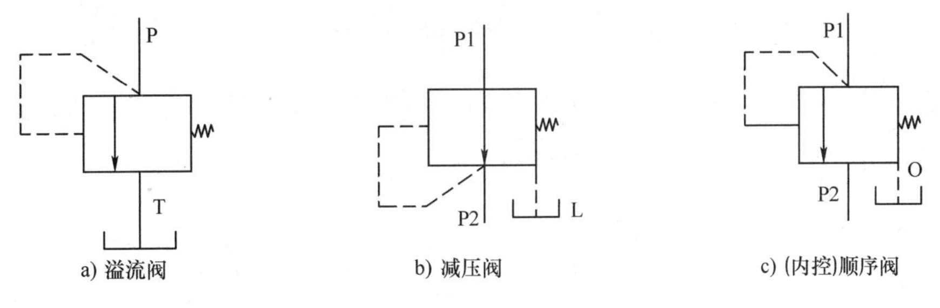

图 2-9　压力控制阀的图形符号

1）溢流阀，也称安全阀，其作用是维持其进口压力接近恒定，以防止管路、气罐等破坏，限制回路中最高压力。工作原理：当系统中的压力低于调定值时，溢流阀处在关闭状态；当系统的压力升高到安全阀的开启压力时，压缩空气推动活塞上移，阀门开启排气，直到系统压力降至低于调定值时，阀口又重新关闭。溢流阀的开启压力是通过调整弹簧的预压缩量来调节的。

2）减压阀。减压阀的作用：储气罐提供的空气压力高于每台装置所需的压力，并且压力波动也较大，因此必须在每台装置入口处设置一只减压阀，将入口处的空气降低到所需的压力，并保持该压力值的稳定。减压阀的工作原理：压缩空气从阀 P1 口输入，经节流减压后从 P2 口输出，经阻尼管进入膜片气室的部分气流，作用在膜片下面产生向上推力，此力能把阀口关小，使输出压力下降；作用在膜片上的推力与弹簧力互相平衡，使减压阀的输出压力保持稳定。

3）（内控）顺序阀。顺序阀一般很少单独使用，往往与单向阀配合在一起，构成单向顺序阀。工作原理：当压缩空气由输入口（P1 口）输入时，单向阀在压力差及弹簧力的作用下处于关闭状态；作用在活塞上输入侧的空气压力如超过弹簧的预紧力时，活塞被顶起，顺序阀打开，压缩空气由输出口（P2 口）输出；当压缩空气反向流动时，输入侧变成排气口，输出侧变成进气口，其进气压力将顶开单向阀，由排气口（O 口）排气。

（2）流量控制阀。流量控制阀是通过改变阀的通流面积来调节压缩空气的流量，从而控制气缸运动速度的气动控制元件。主要包括节流阀、单向节流阀、排气节流阀。

1）节流阀。气体从输入口 P 进入阀内，经阀座与阀芯间的节流通道从输出口 A 流出，通过节流螺杆可使阀芯上下移动，而改变节流口通流面积，实现流量的调节。由于这种节流阀结构简单，体积小，故应用范围较广。

2）单向节流阀。单向节流阀是由单向阀和节流阀并联组合而成的组合式控制阀。工作原理：当气流由 P 至 A 正向流动时，单向阀在弹簧和气压作用下处于关闭状态，气流经节流后流出；而当由 A 至 P 反向流动时，单向阀打开，不起节流作用。

3）排气节流阀。排气节流阀的节流原理和节流阀一样，也是靠调节通流面积来调节流量的。由于节流口后有消声器件，所以它必须安装在执行元件的排气口处，用来控制执行元件排入大气中气体的流量，从而控制执行元件的运动速度，同时还可以降低排气噪声。

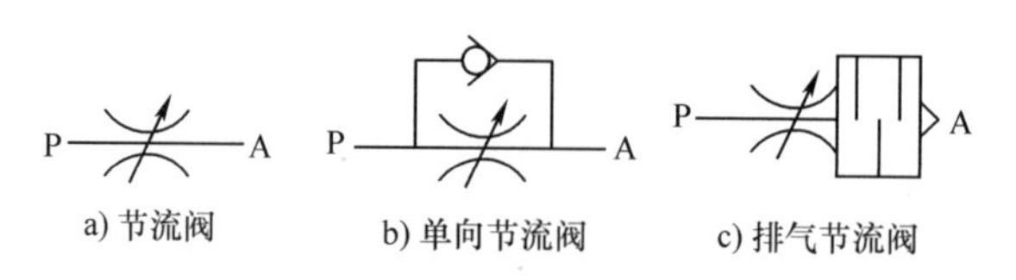

图 2-10 流量控制阀的图形符号

（3）单向型方向控制阀。单向型方向控制阀是用于改变和控制气流流动方向的元件，主要包括单向阀、或门型梭阀、与门型梭阀、快速排气阀等，如图 2-11 所示。

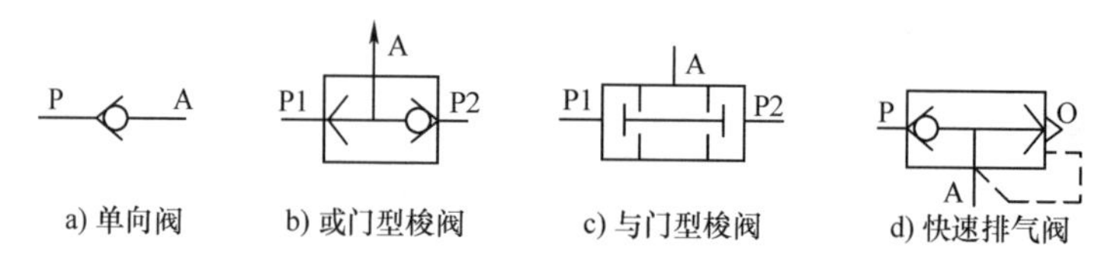

图 2-11 单向型方向控制阀的图形符号

1）单向阀。普通单向阀只允许气体沿一个方向通过，即由 P 口流向 A 口；而反向截止，即不允许气体由 A 口流向 P 口。

2）或门型梭阀。结构特点：有两个输入口，一个输出口，相当于两个单向阀组成的阀。工作原理：当输入口 P1、P2 中有一个有输入时，输出口 A 有输出；当 P1、P2 都有输入时，A 口有输出。

3）与门型梭阀，又称双压阀。结构特点：有两个输入口，一个输出口，相当于两个单向阀组成的阀。工作原理：当 P1、P2 中只有一个有输入时，A 无输出；当 P1、P2 都有输入时，A 口才有输出。

4）快速排气阀。常装在换向阀和气缸之间，它使气缸不通过换向阀而快速排出气体，可以加快气缸往复动作速度。当 P 口进气时，膜片被压下封住排气口（O 口），气流经膜片四周小孔，由 A 口流出；当气流反向流动时，A 口气压将膜片顶起封住 P 口，A 口气体经过排气口 O 迅速排掉。快速排气阀可使气缸运动速度提高 4 ~5 倍。

（4）换向型方向控制阀。换向型方向控制阀简称换向阀，其功能与液压的同类阀相似，操作方式、切换位置和图形符号也基本相同。为了使气流换向，必须对阀芯施加一定大小的轴向力，使其迅速移动改变阀芯的位置。这种获得轴向力的方式叫作换向阀的操作方式，或控制方式。按操作方式，换向阀可以分为电磁式、气控式、人力式、机械式 4 种类型。其中，电磁式换向阀是利用电磁线圈通电时，静铁心对动铁心产生电磁吸引力而使阀芯位置切换以改变气流方向的阀，称为电磁控制换向阀，简称电磁阀。气控式换向阀是用气体压力来获得轴向力，使阀芯位置迅速移动换向的阀，也叫作气压操作阀。人力式换向阀是由人力来获得轴向力使阀芯位置迅速移动换向的阀，也称作人力操作阀。机械式换向阀是利用机械力来获得轴向力使阀芯迅速移动换向的阀，也称作机械操作阀。

按切换通口的数目，换向阀可以分为二通阀、三通阀、四通阀和五通阀等。控制阀的通口数目包括输入口、输出口和排气口。二通阀有 2 个口，即一个输入口（用 P 表示）和一个输出口（用 A 表示）。三通阀有 3 个口，除 P 口、A 口外，增加 1 个排气口（用 O 或 R 表示）。三通阀既可以是 2 个输入口（用 P1、P1 表示）和 1 个输出口，作为选择阀使用（选择两个不同大小的压力值）；也可以是 1 个输入口和 2 个输出口，作为分配阀使用。四通阀有 4 个口，除 P、A、O 外，还有一个输出口（用 B 表示），通路为 P→A、B→O 或 P→B、A→O。五通阀有 5 个口，除 P、A、B 外，还有 2 个排气口（用 R、S 或 O1、O2 表示）。通路为 P→A、B→O2，或 P→B、A→O1。

阀芯的切换工作位置简称“位”，阀芯有几个切换位置就称为几位阀。有 2 个通口的二位阀叫作二位二通阀（常表示为 2/2 阀，前一位数表示通口数，后一位数表示工作位置数），它可以实现气路的通或断。有 3 个通口的二位阀，称为二位三通阀（常表示为 3/2 阀），在不同的工作位置，可实现 P、A 相通，或 P、B 相通。有 4 个通口的二位阀，称为二位四通阀（常表示为 4/2 阀），在不同的工作位置，可实现 P、A 相通，或 B、T 相通。阀芯具有 3 个工作位置的阀叫作三位阀，当阀芯处于中间位置时，各通口呈关断状态，则称为中间封闭式阀；若输出口全部与排气口接通则称为中间卸压式阀；若输出口都与输入口接通则称为中间加压式阀。若在中间卸压式阀的两个输出口都装上单向阀，则称为中位式止回阀。换向阀处于不同工作位置时，各通口之间的通断状态是不同的。阀芯处于各切换位置时，各通口之间的通断状态（用箭头表示两个接口的连通关系，用┴、┬、├、┤表示中位、不联通）分别表示在一个长方形的方块上，就构成了换向阀的图形符号。

1）二位五通单电控电磁阀。二位五通单电控电磁阀只有 1 个控制线圈，3 个直接头为连接气管端，分别是 P 为进气端，A 为 A 位出气端，B 为 B 位出气端，如图 2-12 所示。当 P 有气后，电磁阀线圈失电时，A 位出气（即电磁阀初位）；当电磁阀线圈得电（DC 24V 或 AC 220V 可选择）时，电磁阀换向，B 位出气。当电磁阀线圈失电时，通过弹簧恢复到初始位。

2）二位五通双电控电磁阀。二位五通双电控电磁阀有 2 个控制线圈，3 个直接头为连接气管端，分别是 P 为进气端，A 为 A 位出气端，B 为 B 位出气端，如图 2-13 所示。当 P 口有气后，前次出气端有气的仍旧出气（即保留上次电磁阀得电的位置）；当电磁阀线圈 1Y1 得电（DC 24V 或 AC 220V）时，电磁阀换向，A 口出气。当电磁阀线圈 1Y2 得电（DC 24V 或 AC 220V）时，电磁阀换向，B 口出气。电磁线圈失电后保留此次（失电前）位置，

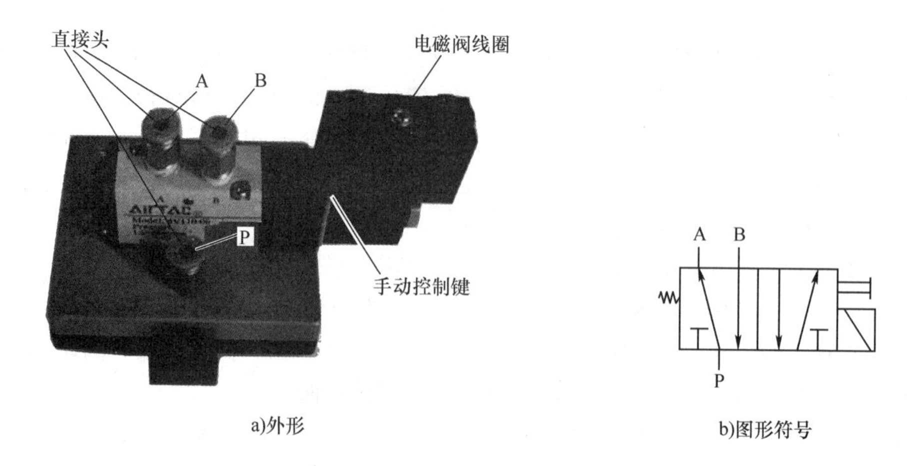

图 2-12　二位五通单电控电磁阀的外形及图形符号

一直保持到相反方向的线圈得电为止。

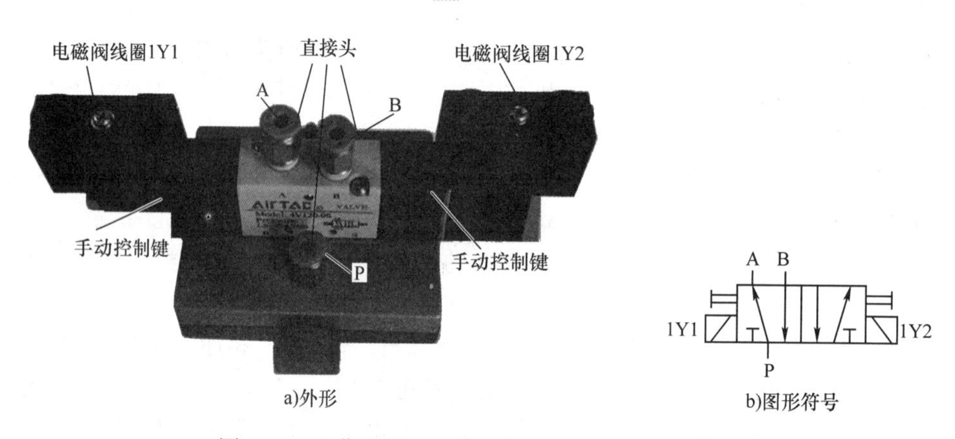

图 2-13　二位五通双电控电磁阀的外形及图形符号

3）三位五通双电控电磁阀。3 个直接头为连接气管端，分别是 P 为进气端，A 为 A 位出气端，B 为 B 位出气端，如图 2-14 所示。当电磁阀线圈 1Y1 得电（DC 24V 或 AC 220V）时，电磁阀换向，A 口出气；当电磁阀线圈 1Y2 得电（DC 24V 或 AC 220V）时，电磁阀换向，B 口出气；当 P 口有气体且两个电磁阀线圈均失电的状态下，在两侧弹簧的作用下阀体自动复位，A、B 口均无气体流出，该阀芯保持在中位状态。

5. 气动控制回路

（1）单作用气缸换向回路。图 2-15a 所示为由二位三通电磁阀控制的换向回路。当电磁阀线圈 YA 通电时，压缩气体由气源经电磁阀流向单作用气缸，使气缸活塞杆伸出；当电磁阀线圈 YA 断电时，在弹簧力的作用下，气缸中的气体经电磁阀排向大气，使气缸活塞杆缩回。

图 2-15b 所示为由三位五通电磁阀控制的换向回路。当电磁阀线圈 YA1 失电、YA2 通电时，压缩气体由气源经电磁阀流向单作用气缸，使气缸活塞杆伸出；当电磁阀线圈 YA1 通电、YA2 断电时，在弹簧力的作用下，气缸中的气体经电磁阀排向大气，使气缸活塞杆

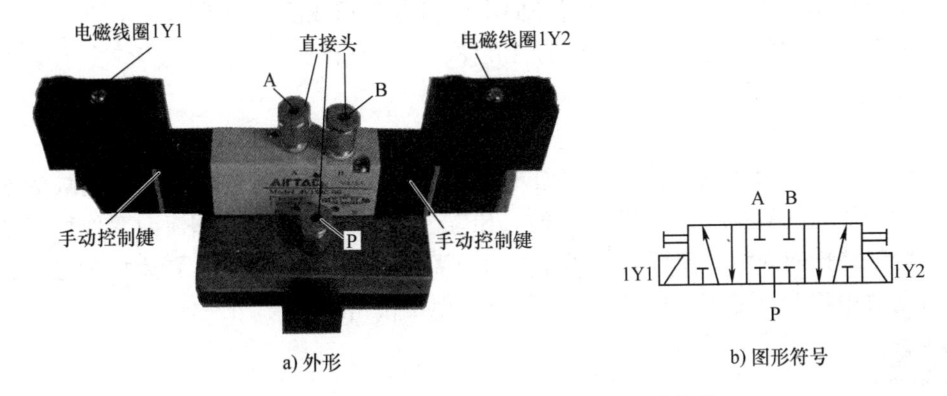

a) 外形　　b) 图形符号

图 2-14　三位五通双电控阀的外形及图形符号

缩回。当电磁阀线圈 YA1 和 YA2 均失电时，电磁阀具有自动对中功能，可使气缸停在任意位置，但定位精度不高。

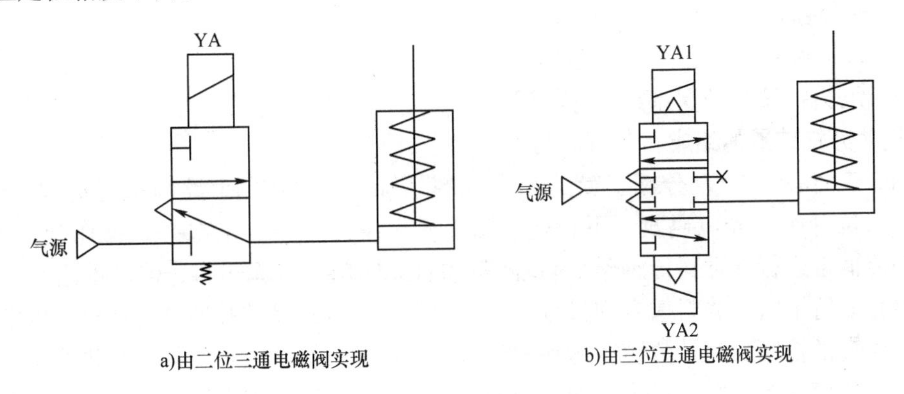

a)由二位三通电磁阀实现　　b)由三位五通电磁阀实现

图 2-15　单作用气缸换向回路

（2）双作用气缸换向回路。图 2-16a 所示为由二位五通电磁阀控制的换向回路。当电磁阀线圈 YA1 通电、YA2 断电时，压缩气体由气源经电磁阀流向双作用气缸的左腔体，右

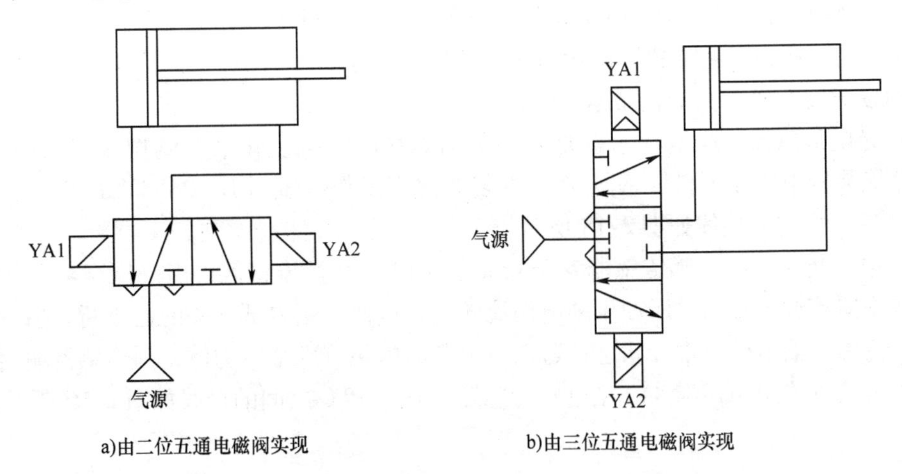

a)由二位五通电磁阀实现　　b)由三位五通电磁阀实现

图 2-16　双作用气缸换向回路

腔气体经电磁阀排放大气，使气缸活塞杆伸出；当电磁阀线圈 YA1 断电、YA2 通电时，压缩气体由气源经电磁阀流向双作用气缸的右腔体，左腔气体经电磁阀排放大气，使气缸活塞杆缩回。

图 2-16b 所示为由三位五通电磁阀控制的换向回路。当电磁阀线圈 YA1 通电、YA2 断电时，压缩气体由气源经电磁阀流向气缸的左腔体，右腔气体排向大气，使气缸活塞杆伸出；当电磁阀线圈 YA1 断电、YA2 通电时，压缩气体由气源经电磁阀流向双作用气缸的右腔体，左腔气体排向大气，使气缸活塞杆缩回。当电磁阀线圈 YA1 和 YA2 均断电时，电磁阀具有自动对中功能，可使气缸停在任意位置，但定位精度不高。

工作任务重点

1）气动分拣装置的结构安排。

2）气动分拣装置的气动回路设计。

3）气动分拣装置的硬件电路设计。

4）气动分拣装置的控制软件设计。

2.1.3 气动分拣 PLC 控制系统设计与调试

1. 气动分拣装置的组成

如图 2-17 所示，气动分拣装置由 PLC 控制系统、气动控制回路与执行机构、传输带、传感器、限位开关、光电码盘、下料槽、卸料槽等组成。系统上电并且操作起动按钮后，PLC 起动传输带运行，下料传感器 SN 检测料槽有无物料，若无物料，传输带运转一个周期后自动停止等待下料；当料槽有物料时，PLC 对来自光电码盘的脉冲进行计数，以实现相邻物料间隔距离的控制，当计数脉冲达到设定值时，控制气缸 5 进行下料，即将物料推到传输带上。物料传感器 SA 为电感传感器，当检测出物料为铁质物料时，反馈信号送 PLC，由 PLC 控制气缸 1 动作选出该物料（即将选中物料推至相应的卸料槽中）；物料传感器 SB 为电容传感器，当检测出物料为非金属物料时，反馈信号送 PLC，PLC 控制气缸 2 动作选出该物料；物料传感器 SC 为颜色传感器，当检测出物料的颜色为待检颜色时，PLC 控制气缸 3 动作选出该物料。物料传感器 SD 为备用传感器。当系统设定为分拣某种颜色的金属或非金属物料时，由程序记忆各传感器的状态，完成分拣任务。

2. 气动分拣装置有关的传感器

（1）光电传感器。光电传感器是一种根据其接收光强变化来检测物体有无的传感器，在气动分拣装置中用作下料传感器 SN。本装置选用工作电压为 DC 24V 的 FPG 型光电传感器，它与 PLC 之间的接线如图 2-18 所示。

（2）电感传感器。电感传感器属于开关量输出型位置传感器，用来检测金属物体。它利用金属物体接近传感器时所产生的电涡流效应，进而控制内部开关的通或断。当没有物体接近时，传感器输出处于常开状态；若在一定距离内检测到金属物体，则传感器输出处于闭合状态。本装置选用 M18X1X40 型电感传感器，它与 PLC 之间的接线如图 2-19 所示。

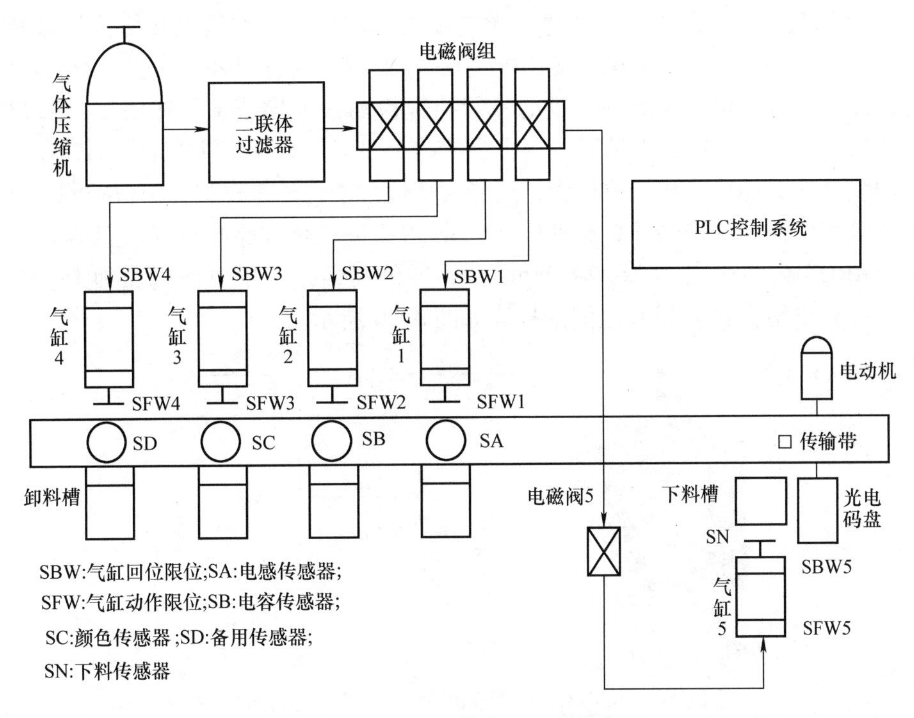

图 2-17　气动分拣装置组成示意图

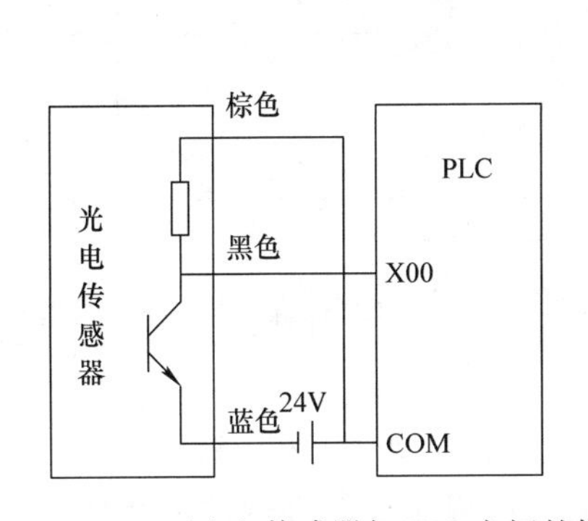

图 2-18　FPG 型光电传感器与 PLC 之间的接线

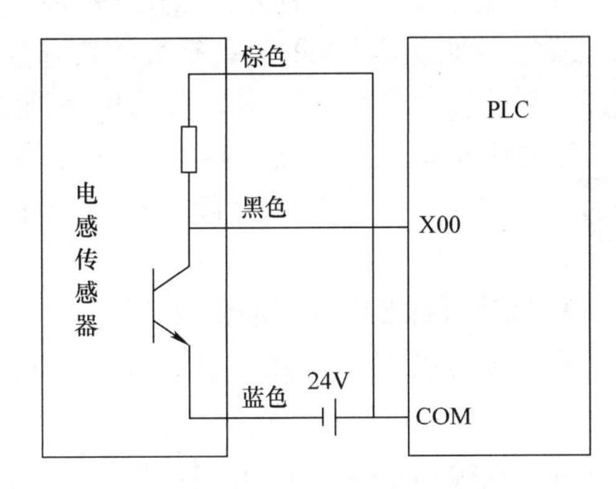

图 2-19　M18X1X40 型电感传感器与 PLC 之间的接线

（3）电容传感器。电容传感器也属于开关量输出型位置传感器，用来检测非金属物体。当物体接近电容传感器时，内部介电常数发生变化，进而控制内部开关的接通和关断。本装置选用工作电压为 DC 24V 的 E2KX8ME1 型电容传感器，其与 PLC 之间的接线图可参考图 2-19。

（4）颜色传感器。可选用 OMRON 公司生产的、型号为 E3X－DA□－S 颜色传感器（E3X－DA6－S 为红色、NPN 输出型；E3X－DA6－G－S 为绿色、NPN 输出型；E3X－DA6－B－S 为蓝色、NPN 输出型）。此系列传感器为 RGB（红绿蓝）颜色传感器，电源电压为 DC 12～24V ±10%，输出方式为集电极开路输出型，负载电流小于 50mA，可检测目标物体对三原色的反射比率，从而鉴别物体颜色。该系列传感器与 PLC 之间的接线图可参考图 2-19。

（5）光电码盘。光电码盘是一种通过光电转换将输出轴上的机械几何位移量转换成脉冲或者数字量的传感器。由于光电码盘与电动机同轴，电动机旋转时，光栅盘与电动机同速旋转，经发光二极管等电子元器件组成的检测装置检测并输出若干脉冲信号，供 PLC 计数使用。PLC 通过计算每秒钟光电编码器输出脉冲的个数就能计算当前电动机的转速；如果将一定时间内统计的脉冲数转化为位移量，还能对传输带的传送距离进行定位控制。在本装置中，光电码盘用作控制系统的计数脉冲输入，供 PLC 进行传输带传送长度的定位控制。本装置选用 OMRON 公司生产的 E6A2-CW5C 型旋转编码器，使用电源电压为 DC 12～24V，输出为集电极开路型，它与 PLC 之间的接线如图 2-20 所示。

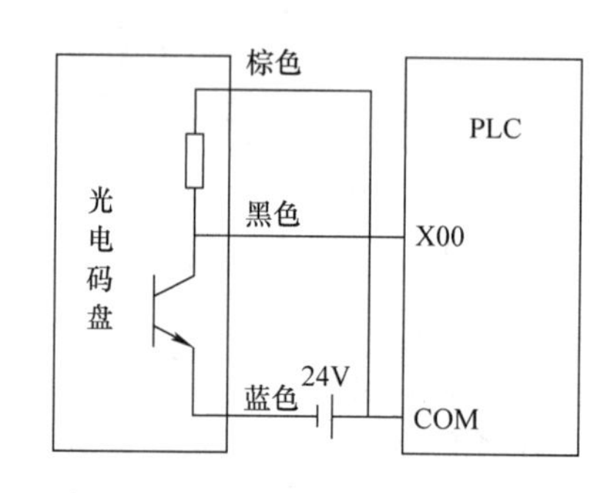

图 2-20　E6A2-CW5C 型光电码盘与 PLC 之间的接线

（6）磁性开关。磁性开关是用来检测气缸活塞位置的，即检测活塞的运动行程。它可分为有接点型和无接点型两种。本装置采用台湾 AL－21R 型磁性开关（有接点的磁簧管型），额定电压为 5～240V，它与 PLC 之间的接线如图 2-21 所示。

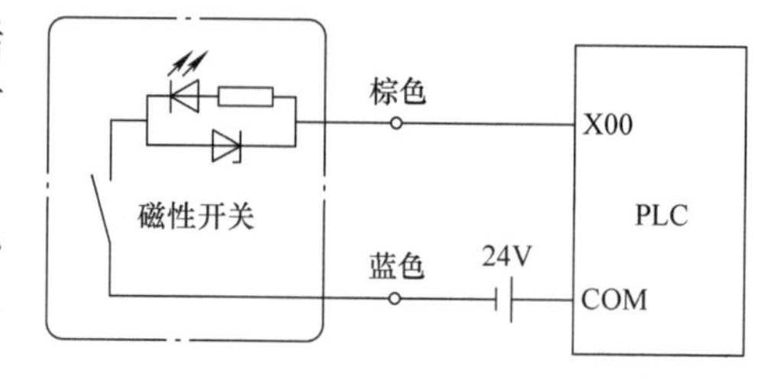

图 2-21　AL－21R 型磁性开关与 PLC 之间的接线

3. 气动分拣装置的气动回路设计

本气动分拣装置采用整体式结构，内置电源，用交流电动机驱动传输带运送物料，将气缸、电磁阀、气动减压器、滤清器、气压指示等部件与气源相连接，在 PLC 控制下，利用各种传感器对待测材料进行检测并分类。在进行系统控制方案设计之前，首先应分析分拣装置的控制要求。

系统利用各种传感器对待测物料进行检测并分类。当待测物体经下料装置送入传送带后，依次接受各种传感器检测。如果被某种传感器测中，则通过相应的气动装置将其推入料箱；否则，继续前行。其控制要求如下。

1）系统送电并且操作起动按钮后，电动机运转，光电编码器发出系列脉冲，供 PLC 计数使用。

2）下料槽内有物料时，PLC 开始对输入脉冲计数，每当计数脉冲达到 50 个时，下料气缸 5 动作，将物料送出（推至传输带上）。

3）电动机运行带动传输带传送物体向前运行。

4）当电感传感器检测到金属物料时，推动气缸 1 动作，将金属物料推入下料槽。

5）当电容传感器检测到非金属物料时，推动气缸 2 动作，将非金属物料推入下料槽。

6）当颜色传感器检测到物料为某一颜色时，推动气缸 3 动作，将待测物料推入下料槽。

7）其他物料被送到 SD 位置时，气缸 4 动作，将待测物料推入下料槽。

8）气缸运行应有动作限位和回位限位保护。

9）下料槽内无下料时，传输带运转延时 5s 后自动停机。

10）当控制系统运行中按下停止按钮时，电动机停止运行，系统处于待机状态。

根据分拣装置的控制要求，采用电气控制和气动控制相结合的控制方式。其中，电气部分主要负责传输带电动机、气缸 1 ~ 气缸 5 所对应电磁阀线圈的控制，气动部分主要负责气缸 1 ~ 气缸 5 的活塞控制，进而实现物料分拣任务，所设计系统的硬件结构框图，如图 2-22 所示。

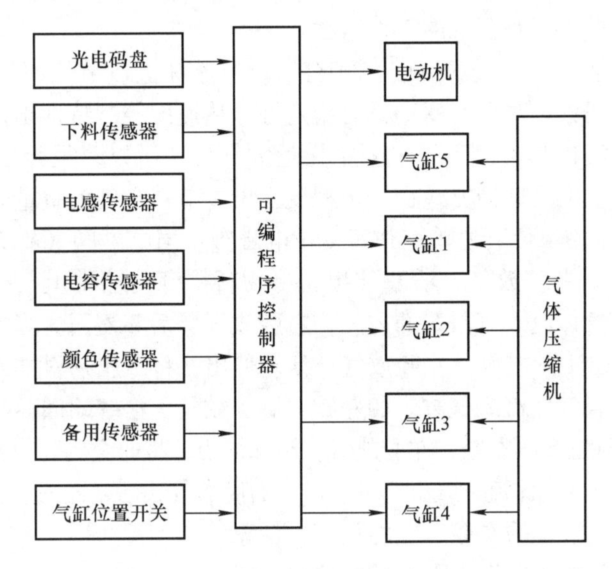

图 2-22　分拣装置的硬件结构框图

根据气动控制要求设计的气动控制回路如图 2-23 所示。气体压缩机（气源）产生的压

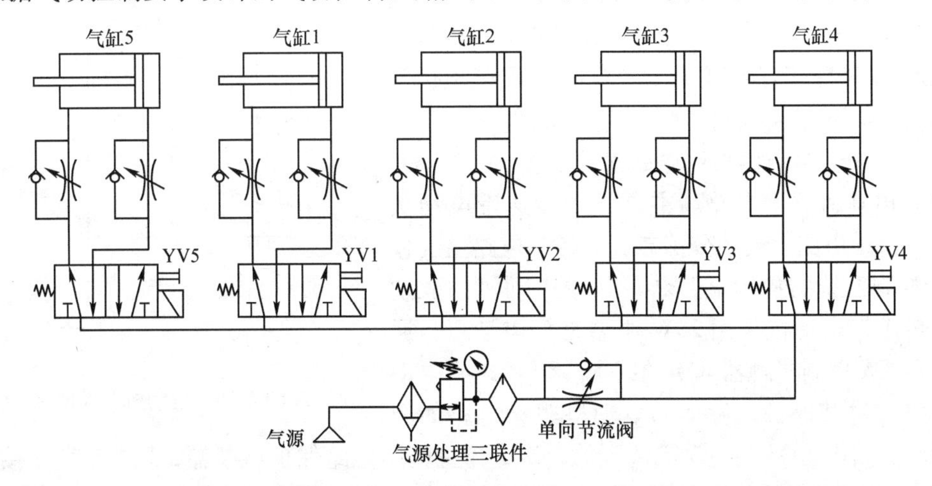

图 2-23　气动分拣装置的气动控制回路

缩空气，通过三联件（过滤器、调压阀、油雾器）处理使系统稳定保持在1.2MPa工作压力，经单向节流阀节流控制后向5只电磁阀（YV1～YV5）供气。空气压缩机是将机械能转换成气体压力能的装置，是气动系统的动力源。过滤器的作用是滤除压缩空气中的杂质微粒，达到气压传动系统所要求的净化程度，在气动系统中起着重要作用。油雾器是一种特殊的注油装置，其作用是使润滑油雾化后注入空气流中，随着空气流进入需要润滑的部件，达到润滑的目的。气源处理三联件是指将空气过滤器、减压阀和油雾器三种气源处理元件组装在一起，是压缩空气质量的最后保证。由于每个气缸的负载大小不同，以及防止在动作过程中突然断电造成机械部件冲击损伤，在进气口或排气口设置了单向节流阀；为了控制气缸到达行程终点时发出相应的信号来完成预定的动作，采用了带磁性开关的气缸（即在非磁性体的活塞上安装一个永久磁铁的磁环，以提供一个反映气缸活塞位置的磁场），分别在气缸的两端安装了磁性开关以控制气缸的工作行程。

关于控制气缸的活塞速度，气缸的排气有出口节流和进口节流两种方法。出口节流控制，不容易出现蠕动现象，对负荷变动具有稳定性，从速度控制特性出发，这种方式被广泛使用。相反，进口节流控制，由于气缸侧室接近大气压，所以，很容易出现蠕动现象，另外，速度特性也不好，但是这种方式在一定程度上可以节省空气消费量。

5个电磁阀分别采用二位五通单控弹簧复位电磁阀。当电磁阀（YV5）线圈得电时，气体流入气缸5的右腔，左腔放气，活塞伸出，将物料推到传输带上（下料）；下料过程结束，YV5线圈断电，气体流入气缸5的左腔，右腔放气，活塞缩回。当电磁阀（YV1）线圈得电时，气体流入气缸1的右腔，左腔放气，活塞伸出，将金属物料推入下料槽；选料过程结束，YV1线圈断电，气体流入气缸1的左腔，右腔放气，活塞缩回。当电磁阀（YV2）线圈得电时，气体流入气缸2的右腔，左腔放气，活塞伸出，将非金属物料推入下料槽；选料过程结束，YV2线圈断电，气体流入气缸2的左腔，右腔放气，活塞缩回。当电磁阀（YV3）线圈得电时，气体流入气缸3的右腔，左腔放气，活塞伸出，将选中某一颜色的物料推入下料槽；选料过程结束，YV3线圈断电，气体流入气缸3的左腔，右腔放气，活塞缩回。当电磁阀（YV4）线圈得电时，气体流入气缸4的右腔，左腔放气，活塞伸出，将其他物料推入下料槽；选料过程结束，YV4线圈断电，气体流入气缸4的左腔，右腔放气，活塞缩回。

4. 气动分拣装置的控制电路设计

（1）电动机驱动电路。主要设计传送带电动机的驱动与保护电路。气动分拣装置的控制电路主要包括PLC控制系统的控制电路和传送带电动机的驱动电路。传送带电动机采用25W小型三相电动机，通过继电器KA控制接触器KM的线圈，再考虑到电动机的短路和过载保护，设计的电动机驱动电路如图2-24所示。其中，QS为电源隔离开关，FU1为主电路短路保护熔断器，KM为交流接触器，FR为电动机过载保护热继电器，FU2为接触器线圈控制电路的短路保护熔断器，KA为起控制电压切换作用的继电器。

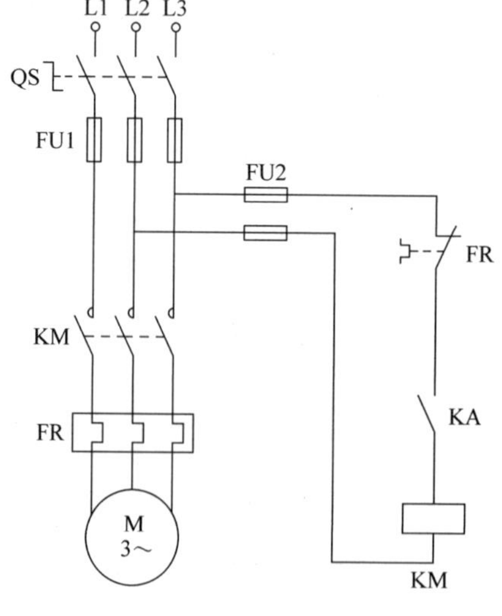

图2-24　电动机驱动电路

(2) PLC 控制电路。根据控制要求，有起动按钮和停止按钮共 2 个，电感传感器、电容传感器、颜色传感器、备用传感器和下料传感器的输入信号共 5 个，光电码盘输入脉冲信号 1 个，5 只气缸的动作限位开关和回位限位开关共 10 个，合计有 18 个输入信号。输出包括控制电动机运行的继电器和 5 只控制气缸动作的电磁阀，共计 6 个输出信号。为此，设计 PLC 控制电路，采用 Q00JCPU 模块、QX41 型 32 点 DC 24V 输入模块（电源 "+" 端为公共端）和 QY10 型 16 点继电器输出模块以及 24V（AC/DC）直流电源组成，如图 2-25 所示。

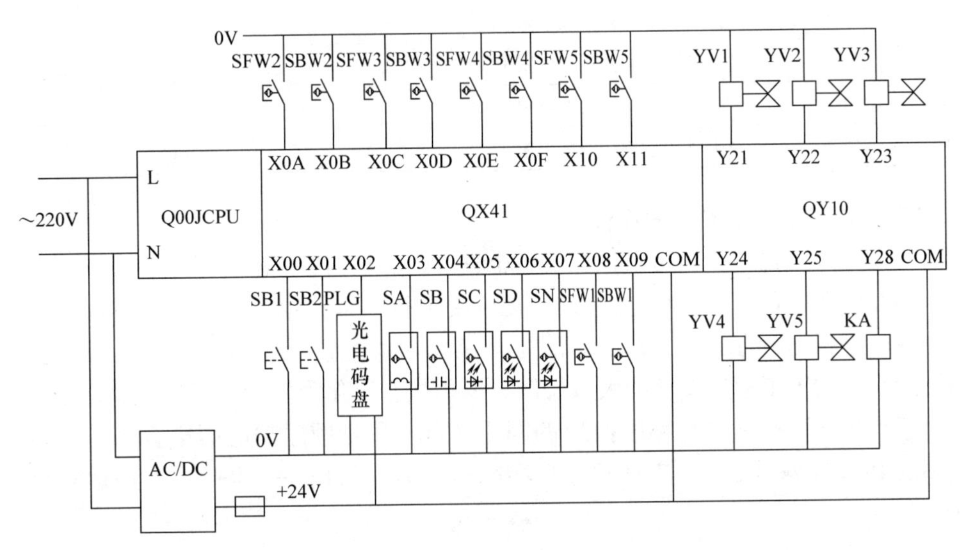

图 2-25 气动分拣装置 PLC 控制电路

(3) 确定 I/O 地址分配。SB1 为起动按钮，SB2 为停止按钮；第 0 槽安装 QX41 型输入模块，其 I/O 地址为 X00 ~ X1F；第 1 槽安装 QY10 型继电器输出模块，其 I/O 地址为 Y20 ~ Y2F。对本系统中 PLC 的输入输出端子进行分配，见表 2-2。

表 2-2 气动分拣装置 I/O 地址分配

输入			输出		
输入地址	输入元件	名称或作用	输出地址	输出元件	名称或作用
X00	SB1	起动按钮	Y21	YV1	选择金属电磁阀 1
X01	SB2	停止按钮	Y22	YV2	选择非金属电磁阀 2
X02	PLG	光电码盘（编码器）	Y23	YV3	选择颜色电磁阀 3
X03	SA	电感传感器	Y24	YV4	选择其他材料电磁阀 4
X04	SB	电容传感器	Y25	YV5	下料电磁阀 5
X05	SC	颜色传感器	Y28	KA	电动机控制继电器
X06	SD	备用传感器			
X07	SN	下料传感器			
X08	SFW1	气缸 1（金属物料）动作限位			
X09	SBW1	气缸 1（金属物料）回位限位			

（续）

输　入			输　出		
输入地址	输入元件	名称或作用	输出地址	输出元件	名称或作用
X0A	SFW2	气缸2（非金属物料）动作限位			
X0B	SBW2	气缸2（非金属物料）回位限位			
X0C	SFW3	气缸3（颜色物料）动作限位			
X0D	SBW3	气缸3（颜色物料）回位限位			
X0E	SFW4	气缸4（其他物料）动作限位			
X0F	SBW4	气缸4（其他物料）回位限位			
X10	SFW5	气缸5（下料）动作限位			
X11	SBW5	气缸5（下料）回位限位			

5. 气动分拣装置程序流程图设计

根据气动分拣装置的控制要求，分析各个气缸的操作内容和操作顺序，设计了系统程序流程图，如图2-26所示。其中，上电初始化主要进行气缸回位、计数器清零等操作；下料槽内有物料时进行物料分解工作；下料槽内没有物料时，进行延时后的停机工作。由于程序流程图一般只是给出了程序设计的大致思路，要想把它转化为控制程序还需要做更多的转化工作。对于步进顺序控制（简称顺控）的问题，可以采用顺序功能图语言来编写程序。如果所使用的PLC或编程工具不支持顺序功能图语言编写的程序，也可很方便地转化为梯形图程序。

6. 状态转移图

状态转移图，又叫作顺序功能图（Sequential Function Chart，SFC），是法国生产自动化促进协会于1969年提出的一种顺序控制系统描述语言，也是PLC的5种标准编程语言之一。将复杂的控制过程分解为若干个工作状态，弄清楚每个工作状态的作用，转移到其他工作状态的方向和条件，再根据顺序控制的要求，把所有的工作状态连接起来，就形成了状态转移图。

（1）状态转移图的组成要素：步、转移和动作。

1）“步”是控制过程中的一个特定状态。它又分为初始步和工作步。初始步对应控制系统的初始状态，初始步采用双线框表示。工作步用单线框表示，表示过程中的一个动作。当转移条件被满足时，转移条件所指向的工作步就被激活而成为活动步。活动步可以驱动具体的输出，完成相应的动作。

2）“转移”是指从一个步到另一个步的变化，用有向线段和转移条件来表示。有向线段的箭头表示转移方向，由上到下或者从左到右转移时可省去箭头。转移条件是指系统从一个步向另一个步转移的必要条件，表示方法是在有向线段上画短横线，并在短横线旁用文字、符号或逻辑表达式来注明转移条件的具体内容。

3）“动作”是指某步处于活动步时，PLC向被控系统发出命令，或者被控系统执行相应的操作。

（2）状态转移图的结构：从结构上可以分为单序列、选择序列、并行序列、跳转与循环序列，如图2-27所示。

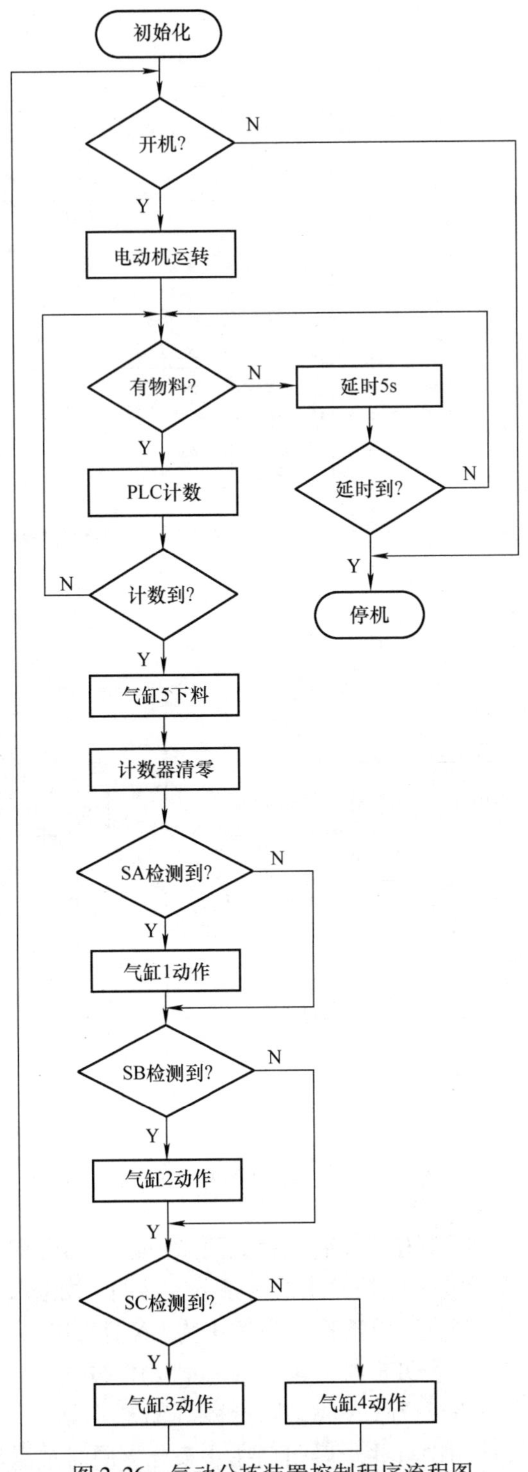

图 2-26　气动分拣装置控制程序流程图

1）单序列的状态转移图只有一种顺序，每步后面只有一个转移，每个转移后面也只有一个步，按 S0、S1、S2、S3 顺序一步接一步被激活，两步之间的转移条件只有一个，如图 2-27a 所示。

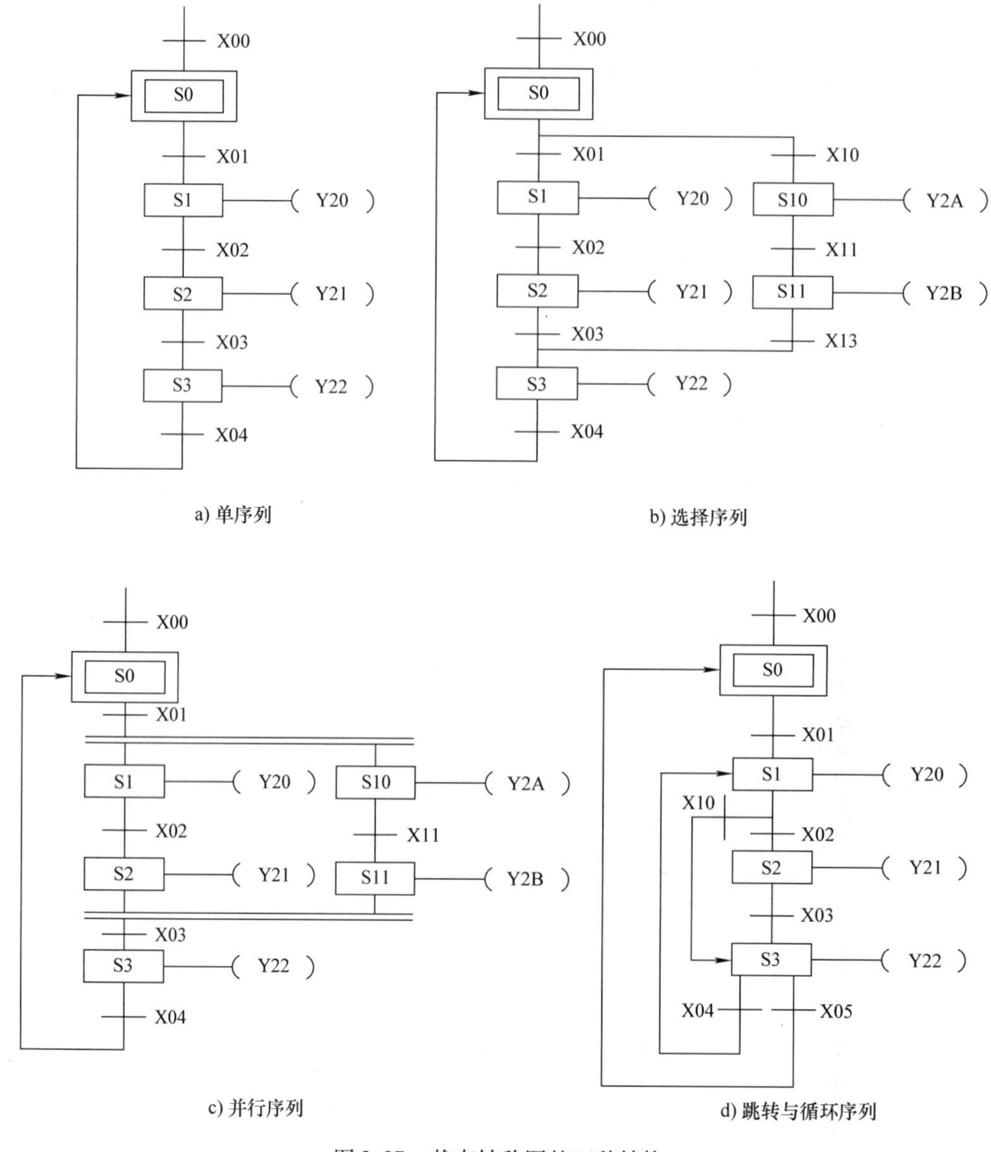

图 2-27　状态转移图的四种结构

2）选择序列的状态转移图中有些步后面存在两条或以上的分支，用水平单线表示开始与结束，但每次只能从多个分支中选择其中的一条分支执行，如图 2-27b 所示。在图 2-27b 中，在 S0 被激活后，有 2 个分支可以选择，当 X01 为 ON 且 X10 为 OFF 时，选择转移到 S1 被激活；当 X10 为 ON 且 X01 为 OFF 时，选择转移到 S10 被激活。当 S2 被激活且 X03 为 ON 时，或者当 S11 被激活且 X13 为 ON 时，则转移到 S3 被激活。

3）并行序列的状态转移图中有些步后面存在几条分支同时被激活的情况，用水平双线表示开始与结束。当并列序列的转移条件满足后，这几条分支同时被激活，各自完成所在分支的全部动作，在所有分支的动作都完成，且转移条件满足后，状态转移到公共步，如图 2-27c 所示。在图 2-27c 中，当 S0 被激活且 X01 为 ON 时，则转移到 S1 和 S10 同时被激活。仅当 S2 和 S11 同时被激活且 X03 为 ON 时，则转移到 S3 被激活。

4）跳转与循环序列是指执行过程中跳过某些步或者重复执行某些步的状态转移图，如图2-27d所示。在图2-27d中，当S1被激活时，根据X02和X10的条件进行相应的跳转。当S3被激活时，根据X04和X05的条件进行不同的循环。

（3）状态转移图转换为梯形图的方法：对于三菱FX和汇川系列PLC有2条步进顺控指令（STL和RET）可以用于顺控程序的编程。其中，STL是步进顺控开始指令，以使该状态的负载可以被驱动；RET是步进顺控返回指令，是步进顺控的结束指令。利用这两条指令，可以方便地将状态转移图转换为梯形图或语句表程序。对于三菱Q系列PLC，由于不提供这两条步进顺控指令，可以采用普通方法将状态转移图转换为梯形图。

状态转移图的基本特点是，每个步按照顺序执行，当上一步执行结束，并且转移条件有效时，立即激活下一步工作，同时结束上一步工作。如果用S_{i-1}、S_i、S_{i+1}和X_{i-1}、X_i、X_{i+1}分别表示第$i-1$步、第i步和第$i+1$步的工作状态与转移条件，则它们之间的结构关系和对应的梯形图如图2-28所示。

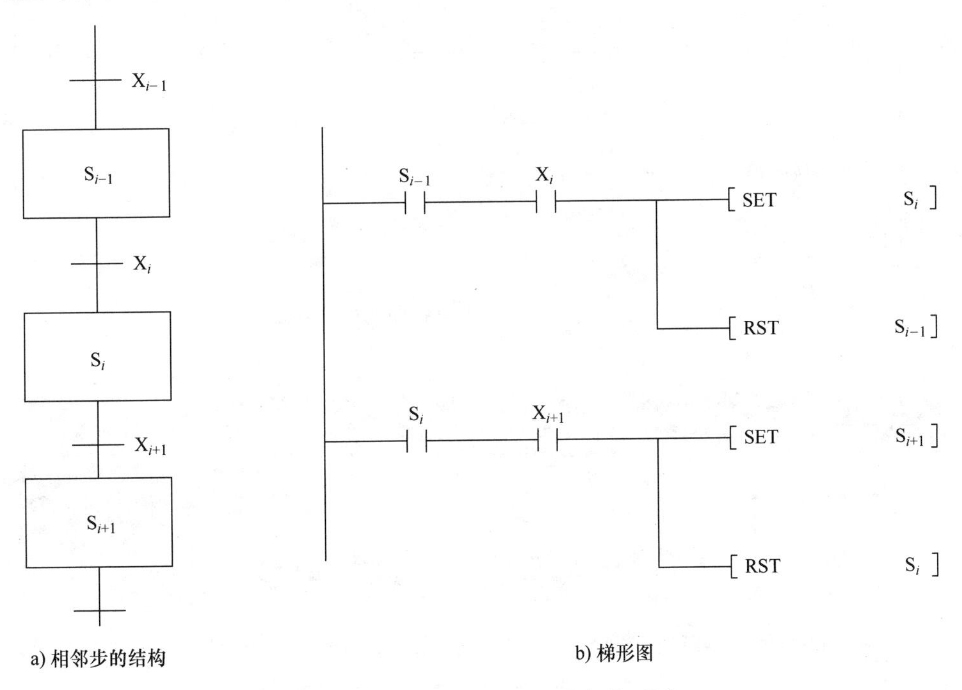

图2-28 相邻步的结构和对应梯形图

7. SFC程序的编辑

要采用SFC编程，在新建工程操作时，应将工程类型选为结构化工程，程序语言选为SFC，然后单击“确定”，进入程序块编辑画面。先编写程序框架（步结构图），再编写每个步的执行指令（步动作输出）、步与步之间的转移条件（转移条件的梯形图）。图2-29为用SFC编写程序的例子，是由程序框架、各步的动作输出、转移条件的梯形图组成的。

（1）对SFC步进行输入。将光标放在序号1处，选择“编辑”→“SFC符号”→“STEP（步）”，将显示SFC符号输入画面（STEP0为初始步），如图2-30所示。步（无步属性）是指，在步的执行过程中，始终对相应步的下一个转移条件进行检查，当转移条件成立时，执行下一个步。步的属性选择有［无］、［SC］、［SE］、［ST］、［R］共5种。

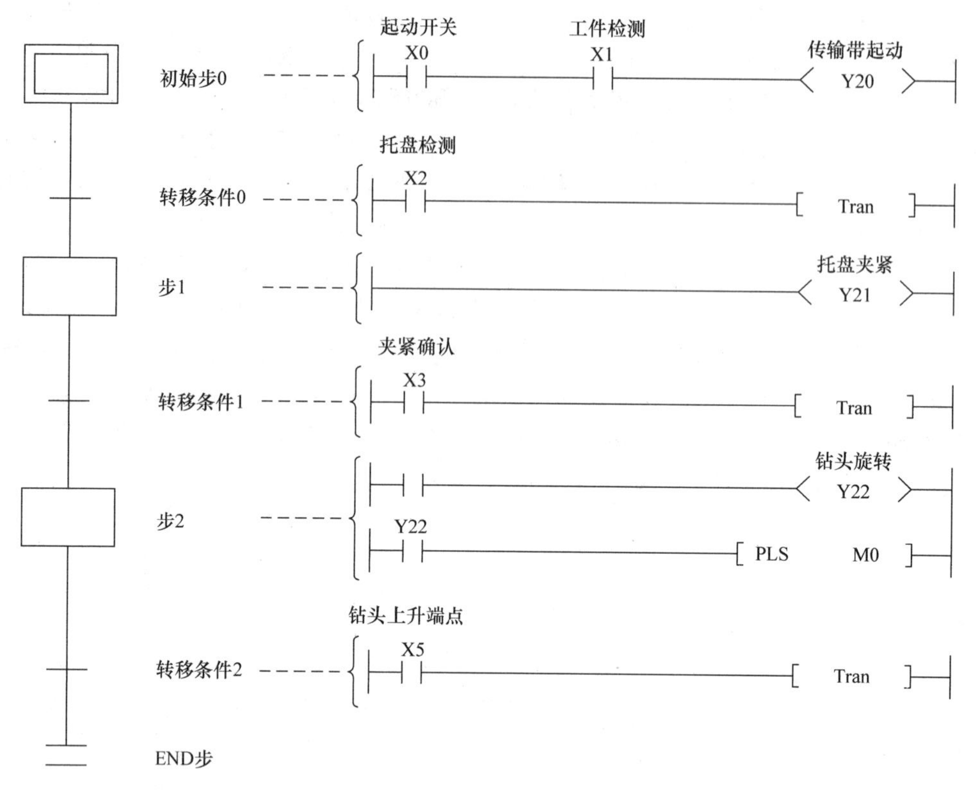

图 2-29　用 SFC 编写程序的例子

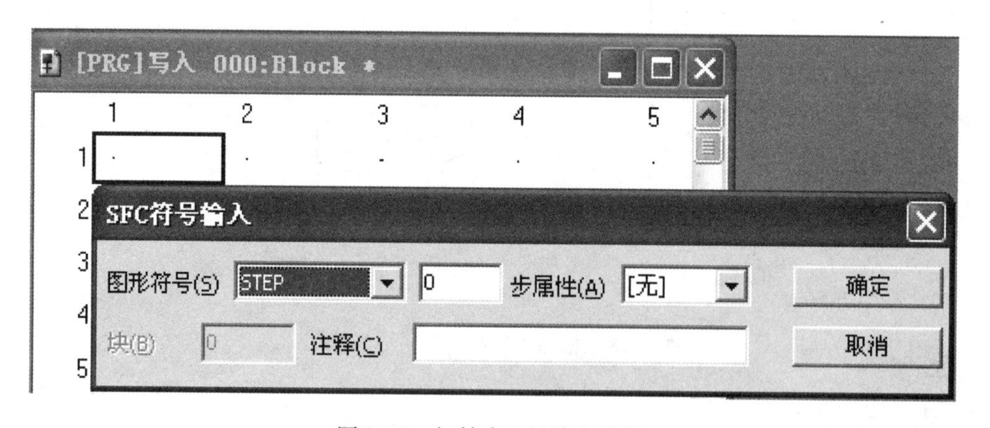

图 2-30　初始步 0 的输入选择

[无] 属性：始终对相应步的下一个转移条件进行检查，当转移条件成立时，执行下一个步。[SC]：线圈保持步。如果是常规步，当转移条件成立时，通过 OUT 指令变为 ON 的线圈将被系统自动地变为 OFF 后转移至下一个步。如果将动作输出步指定为线圈保持步，则通过 OUT 指令变为 ON 的线圈将不变为 OFF，而是保持为 ON 的状态转移至下一步。[SE]：动作保持步（无转移检查）。如果将动作输出步指定为动作保持步（无转移检查），则转移至下一步后相应步将保持为激活状态，并且在相应步中即使转移条件再次成立，也不进行至下一个步的转移（再转移）。[ST]：动作保持步（有转移检查）。如果将动作输出步指定为

动作保持步（有转移检查），则转移至下一步后该步仍然保持激活状态不变，并且相应步的转移条件再次成立时，将转移（再转移）至下一个步并进行激活，同时当前步将保持为激活状态不变。使动作保持步（无转移检查或者有转移检查）变为非激活状态的条件：①执行了相应块的 END 步时；②通过 SFC 控制指令（RST BLm）对相应块执行了强制结束时；③通过 SFC 控制指令（RST BLm \ Sn、RST Sn）对相应步进行了复位时。[R]：复位步。复位步是指对相应步中指定的步执行强制非激活的步。除将指定步置于非激活状态以外，复位步将按与常规步（无步属性）相同的功能执行动作输出。

单击“确定”，完成步 0 输入，光标移到序号 2 处，按〈Enter〉键，出现图 2-31 所示的步与步之间的转换条件输入画面。将默认值数字“0”改为“1”，单击“确定”，完成转换条件输入，“1”代表转换条件的编号，即当条件满足时执行下一步。

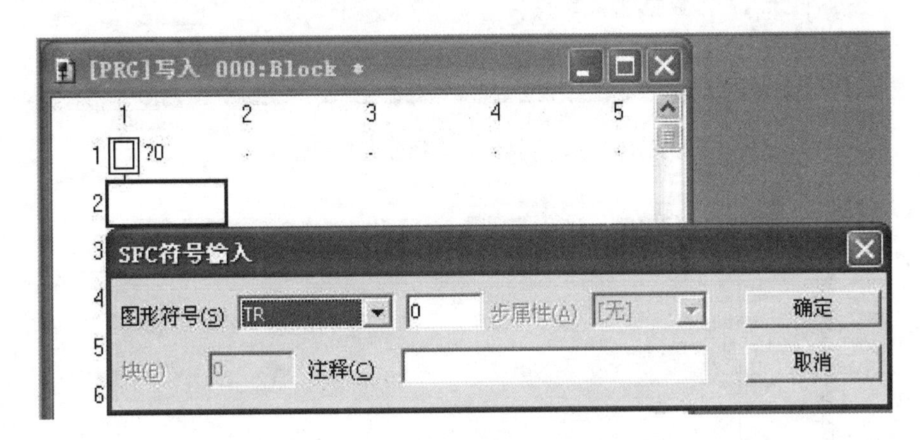

图 2-31 步与步之间的转换条件输入

光标自动移到下一处位置，按〈Enter〉键，可以输入新的步，其操作方法和输入初始步相同。

（2）对选择分支进行输入。将光标移动至选择分支的输入位置处，选择“编辑”→“SFC 符号”→“选择分支”。将显示 SFC 符号（选择分支）的输入画面，如图 2-32 所示。

单击“确定”，完成一个选择分支的输入。依次将光标移到要输入转移条件处，按〈Enter〉键，出现转换条件输入画面，将默认值数字“0”改为“需要的条件编号”，单击“确定”，完成 2 条分支的转换条件输入，如图 2-33 所示。然后，在图 2-33 中，再输入这两条分支的步（步 2 和步 3），以及步 2 和步 3 的转移条件编号。

（3）选择分支合并的输入。将光标移动至选择合并的输入位置处，选择“编辑”→“SFC 符号”→“选择合并”，将显示 SFC 符号（选择合并）输入画面，再单击“确定”，完成选择合并的输入，如图 2-34 所示。

（4）JUMP 转移的输入。将光标移动至 JUMP 转移的输入位置处，选择“编辑”→“SFC 符号”→“JUMP 跳转”，将显示 SFC 符号（选择合并）输入画面，输入要转移到的步，再单击“确定”，完成 JUMP 跳转的输入，如图 2-35 所示。

（5）END 步的作用与输入。END 步的作用是结束各个块的全部处理。到达 END 步时，将结束块的运行，使程序块内的所有步变为非激活状态。END 步的输入：将光标移动至 END 步的输入位置处，选择“编辑”→“SFC 符号”→“END 步”，单击“确定”。

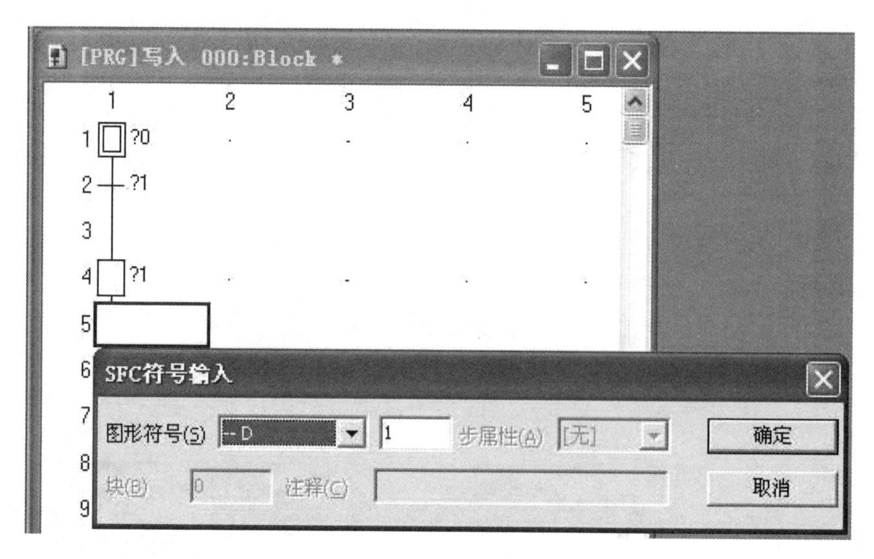

图 2-32　SFC 符号（选择分支）的输入

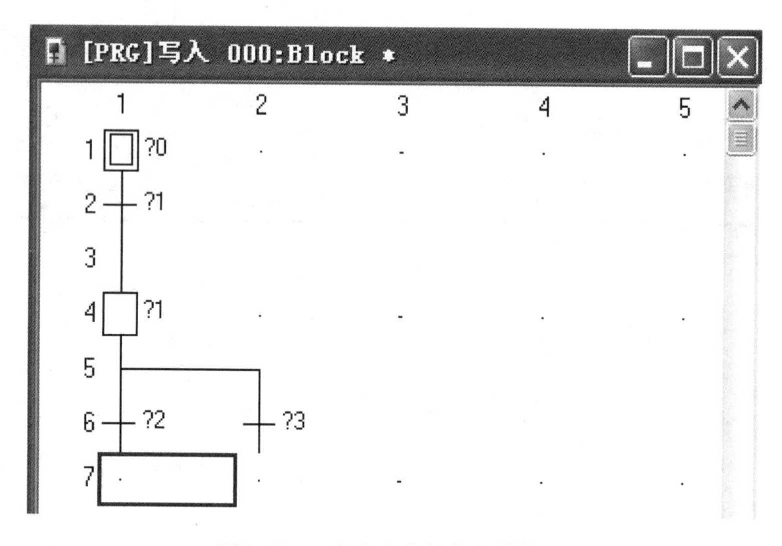

图 2-33　2 条分支的转换条件输入

（6）步动作输出的创建。将光标移动至 SFC（左侧）的相应 SFC 步，将光标移动至 Zoom（右侧）编辑器窗口处，Zoom 编辑器窗口的操作与梯形图编辑器的操作方法相同，输入相关动作指令后，再选择“转换/编译”→“转换 + 编译”，结束本步（步 0）动作指令的输入，如图 2-36 所示。

（7）转移条件的创建。在 SFC 程序编辑窗口将光标移到转移条件符号处，在右侧梯形图编辑窗口输入使状态转移的梯形图。转移条件的触点驱动不是线圈，而是 TRAN 符号，意思是表示转移（Transfer），输入时只需要选择线圈符号再按〈Enter〉键，无需输入 TRAN 字母，如图 2-37 所示。注意，在 SFC 程序中所有的转移用 TRAN 表示，不可以用 SET + S□语句表示。

（8）SFC 程序的初始化启动模式。在 SM322 设置为 OFF（系统默认）状态下，PLC 的

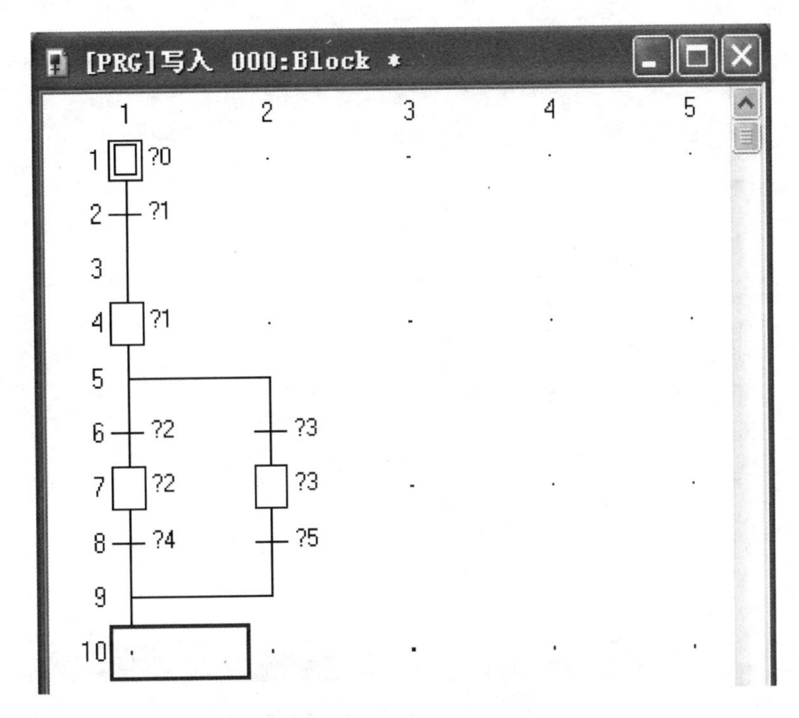

图 2-34　选择合并的输入

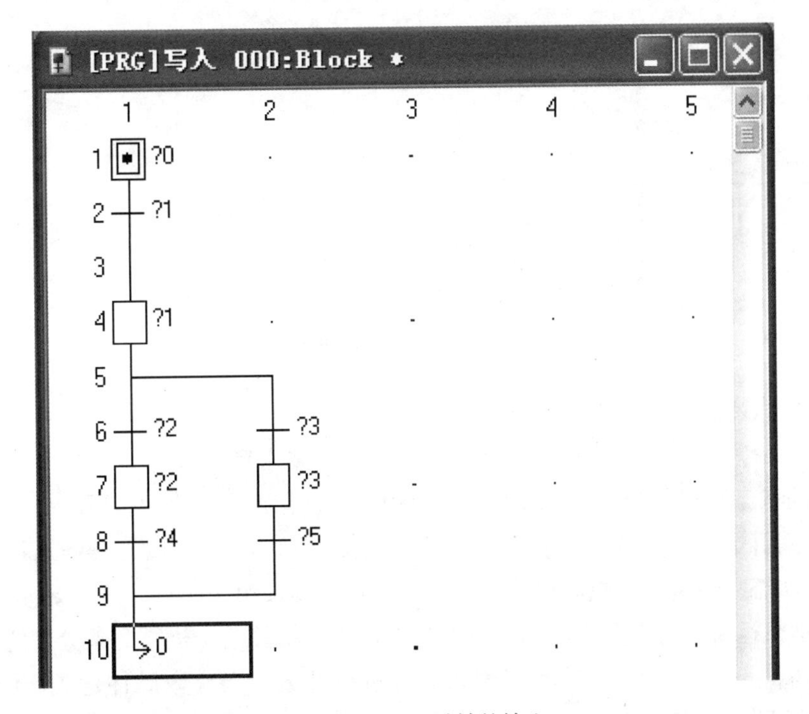

图 2-35　JUMP 跳转的输入

电源由 OFF→ON，SFC 程序的块 0 将被自动激活，并从初始步 0 开始执行运算，这种模式称为初始化启动模式。SM322 的设置在 PLC 参数“SFC 程序的启动模式”中进行。

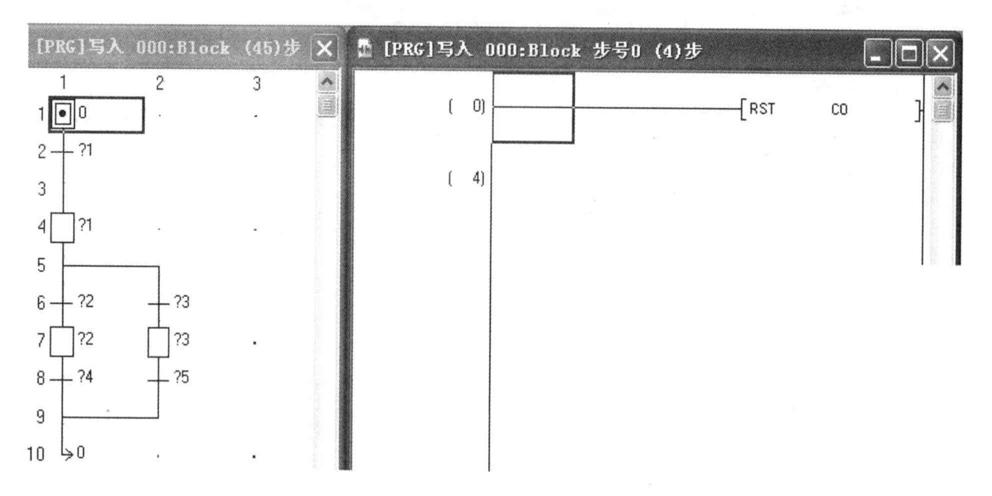

图 2-36　初始步（步 0）动作输出的编辑

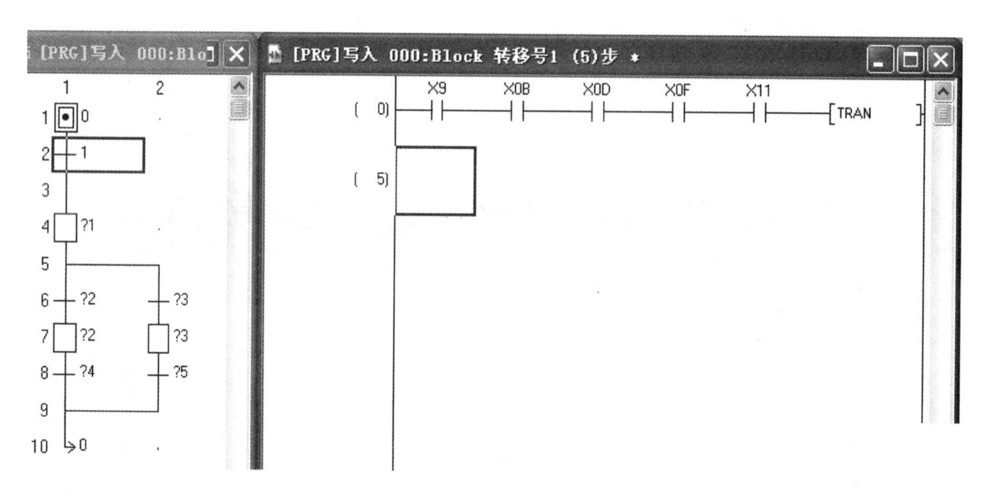

图 2-37　转移条件的输入

8. 气动分拣装置 PLC 控制程序设计

根据图 2-26 所示的程序流程图，结合具体的控制要求和 I/O 地址分配表，设计出的气动分拣装置的状态转移图如图 2-38 所示。SM402 为上电初始化脉冲，PLC 首次上电时，进入 S0 状态，对计数器进行复位，在气动系统运行后使所有气缸回位；等全部气缸回位后，进入 S1 待机状态，使传送带电动机停止运行；操作起动按钮 SB1 后，进入 S2 运行状态，起动传送带电动机运行，判断是否有物料以及是否操作停机按钮，进行 3 条分支的选择；如果下料槽中有物料，则进入 S3 状态，对输入脉冲进行计数；当计数脉冲达到 50 时，则进入 S4 状态，进行下料操作；当下料操作完成时，则进入 S5 状态，复位计数器，再根据具体的物料判断，选择不同的分支处理；如果是金属物料，则进入 S6，分拣出金属物料，分拣结束返回 S2 状态；如果是非金属物料，则进入 S7，分拣出非金属物料，分拣结束返回 S2 状态；如果是规定颜色的物料，则进入 S8，分拣出颜色物料，分拣结束返回 S2 状态；如果是其他物料，则进入 S9，分拣出其他物料，分拣结束返回 S2 状态。在 S2 状态时，如果下料槽中没有物料，则进入 S10 状态，延时 5s，延时结束则进入 S1 待机状态；在 S2 状态时，如果操作停机按钮 SB2，则进入 S1 待机状态。根据图 2-38 可以很容易转化为梯形图，留给读者练习。

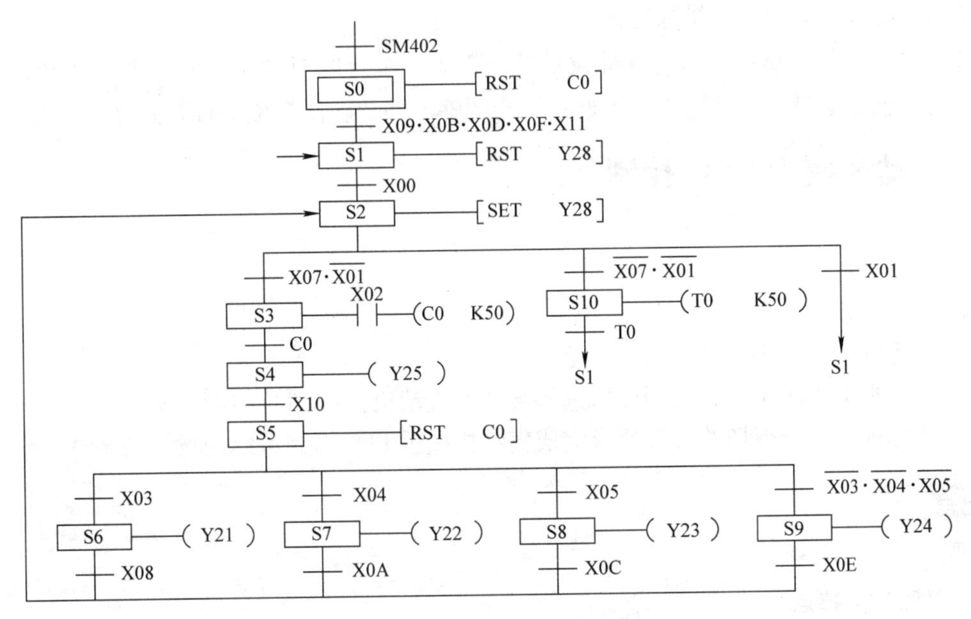

图 2-38　气动分拣装置的状态转移图

9. 分拣装置的软硬件调试

在 PLC 软硬件设计完成后，应进行调试工作。因为在程序设计过程中，难免会有疏漏的地方，因此在将 PLC 连接到现场设备之前，必须进行软件测试，以排除程序中的错误，同时也为整体调试打好基础，缩短整体调试的时间。另外，一些硬件如传感器等，在使用前，也需事先调试好。

（1）硬件调试。

1）电感传感器的调试。在电感传感器下方的传送带上，放置铁质料块，调整传感器上的两只螺母，使传感器上下移动，恰好使传感器上端指示灯发光，则这个高度即为传感器对铁质材料的检出点。

2）电容传感器的调试。在电容传感器下方的传送带上，放置非金属料块，调整传感器上的两只螺母，使传感器上下移动，恰好使传感器上端指示灯发光，则这个高度即为传感器对非金属材料的检出点。

3）颜色传感器的调试。在颜色传感器下方的传送带上，放置带有某一颜色料块，调节传感器上的电位器，观察窗口中红绿（或蓝）色指示灯，当两灯恰好同时发光时，该灵敏点即为料块颜色检出点（注：顺时针旋转检测色温向低端移动，否则反之）。

4）气缸动作限位开关位置和气缸回位限位开关位置的调试。气缸动作限位开关的位置调整到能将物料推入下料槽；气缸回位限位开关的位置调整到气缸刚好能回到原位。

（2）软件调试：将所编写的梯形图程序进行编译，通过上位机的连接电缆把程序下载到 PLC 中。为了及时发现和消除程序中的错误，减少系统现场调试的工作量，确保系统在各种正常和异常情况时都能做出正确的响应，需要进行离线软件测试。按照控制要求在指定输入端输入信号（或强制输入信号），观察 PLC 运行后输出指示灯的状态，若输出指示灯不符合要求，则查找原因，并排除之。

（3）系统整体调试：将所有外部设备接入 PLC，进行联机调试，观察整个系统的工作是否满足要求，如果不满足要求，可通过综合调整软件和硬件系统，直到满足要求为止。

2.2 气动机械手 PLC 控制

工作任务

1）熟悉气动机械手的结构组成与工作过程。

2）请你根据现场条件和控制要求选择合适的气动机械手 PLC 控制方案。

3）请你根据生产现场的实际要求完成气动机械手 PLC 控制系统的设计与调试工作。

相关知识

1. 机械手的特点

机械手是近几十年发展起来的一种高科技自动化生产设备。它的特点是可通过编程来完成各种预期的作业任务，在构造和性能上兼有人和机器的优点，尤其体现了人的智能和适应性。它可替代人从事危险、有害、有毒、低温和高热等恶劣环境中的工作；代替人完成繁重、单调的重复劳动，提高劳动生产率，保证产品质量。机械手与数控加工中心，自动搬运小车与自动检测系统可组成柔性制造系统（FMS）和计算机集成制造系统（CIMS），实现生产过程的自动化。机械手作业的准确性和各种环境中完成作业的能力，使其在国民经济各领域有着广阔的发展前景。

2. 工业机械手的驱动方式

工业机械手使用最多的一种驱动方式是电动机驱动。驱动电动机一般采用步进电动机、直流伺服电动机以及交流伺服电动机。由于电动机速度高，通常须采用减速机构（如谐波传动、RV 摆线针轮传动、齿轮传动、螺旋传动和多杆机构等）。这类机械手的特点是控制精度高，驱动力较大，响应快，信号检测、传递、处理方便，并可以采用多种灵活的控制方案。但是由于这类机械手价格昂贵，限制了在一些场合的广泛应用。因此，人们开始寻求其他一些经济适用的机械手驱动方式。随着气动技术的快速发展，它成本低廉且具有许多优点，因此在满足社会生产实践需要的同时也越来越多地受到重视。气动机械手与其他控制方式的机械手相比，具有价格低廉、结构简单、功率体积比高、无污染及抗干扰性强等特点，已经成为能够满足许多行业生产实践要求的一种重要实用技术。

3. 气动机械手的工作原理

气动机械手的基本结构是由感知部分、控制部分、主机部分和执行部分 4 个方面组成的。采集感知信号及控制信号均由智能阀岛来处理，气动伺服定位系统代替了伺服电动机、步进电动机或液压伺服系统；气缸、摆动马达完成原来由液压缸或机械所做的执行动作；主机部分采用了标准型材辅以模块化的装配形式，使得气动机械手能拓展成系列化、标准化的产品。人们根据应用情况的要求，选择相应功能和参数的模块，将它们像积木一样随意组合，这是一种先进的设计思想，代表气动机械手今后的发展方向，也将始终贯穿着气动机械手的发展及应用。因此，气动机械手可以代替一些功能不理想的工业机械手的地位，在目前的工业自动线上有极其广泛的应用前景。

工作任务重点

1）气动机械手的结构设计。

2）气动机械手的气动回路设计。

3）气动机械手的控制电路设计。

4）气动机械手的控制软件设计。

2.2.1 机械手及气动控制回路设计

1. 气动机械手的结构与控制要求

气动机械手是一台将工件从左工作台搬运到右工作台的机械手，运行形式为上下垂直运动和左右水平运动两种方式，其动作结构示意图如图 2-39 所示。气动机械手的功能是将工件从 A 处移送到 B 处，其控制要求如下。

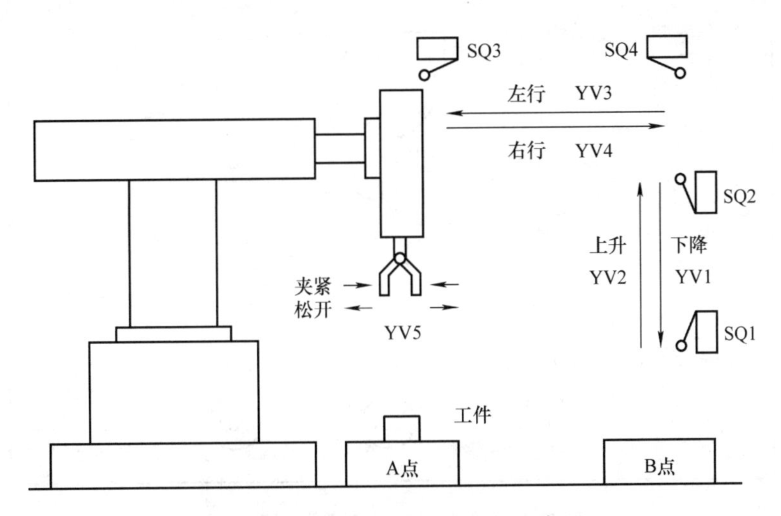

图 2-39 气动机械手动作结构示意图

1）气动机械手的升降和左右移行分别由不同的双线圈电磁阀来实现，电磁阀线圈失电时能保持原来的中位状态，必须驱动反向的线圈才能反向运动。

2）气动机械手的下降、上升的电磁阀线圈分别为 YV1、YV2；左行、右行的电磁阀线圈分别为 YV3、YV4。

3）气动机械手的夹钳由单线圈电磁阀 YV5 来控制，线圈失电时夹紧工件，线圈通电时松开工件。

4）气动机械手夹钳的夹紧或松开是通过电磁阀线圈 YV5 通电或断电并延时 1.7s 后才完成的。

5）机械手的下降、上升、左行、右行的限位由行程开关 SQ1、SQ2、SQ3、SQ4 来实现。

6）上电时，如果机械手不在原位，则应进行回原位操作，即让机械手返回左侧最高点并处于松开状态。

7）机械手能实现手动、回原位、单步、单周期和连续 5 种工作方式，如图 2-40 所示。处在手动工作方式时，用各按钮的点动实现相应的动作；处在回原位工作方式时，按下“起动”按钮，则机械手自动返回原位；处在单步工作方式时，每按下一次起动按钮，机械手向前执行一步；处在单周期工作方式时，每按下一次起动按钮，机械手只运行一个周期；处在连续工作方式时，机械手在原位，只要按下起动按钮，机械手就会连续循环工作，直到按下停止按钮为止；处在手动工作方式时，用各按钮的点动实现相应的动作。

8）传送工件时，机械手必须升到最高点才能左右移动，以防止机械手在较低位置运行时碰到其他工件。

9）出现紧急情况时，按下紧急停车按钮，机械手停止所有的操作，保持位置不动。

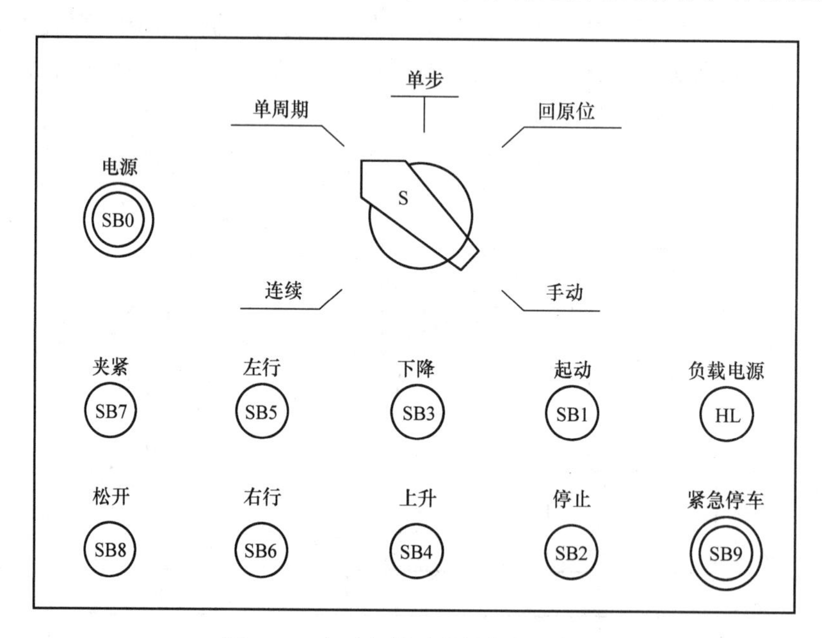

图 2-40　气动机械手的操作盘示意图

2. 气动控制回路设计

该气动机械手的全部动作由三个气缸驱动，气缸由电磁阀控制，整个机械手在工作中，其左移/右移和上升/下降的执行机构采用双电控（双线圈）三位五通电磁阀推动气缸来完成。当电磁阀某一线圈得电时，对应这边的端口通气；当两只电磁阀线圈均失电的状态下，该阀保持在中位，可使气缸停留在任意位置。机械手的夹紧/放松用单控（单线圈）二位五通电磁阀推动气缸来完成，线圈失电时执行夹紧动作，线圈通电时执行放松动作。根据气动控制要求，设计的气动控制回路如图 2-41 所示。气缸 1 负责机械手的上升/下降动作，气缸 2 负责机械手的左行/右行动作，气缸 3 负责机械手的夹紧/放松动作。气源处理三联件是压缩空气质量的最后保证，单向节流阀负责总的供气压力控制。

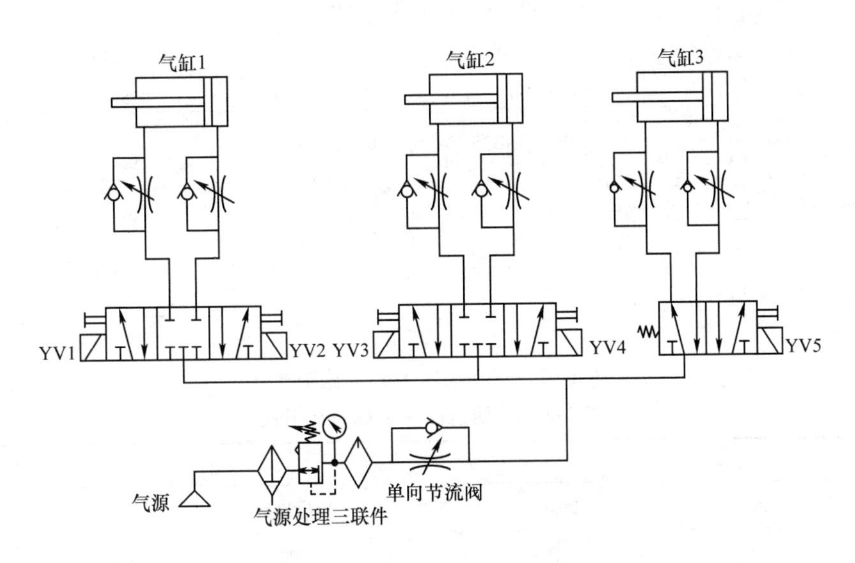

图 2-41　气动机械手的气动控制回路

2.2.2　气动机械手 PLC 控制电路设计

1. 设计 PLC 控制电路

根据控制要求，有 5 位工作方式选择开关 S（单步、单周期、连续、手动、回原位），起动 SB1、停止 SB2、下降 SB3、上升 SB4、左行 SB5、右行 SB6、夹紧 SB7、松开 SB8 共 8 个按钮，机械手的下降限位 SQ1、上升限位 SQ2、左行限位 SQ3、右行限位 SQ4 共 4 个限位开关，合计有 17 个输入信号。输出包括下降电磁阀线圈 YV1、上升电磁阀线圈 YV2、左行电磁阀线圈 YV3、右行电磁阀线圈 YV4、松开电磁阀线圈 YV5，共计有 5 个输出信号。SB0 为负载电源的起动按钮，HL 为负载电源的指示灯。为了安全，紧急按钮 SB9 不接入 PLC 的输入端，当发生紧急情况时，用于切断负载电源。为此，设计 PLC 控制电路，采用 Q00JCPU 模块、QX41 型 32 点 DC 24V 输入模块（电源“+”端为公共端）和 QY10 型 16 点继电器输出模块以及 24V（AC/DC）直流电源组成，如图 2-42 所示。

2. 确定 I/O 地址分配

PLC 控制系统采用 Q00JCPU 模块，第 0 槽安装 QX41 型输入模块，其 I/O 地址为X00 ~ X1F；第 1 槽安装 QY10 型继电器输出模块，其 I/O 地址为 Y20 ~ Y2F。对本系统中 PLC 的输入输出端子进行分配，见表 2-3。

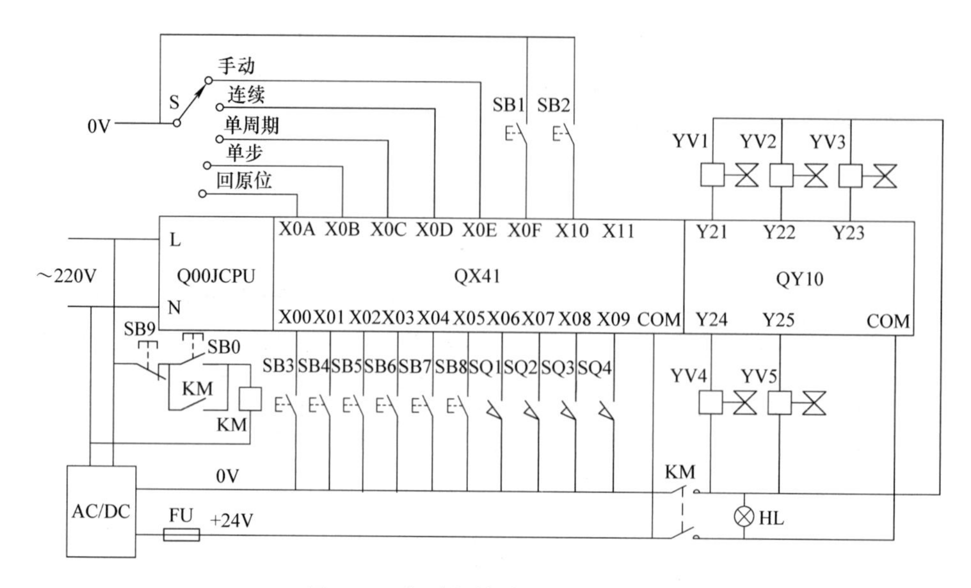

图 2-42　气动机械手 PLC 控制电路

表 2-3　气动机械手 I/O 地址分配

输　入			输　出		
输入地址	输入元件	名称或作用	输出地址	输出元件	名称或作用
X00	SB3	下降按钮	Y21	YV1	下降电磁阀线圈
X01	SB4	上升按钮	Y22	YV2	上升电磁阀线圈
X02	SB5	左行按钮	Y23	YV3	左行电磁阀线圈
X03	SB6	右行按钮	Y24	YV4	右行电磁阀线圈
X04	SB7	夹紧按钮	Y25	YV5	松开电磁阀线圈
X05	SB8	松开按钮			
X06	SQ1	下降限位开关			
X07	SQ2	上升限位开关			
X08	SQ3	左行限位开关			
X09	SQ4	右行限位开关			
X0A	S	回原位			
X0B	S	单步方式			
X0C	S	单周期方式			
X0D	S	连续方式			
X0E	S	手动方式			
X0F	SB1	起动			
X10	SB2	停止			

2.2.3 气动机械手 PLC 控制程序设计

1. 手动方式的程序设计

当工作方式开关 S 处于“手动”位置时，各按钮按点动方式控制机械手的动作，对应梯形图程序如图 2-43 所示。

2. 回原位方式的程序设计

当工作方式开关 S 处于“回原位”位置时，按下起动按钮 SB1，机械手返回原位（左端最高处、松开夹臂），对应梯形图程序如图 2-44 所示。

3. 循环工作方式的状态转移图

当工作方式开关 S 处于“单步、单周期、连续”位置时，机械手的工作流程是：从原位开始→机械手下降→夹紧工件→机械手上升→机械手右行→机械手下降→松开工件→机械手上升→机械手左行→回原位。根据机械手的工作方式和工作流程，设计的循环工作方式的状态转移图如图 2-45 所示。其中，M00 用于保存连续工作方式下的操作指令，M00 为 ON 表示运行指令，M00 为 OFF 表示停止指令，仅当机械手返回原位时才能接收停止处理。

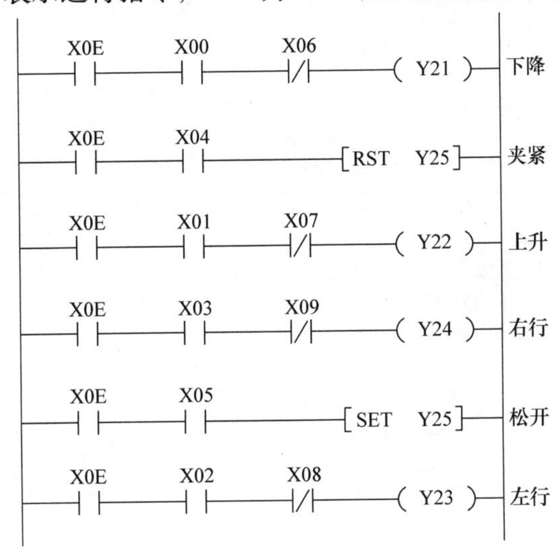

图 2-43 手动方式梯形图

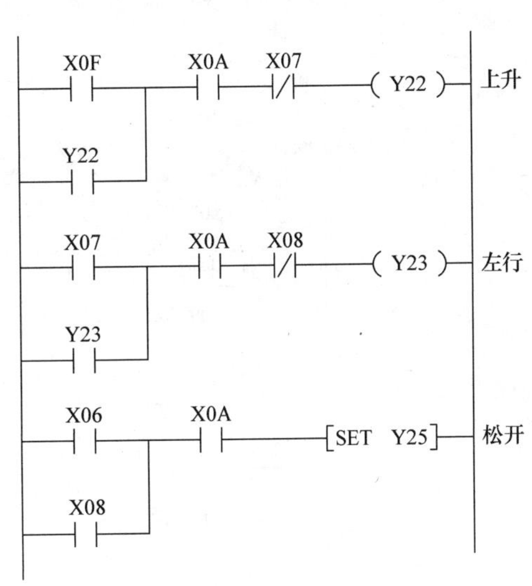

图 2-44 机械手回原位梯形图

4. PLC 控制程序设计

一个完整的机械手 PLC 控制系统，包括了手动、单步、单周期、连续、回原位 5 种工作方式，通过操作盘上的方式选择开关 S 来选择。根据控制要求，结合图 2-43、图 2-44 和图 2-45 的设计思路，进行系统综合考虑后设计的完整 PLC 控制程序如图 2-46 所示。这 5 种工作方式也可以采用模块化设计思路来编写，并用条件跳转指令（CJ 指令）来判断与执行选中的程序块，当 X0A = 1 时，跳转条件满足，跳到标号 P0 处执行回原位程序；当 X0B = 1 时，跳转条件满足，跳到标号 P1 处执行单步处理程序；当 X0C = 1 时，跳转条件满足，跳到标号 P2 处执行单周期处理程序；当 X0D = 1 时，跳转条件满足，跳到标号 P3 处执行连续处理程序；当 X0E = 1 时，跳转条件满足，跳到标号 P4 处执行手动处理程序，留给读者编程练习。

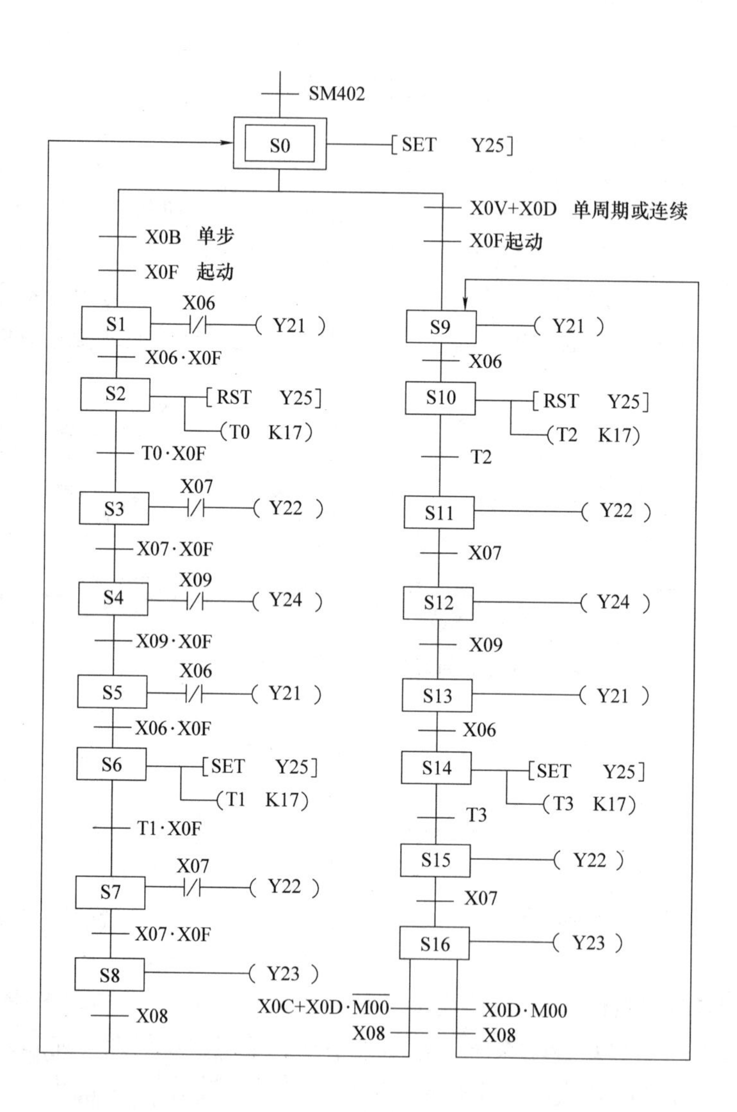

图 2-45 循环工作方式的状态转移图

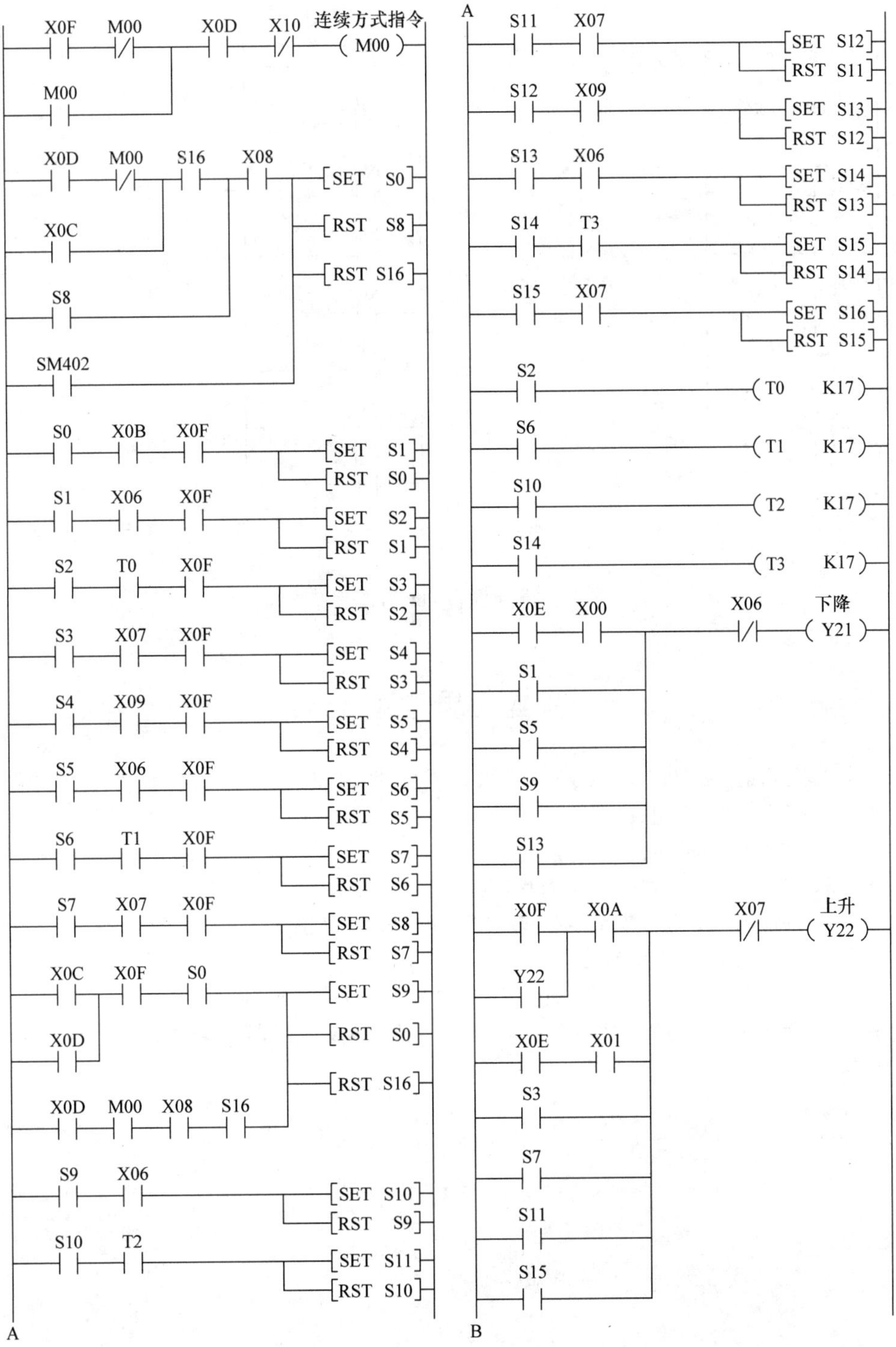

X0F M00 X0D X10 连续方式指令 (M00)
M00
X0D M00 S16 X08 [SET S0]
X0C [RST S8]
S8 [RST S16]
SM402
S0 X0B X0F [SET S1] [RST S0]
S1 X06 X0F [SET S2] [RST S1]
S2 T0 X0F [SET S3] [RST S2]
S3 X07 X0F [SET S4] [RST S3]
S4 X09 X0F [SET S5] [RST S4]
S5 X06 X0F [SET S6] [RST S5]
S6 T1 X0F [SET S7] [RST S6]
S7 X07 X0F [SET S8] [RST S7]
X0C X0F S0 [SET S9]
X0D [RST S0]
X0D M00 X08 S16 [RST S16]
S9 X06 [SET S10] [RST S9]
S10 T2 [SET S11] [RST S10]
A

A
S11 X07 [SET S12] [RST S11]
S12 X09 [SET S13] [RST S12]
S13 X06 [SET S14] [RST S13]
S14 T3 [SET S15] [RST S14]
S15 X07 [SET S16] [RST S15]
S2 (T0 K17)
S6 (T1 K17)
S10 (T2 K17)
S14 (T3 K17)
X0E X00 X06 下降 (Y21)
S1
S5
S9
S13
X0F X0A X07 上升 (Y22)
Y22
X0E X01
S3
S7
S11
S15
B

图 2-46　机械手完整 PLC 控制程序

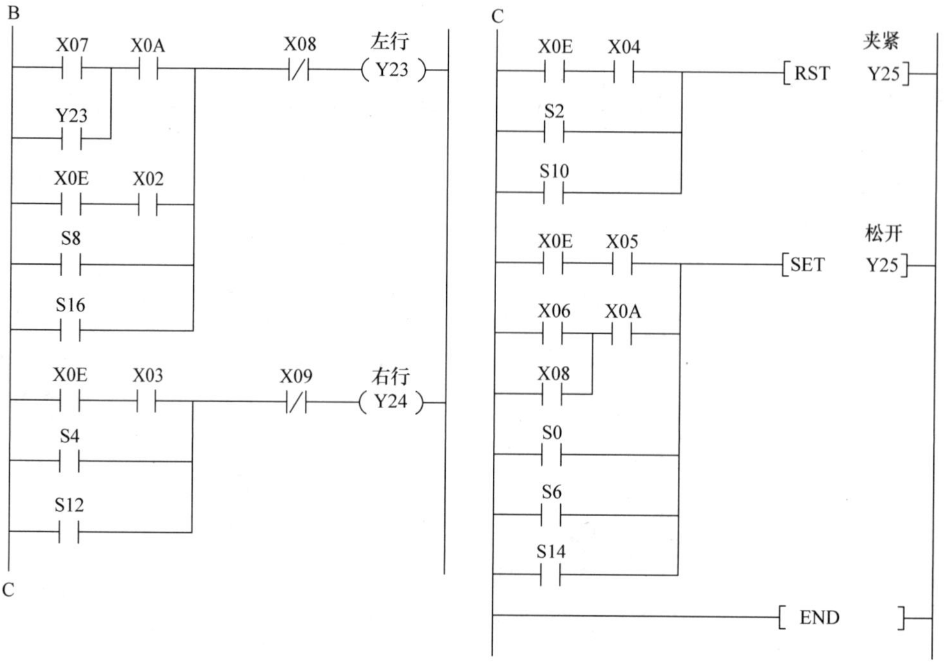

图 2-46　机械手完整 PLC 控制程序（续）

复习思考题

1. 说出主程序结束指令（FEND 指令）和全部程序结束指令（END 指令）在功能方面有何不同。
2. 说出气源处理三联件的组成与作用。
3. 简述状态转移图（SFC）的组成要素。
4. 分析图 2-27b 所示 SFC 程序的执行过程。
5. 将图 2-29 所示的气动分拣装置的状态转移图转化为梯形图程序。
6. 如果气动分拣装置还需要手动操作，该如何编写程序？
7. 分析气动机械手单周期工作方式和连续工作方式在程序设计方面有何异同点。
8. 用条件跳转指令（CJ 指令）重新设计机械手回原位、单步、单周期、连续、手动 5 种工作方式的梯形图程序。

第3章 变频器与PLC控制系统设计

变频器（Variable Frequency Drive，VFD）是应用变频技术与微电子技术，通过改变电动机工作电源频率方式来控制交流电动机的电力控制设备。变频器主要用于交流电动机（异步电动机或同步电动机）转速的调节，是公认的交流电动机最理想、最有前景的调速方案，除了具有卓越的调速性能之外，变频器还有明显的节能作用，是企业技术改造和产品更新换代的理想调速装置。自20世纪80年代被引进中国以来，变频器作为节能应用与速度工艺控制中越来越重要的自动化设备，得到了快速发展和广泛的应用。在电力、纺织与化纤、建材、石油、化工、冶金、市政、造纸、食品饮料、烟草等行业以及公用工程（中心空调、供水、水处理、电梯等）中，变频器都在发挥着重要作用。

通过变频器与PLC控制系统设计与调试，了解变频器的基本结构和工作原理，掌握变频器各参数的意义、操作面板的基本操作和外部端子的接线，能运用PLC、变频器、触摸屏、特殊功能模块、通信模块等现代控制器件来解决工程实践问题。

3.1 PLC控制系统人机界面设计

工作任务

1）请你完成触摸屏与个人计算机及PLC的连接。

2）请你完成触摸屏系统环境的设置工作。

3）请你完成触摸屏画面的编辑与设计工作。

相关知识

1. 触摸屏的概念

触摸屏（Touch Screen）又称为“触控屏”“触控面板”，是一种新型的人机界面，从一出现就受到人们的关注。触摸屏作为一种最新的计算机输入设备，是目前最简单、方便、自然的一种人机交互方式。不用学习，人人都会使用，是触摸屏最大的魔力，这一点无论是键盘还是鼠标，都无法与其相比。它赋予了多媒体以崭新的面貌，是极富吸引力的全新多媒体交互设备。它的简单易用、功能强大及优异的稳定性，使它非常适合用于工业环境，也可用于日常生活，主要应用于公共信息的查询、行政办公、工业控制、军事指挥、电子游戏、点歌点菜、多媒体教学、房地产预售等。大的控制设备生产厂商，如西门子、施耐德、三菱、欧姆龙、松下等均有它们的触摸屏系列产品。

2. 触摸屏的定位

触摸屏是一种可接收触点等输入信号的感应式液晶显示装置，当接触了屏幕上的图形按钮时，屏幕上的触觉反馈系统可根据预先编程的程式驱动各种连接装置，可用以取代机械式的按钮面板，并由液晶显示画面制造出生动的影音效果。从技术原理角度来讲，触摸屏是一套透明的绝对定位系统，手指触摸到哪里就是哪里，不需要第二个动作，不像鼠标等相对定位系统，需要光标与操作确认键。所以，触摸屏的软件都不需要光标，有光标反倒影响用户的注意力，因为光标是给相对定位的设备用的。检测手指的触摸动作并且判断手指位置，都是依靠触摸屏所用的传感器及管理软件来工作的，甚至有的触摸屏自身就是一套传感器系统。各种触摸屏的定位原理和各自所用传感器决定了触摸屏的反应速度、可靠性、稳定性和寿命。

3. 触摸屏的工作原理

用户用手指或其他物体触摸安装在显示器前端的触摸屏时，所触摸位置的坐标被触摸屏控制器检测，并通过串行通信接口（RS－232、RS－422、RS－485 或 USB）送到 PLC、计算机的 CPU，从而得到输入信息。

4. 触摸屏的分类

在 PLC 控制系统现在使用最普及的人机界面就是触摸屏，依据工作原理不同，触摸屏可以分为电容式、电阻式、红外线式以及声波式等几大类。

电容式触摸屏：其最大优势是能实现多点触控，操作最随意。不足的是精度较低，受周围环境电场影响可能产生漂移，价格较高。

电阻式触摸屏：其主要特点是工作环境与外界完全隔离，不怕灰尘、水汽和油污，可以用任何物体来触摸，精度非常高，可用来做图、书写，且价格合理。

红外线式触摸屏：其主要特点是不受电流、电压和静电干扰，但对光照较为敏感，且价格较低、维护方便。

声波式触摸屏：其主要特点是屏幕多为钢化玻璃，清晰度高，透光率好，高度耐久，抗刮伤性良好；多用于各种公共场合如 ATM、自动售票机等。

5. 使用触摸屏的组态软件的作用

使用触摸屏的组态软件可以在触摸屏上设计出所需要的画面。画面的生成是可视化的，不需要用户编程，用户可以自由地组合文字、按钮、图形、数字等来处理或监控管理以及应付随时可能变化的信息，具有美观、直观、方便等优点，操作人员很容易掌握。其主要作用如下。

1）通过组态画面实时监视生产过程的各种状态。

2）通过组态画面中各种触摸键控制生产过程的起动、停止、运行等。

3）通过组态画面设置系统所需参数。

4）可以连接打印机设备输出系统运行报表等。

5）用触摸屏上的元件代替硬件按钮和指示灯等外部设备，还可以减少 PLC 所需要的 I/O点数，降低生产成本。

需要注意的是，组态画面上的按钮用于为 PLC 提供起动和停止电动机等设备的输入信号，但这些信号只能通过 PLC 的辅助继电器来传递，不能送给 PLC 的输入继电器，因为 PLC 的输入继电器的状态唯一取决于外部输入电路的通断状态，不能用触摸屏上的按钮来改变。

3.1.1 三菱 GOT1000 HMI 应用

GOT（Graphic Operation Terminal，图形操作终端）是一种安装在控制面板或操作面板的表面上并连接到PLC的触摸屏。三菱常用的人机界面有GOT800系列（A800和DU，1995年推出的产品）、GOT900系列（A900和F900，1998年推出的产品）和GOT1000系列（GT10、GT11、GT15、GT12、GT16，自2006年以后推出的产品）。其中，GT10为基本型系列产品，GT11为标准型系列产品，GT15、GT12和GT16为高性能型系列产品。以GT11-C为例，它包括GT1175-VNBA-C、GT1165-VNBA-C、GT1155-QSBD-C、GT1150-QBBD-C 4种型号的产品，其主要功能：内置3MB标准内存，能显示256种色彩和各国语言，所配置的RS-232、RS-422接口能实现最高可达115.2kbit/s的高速通信，同时还搭载了USB高速通信接口，能与三菱Q、QA、A、FX系列PLC相连。

1. GOT与计算机及PLC的连接

作为PLC的图形操作终端，GOT必须与PLC联机使用，通过操作人员手指与触摸屏上的图形元件的接触发出PLC的操作指令或者显示PLC运行中的各种信息。GT11-C触摸屏有1个与电脑连接的RS-232接口，用于传送用户界面，有1个与PLC连接的RS-422接口，用于与PLC通信，还有1个USB接口，与电脑连接更加方便，可实现界面的高速传送。GOT与计算机和PLC的电缆连接示意图如图3-1所示。

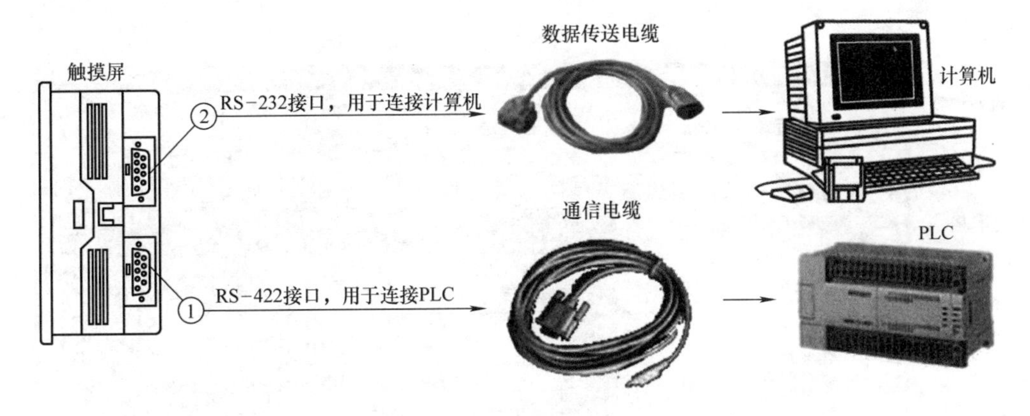

图3-1 GOT与计算机和PLC的电缆连接示意图

2. GOT的画面功能

GOT内置了多个系统画面，还可以创建用户定义的画面。用户画面和系统画面分别有下列功能。

（1）用户画面功能：用户制作画面所拥有的功能。

1）画面显示功能。可以存储并显示用户制作的画面达500个（画面序号为1~500）以及系统画面30个（画面序号为1001~1030）。

2）画面操作功能。GOT可以作为操作单元使用，通过GOT上设计的操作键来设置PLC位元件的ON/OFF状态，通过设计的键盘输入或者更改PLC字元件的数据。

3）监视功能。GOT可以通过用户画面显示PLC内部位元件的状态以及字元件的设定值和当前值，还可以用数字或棒图的形式显示，供监视用。

（2）系统画面功能：GOT系统所带画面的功能。

1）监视功能。可以监视程序清单（仅对FX系列PLC），可在GOT处于HPP（手持式编程）状态时，使用GOT作为编程器显示及修改PLC内的程序。设有缓冲存储器（仅对FX2N和FX2NC系列PLC），特殊模块的缓冲存储器（BFM）中的内容可以被读出、写入和监视。

2）数据采样功能。GOT 可以设定采样周期，记录指定的数据寄存器的当前值，并以清单或图表的形式显示或打印这些数值。

3）报警功能。GOT 可以指定 PLC 的最多 256 点连续位元件（可以是 X、Y、M、S、T、C）与报警信息相对应，在这些元件置位时显示一定的画面，给出报警信息。

4）其他功能。GOT 中包含一个实时时钟，可以设定和显示当前时间和日期，还可以进行画面对比度和蜂鸣器音量调节。另外，可以根据操作人员级别进行密码设置。

3. GT - Designer2 画面制作软件

显示在 GOT 上的监视屏幕画面（或数据）是在个人计算机上用专用的画面制作软件创建的。三菱 GOT 的用户画面制作软件有 FX - PCS - DU/WIN - C 和 GT - Designer2 等，前者主要用于制作 F900 系列触摸屏的用户画面，后者用于高档触摸屏（如 A900 系列、GT11 系列、GT15 系列）的画面制作，也可用于 F900 系列触摸屏的画面制作。

（1）软件的主界面。GT - Designer2 软件安装完毕后，单击快捷方式图标即可进入软件的主界面。主界面由标题栏、菜单栏、工具栏、工作区、属性表、编辑窗等组成，如图 3-2 所示。

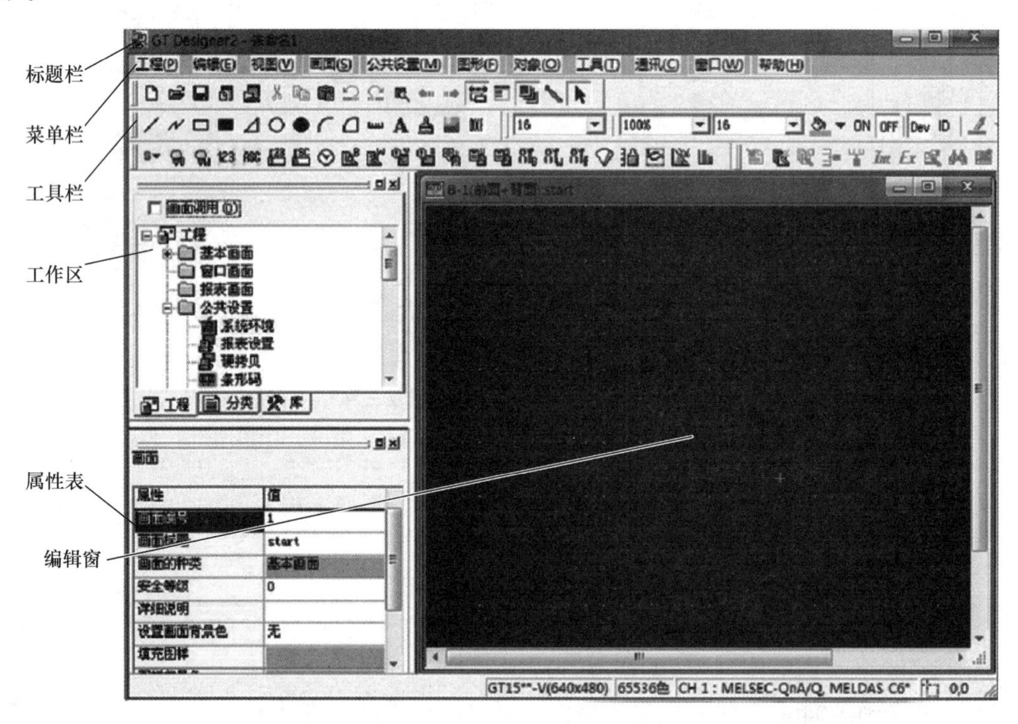

图 3-2 GT - Designer2 的主界面

（2）图形绘制和文本设置。在编辑区可以进行直线、矩形、圆等图形的绘制和文本设置。图形绘制方法：可以在图形对象工具栏或绘图菜单的下拉菜单以及工具选项板中单击相应的绘图命令，然后在编辑区进行拖放即可。调整图形/对象属性，如颜色、线形、填充等，可以双击该图形，再在弹出的窗口中进行调整。

文本设置是在 GOT 画面上设定汉字、英文、数字等文字的部件。单击图形/对象工具栏中的按钮或从菜单栏中“绘图”菜单进入并单击“绘图图形”后的级联菜单条后，则可在文本设置对话框里进行文本设置。

（3）对象功能设置。可以在数据显示的基础上进行功能设置。数据显示是指能实时显示 PLC 字元件中的数据，包括数字、数据列表、ASCII 字符以及时钟等。分别单击图形/对象工具栏中的数字显示、时钟显示按钮，会出现该功能的属性设置窗口，设置完毕单击“确定”按钮，然后将光标指向编辑区，单击鼠标即生成该对象，可以随意拖动对象到任意需要的位置。

（4）信息显示功能。该功能可以显示 PLC 相对应的注释和出错信息，包括注释、报警记录和报警列表。

（5）动画显示功能。该功能可以显示与软元件相对应的部件、指示灯和指针仪表盘。单击图形/对象工具栏中的“部件显示”“指示灯”“指针仪表”等按钮，即弹出设置窗口，显示的颜色可以通过其属性来设置，同时，还可以根据软元件的 ON/OFF 状态来显示不同颜色，以示区别。

（6）图表显示功能。该功能可以显示采集到 PLC 软元件的值，并将其以图表的形式显示。通过单击图形/对象工具栏的“折线图/趋势图/棒状图”按钮，进行相关设置，实现图表显示功能。

（7）触摸按键功能。触摸键在被触摸时，能够改变位元件的开关状态、字元件的值，也可以实现画面跳转等功能。

（8）数据输入功能。该功能可以将任意数字和 ASCII 码输入到软元件中。对应的按钮是数字输入和 ASCII 码输入，操作方法和属性设置与上述方法相同。

（9）其他功能。包括硬复制功能、系统信息功能、条形码功能、时间动作功能，此外还具有屏幕调用功能、安全设置功能等。

工作任务重点

1）连接 GOT 与个人计算机及 PLC。

2）设置 GOT 系统环境。

3）设计 GOT 画面编辑以及将画面数据下载到 GOT 中。

3.1.2 生成 GOT 画面

为了执行 GOT 的各种功能，首先在画面制作软件上通过粘贴一些开关图形、指示灯图形、数值显示等被称为对象的框图来创建屏幕画面；然后通过设置 PLC 的 CPU 中的元件（位、字），规定屏幕上这些对象的动作；最后通过 RS－232 电缆（或 USB 电缆）将创建的监视屏幕数据传送到 GOT 中，生成 GOT 画面。

三菱 GT－Designer2 画面制作软件是三菱电机公司开发的用于制作 GOT 图形终端屏幕显示画面的软件平台，支持所有的三菱图形终端。该软件功能强大，图形、对象工具丰富，操作简单，可方便地与各种 PLC、变频器连接，还可设置密码保护等。下面介绍该软件的使用方法。

1. 新建工程向导及设置

将软件安装完成后，单击“开始”菜单，光标移至“所有程序/MELSOFT 应用程序”，单击“GT－Designer2”，进入软件的初始界面。单击“工程”菜单，选择“新建”命令，开始一个新工程的环境设置，单击“下一步”，进行 GOT 类型和颜色的设置，如图 3-3 所示。设置完成，单击“下一步”，进入 GOT 的系统设置确认；确认无误后，单击“下一步”，显示连接机器设置，设置与 GOT 连接的 PLC 类型，这里选择 Qna/Q；设置完成，单击“下一步”，显示连接机器设置（第 1 台），选择连接标准为 RS－232，并单击“下一步”；选择通信驱动程序，这里设为 A/Qna/Q CPU，单击“下一步”；显示连接机器设置的确认（第 1 台）；提示 GT15 可以连接多台机器的操作。这里只连接了一台，单击“下一步”，选择基本画面为 B－1，单击“下一步”。显示系统环境设置的确认，如果所有设置已完成，确认无误后单击“结束”，进入编辑画面。

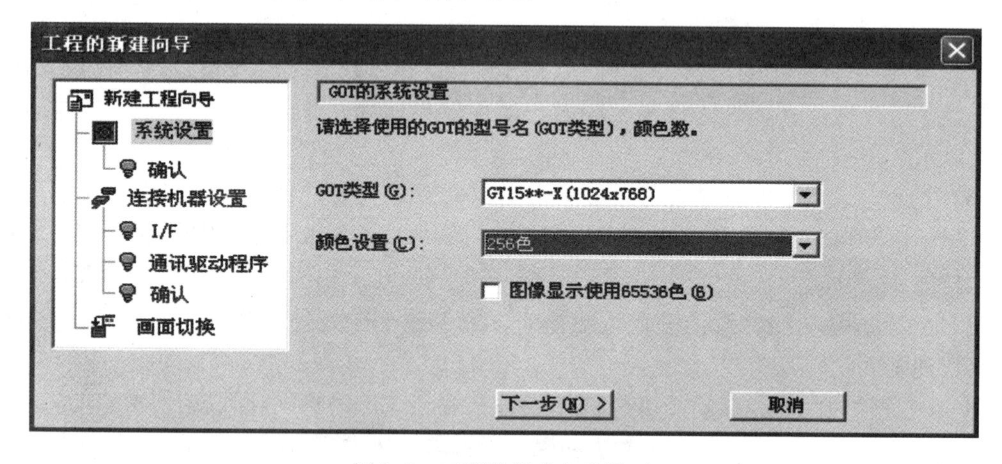

图 3-3　工程的新建向导界面

新建工程时，使用对话式向导来完成必要的设定，可准确、快速地创建工程。具体操作步骤如下：新建工程→选择触摸屏型号→选择与之相连的 PLC 型号→选择连接方式→确认通信协议，单击“确定”按钮，即进入“基本画面属性”对话框进行画面编号（第 1 幅画面编号为 1）、画面标题、画面的种类（基本画面）、安全等级（0 级）、画面背景色等参数的设定，设定完成后，单击“确定”按钮，即进入画面编辑界面，如图 3-4 所示。

2. 画面编辑设计

GOT 画面上的开关、指示灯、数据输入/显示、信息显示等实际上是对 PLC CPU 的软元件（位、字）进行读出/写入。GOT 基本画面设计包括开关、指示灯、数值显示和数值输入的设计。

（1）开关设计。GOT 画面上的开关有位开关、数据写入开关、特殊功能开关、画面切换开关、功能键开关、多用动作开关等 8 种。在对象工具栏中选择开关图标“S ▼”，单击图标右侧的下拉式箭头，可进入各种开关对象的选择。其中，常用的按键图标有 3 个：有一个 B 字的图标是位（普通）开关，如作 X、M 等开关；有一个 D 字的图标是数据写入开关，作一些送数据的按键；有一个 S 字的图标是画面切换开关，专门用来翻页。注意，如果将鼠标放在图标上面停下，将会提示这个图标的功能。

1）位开关设计。在画面编辑界面上，在对象工具栏中选择开关图标“S ▼”下的“位开关”对象，然后把光标移到 B－1 画面的编辑区单击一下，再单击一下鼠标左键，就把开关定位了。当开关对象放置完成后，可以对该对象的大小、位置进行调整。然后用鼠标右键

图 3-4　画面编辑界面

单击该对象，打开右键菜单，选择“属性更改”命令，或双击该对象，进入“位开关”对话框，包括“基本”和“文本/指示灯”选项卡。例如，设置软元件（位软元件）为“M0”，动作（按下此键时产生的动作）为“点动”，开关颜色为“蓝色”，分类为“开关”，如图 3-5 所示。

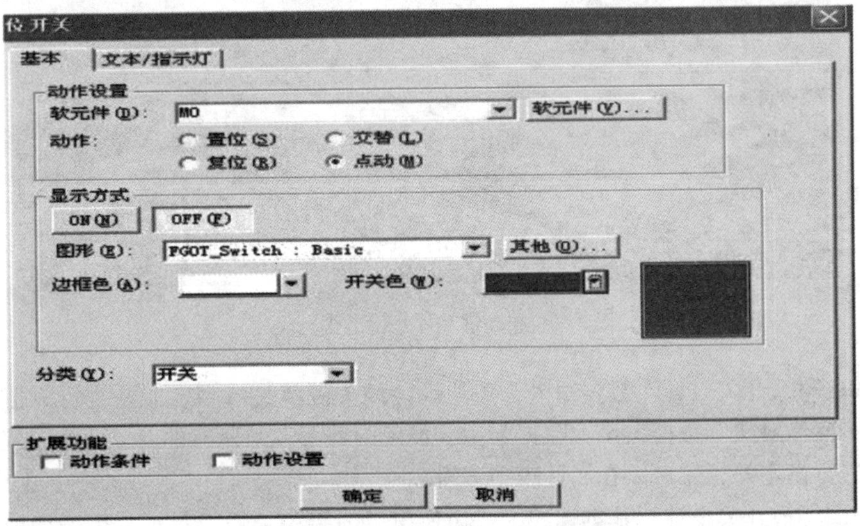

图 3-5　位开关的基本属性设置对话框

在图 3-5 所示的对话框中，单击“确定”，进入位开关的“文本/指示灯”选项卡界面，如图 3-6 所示。可以设置文本（开关显示文本）为“起动”和文本色为“白色”，指示灯功能为“位”（软元件为 M0）以及可以设置文本尺寸。若将指示灯功能设为“按键”，则设定了任意键。

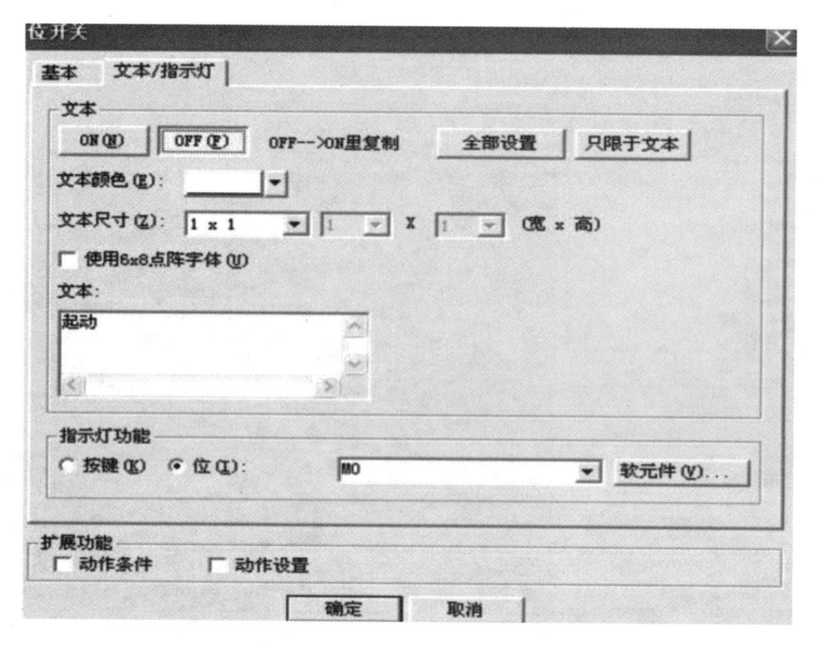

图 3-6　位开关的“文本/指示灯”选项卡界面

用同样的方法做好停止键（M1 键）的设计工作，起动键和停止键的设计结果如图 3-7 所示。

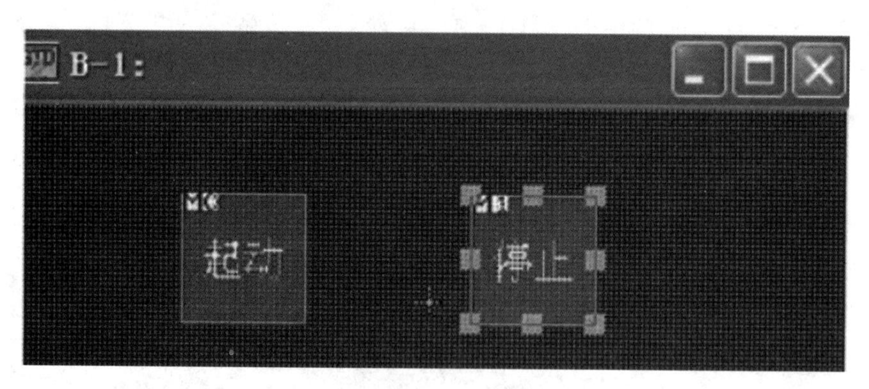

图 3-7　起动键和停止键的设计结果

2）数据写入开关设计。数据写入开关的设计最关键就是对字软元件进行赋值，其基本选项卡有：操作对象、数据大小、数据类型、设定内容等。对所有的对象，除了双击后在设定窗口中进行设定外，还可以在属性表中编辑。

3）画面切换开关设计。基本选项卡：切换窗口的类型、切换目标；扩展选项卡：可以设置开关的显示、操作等级、延迟等。

触摸屏切换画面最常用的有两种形式：一种是通过触摸键实现画面的切换；另一种是通过 PLC 程序实现画面的自动切换。通过触摸键实现画面切换键输入置 ON 后，根据切换对象的内容切换画面。切换条件若设为“按键”，则设定为任意键，切换对象指定为画面序号。若需要利用 PLC 程序切换画面，首先需要在 GT 软件中设置基本画面切换元件，在 GT 软件上单击菜单“公共”→“屏幕切换”，弹出如图 3-8 所示的窗口。将基本屏幕元件设置为 D0，即数据寄存器 D0 中的数就是当前所显示画面的序号。其次，在 PLC 中编写屏幕切换程序，如图 3-9 所示。当按下 X0 时，MOV 指令将常数 K1 传送给 D0，当（D0）=1 时，触摸屏显示画面 1（B－1）；若按下 X2，则触摸屏显示画面 3（B－3）；按下 X5，则触摸屏显示画面 5（B－5）。

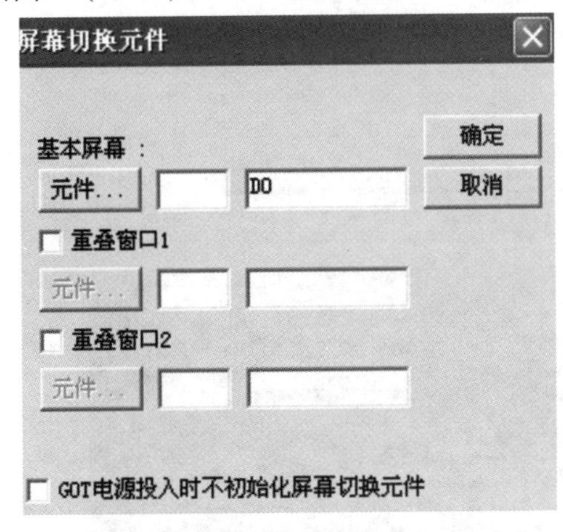

图 3-8　屏幕切换元件窗口

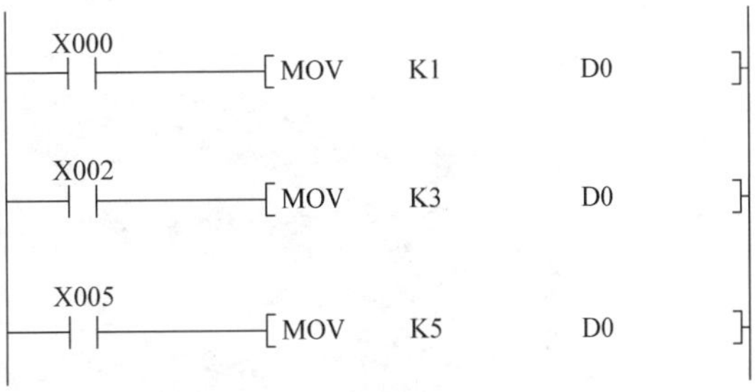

X000 ─┤├─ [MOV　K1　D0]
X002 ─┤├─ [MOV　K3　D0]
X005 ─┤├─ [MOV　K5　D0]

图 3-9　屏幕切换程序

（2）指示灯设计。指示灯可分为位指示灯和字指示灯。位指示灯根据位软元件的 ON/OFF 使指示灯实现亮灯/灭灯的功能，而字指示灯则根据字软元件的值变更指示灯的颜色与状态（有多种颜色）。位指示灯设计步骤如下：在对象工具栏中选择（单击）带 B 字的位指示灯图标“”，然后把光标移到 B－1 画面的编辑区单击一下，再单击一下鼠标左键，指示灯就出现在 B－1 画面上。然后双击这个指示灯，在指示灯显示对话框中，将软元件设置为“Y0”，如图 3-10 所示。再单击“确定”，完成位指示灯的设计，如图 3-11 所示。编辑字指示灯时，请用对象工具栏中带 W 字的字指示灯图标“”。

（3）数值显示设计。该功能可以显示 PLC 等寄存器中的值。在对象工具栏中选择（单击）数值显示图标“”，再在 B－1 画面上单击，就出现“数值显示”的设置对话框，如图 3-12 所示。通过输入软元件 D0，再单击“确定”，数值显示就出现在 B－1 画面上，如图 3-13 所示。

（4）数值输入设计。该功能将任意的值从 GOT 写入所连接设备的软元件（如 PLC 寄存器）中。在对象工具栏中选择（单击）数值输入图标“”，再在 B－1 画面上单击，就出现“数值输入”的对话框，进行相应设置后，即可由画面上配置的触摸开关进行输入或者通过键盘窗口进行输入。

3. 画面数据下载到 GOT

当工程画面编辑完毕后，通过打开菜单栏中的“通讯”→“跟 GOT 通讯”对话框实现。在选项卡中选择“工程下载”→“GOT”。在“基本画面”里选择需要下载的画面名称，在名称前打勾，选择完毕后单击“下载”按钮，就可以进行下载数据的传输，在传输过程中禁止关闭触摸屏电源和移动 GOT 通信线。

指示灯显示(位)

基本 文本

软元件(D): Y0 软元件(V)...

显示方式

ON(N) OFF(F)

图形(S): FGOT_Lamp : Basic 其他(R)...

边框色(M): 指示灯色(L):

分类(Y): 指示灯

确定 取消

图 3-10　位指示灯设置对话框

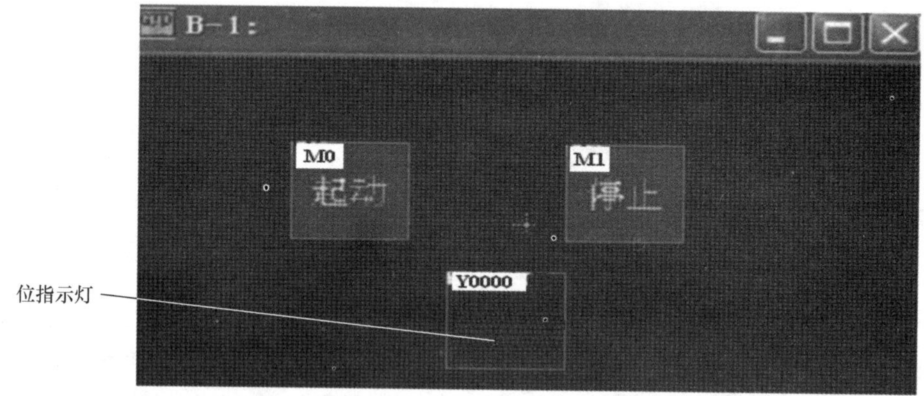

图 3-11　位指示灯与起动和停止开关的设计画面

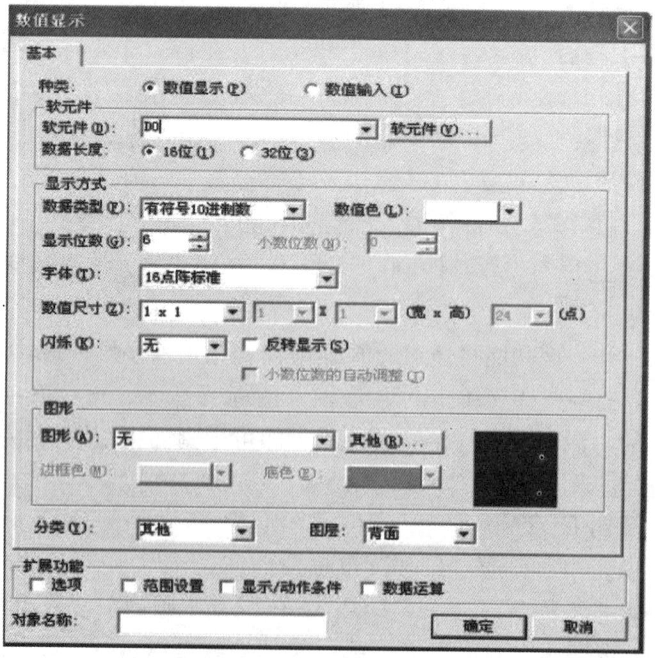

数值显示

基本

种类: 数值显示(P) 数值输入(I)

软元件

软元件(D): D0 软元件(V)...

数据长度: 16位(1) 32位(3)

显示方式

数据类型(T): 有符号10进制数 数值色(L):

显示位数(G): 6 小数位数(M): 0

字体(T): 16点阵标准

数值尺寸(Z): 1 x 1 1 x 1 (宽 x 高) 24 (点)

闪烁(K): 无 反转显示(S)

小数位数的自动调整(J)

图形

图形(A): 无 其他(R)...

边框色(M): 底色(E):

分类(Y): 其他 图层: 背面

扩展功能

选项 范围设置 显示/动作条件 数据运算

对象名称:

确定 取消

图 3-12　数值显示的设置对话框

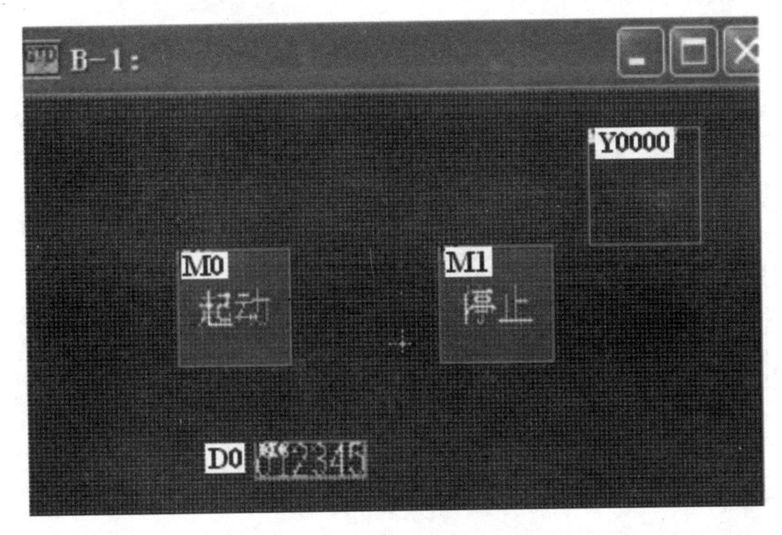

图 3-13　数值显示画面

4. 保存工程与关闭工程

若要保存工程，单击“工程”菜单，选择“保存”命令，输入文件名，选择保存路径后，单击“确定”按钮，完成工程的保存动作。若要关闭工程，单击“工程”菜单，选择“关闭”命令，可回到软件的初始画面。

3.2　变频器操作与应用

工作任务

1）请你完成 FR－A700 变频器的接线工作。
2）请你完成 FR－A700 变频器相关参数的设置工作。
3）请你用变频器实现异步电动机多段速度运行。

相关知识

1. 变频器的基本组成

变频器是把工频（50Hz 或 60Hz）交流电源变换成各种频率的交流电源，以实现电动机的变速运行的设备。根据变流环节不同来划分，变频器有交－直－交变频器和交－交变频器两种形式。交－交变频器把频率固定的交流电直接转换成频率、电压均可控制的交流电；交－直－交变频器则将频率固定的交流电通过整流电路转换成直流电，然后再把直流电逆变成频率、电压均可控制的交流电，其基本组成如图 3-14 所示。其中，整流电路将交流电变换成直流电，滤波电容对整流电路的输出进行平滑滤波，逆变电路将直流电逆变成交流电。主控电路主要对逆变电路进行开关控制以及向外部输出控制信号，控制电源向主控电路及外部提供直流电源，驱动电路用来放大逆变电路的控制信号，电压采样和电流采样电路负责电压、电流信号的采集工作，键盘与显示器用于输入指令以及显示变频器的参数。

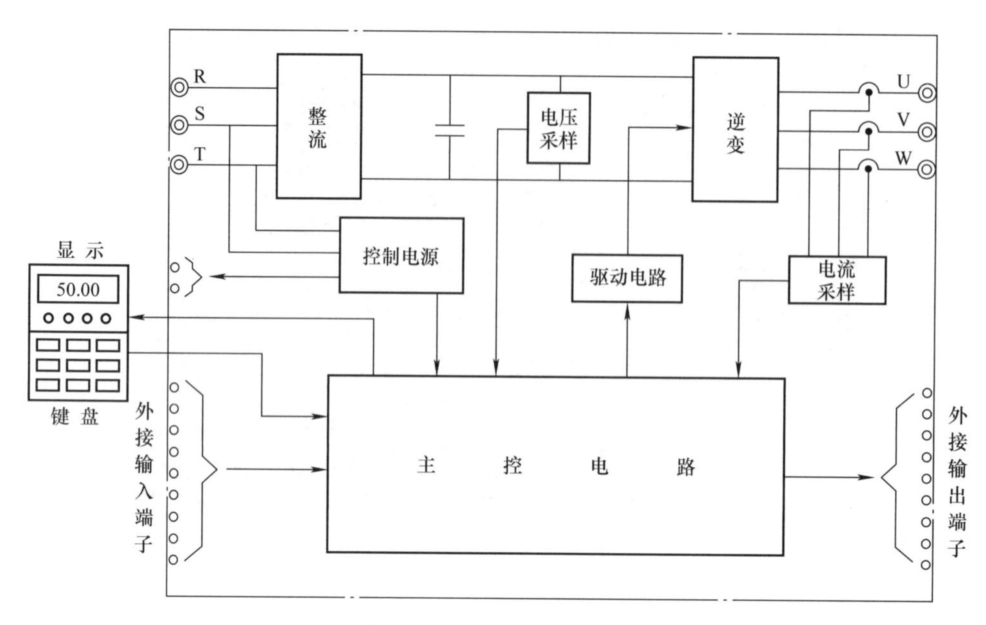

图 3-14　交－直－交变频器的基本组成

2. 变频器的调速原理

三相异步电动机的转速公式为

$$n = n_s(1-s) = 60f(1-s)/p$$

式中，n 为电动机的转速（r/min）；n_s 为电动机的同步转速（定子旋转磁场的转速）（r/min）；p 为电动机极对数，2 极电动机 p 为 1，4 极电动机 p 为 2，6 极电动机 p 为 3，依次类推；f 为供电电源频率（Hz），在没有变频调速的情况下为 50Hz；s 为异步电动机的转差率，一般取 0.01～0.02。

由上述电动机的转速计算公式可知，三相异步电动机的调速可通过三个途径进行。

1）改变电动机定子绕组的极对数 p，以改变定子旋转磁场的同步转速 n_s，进而改变电动机的转速，这种调速方式称为变极调速，只适用于有若干个多速绕组结构的三相笼型异步电动机，电动机只有少数几种速度。

2）改变电动机转差率 s，进而改变电动机的转速，这种调速方式称为变转差率调速，只适用三相绕线转子异步电动机的调速。变转差率调速主要包括转子串电阻调速、串级调速和定子降压调速等，调速过程中转差功率以发热形式消耗在转子电阻中，效率较低，只适用于中小容量的绕线转子异步电动机。

3）改变电动机定子电压频率 f，以改变定子旋转磁场的同步转速 n_s，进而改变电动机的转速，此法具有调速范围宽、调速平滑性好、机械特性硬、效率高、改善起动性能等特点，尤其适用于三相笼型异步电动机的调速，但是控制系统较复杂，成本较高，一般需要专用的变频器。

3. 三菱 FR－A700 系列变频器

三菱 FR－A700 系列变频器是三菱电机公司推出的新一代多功能重负载用的变频器，其型号说明如图 3-15 所示。例如，3 相、50Hz、电压等级为 400V 的 FR－A740 高性能矢量变频器，其输出功率范围为 0.4～500kW，闭环时可进行高精度的转矩/速度/位置控制，无传感器矢量控制可实现转矩/速度控制，内置 PLC 功能（特殊型号），内置 EMC 滤波器，使用长寿命元器件，主电路电容、控制电路电容、新设计的冷却风扇设计寿命均为十年。

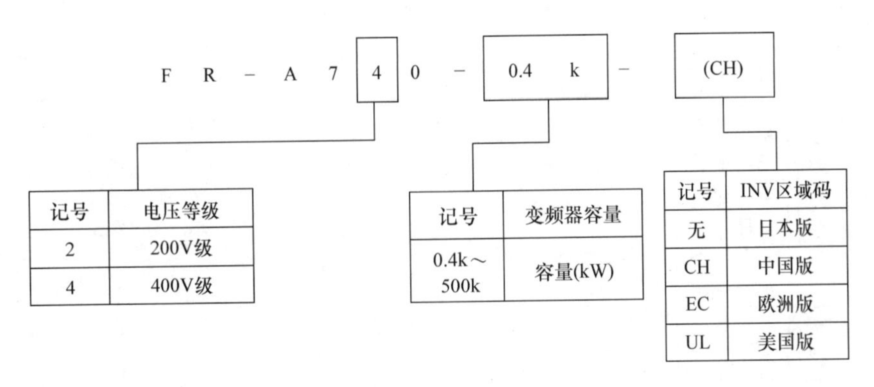

图 3-15 FR－A700 系列变频器的型号说明

三菱变频器 FR－A740 驱动带编码器的电动机实现高性能的闭环矢量控制，速度控制范围为 1∶1500，速度响应为 300rad/s；转矩控制范围为 1∶50；并具零速控制和伺服锁定功能。在位置控制中，内置 15 段预设位置段，并且可与 PLC 或脉冲单元连接后构成通用伺服系统，实现定位操作。

三菱变频器 FR－A740 具有强大的网络通信功能：内置 USB 通信接口，方便连接 FR－Configurator 变频器设置软件，除内置的基本 RS－485 通信方式外，通过选用各种总线适配器，可链接于 CC－Link、Profibus－DP、Device－NET、LonWorks、CANopen、EtherNET、SSCNETⅢ，高效、快速地实现设备网络化。

3.2.1 三菱 FR－A700 变频器外部接线

在使用变频器之前，需要了解变频器的结构、安装及接线的基本知识，掌握变频器接线端子功能以及接线要求。三菱 FR－A700 变频器的接线可以分为主电路接线与控制电路接线两部分。

1. 主电路端子接线图及端子功能说明

三菱 FR－A700 变频器主电路端子接线图如图 3-16 所示，主电路端子功能说明见表 3-1。

2. 主电路端子排列与电源、电动机的接线

以三菱 FR－A740－0.4K～3.7K－CHT 变频器为例，其主电路端子排列如图 3-17 所示。三相电源的三根相线经过控制柜内的断路器 QF 和接触器 KM 控制后与变频器的电源输入端 R/L1、S/L2、T/L3 相连，断路器、接触器、导线应根据实际功率来选择；在控制电源不要求单独提供的情况下，用短路片将 R1/L11 和 R/L1、S1/L21 和 S/L2 相连；电动机的三根电源线和变频器的 U、V、W 端相连；由于在变频器内有漏电流，为了防止触电，将变频器的接地端和电动机外壳必须接大地。接地电缆尽量用粗的线径，接地点尽量靠近变频器，接地线越短越好。充电指示灯用于电荷充电过程的指示，如果主电路带电，就会亮灯。

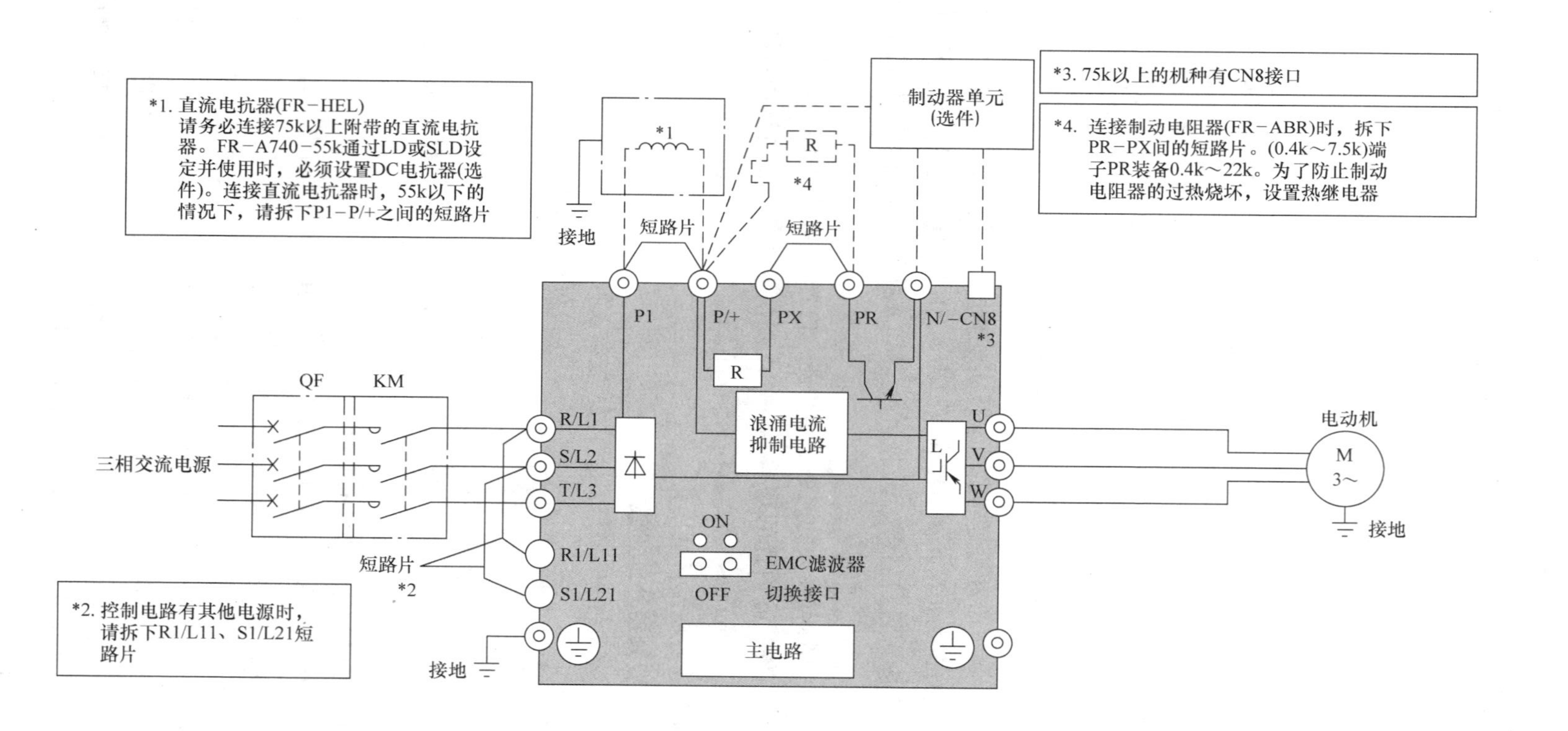

图 3-16　FR－A700 变频器主电路端子接线图

表 3-1 三菱 FR－A700 变频器主电路端子功能说明

端子符号	端子名称	端子功能说明
R/L1、S/L2、T/L3	3 相交流电源输入	连接工频电源。当使用高功率因数变流器（FR－HC、MT－HC）及直流母线变流器（FR－CV）时，确保这些端子不连接任何器件
U、V、W	变频器输出	连接三相笼型电动机
R1/L11、S1/L21	控制电路电源	与交流电源端子 R/L1、S/L2 相连。在保持异常显示或异常输出时，以及使用高功率因数变流器、直流母线变流器时，应拆下端子 R/L1－R1/L11、S/L2－S1/L21 间的短接片，从外部单独给该端子加入控制电源，并通过联锁控制确保控制电源为 OFF 时，主电路电源（R、S、T）必须为 OFF
P/＋、PR	连接制动电阻器（22kW 以下）	拆下端子 PX－PR 间的短接片（7.5kW 以下产品），在 P/＋和 PR 间连接制动电阻器（FR－ABR）。22kW 以下的产品通过连接制动电阻器，可以得到更大制动力
P/＋、N/－	连接制动单元或者直流供电模式时用于连接直流电源	连接制动单元（FR－BU、MT－BU5）、直流母线变流器（FR－CV）、电源再生转换器（MT－RC）以及高功率因数变流器 在直流供电模式 1（由直流电源通过 P、N 端子供电运行）和直流供电模式 2（通常由交流电源通过 R、S、T 端子供电运行，停电时用蓄电池等直流电源通过 P、N 端子供电运行）时，直流电源与端子 P/＋、N/－连接；并且，拆下端子 R/L1－R1/L11 和 S/L2－S1/L21 之间的短路片，将端子 R1/L11 和 P/＋连接，端子 S1/L21 和 N/－连接，即变频器的控制电源由直流电源提供
P/＋、P1	连接直流电抗器	对于 55kW 以下的产品应拆下端子 P/＋和 P1 间的短接片，连接上 DC 电抗器。75kW 以上的产品已标准配置有 DC 电抗器，必须连接。FR－A740－55K 变频器通过 LD 或 SLD 设定并使用时，必须设置直流电抗器（选件）
PR、PX	连接内置制动器回路	端子 PR 和 PX 间连接有短路片（初始状态）的状态下，内置制动回路有效（7.5kW 以下产品已配备）
⏚	接地	变频器外壳接大地，为保护接地

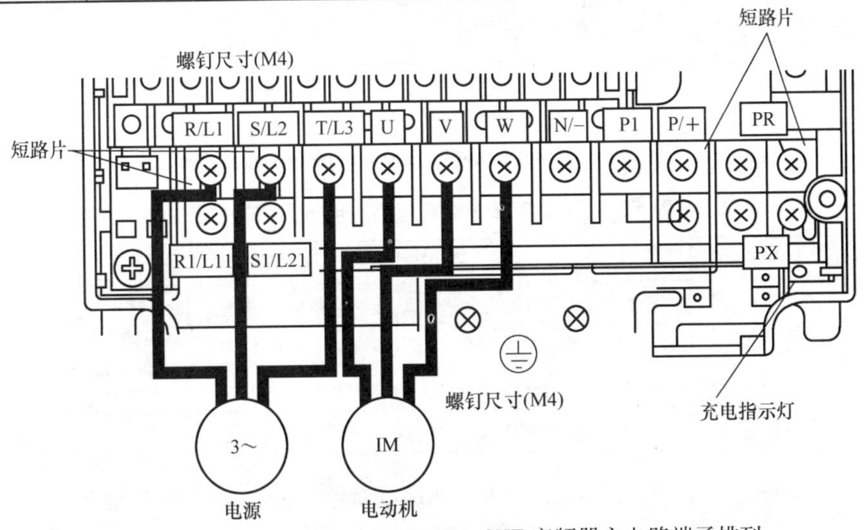

图 3-17 FR－A740－0.4K～3.7K－CHT 变频器主电路端子排列

3. 控制电路端子接线图及端子功能说明

1）控制电路的触点输入信号：三菱 FR－A700 变频器控制电路端子接线图如图 3-18 所

示，控制电路触点输入信号不允许输入电压，而只能输入无源开关信号，其端子功能说明见表 3-2。

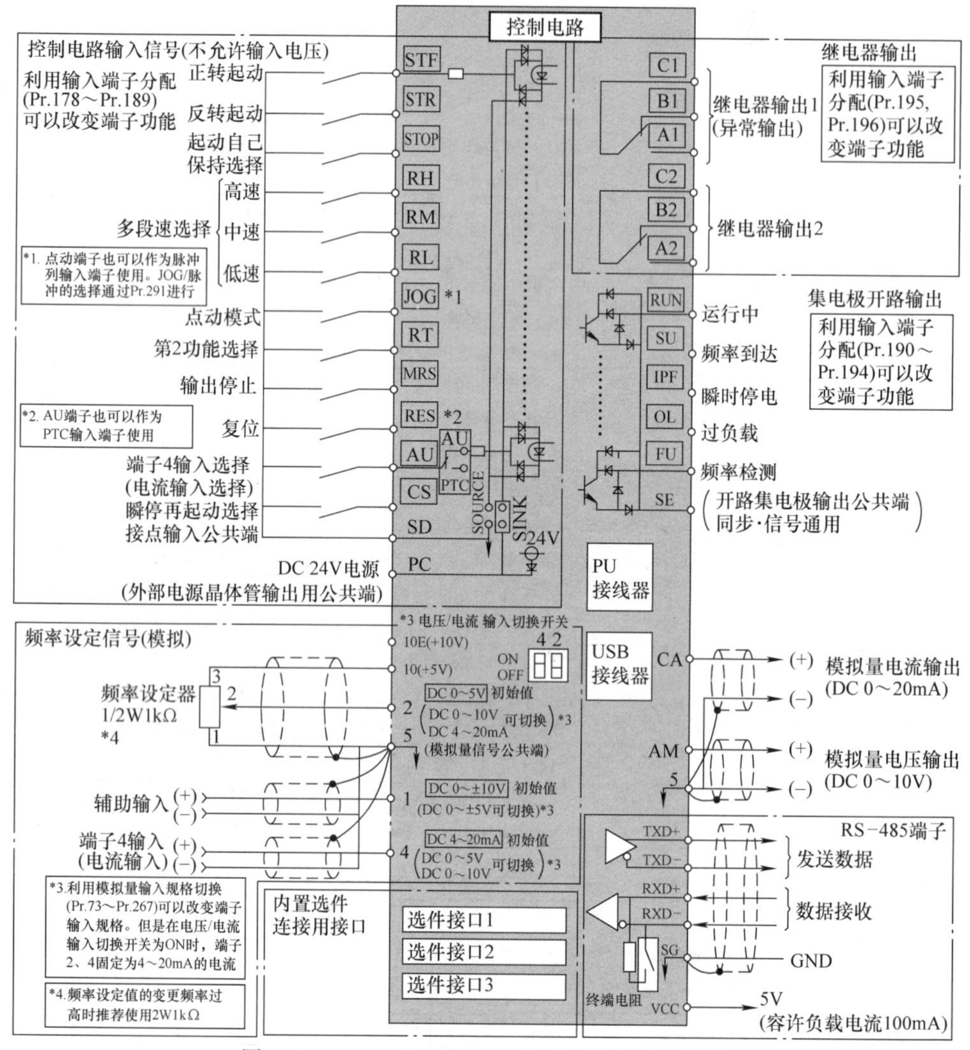

图 3-18　FR-A700 变频器控制电路端子接线图

表 3-2　三菱 FR-A700 变频器控制电路触点输入信号端子功能说明

端子符号	端子名称	端子功能说明	
STF	正转起动	STF 信号处于 ON 便正转（从电动机轴侧看为逆时针方向），处于 OFF 便停止	STF、STR 同时为 ON 时变成停止指令
STR	反转起动	STR 信号处于 ON 便反转，处于 OFF 便停止	
STOP	起动自保持选择	STOP 信号处于 ON 时，选择起动信号自保持	
RH、RM、RL	多段速度选择	用高速 RH、中速 RM、低速 RL 信号的组合，可以选择多段速度	
JOG	点动模式选择	JOG 信号为 ON 时，选择点动模式（出厂设定），用起动信号（STF 或 STR）可以点动控制	
	脉冲列输入	作为脉冲列输入时，有必要对 Pr. 291 进行变更	

（续）

端子符号	端子名称	端子功能说明
RT	第2功能选择	RT信号为ON时，选择第2功能。设定了［第2转矩提升］［第2V/F（基准频率）］时，可用RT信号处于ON时选择这些功能
MRS	输出停止	MRS信号为ON（保持20ms以上）时，变频器输出停止。用电磁制动器停止电动机时，用于断开变频器输出
RES	复位	在保护电路动作报警输出需要复位时，使RES信号处于ON且维持100ms以上，然后断开。工厂出厂时，通常设置为复位（Pr. 75 = 14）。根据Pr. 75的设置，仅在变频器报警发生时可能复位（Pr. 75 = 1、3、15、17）；Pr. 75 = 0、2、14、16时，通常可输入复位
AU	端子4输入选择	只有把AU信号置ON时，端子4才能使用（频率设定信号在DC 4~20mA之间可以输入操作）。 在AU信号置ON时，端子2（电压输入）的功能无效
	PTC输入	AU端子用作PTC输入端子（电动机的热继电器保护输入）时，把AU/PTC切换开关打到PTC侧
CS	瞬停再起动选择	将CS信号预先设置ON，瞬时停电再恢复时变频器便可自动起动。但是这种运行必须设定有关参数，因为出厂设定是不能再起动的（请参照Pr. 57的设定）
SD	公共输入端（漏型）	触点输入端子（漏型）的公共端子。DC 24V/0.1A电源（PC端子）的公共输出端子（电源负极）。它与端子5及端子SE绝缘
PC	外部晶体管公共端，DC 24V电源（正极），输入触点的公共端	选择漏型时，将晶体管（集电极开路）输出的外部电源公共端与该端相连，也可作为DC 24V/0.1A电源使用。当选择源型时，该端作为触点输入端子的公共端

2）控制电路的频率设定信号：三菱FR－A700变频器控制电路的频率设定信号是模拟信号，可以选择输入标准的电压信号或者标准的电流信号，其相关端子功能说明见表3-3。

表3-3　三菱FR－A700变频器控制电路频率设定信号端子功能说明

端子符号	端子名称	端子功能说明
10E	频率设定电源	按出厂状态连接频率设定电位器时，与端子10相连。当连接到端子10E时，应改变端子2的输入规格（应参照Pr. 73模拟输入选择）
10		
2	频率设定（电压）	输入DC 0~5V（或者0~10V，4~20mA）时，最大输出频率在5V（10V、20mA）处，输出频率与输入电压成正比。输入DC 0~5V（初始设定）或者0~10V、4~20mA）的切换是在电压/电流切换开关设为OFF（初始设定为OFF）时通过Pr. 73设定实现的。当电压/电流切换开关设为ON时，电流输入固定不变（Pr. 73必须设定电流输入）
4	频率设定（电流）	如果输入DC 4~20mA，输出频率与输入电流成正比。只有AU信号置为ON时，此端子输入信号才会有效（端子2的输入无效）。DC 4~20mA（初始设定）、DC 0~5V、DC 0~10V的输入切换是在电压/电流切换开关设为OFF（初始设定为ON）时通过Pr. 267设定实现的。当电压/电流切换开关设为ON时，电流输入固定不变（Pr. 267必须设定电流输入）

（续）

端子符号	端子名称	端子功能说明
1	辅助频率设定	输入 DC 0 ~ ±5V 或 DC 0 ~ ±10V 时，端子 2 或端子 4 的频率设定信号与这个信号相加，用参数单元 Pr. 73 进行 DC 0 ~ ±5V 和 DC 0 ~ ±10V（初始设定）的切换
5	频率设定公共端	频率设定信号（端子 2、1 或 4）和模拟输出信号 CA、AM 的公共端子，不要接大地

3）控制电路的输出信号：三菱 FR－A700 变频器控制电路的输出有继电器输出和集电极开路输出，相关端子功能说明见表 3-4。

表 3-4　三菱 FR－A700 变频器控制电路的输出端子功能说明

<table>
<tr><th>输出类型</th><th>端子符号</th><th>端子名称</th><th colspan="2">端子功能说明</th></tr>
<tr><td rowspan="2">触点</td><td>A1、B1、C1</td><td>继电器输出 1
（异常输出）</td><td colspan="2">指示变频器因异常保护功能动作输出停止的 1c 转换接点。故障时：B1－C1 间不导通，A1－C1 间导通；正常时：B1－C1 间导通，A1－C1 间不导通</td></tr>
<tr><td>A2、B2、C2</td><td>继电器输出 2
（设置条件输出）</td><td colspan="2">继电器输出（常开/常闭），由参数单元 Pr. 196 对 ABC2 端子功能进行选择。例如，设置低速输出即设定 Pr. 196 = 34，而将 Pr. 865 设定为 30，即当输出频率低于 30Hz 时，变频器端子 ABC2 动作</td></tr>
<tr><td rowspan="6">集电极开路</td><td>RUN</td><td>变频器正在运行</td><td colspan="2">当变频器输出频率为起动频率（出厂值为 0.5Hz，可变更）以上时为低电平（晶体管处于导通状态），正在停止或正在直流制动时为高电平（晶体管处于截止状态）</td></tr>
<tr><td>SU</td><td>频率到达</td><td colspan="2">当输出频率达到设定频率的 ±10%（出厂设定，可变更）时为低电平，正在加/减速或停止时为高电平</td></tr>
<tr><td>OL</td><td>过负载报警</td><td colspan="2">当失速保护功能动作时为低电平（晶体管处于导通状态），失速保护解除时为高电平</td></tr>
<tr><td>IPF</td><td>瞬时停电</td><td colspan="2">瞬时停电、电压不足保护动作时为低电平（晶体管处于导通状态）</td></tr>
<tr><td>FU</td><td>频率检测</td><td colspan="2">当输出频率为任意设定的检测频率以上时为低电平（晶体管处于导通状态），未达到时为高电平</td></tr>
<tr><td>SE</td><td>集电极输出公共端</td><td colspan="2">端子 RUN、SU、OL、IPF、FU 的公共端</td></tr>
<tr><td>脉冲</td><td>CA</td><td>模拟电流输出
（DC 4 ~ 20mA）</td><td rowspan="2">可以从多种监视项目中选择一种作为输出信号，输出信号与监视项目的大小成比例，变频器复位时没有输出</td><td rowspan="2">输出项目：输出频率（初始值设定）</td></tr>
<tr><td rowspan="2">模拟</td><td>AM</td><td>模拟电压输出
（DC 0 ~ ±10V）</td></tr>
<tr><td>5</td><td>屏蔽层</td><td colspan="2">连接模拟量（电压/电流）输出电缆的屏蔽层</td></tr>
</table>

4）控制电路的通信信号：三菱 FR－A700 变频器控制电路的通信端子有 RS－485 串行通信、USB 通用串行总线通信和 PU 接口通信，相关端子功能说明见表 3-5。

表 3-5　三菱 FR－A700 变频器控制电路的通信端子功能说明

<table>
<tr><th>种类</th><th colspan="2">端子符号</th><th>端子名称</th><th>端子功能说明</th></tr>
<tr><td rowspan="6">RS－485</td><td colspan="2">—</td><td>PU 接口
（8 线 RJ－45 接线器）</td><td>通过变频器的 PU 接口（①和⑦脚为接地，③为变频器接收＋，④为变频器发送－，⑤为变频器发送＋，⑥为变频器接收－，不能使用②和⑧引脚）连接个人计算机侧的 RS－485 端口，用户可以通过客户端程序对变频器进行操作、监视、读出参数、写入参数。注意，不能将 PU 口连接到计算机的 LAN 端口，因为电气规格不同，有可能损坏产品</td></tr>
<tr><td rowspan="5">RS－485 端子</td><td>TXD＋</td><td>变频器发送端子
（＋端）</td><td rowspan="5">计算机侧的 RS－485 端口和变频器的 RS－485 端子相连，有 1 对 1 连接和 1 对 n 连接两种形式。1 对 1 连接时：计算机侧的 RDA 信号与变频器的 SDA1（＋）相连，计算机侧的 RDB 信号与变频器的 SDB1（－）相连，计算机侧的 SDA 信号与变频器的 RDA1（＋）相连，计算机侧的 SDB 信号与变频器的 RDB1（－）相连，计算机的 SG 与变频器的 SG 相连</td></tr>
<tr><td>TXD－</td><td>变频器发送端子
（－端）</td></tr>
<tr><td>RXD＋</td><td>变频器接收端子
（＋端）</td></tr>
<tr><td>RXD－</td><td>变频器接收端子
（－端）</td></tr>
<tr><td>SG</td><td>信号地线</td></tr>
<tr><td>USB</td><td colspan="2">—</td><td>USB 接口</td><td>与个人计算机通过 USB 连接后，可以实现 FR－Configurator 的操作。接口支持 USB1.1，传输速度为 12Mbit/s，采用 USB B 连接器（B 插口）</td></tr>
</table>

4. 控制电路的端子排列

三菱 FR－A700 变频器控制电路的接线端子是由 RS－485 端子、PU 接线器、USB 接线器和控制电路端子台组成，如图 3-19 所示。控制电路端子的接线应使用屏蔽线或双绞线，而且必须与主电路、强电电路（含 220V 继电器控制电路）分开布线，连接控制电路端子的

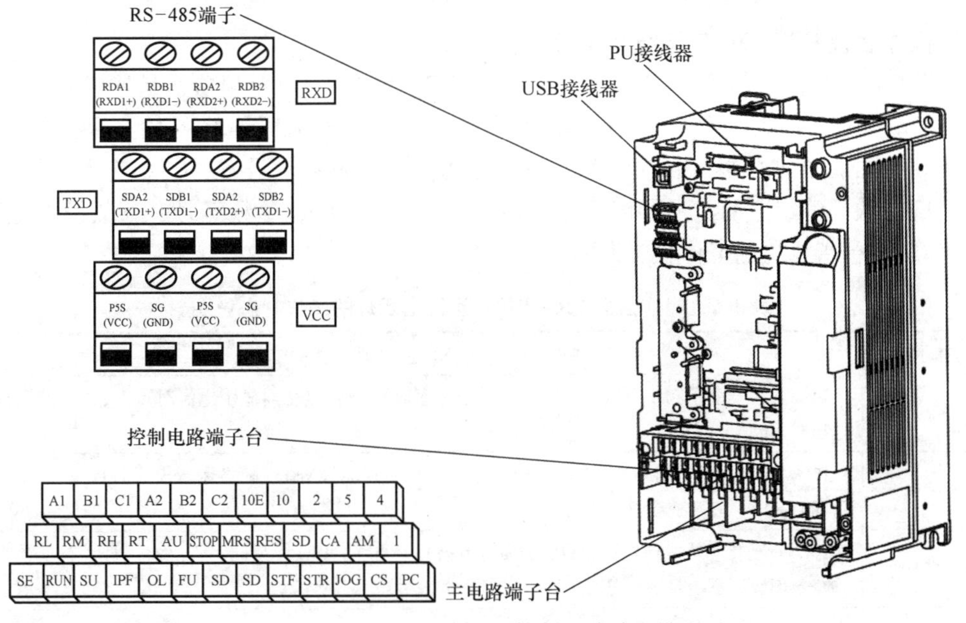

图 3-19　FR－A700 变频器控制电路端子排列图

电线建议使用截面积为0.75mm²的电线，接线长度不要超过30m。端子SD、SE和5为I/O信号的公共端子，应相互隔离。异常输出端子（A1、B1、C1）必须串上继电器线圈或指示灯。

3.2.2 三菱FR－A700变频器参数设置与操作

在使用变频器之前，首先要熟悉它的面板显示和键盘操作单元（或者简称操作面板），在完成变频器的接线之后，还要根据使用现场的要求进行合理的参数设置。FR－A700变频器的操作面板FR－DU07，如图3-20所示。

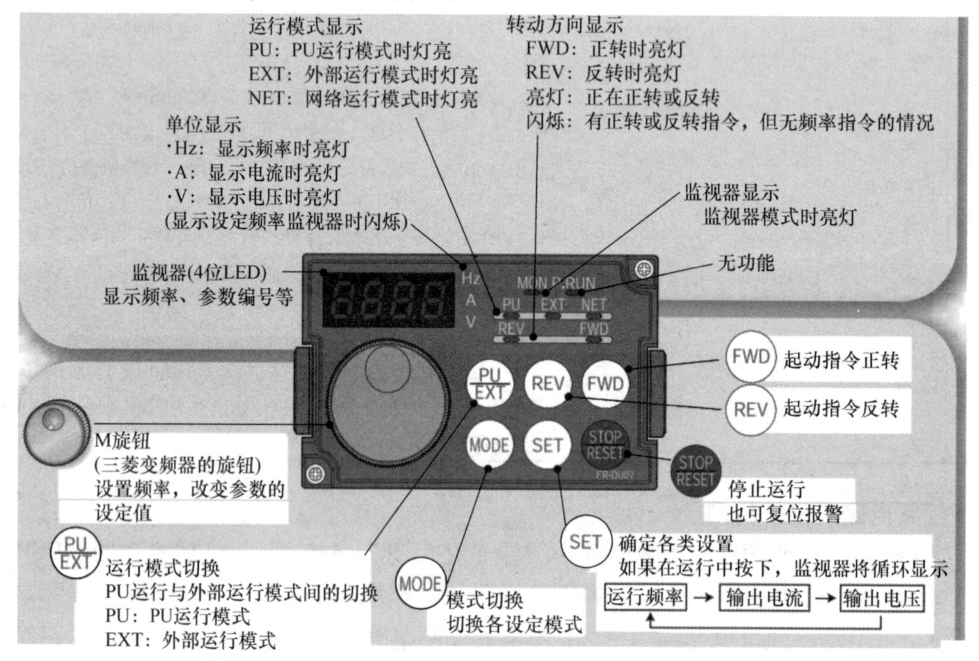

图3-20 FR－A700变频器操作面板FR－DU07示意图

1. 操作面板FR－DU07运行指示灯

三菱FR－DU07专门用于三菱FR－A740、FR－F740系列变频器，是比较特殊的操作面板，变频器出厂时均自带，一般不单独销售，属于三菱工厂维修备件产品。操作面板FR－DU07主要用于变频器运行状态和运行参数的显示以及参数设置、指令输入等操作。除了4位LED数码管组成的监视器用于显示频率、电流、电压、参数编号、参数设置值以外，FR－DU07运行指示灯的工作状态说明见表3-6。

表3-6 操作面板FR－DU07运行指示灯的工作状态说明

运行指示灯	功能说明
单位显示	Hz：监视器显示频率时点亮（闪烁：设定频率时）；A：监视器显示电流时点亮；V：监视器显示电压时点亮
运行模式显示	PU：PU运行模式时点亮；EXT：外部运行模式时点亮；NET：网络运行模式时点亮；EXT和PU灯同时亮时，表示变频器为组合运行模式
转动方向显示	FWD：正转（从电动机轴侧看为逆时针方向）时点亮；REV：反转时点亮；闪烁：有正转或反转指令，但无频率指令的情况
监视器显示	MON：监视器处于监视模式时点亮；P.RUN：无功能时点亮

2. 操作面板 FR－DU07 各按键的功能

操作面板 FR－DU07 共有 M 旋钮、PU/EXT、REV、FWD、MODE、SET、STOP/RESET 7 个按键，各按键的功能说明见表 3-7。

表 3-7　操作面板 FR－DU07 各按键功能说明

按键符号	按键名称	功 能 说 明
MODE	模式切换键	用于三种显示模式切换：输出频率监视器/频率设定、参数设定、报警历史
	M 旋钮	用于设定频率、改变参数的设定值
PU/EXT	运行模式切换键	用于 PU 运行模式和 EXT 运行模式的切换。PU：PU 运行模式；EXT：外部运行模式
REV	反转起动键	用于给出反转起动指令
FWD	正转起动键	用于给出正转（从电动机轴侧看为逆时针方向）起动指令
SET	确定各类设置键	用于确定频率和参数的设定。如果运行中按下该键，监视器将循环显示：运行频率－输出电流－输出电压－运行频率
STOP/RESET	停止/复位报警键	用于停止变频器的运行；或者在保护功能动作、输出停止时，用该键使变频器复位

3. 操作面板 FR－DU07 的基本操作（出厂设定时）

三菱 FR－A700 变频器的操作面板 FR－DU07 在出厂设定时的基本操作如图 3-21 所示。

1）显示模式切换：FR－A700 变频器有输出频率监视器、参数设定模式、报警历史三种显示模式，这三种显示模式可以循环切换。FR－A700 变频器在出厂设定时，接通变频器电源，处于外部运行（EXT）模式；按 PU/EXT 键，进入 PU 运行模式（输出频率监视器）；按 MODE 键，进入参数设定模式；再按 MODE 键，进入报警历史显示模式；再按 MODE 键，进入输出频率监视器模式。

2）运行模式切换：所谓运行模式是指输入变频器的起动指令以及设置频率的操作方式，三菱 FR－A700 变频器有“PU 运行模式”、“外部运行模式”和“网络运行模式”三种。其中，通过操作面板（FR－DU07）或参数单元（FR－PU04－CH）进行操作，并通过 PU 接口通信输入起动指令和频率设置的操作方式，称为“PU 运行模式”；通过使用控制电路端子，在外部设置电位器或开关选择输入起动指令和频率设置的操作方式，称为“外部运行模式”；通过使用 RS－485 端子或通信选件输入起动指令和频率设置的操作方式，称为“网络运行模式”。

PU 运行模式和外部运行模式的切换：在设定 Pr. 79＝0（出厂设定）与 Pr. 340＝0（出厂设定）时，接通变频器电源或复位操作后，FR－A700 变频器处于外部运行模式；按操作面板（FR－DU07）上的 PU/EXT 键，进入 PU 运行模式；再按 PU/EXT 键，进入 PU 的点动（JOG）运行模式；再按 PU/EXT 键，进入外部（EXT）运行模式。

网络运行模式和 PU 运行模式的切换：在设定 Pr. 79＝0（出厂设定）与 Pr. 340＝10 或 12 时，接通变频器电源或复位操作后，FR－A700 变频器处于网络运行模式；按操作面板（FR－DU07）上的 PU/EXT 键，进入 PU 运行模式；再按 PU/EXT 键，进入网络运行模式。

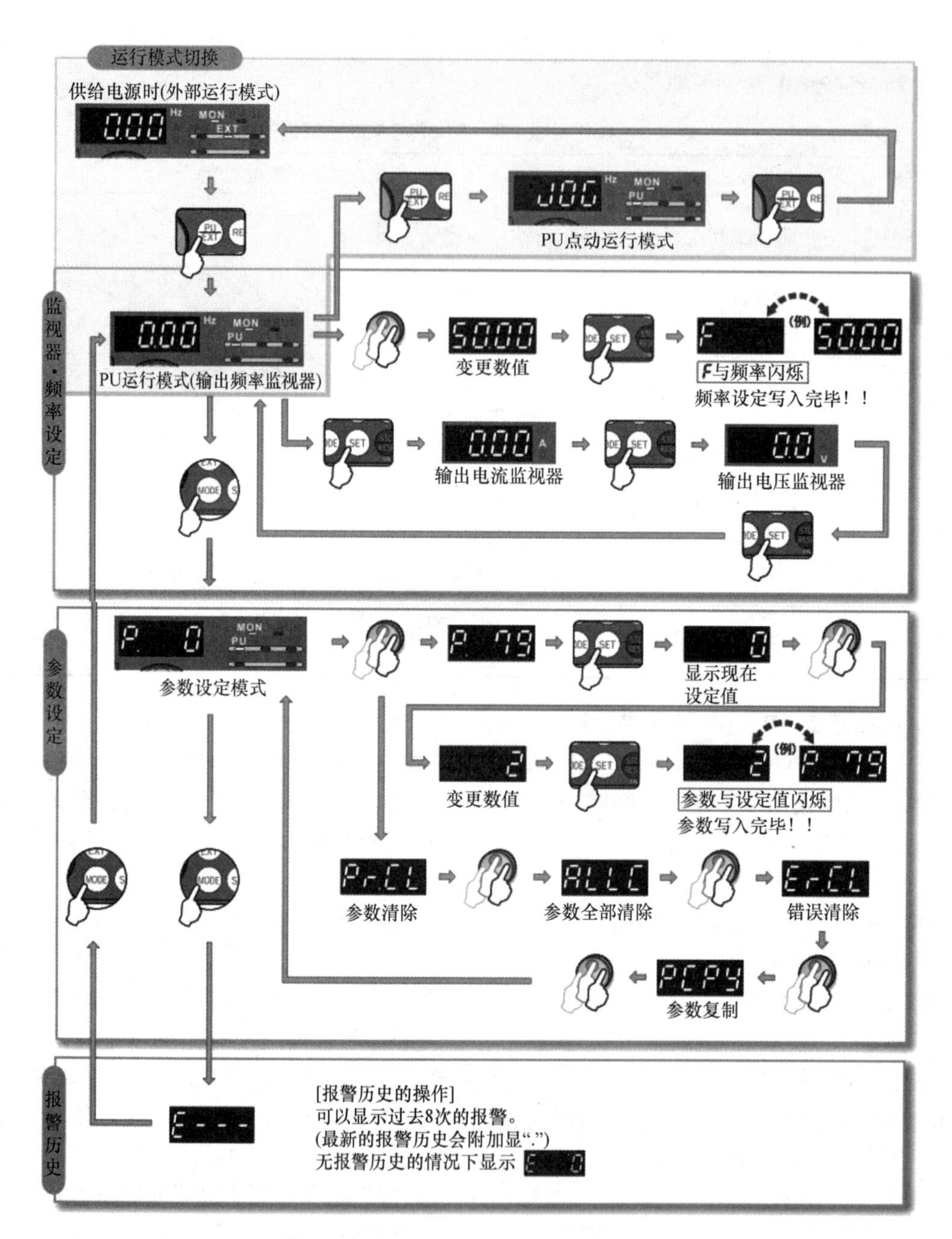

图 3-21 操作面板 FR－DU07（出厂设定时）的基本操作示意图

PU 运行模式、外部运行模式和网络运行模式的切换：在设定 Pr. 79 ＝6 与 Pr. 340 ＝0 时，接通变频器电源或复位操作后，FR－A700 变频器处于外部运行模式；按操作面板（FR－DU07）上的 PU/EXT 键，进入 PU 运行模式；再按 PU/EXT 键，进入外部运行模式。如果要从外部运行模式转化为网络运行模式，必须通过 RS－485 端子或通信选件发送更改到网络运行模式的指令；如果要从网络运行模式转化为外部运行模式，必须通过 RS－485 端子或通信选件发送更改到外部运行模式的指令。如果要从 PU 运行模式转化为网络运行模式，必须通过 RS－485 端子或通信选件发送更改到网络运行模式的指令；如果要从网络运行模式转化为 PU 运行模式，通过按下操作面板或参数单元上的 PU/EXT 键，进入 PU 运行模式。

3）监视参数的切换：FR－A700 变频器在出厂设定时，接通变频器电源，处于外部运行（EXT）模式；按 PU/EXT 键，监视器显示输出频率（PU 运行模式）；按 SET 键，监视器显示输出电流；再按 SET 键，监视器显示输出电压；再按 SET 键，监视器显示输出频率。

4）频率设置：在监视器显示输出频率（PU 运行模式）时，按下 M 旋钮并旋转至所需设置值的位置松开，监视器显示更改的数值，按 SET 键，完成频率设定工作。

5）参数设定：FR－A700 变频器在出厂设定时，接通变频器电源，处于外部运行（EXT）模式；按 PU/EXT 键，进入 PU 运行模式（输出频率监视器）；按 MODE 键，进入参数设定模式，显示“P 0”（即参数编号 0）；按下 M 旋钮并旋转至所需设置的参数编号位置松开，例如选择 Pr. 79（操作模式选择），则监视器显示“P.　79”（即参数编号 79）；按 SET 键，监视器显示“　　0”（为参数 Pr. 79 的原有数值）；按下 M 旋钮并旋转至所需设置值的位置松开，例如监视器显示“　　2”（为参数 Pr. 79 的新设置值）；再按 SET 键，完成参数设定。

4. 变频器输出频率的控制方式

变频器输出频率的控制有操作面板设置、外部端子数字量频率选择操作、外部端子模拟量频率选择操作和数字通信操作 4 种方式。

1）操作面板设置方式：主要通过操作面板（FR－DU07）上的按钮（M 旋钮）和确认键（SET 键）来手动设置 FR－A700 变频器的输出频率。具体操作方法如图 3-21 所示，在显示输出频率时，还可以进行频率修改。

2）外部端子数字量频率选择操作方式：FR－A700 变频器设有多段频率选择功能，各段频率值是通过功能码（参数编号）来设定的，频率段的选择通过外部端子进行。变频器通常在控制端子中设置一些控制端（端子 RH、RM、RL），这些端子的接通组合可以通过外部设备如 PLC 控制来实现。

3）外部端子模拟量频率选择操作方式：为了方便与输出量为模拟电流或模拟电压的调节器的连接，FR－A700 变频器还设有模拟量输入端（端子 1、2、4）。当接在这些端子上的电流或电压在一定范围内平滑变化时，变频器的输出频率也在一定范围内平滑变化。

4）数字通信操作方式：为了方便与网络接口连接，FR－A700 变频器设有网络接口（RS－485 端子、通信选件等），使用 DeviceNet、Profibus－DP、Modbus 等通信协议，可以通过通信方式接收频率控制指令。

5. 变频器的控制模式

FR－A700 变频器有 V/F 控制、先进磁通矢量控制、实时无传感器矢量控制和矢量控制 4 种模式。

1）V/F 控制模式：当频率发生改变时，控制电压（V）与控制频率（F）之比（V/F）保持不变。变频器的压频比由变频器的基准电压与基准频率两项功能参数的比值决定，即基准电压/基准频率＝压频比。变频器基准电压与基准频率参数的设定，不仅与电动机的额定电压与额定频率有关，而且还必须考虑负载的机械特性。对于普通电动机的一般调速应用，变频器的基准电压和基准频率按出厂值设定（基准电压380V、基准频率50Hz），即可满足使用要求，但是对于某些行业使用的较特殊的电动机，就必须根据实际情况重新设定变频器的基准电压与基准频率参数。

2）先进磁通矢量控制模式：进行频率和电压的补偿，通过对变频器的输出电流实施矢量演算，分割为励磁电流和转矩电流，以便流过与负荷转矩相匹配的电动机电流。

3）实时无传感器矢量控制模式：通过推断电动机速度，实现具备高度电流控制功能的速度控制和转矩控制。有必要实施高精度、高响应的控制时，请选择实时无传感器矢量控制，并实施离线自动调谐及在线自动调谐。

4）矢量控制模式：安装FR－A7AP，并与带有编码器（PLG）的电动机配合可实现真正意义上的矢量控制，可进行高响应、高精度的速度控制（零速控制、伺服锁定）、扭矩控制、位置控制。

6. 变频器重要参数

变频器功能参数很多，一般都有数百个参数供用户选择。实际应用中，没必要对每一参数都进行设置，多数只要采用出厂设定值即可，变频器甚至可以在初始设定值不做任何改变的状态下实现单纯的可变速运行。但是，有些参数和实际运行情况有很大关系，且有的参数还相互关联，如果个别参数设置不当，会导致变频器不能正常工作，因此，必须根据负荷或运行规格等对相关的参数进行正确的设定。通过操作面板（FR－DU07）可以进行参数的设定、改变及确认操作。

变频器常用功能参数如下。

1）加减速时间：加速时间就是输出频率从0上升到最大频率所需的时间，减速时间是指从最大频率下降到0所需的时间。通常用频率设定信号上升、下降来确定加减速时间。在电动机加速时须限制频率设定的上升率以防止过电流，减速时则限制下降率以防止过电压。

加速时间设定要求：将加速电流限制在变频器过电流容量以下，不使过电流失速而引起变频器跳闸；减速时间设定要求：防止平滑电路电压过大，不使再生过电压失速而使变频器跳闸。加减速时间可根据负载计算出来，但在调试中常采取按负载和经验先设定较长加减速时间，通过起、停电动机观察有无过电流、过电压报警；然后将加减速设定时间逐渐缩短，以运转中不发生报警为原则，重复操作几次，便可确定出最佳的加减速时间。

2）转矩提升：又叫转矩补偿，是为补偿因电动机定子绕组电阻所引起的低速时转矩降低，而把低频率范围f/V增大的方法。设定为自动时，可使加速时的电压自动提升以补偿起动转矩，使电动机加速顺利进行。如采用手动补偿时，根据负载特性，尤其是负载的起动特性，通过试验可选出较佳曲线。对于变转矩负载，如选择不当会出现低速时的输出电压过高而浪费电能的现象，甚至还会出现电动机带负载起动时电流大而转速上不去的现象。

3）电子热过载保护：本功能为保护电动机过热而设置，它是变频器内CPU根据运转电流值和频率计算出电动机的温升，从而进行过热保护。本功能只适用于“一拖一”场合，而在“一拖多”时，则应在各台电动机上加装热继电器。

电子过热保护设定值(%)=[电动机额定电流(A)/变频器额定输出电流(A)]×100%。

4）频率限制：变频器输出频率的上、下限幅值。频率限制是为防止误操作或外接频率设定信号源出故障，而引起输出频率的过高或过低从而损坏设备的一种保护功能。在应用中按实际情况设定即可。此功能还可作限速使用，如有的带式输送机，由于输送物料不太多，为减少机械和传送带的磨损，可采用变频器驱动，并将变频器上限频率设定为某一频率值，这样就可使带式输送机运行在一个固定、较低的工作速度上。

三菱 FR－A700 变频器的部分重要功能、参数号、名称、单位、初始值、设定范围及内容见表 3-8。三菱 FR－A700 变频器输入端子功能分配（通过设定 Pr. 178～Pr. 189）见表 3-9。三菱 FR－A700 变频器输出端子功能分配（通过设定 Pr. 190～Pr. 196）见表 3-10。

表 3-8　三菱 FR－A700 变频器部分重要参数及功能简介

功能	参数号	名称	单位	初始值	设定范围及内容
手动设定起动转矩	0	转矩提升	0.1%	1%	0～30%：设定 0Hz 的输出电压（%），以 Pr. 19 基准频率电压为 100%
上下限频率设定	1	上限频率	0.01Hz	120/60	0～120Hz：设置频率上限；初始：120Hz（55kW 以下）/60Hz（75kW 以上）
	2	下限频率	0.01Hz	0	0～120Hz：设置频率下限
	18	高速上限频率	0.01Hz	120/60	120～400Hz：120Hz 以上运行时设置；初始值：120Hz（55kW 以下）/60Hz（75kW 以上）
基准频率与基准频率电压的设定	3	基准频率	0.01Hz	50Hz	0～400Hz：设定电动机额定转矩时的频率（一般为 50Hz/60Hz）
	19	基准频率电压	0.1V	9999	0～1000V：设定基准电压；8888：电源电压的 95%；9999：为电源电压
	47	第 2 V/F 的基准频率	0.01Hz	9999	0～400Hz：设定 RT 信号为 ON 时的基准频率；9999：第 2 V/F 无效
	113	第 3 V/F 的基准频率	0.01Hz	9999	0～400Hz：设定 X9 信号为 ON 时的基准频率；9999：第 3 V/F 无效
通过多段速设定运行	4	设定高速	0.01Hz	50Hz	0～400Hz：设定仅 RH 为 ON 时的频率
	5	设定中速	0.01Hz	30Hz	0～400Hz：设定仅 RM 为 ON 时的频率
	6	设定低速	0.01Hz	10Hz	0～400Hz：设定仅 RL 为 ON 时的频率
	24	设定速度 4	0.01Hz	9999	0～400Hz：通过 REX、RH、RM、RL 信号的组合可以进行速度 4～速度 15 的频率设定（例如 REX 为 ON，RH 为 ON，RM 为 OFF，RL 为 OFF，则选择速度 12）；9999：未选择
	25	设定速度 5	0.01Hz	9999	
	26	设定速度 6	0.01Hz	9999	
	27	设定速度 7	0.01Hz	9999	
	232	设定速度 8	0.01Hz	9999	
	233	设定速度 9	0.01Hz	9999	
	234	设定速度 10	0.01Hz	9999	
	235	设定速度 11	0.01Hz	9999	
	236	设定速度 12	0.01Hz	9999	
	237	设定速度 13	0.01Hz	9999	
	238	设定速度 14	0.01Hz	9999	
	239	设定速度 15	0.01Hz	9999	

（续）

功能	参数号	名称	单位	初始值	设定范围及内容
加减速时间设定	7	加速时间	0.01s	5s	0～3600（Pr. 21＝0）/360s（Pr. 21＝1）：设定电动机加速时间
	8	减速时间	0.01s	5s	0～3600（Pr. 21＝0）/360s（Pr. 21＝1）：设定电动机减速时间
	20	加减速基准频率	0.01Hz	50Hz	1～400Hz：设定加减速时间基准的频率
	21	加减速时间单位	1	0	0：单位为0.1s，范围为0～3600s； 1：单位为0.01s，范围为0～360s
	44	第2加减速时间	0.1s	5s	0～3600（Pr. 21＝0）/360s（Pr. 21＝1）：设定RT信号为ON的加减速时间
	45	第2减速时间	0.1s	9999	0～3600（Pr. 21＝0）/360s（Pr. 21＝1）：设定RT信号为ON时的减速时间；9999：加速时间＝减速时间
	110	第3加减速时间	0.1s	9999	0～3600（Pr. 21＝0）/360s（Pr. 21＝1）：设定X9信号为ON的加减速时间；9999：无第3加减速功能
	111	第3减速时间	0.1s	9999	0～3600（Pr. 21＝0）/360s（Pr. 21＝1）：设定X9信号为ON时的减速时间；9999：加速时间＝减速时间
电动机的过热保护（电子过流）	9	电子过电流保护	0.1A	变频器输出电流额定值	设定电动机额定电流：0～500A（55kW以下）；0～3600A（75kW以上）。电动机使用外部热继电器保护时，为了不使电子过电流工作，将Pr. 9设定为“0”，不过变频器的输出晶体管保护功能（E. THT）正常工作
	51	第2电子过电流保护	0.1A	9999	RT信号为ON时有效：0～500A（55kW以下）；0～3600A（75kW以上）；9999：第2电子过电流保护无效
直流制动设定	10	直流制动的动作频率	0.01Hz	3Hz	0～120Hz：设定直流制动开始动作的频率；9999：在Pr. 13以下动作
	11	直流制动的动作时间	0.1s	0.5s	0：无直流制动；0.1～10s：设定直流制动时间；8888：在X13信号为ON期间，产生直流制动
	12	直流制动的动作电压	0.1%	1%	0～30%：设定直流制动电压（相对电源电压的%）
	850	制动动作选择	1	0	0：直流制动运作；1：零速控制（在Pr. 10所设频率以下的控制）
起动频率及起动维持时间的设定	13	起动频率	0.01Hz	0.5Hz	0～60Hz：设定起动频率
	571	起动维持时间	0.1s	9999	0.0～10.0s：设定起动频率的维持时间；9999：起动维持功能无效
适用负载选择	14	选择适合负载的输出特性	1	0	0：恒转矩负载用；1：变转矩负载用；2：恒转矩升降用（反转时提升0%）；3：恒转矩升降用（正转时提升0%）；4：RT信号ON时为恒转矩负载用，RT信号OFF时为恒转矩升降用（反转时提升0%）；5：RT信号ON时为恒转矩负载用，RT信号OFF时为恒转矩升降用（正转时提升0%）

（续）

<table>
<tr><th>功能</th><th>参数号</th><th>名称</th><th>单位</th><th>初始值</th><th colspan="2">设定范围及内容</th></tr>
<tr><td rowspan="2">点动运行（JOG）设定</td><td>15</td><td>点动频率</td><td>0.01Hz</td><td>5Hz</td><td colspan="2">0～400Hz：设定点动运行时的频率</td></tr>
<tr><td>16</td><td>点动加减速时间</td><td>0.1s</td><td>0.5s</td><td colspan="2">0～3600s（Pr.21＝0）/360s（Pr.21＝1）：设定点动运行的加减速时间</td></tr>
<tr><td>变频器输出信号MRS输入选择</td><td>17</td><td>MRS输入选择</td><td>1</td><td>0</td><td colspan="2">0：常开输入；2：常闭输入；4：外部端子为常闭输入，通信为常开输入</td></tr>
<tr><td rowspan="13">防止失速设定</td><td>22</td><td>失速防止动作水平</td><td>0.1%</td><td>150%</td><td colspan="2">0：失速防止无效；0.1%～400%：设定输出电流为额定电流的百分之几时进行失速防止动作</td></tr>
<tr><td>23</td><td>倍速时失速防止动作水平补偿系数</td><td>0.1%</td><td>9999</td><td colspan="2">0～200%：在额定频率以上的高速运行时可以降低失速动作水平；
9999：按Pr.22设定值进行失速防止动作</td></tr>
<tr><td>48</td><td>第2失速防止动作电流</td><td>0.1%</td><td>150%</td><td colspan="2">0：第2失速防止无效；0.1%～220%：设定第2失速防止动作水平</td></tr>
<tr><td>49</td><td>第2失速防止动作频率</td><td>0.01Hz</td><td>0Hz</td><td colspan="2">0：第2失速防止无效；0.01～400Hz：设定Pr.48失速防止动作开始的频率；9999：RT信号为ON时，Pr.48有效</td></tr>
<tr><td>66</td><td>失速防止动作降低开始频率</td><td>0.01Hz</td><td>50Hz</td><td colspan="2">0～400Hz：设定开始降低失速防止动作水平的频率</td></tr>
<tr><td>114</td><td>第3失速防止动作电流</td><td>0.1%</td><td>150%</td><td colspan="2">0：第3失速防止无效；0.1%～220%：通过X9信号对失速防止水平进行变更</td></tr>
<tr><td>115</td><td>第3失速防止动作频率</td><td>0.01Hz</td><td>0Hz</td><td colspan="2">0：第3失速防止无效；0.01～400Hz：对于X9信号置ON开始失速防止动作的频率进行设定</td></tr>
<tr><td>148</td><td>输入0V时的失速防止动作水平</td><td>0.1%</td><td>150%</td><td colspan="2" rowspan="2">0～220%：可以通过向端子1输入模拟信号来改变失速防止动作水平</td></tr>
<tr><td>149</td><td>输入10V时的失速防止水平</td><td>0.1%</td><td>200%</td></tr>
<tr><td>154</td><td>失速防止动作中的电压降低选择</td><td>1</td><td>1</td><td colspan="2">0：有电压降低；1：无电压降低</td></tr>
<tr><td>156</td><td>失速防止动作选择</td><td>1</td><td>0</td><td colspan="2">0～31：根据运行状态对失速防止动作和高响应电流限制动作进行控制；100、101：分别对电动、再生时的动作进行选择</td></tr>
<tr><td>157</td><td>OL信号输出延时</td><td>0.1s</td><td>0s</td><td colspan="2">0～25s：设定失速防止动作后输出OL信号的开始时间；
9999：无OL信号输出</td></tr>
<tr><td>29</td><td>加减速曲线选择</td><td>1</td><td>0</td><td colspan="2">0：直线加减速；1：S曲线加减速A；2：S曲线加减速B；3：齿隙补偿；4：S字加减速C；5：S字加减速D</td></tr>
<tr><td rowspan="13">加减速曲线设定</td><td>140</td><td>齿隙补偿加速中断频率</td><td>0.01Hz</td><td>1Hz</td><td>0～400Hz</td><td rowspan="4">设定齿隙补偿的中断频率与中断时间（Pr.29＝3有效）</td></tr>
<tr><td>141</td><td>齿隙补偿加速中断时间</td><td>0.1s</td><td>0.5s</td><td>0～360s</td></tr>
<tr><td>142</td><td>齿隙补偿减速中断频率</td><td>0.01Hz</td><td>1Hz</td><td>0～400Hz</td></tr>
<tr><td>143</td><td>齿隙补偿减速中断时间</td><td>0.1s</td><td>0.5s</td><td>0～360s</td></tr>
<tr><td>380</td><td>加速时S字1</td><td>1%</td><td>0</td><td colspan="2" rowspan="4">0～50%：设定S字加减速C（Pr.29＝4有效）</td></tr>
<tr><td>381</td><td>减速时S字1</td><td>1%</td><td>0</td></tr>
<tr><td>382</td><td>加速时S字2</td><td>1%</td><td>0</td></tr>
<tr><td>383</td><td>减速时S字2</td><td>1%</td><td>0</td></tr>
<tr><td>516</td><td>加速开始的S字时间</td><td>0.1s</td><td>0.1s</td><td colspan="2" rowspan="4">0.1～2.5s：设定S字加减速D（Pr.29＝5有效）</td></tr>
<tr><td>517</td><td>加速完成的S字时间</td><td>0.1s</td><td>0.1s</td></tr>
<tr><td>518</td><td>减速开始的S字时间</td><td>0.1s</td><td>0.1s</td></tr>
<tr><td>519</td><td>减速完成的S字时间</td><td>0.1s</td><td>0.1s</td></tr>
</table>

（续）

功能	参数号	名称	单位	初始值	设定范围及内容
再生制动选择	30	再生制动功能选择	1	0	0、1：给 R、S、T 端子供电；2：给 P、N 端子供电；10、11：给 P、N 端子供电（直流供电模式 1）；20：给 R、S、T/P、N 供电（直流供电模式 2）；21：给 P、N 供电（直流供电模式 2）
	70	特殊再生制动使用率	0.1%	0%	内置晶体管动作：0～30%（55kW 以下），0～10%（75kW 以上）
输出频率的检测	41	频率到达动作范围	0.1%	10%	0～100%：设定输出频率到达信号（SU 信号）置于 ON 的电平
	42	输出频率检测	0.01Hz	6Hz	0～400Hz：设定 FU（FB）信号置于 ON 的频率
	43	反转时输出频率检测	0.01Hz	9999	0～400Hz：设定反转时 FU（FB）信号置于 ON 的频率； 9999：与 Pr. 42 设定值相同
	50	第 2 输出频率检测	0.01Hz	30Hz	0～400Hz：设定 FU2（FB2）信号置于 ON 的频率
	116	第 3 输出频率检测	0.01Hz	50Hz	01～400Hz：设定 FU3（FB3）信号置于 ON 的频率
	865	低速度检测	0.01Hz	1.5Hz	0～400Hz：设定 LS 信号为 ON 时的频率
遥控功能选择	59	遥控功能选择	1	0	0：RH、RM、RL 分别为多段速度设定；1：RH、RM、RL 分别为加速、减速、清除，频率设定有记忆功能；2：RH、RM、RL 分别为加速、减速、清除，频率设定无记忆功能；3：RH、RM、RL 分别为加速、减速、清除，频率设定无记忆功能，通过 STF 由 ON→OFF 时清除遥控设定频率
适用电动机选择	71	适用电动机	1	0	0～8：标准电动机；13～18：恒转矩电动机；20、23、24：三菱标准电动机
模拟量输入选择	73	模拟量输入选择	1	1	在电压/电流开关（1－4）为 ON 时，端子 2 输入电流固定（4～20mA）。在电压/电流开关（1－4）为 OFF 时，用于选择端子 2 输入规格（0～5V，0～10V，4～20mA）以及端子 1 输入规格（0～±5V，0～±10V）。0：端子 2 输入 0～10V，端子 1 输入 0～±10V；1：端子 2 输入 0～5V，端子 1 输入 0～±10V；2：端子 2 输入 0～10V，端子 1 输入 0～±5V；3：端子 2 输入 0～5V，端子 1 输入 0～±5V；4：端子 2 输入 0～10V，端子 1 输入 0～±10V；6：端子 2 输入 4～20mA，端子 1 输入 0～±10V
	267	端子 4 输入选择	1	0	在电压/电流开关（2－2）为 ON 时，端子 4 输入电流固定（4～20mA），此时 Pr. 267＝0。在电压/电流开关（2－2）为 OFF 时，用于选择端子 4 输入规格。1：端子 4 输入 0～5V；2：端子 4 输入 0～10V

（续）

功能	参数号	名称	单位	初始值	设定范围及内容
运行模式选择	79	运行模式选择	1	0	0：外部/PU运行模式（用PU/EXT键）切换（电源投入时为外部运行模式）；1：PU运行模式固定；2：外部运行模式（能切换到网络运行模式）；3：外部/PU组合运行模式1（运行频率用PU设定或外部信号输入，起动信号为外部信号输入（端子STF、STR）；4：外部/PU组合运行模式2（运行频率为外部信号输入（端子2、4、1、JOG、多段速度选择等），起动信号用PU输入）；6：PU/外部/网络（使用RS－485通信）运行模式切换；7：外部运行模式（PU运行互锁——X12信号为ON时，可切换到PU运行模式，X12信号为OFF时，禁止切换到PU运行模式）
	340	指定电源接通时的运行模式	1	0	0：外部运行模式（Pr.79＝0、2、6），PU运行模式（Pr.79＝1），外部/PU组合模式（Pr.79＝3、4），外部运行模式固定（X12为OFF）/外部运行模式但允许切换运行模式（X12为ON）（Pr.79＝7）； 1、2：网络运行模式（Pr.79＝0、2、6），PU运行模式（Pr.79＝1），外部/PU组合模式（Pr.79＝3、4），网络运行模式（X12为ON，Pr.79＝7）/外部运行模式（X12为OFF，Pr.79＝7）；10、12：网络运行模式（Pr.79＝0、2、6），PU运行模式（Pr.79＝1），外部/PU组合模式（Pr.79＝3、4），外部运行模式（Pr.79＝7）
电动机参数设定	80	电动机容量	0.01/0.1kW	9999	选择前置磁通矢量控制、实时无传感器矢量控制、矢量控制时，需要设置电动机容量和电动机极数。 55kW以下产品为：0.4～55kW；75kW以上产品为：0～3600kW； 9999：V/F控制
	81	电动机极数	1	9999	2：2极；4：4极；6：6极；8：8极；10：10极；112：12极； 12：2极；14：4极；16：6极；18：8极；20：10极；122：12极；X18为ON时为V/F控制； 9999：V/F控制
	82	电动机励磁电流	0.1A	9999	55kW以下为0～500A；75kW以上为0～3600A； 9999：使用三菱电动机（SF－JR、SF－HR、SF－JR-CA、SF－HRCA）
	83	电动机额定电压	0.1V	200/400	0～1000V：设定电动机额定电压
	84	电动机额定频率	0.01Hz	50Hz	10～120Hz：设定电动机额定频率
	89	速度控制增益	0.1%	9999	0～200%：调整由负荷变化引起的电动机速度变动（基准值为100%）

（续）

功能	参数号	名称	单位	初始值	设定范围及内容
输入端子的功能分配	178	STF 端子功能选择	1	60	取值范围：0～20、22～28、37、42～44、60、62、64～71、9999；功能说明见输入端子功能分配表
	179	STR 端子功能选择	1	61	取值范围：0～20、22～28、37、42～44、61、62、64～71、9999；功能说明见输入端子功能分配表
	180	RL 端子功能选择	1	0	取值范围：0～20、22～28、37、42～44、62、64～71、9999；功能说明见输入端子功能分配表
	181	RM 端子功能选择	1	1	
	182	RH 端子功能选择	1	2	
	183	RT 端子功能选择	1	3	
	184	AU 端子功能选择	1	4	取值范围：0～20、22～28、37、42～44、62～71、9999；功能说明见输入端子功能分配表
	185	JOG 端子功能选择	1	5	取值范围：0～20、22～28、37、42～44、62、64～71、9999；功能说明见输入端子功能分配表
	186	CS 端子功能选择	1	6	
	187	MRS 端子功能选择	1	24	
	188	STOP 端子功能选择	1	25	
	189	RES 端子功能选择	1	62	
输出端子的功能分配	190	RUN 端子功能选择	1	0	取值范围：0～8、10～20、25～28、30～36、39、41～47、64、70、84、85、90～99、100～108、110～116、120、125～128、130～136、139、141～147、164、170、184、185、190～199、9999；功能说明见输出端子功能分配表
	191	SU 端子功能选择	1	1	
	192	IPF 端子功能选择	1	2	
	193	OL 端子功能选择	1	3	
	194	FU 端子功能选择	1	4	
	195	ABC1 端子功能选择	1	99	取值范围：0～8、10～20、25～28、30～36、41～47、64、70、84、85、90、91、94～99、100～108、110～116、120、125～128、130～136、139、141～147、164、170、184、185、190、191、194～199、9999；功能说明见输出端子功能分配表
	196	ABC2 端子功能选择	1	9999	
起动信号选择（STF、STR、STOP 端子）	250	停止选择	0.1s	9999	0～100s：STF 为正转起动（置 ON 时），STR 为反转起动（置 ON 时），当起动信号变为 OFF，在设定时间后电机自动停止； 1000～1100s：STF 为起动信号，STR 为正反信号（OFF 为正转，ON 为反转），当起动信号变为 OFF，经过（Pr. 250－1000s）后电动机自动停止； 9999：STF 为正转起动（置 ON 时），STR 为反转起动（置 ON 时），当起动信号变为 OFF，电动机减速停止； 8888：STF 为起动信号，STR 为正反信号，当起动信号变为 OFF，电动机减速停止。 当起动自保功能有效（即 STOP 端子输入为 ON）时，即使起动信号从 ON 置于 OFF，起动信号仍然保持起动状态，只有将 STOP 端子输入信号切换成 OFF 时，才能使变频器减速停止

（续）

功能	参数号	名称	单位	初始值	设定范围及内容
控制模式选择	800	控制模式	1	20	0～5：矢量控制［0为速度控制，1为转矩控制，2为速度（MC信号为OFF）/转矩控制（MC信号为ON），3为位置控制，4为速度（MC信号为OFF）/位置控制（MC信号为ON），5为位置（MC信号为OFF）/转矩控制（MC信号为ON）］；9：矢量控制试运行；10、11、12：实时无传感器矢量控制；20：V/F控制（先进磁通矢量控制）
	803	恒输出区域转矩特性选择	1	0	0：电动机输出恒定限制；1：转矩固定限制
转矩指令	804	转矩指令权选择	1	0	0：基于端子1的模拟输入的转矩指令； 1：通过参数（Pr. 805或Pr. 806）发出转矩指令
	805	转矩指令值（RAM）	1%	1000%	600～1400%：将转矩指令值（以相对1000%的偏置进行设置）写入RAM
	806	转矩指令值（RAM、EEPROM）	1%	1000%	600～1400%：将转矩指令值（以相对1000%的偏置进行设置）写入RAM和EEPROM
速度限制设定	807	速度限制选择	1	0	0：速度控制时的速度指令值作为速度限制加以使用； 1：通过Pr. 808、Pr. 809对于正转方向和反转方向的速度限制分别进行设定；2：基于端子1输入的模拟电压实施速度限制，通过极性来切换正转侧和反转侧的速度限制
	808	正转速度限制	0.01Hz	50Hz	0～120Hz：设定正转侧的速度限制
	809	反转速度限制	0.01Hz	9999	0～120Hz：设定反转侧的速度限制；9999：根据Pr. 808的设定值决定
转矩限制设定	810	转矩限制输入方法选择	1	0	0：内部转矩限制（基于参数设定的转矩限制）； 1：外部转矩限制（基于端子1、4实施转矩限制）
	811	设定分辨率切换	1	0	0、1：转矩限制单位0.1%；10、11：转矩限制单位0.01%
	812	转矩水平限制（再生）	0.1%	9999	0～400%：设定正转再生时的转矩限制水平；9999：通过Pr. 22/模拟端子的值进行限制
	813	转矩限制水平（第3象限）	0.1%	9999	0～400%：设定反转运行时的转矩限制水平；9999：通过Pr. 22/模拟端子的值进行限制
	814	转矩限制水平（第4象限）	0.1%	9999	0～400%：设定反转再生时的转矩限制水平；9999：通过Pr. 22/模拟端子的值进行限制
	815	转矩限制水平2	0.1%	9999	0～400%：当转矩限制选择（TL）信号为ON时，与Pr. 810无关，Pr. 815成为转矩限制值；9999：通过Pr. 22/模拟端子的值进行限制
	816	加速时转矩限制水平	0.1%	9999	0～400%：设定加速中的转矩限制值；9999：与恒速相同的转速限制
	817	减速时转矩限制水平	0.1%	9999	0～400%：设定减速中的转矩限制值；9999：与恒速相同的转速限制
	858	端子4功能分配	1	0	0、4、99；设定值为“4”时，基于端子4的信号改变转矩限制水平
	868	端子1功能分配	1	0	0～6、99；设定值为“4”时，基于端子1的信号改变转矩限制水平
	874	OLT水平设定	0.1%	150%	转矩限制动作、电动机失速时可以实现报警停止。设定报警停止的输出

表 3-9　三菱 FR－A700 变频器输入端子功能分配（通过设定 Pr. 178 ~ Pr. 189）

设定值	信号名	功能	相关参数
0	RL	低速运行指令（当 Pr. 59 =0，初始值）	Pr. 4 ~ Pr. 6、Pr. 24 ~ Pr. 27、Pr. 232 ~ Pr. 239
		遥控设定清零指令（当 Pr. 59 =1、2）	Pr. 59
		挡块定位选择 0（当 Pr. 270 =1、3）	Pr. 270、Pr. 275、Pr. 276
1	RM	中速运行指令（当 Pr. 59 =0，初始值）	Pr. 4 ~ Pr. 6、Pr. 24 ~ Pr. 27、Pr. 232 ~ Pr. 239
		遥控设定减速指令（当 Pr. 59 =1、2）	Pr. 59
2	RH	高速运行指令（当 Pr. 59 =0，初始值）	Pr. 4 ~ Pr. 6、Pr. 24 ~ Pr. 27、Pr. 232 ~ Pr. 239
		遥控设定加速指令（当 Pr. 59 =1、2）	Pr. 59
3	RT	第 2 选择功能（当 Pr. 270 =0，初始值）	Pr. 44 ~ Pr. 51、Pr. 450 ~ Pr. 463、Pr. 569、Pr. 832、Pr. 836
		挡块定位选择 1（当 Pr. 270 =1、3）	Pr. 270、Pr. 275、Pr. 276
4	AU	端子 4 输入选择（AU/PTC 开关打在“AU”侧）	Pr. 267
5	JOG	点动运行选择	Pr. 15、Pr. 16
6	CS	瞬间停止再起动选择，高速起步	Pr. 57、Pr. 58、Pr. 162 ~ Pr. 165、Pr. 611
7	OH	外部热继电器输入。外部过电流输入 OH 信号的输入端子通过 Pr. 178 ~ Pr. 189 中任意一个设定为“7”来分配功能	Pr. 9、Pr. 51
8	REX	15 速选择。REX 信号的输入端子通过 Pr. 178 ~ Pr. 189 中任意一个设定为“8”来分配功能	Pr. 4 ~ Pr. 6、Pr. 24 ~ Pr. 27、Pr. 232 ~ Pr. 239
9	X9	第 3 功能选择。X9 信号的输入端子通过 Pr. 178 ~ Pr. 189 中任意一个设定为“9”来分配功能	Pr. 110 ~ Pr. 116
10	X10	变频器运行许可信号（连接 FR－HC、MT－HC、FR－CV）。X10 信号的输入端子通过 Pr. 178 ~ Pr. 189 中任意一个设定为“10”来分配	Pr. 30、Pr. 70
11	X11	连接 FR－HC、MT－HC 的瞬时掉电检测信号。X11 信号的输入端子通过 Pr. 178 ~ Pr. 189 中任意一个设定为“11”来分配	Pr. 30、Pr. 70
12	X12	PU 运行外部互锁。X12 信号的输入端子通过 Pr. 178 ~ Pr. 189 中任意一个设定为“12”来分配	Pr. 79
13	X13	外部直流制动开始。X13 信号的输入端子通过 Pr. 178 ~ Pr. 189 中任意一个设定为“13”来分配	Pr. 10 ~ Pr. 12
14	X14	PID 控制有效端子。X14 信号的输入端子通过 Pr. 178 ~ Pr. 189 中任意一个设定为“14”来分配	Pr. 127 ~ Pr. 134、Pr. 575 ~ Pr. 577

（续）

设定值	信号名	功能	相关参数
15	BRI	制动开放完成信号。BRI 信号的输入端子通过 Pr. 178 ~ Pr. 189 中任意一个设定为“15”来分配	Pr. 278 ~ Pr. 285
16	X16	PU - 外部运行切换。X16 信号的输入端子通过 Pr. 178 ~ Pr. 189 中任意一个设定为“16”来分配	Pr. 79、Pr. 340
17	X17	适合负载与正转反转提升选择。X17 信号的输入端子通过 Pr. 178 ~ Pr. 189 中任意一个设定“17”来分配	Pr. 14
18	X18	V/F 切换（X18 为 ON 时，V/F 控制）。X18 信号的输入端子通过 Pr. 178 ~ Pr. 189 中任意一个设定“18”来分配	Pr. 80、Pr. 81、Pr. 800
19	X19	负载转矩高速频率选择信号。X19 信号的输入端子通过 Pr. 178 ~ Pr. 189 中任意一个设定“19”来分配	Pr. 270 ~ Pr. 274
20	X20	S 字加减速 C 切换信号。X20 信号的输入端子通过 Pr. 178 ~ Pr. 189 中任意一个设定“20”来分配	Pr. 380 ~ Pr. 383
22	X22	定向指令。X22 信号的输入端子通过 Pr. 178 ~ Pr. 189 中任意一个设定“22”来分配	Pr. 350 ~ Pr. 369
23	LX	预备励磁/伺服 ON（伺服 ON 只有在矢量控制的位置控制中有效）。LX 信号的输入端子通过 Pr. 178 ~ Pr. 189 中任意一个设定“23”来分配	Pr. 850
24	MRS	输出停止。MRS 信号的输入端子通过 Pr. 178 ~ Pr. 189 中任意一个设定“24”来分配	Pr. 17
25	STOP	起动自保持选择（起动自保持功能在 STOP 为 ON 时有效）。STOP 为 ON 时，即使起动信号（STF 或 STR）从 ON 置于 OFF，起动信号仍保持起动，必须将 STOP 切换到 OFF 才能使变频器减速停止。改变转向时，先将 STF 或 STR 切换 ON 再切换 OFF。STOP 信号的输入端子通过 Pr. 178 ~ Pr. 189 中任意一个设定“25”来分配	Pr. 178 ~ Pr. 189
26	MC	控制模式（速度控制、位置控制、转矩控制）切换。MC 信号的输入端子通过 Pr. 178 ~ Pr. 189 中任意一个设定“26”来分配	Pr. 800
27	TL	转矩限制选择信号。TL 信号的输入端子通过 Pr. 178 ~ Pr. 189 中任意一个设定“27”来分配	Pr. 815
28	X28	起动时外部输入的调谐信号。X28 信号的输入端子通过 Pr. 178 ~ Pr. 189 中任意一个设定“28”来分配	Pr. 95
37	X37	遍历旋转（三角波运行）信号。X37 信号的输入端子通过 Pr. 178 ~ Pr. 189 中任意一个设定“37”来分配	Pr. 592 ~ Pr. 597

（续）

设定值	信号名	功能	相关参数
42	X42	转矩偏置选择 1（安装 FR－A7AP 选件时有效）。X42 信号的输入端子通过 Pr. 178 ~ Pr. 189 中任意一个设定“42”来分配	Pr. 840 ~ Pr. 845
43	X43	转矩偏置选择 1（安装 FR－A7AP 选件时有效）。X43 信号的输入端子通过 Pr. 178 ~ Pr. 189 中任意一个设定“43”来分配	Pr. 840 ~ Pr. 845
44	X44	P/PI 控制切换。X44 信号的输入端子通过 Pr. 178 ~ Pr. 189 中任意一个设定“44”来分配	Pr. 820、Pr. 821、Pr. 830，Pr. 831
60	STF	正转指令。STF 信号的输入端子只能通过 1Pr. 178 =60 来分配	Pr. 178
61	STR	反转指令。STF 信号的输入端子只能通过 Pr. 179 = 61 来分配	Pr. 179
62	RES	变频器复位。RES 信号的输入端子通过 Pr. 178 ~ Pr. 182 中任意一个设定“62”来分配	Pr. 178 ~ Pr. 182
63	PTC	PTC 热敏电阻输入。PTC 信号的输入端子只能通过 Pr. 184 =63 来分配，并且变频器上 AU/PTC 切换开关设定在 PTC 位置	Pr. 9
64	X64	PID 正反动作切换：将 X64 置 ON 时，PID 负作用时（Pr. 128 =10、20）能够切换到正作用，正作用时（Pr. 128 = 11、21）能够切换到负作用。PID 切换信号的输入端子通过 Pr. 178 ~ Pr. 189 中任意一个设定“64”来分配	Pr. 127 ~ Pr. 134
65	X65	PU－NET 运行切换信号。X65 信号的输入端子通过 Pr. 178 ~ Pr. 189 中任意一个设定“65”来分配	Pr. 79、Pr. 340
66	X66	外部－NET 运行切换信号。X66 信号的输入端子通过 Pr. 178 ~ Pr. 189 中任意一个设定“66”来分配	Pr. 79、Pr. 340
67	X67	指令权切换（网络运行时，根据 Pr. 338 设置运行指令权，根据 Pr. 339 设置速度指令权）。X67 信号的输入端子通过 Pr. 178 ~ Pr. 189 中任意一个设定“67”来分配	Pr. 338、Pr. 339
68	NP	简易位置脉冲列符号（安装 FR－A7AP 选件时有效）。NP 信号的输入端子通过 Pr. 178 ~ Pr. 189 中任意一个设定“68”来分配	Pr. 291、Pr. 419 ~ Pr. 430、Pr. 464
69	CLR	简易位置累积脉冲清除（安装 FR－A7AP 选件时有效）。CLR 信号的输入端子通过 Pr. 178 ~ Pr. 189 中任意一个设定“69”来分配	Pr. 291、Pr. 419 ~ Pr. 430、Pr. 464
70	X70	直流供电运行许可。X70 信号的输入端子通过 Pr. 178 ~ Pr. 189 中任意一个设定“70”来分配	Pr. 30、Pr. 70
71	X71	解除直流供电。X71 信号的输入端子通过 Pr. 178 ~ Pr. 189 中任意一个设定“71”来分配	Pr. 30、Pr. 70
9999	—	无功能	—

表 3-10　三菱 FR－A700 变频器输出端子功能分配（通过设定 Pr. 190～Pr. 196）

设定值		信号名称	功能	动作	相关参数
正逻辑	负逻辑				
0	100	RUN	变频器运行中	运行期间当变频器输出频率上升到或超过 Pr. 13 的起动频率时输出（导通）。Pr. 190～Pr. 196 中任意一个设定 0 或者 100 来分配（以下各行类推，省略）	Pr. 13
1	101	SU	频率到达	输出频率到达设定频率时输出（导通）。端子分配参照 RUN	Pr. 41
2	102	IPF	瞬时停电/电压不足	瞬时停电或电压不足时输出。端子分配参照 RUN	Pr. 57
3	103	OL	过负载报警	失速防止功能动作期间输出。端子分配参照 RUN	Pr. 22、Pr. 23、Pr. 66、Pr. 148、Pr. 149、Pr. 154
4	104	FU	输出频率检测	输出频率达到 Pr. 42（反转时 Pr. 43）设定的频率以上时输出（导通）。端子分配参照 RUN	Pr. 42、Pr. 43
5	105	FU2	第 2 输出频率检测	输出频率达到 Pr. 50 设定的频率以上时输出（导通）	Pr. 50
6	106	FU3	第 3 输出频率检测	输出频率达到 Pr. 116 设定的频率以上时输出（导通）	Pr. 116
7	107	RBP	再生制动报警	当再生制动频率达到 Pr. 70 设定的 85% 时输出（导通）	Pr. 70
8	108	THP	电子过电流预报警	电子过电流积分达到 85% 时进行输出（导通），并且达到 100% 时进行电子过电流保护动作（E. THT/E. THM）	Pr. 9
10	110	PU	PU 运行模式	当选择 PU 运行模式时输出（导通）	Pr. 79
11	111	RY	变频器运行准备完毕	当变频器能够由起动信号起动或当变频器运行时输出	—
12	112	Y12	输出电流检测	输出电流比 Pr. 150 设定值高的状态并且持续到 Pr. 151 设定时间以上时输出（导通）	Pr. 150、Pr. 151
13	113	Y13	零电流检测	输出电流比 Pr. 152 设定值低的状态并且持续到 Pr. 153 设定时间以上时输出（导通）	Pr. 152、Pr. 153
14	114	FDN	PID 下限	达到 PID 控制的下限时输出（导通）	Pr. 127～Pr. 134、Pr. 575～Pr. 577
15	115	FUP	PID 上限	达到 PID 控制的上限时输出（导通）	
16	116	RL	PID 正转（反转）输出	PID 控制时，正转时输出 ON（反转时输出 OFF，断开）	
17	117	MC1	工频切换 MC1	使用工频运行切换功能时使用。其中，MC1 为电源与变频器之间的控制接触器，MC2 为电源与电动机之间的控制接触器，MC3 为变频器输出与电动机之间的控制接触器	Pr. 135～Pr. 139、Pr. 159
18	118	MC2	工频切换 MC2		
19	119	MC3	工频切换 MC3		
20	120	BOF	制动开放要求	制动序列模式时进行输出（当输出频率达到 Pr. 278 的设定频率且输出电流达到 Pr. 279 的设定值以上时，经过 Pr. 280 的设定时间后输出制动开放要求信号（BOF 输出为 ON，即导通））	Pr. 278～Pr. 285、Pr. 292

（续）

设定值		信号名称	功能	动作	相关参数
正逻辑	负逻辑				
25	125	FAN	风扇故障输出	风扇故障时输出（FAN 为 ON，即导通）	Pr. 244
26	126	FIN	风扇过热预报警	风扇温度达到风扇过热保护动作温度的 85% 时输出	—
27	127	ORA	定向完成	定向有效时（安装 FR－A7AP 选件时有效），进入定向完成宽度中定向停止之后，输出定向完成信号（ORA）； 进入定向完成宽度中未定向停止或者不能完成定向时，输出定向错误信号（ORM）	Pr. 350 ~ Pr. 360、Pr. 369、Pr. 393、Pr. 396 ~ Pr. 399
28	128	ORM	定向错误		
30	130	Y30	正转输出	电动机正转时输出（安装 FR－A7AP 选件时有效）	—
31	131	Y31	反转输出	电动机反转时输出（安装 FR－A7AP 选件时有效）	—
32	132	Y32	再生状态输出	矢量控制时，进入再生状态时输出 Y32 为 ON（安装 FR－A7AP 选件时有效）	—
33	133	RY2	运行准备完成 2	在实施无传感器矢量控制时，预备励磁运行中进行输出	—
34	134	LS	低速输出	输出频率在 Pr. 865 设定值以下时输出为 ON（导通）	Pr. 865
35	135	TU	转矩检测	电动机转矩超过 Pr. 864 设定值时输出 TU 为 ON（导通）	Pr. 864
36	136	Y36	定位完成	残留脉冲数量比设定值少时输出 X36 为 ON（导通）	Pr. 426
39	139	Y39	起动时调谐完成信号	起动时的调谐完成时输出 Y39 为 ON（导通）	Pr. 95、Pr. 574
41	141	FB	速度检测	到达电动机实际转速（实际转速推断值）时输出（导通）。输出频率达到 Pr. 42 设定值以上时输出 FB 信号；输出频率达到 Pr. 50 设定值以上时输出 FB2 信号；输出频率达到 Pr. 116 设定值以上时输出 FB3 信号	Pr. 42、Pr. 50、Pr. 116
42	142	FB2	第 2 速度检测		
43	143	FB3	第 3 速度检测		
44	144	RUN2	变频器运行中 2	输出频率达到 Pr. 13 的起动频率以上时，RUN2 输出为 ON；变频器停止或处于直流制动中，RUN2 输出变为 OFF	Pr. 13
45	145	RUN3	变频器运行中及起动指令为 ON	变频器运行中以及起动指令为 ON 时输出 RUN3 变为 ON； 如果起动指令为 ON，变频器保护功能动作时或 MRS 信号为 ON 时，RUN3 信号的输出也为 ON；直流制动中 RUN3 输出为 ON，变频器停止中 RUN3 变为 OFF	—
46	146	Y46	掉电减速中	停电减速中和停电减速后的停止中，Y46 输出变为 ON	Pr. 261 ~ Pr. 266
47	147	PID	PID 控制动作中	PID 控制中，PID 输出信号变为 ON	Pr. 127 ~ Pr. 134、Pr. 575 ~ Pr. 577

（续）

设定值		信号名称	功能	动作	相关参数
正逻辑	负逻辑				
64	164	Y64	再试中	发生报警时，变频器自动复位，并且根据起动频率进行再次起动的过程中（再试中），Y46输出信号变为ON	Pr. 65 ~ Pr. 69
70	170	SLEEP	PID输出中断中	PID输出中断功能动作时，SLEEP输出信号变为ON	Pr. 127 ~ Pr. 134、Pr. 575 ~ Pr. 577
84	184	RDY	位置控制准备完成	伺服起动（LX为ON），在可以运行的状态下输出为ON	Pr. 419、Pr. 428 ~ Pr. 430
85	185	Y85	直流供电中	交流电源停电或电压不足时，Y85输出为ON；直流供电解除信号X71为ON或者恢复正常供电时，Y85变为OFF	Pr. 30、Pr. 70
90	190	Y90	寿命报警	在控制主板电容器、主电路电容器、冷却风扇、浪涌电流抑制电路中的任意一个达到寿命报警输出电平时，Y90输出为ON	Pr. 255 ~ Pr. 259
91	191	Y91	异常输出3（电源断路信号）	由于变频器的电路故障及接线异常导致发生错误时，Y91输出为ON	—
92	192	Y92	省电平均值更新时间信号	使用省电监视时，每次更新省电平均值，Y92输出信号都反复ON和OFF	Pr. 52、Pr. 54、Pr. 158、Pr. 891 ~ Pr. 899
93	193	Y93	电流平均值监视信号	输出电流平均值和维护时钟值的脉冲。Y93信号输出的使用端子在Pr. 190 ~ Pr. 194中设置“93”或“193”来分配，不能在Pr. 195（ABC1）、Pr. 196（ABC2）中分配	Pr. 555 ~ Pr. 557
94	194	ALM2	异常输出2	变频器的保护功能工作，停止输出（即发生严重故障）时，ALM2输出信号为ON。变频器复位中，ALM2继续输出ON，解除复位后，ALM2变为OFF。电源OFF时，ALM2也变为OFF	
95	195	Y95	定时器时钟信号	Pr. 503如果达到Pr. 504的设定值以上时，Y95输出信号为ON	Pr. 503、Pr. 504
96	196	REM	遥控输出	通过Pr. 496、Pr. 497的设定，使输出端子处于ON/OFF	Pr. 495 ~ Pr. 497
97	197	ER	轻故障输出2	变频器的保护功能动作后停止输出时（重故障时），ER输出信号变为ON	Pr. 875
98	198	LF	轻故障输出	轻故障（风扇故障及通信错误报警）时，LF输出为ON	Pr. 121、Pr. 244
99	199	ALM	异常输出	变频器的保护功能工作，停止输出后（严重故障时），ALM输出信号变为ON。复位信号为ON时，ALM变为OFF	—
9999	9999	—	无功能	—	—

工作任务重点

1）实现变频器通过面板操作运行。

2）实现变频器点动（JOG）运行。

3）实现变频器多段速度运行。

3.2.3 变频器通过面板操作运行

1. 变频器的主电路接线

在进行变频器操作运行之前，先按照图3-16所示的三菱FR－A700变频器主电路端子接线图的要求，完成变频器外部的接线工作，具体要求如下。

1）输入端：交流电源输入端，其标志为R/L1、S/L2、T/L3，三相工频380V电源经过断路器和接触器控制后与之相连。在直流电压供给变频器运行时，请保持端子R/L1、S/L2、T/L3处于断开状态。

2）控制电路电源端：变频器内部控制电源端，其标志为R1/L11、S1/L21，分为三种不同情况来连接控制电源。第一种情况，对变频器异常显示没有特别要求，使用短路片将端子R1/L11和R/L1相连、端子S1/L21和S/L2相连。第二种情况，要求保持异常显示或异常输出时，以及使用高功率因数变流器、直流母线变流器时，应拆下端子R/L1－R1/L11、S/L2－S1/L21间的短接片，从外部单独给该端子加入控制电源（AC 380V），并通过联锁控制确保控制电源为OFF时，主电路电源（R、S、T）必须为OFF。第三种情况，在直流供电模式1（由直流电源通过P、N端子供电运行）和直流供电模式2（通常由交流电源通过R、S、T端子供电运行，停电时用蓄电池等直流电源通过P、N端子供电运行）时，直流电源与端子P/＋、N/－连接；并且，拆下端子R/L1－R1/L11和S/L2－S1/L21之间的短路片，将端子R1/L11和P/＋连接，端子S1/L21和N/－连接，即变频器的控制电源由直流电源（DC 537～679V）提供。

3）输出端：变频器输出端，其标志为U、V、W，接三相笼型异步电动机。

4）直流电抗器接线端：其标志为P1、P/＋，在要求改善功率因数时，用于连接直流电抗器。对于55kW以下的产品，请拆下端子P1和P/＋之间的短路片，连接上直流电抗器。如果不需要改善功率因数或者变频器由直流电源供电运行，用短路片将端子P1和P/＋短接。

5）制动电阻器接线端：其标志为P/＋、PR，通过连接制动电阻器，对于22kW及以下产品可以得到更大的再生制动力。虽然此端子连接有内置制动电阻，但实施高频率运行时，内置制动电阻的热能量将不足，需要在外部安装专用制动电阻器（FR－ABR）。对于7.5kW及以下的变频器产品，请拆下端子PX和PR之间的短路片，将专用制动电阻器连接至端子P/＋、PR。通过拆下PX和PR之间的短路片，将不再使用内置制动电阻器，但没有必要拆除内置制动电阻器。对于11～22kW的产品，在端子PX和PR之间连接短路片，并在端子P/＋、PR上连接制动电阻器。

6）制动单元接线端（或直流电源输入端）：其标志为P/＋、N/－，主要有三种连接方法：①连接制动单元（55kW以下产品，连接FR－BU制动单元，两者记号相同的端子相连；75kW以上产品，连接MT－BU5制动单元，制动单元的主电源连到变频器的P/＋、

N/－端子上，制动单元的附属电缆连到变频器的 CN8 接口），用以提高电动机减速时的制动力。②连接高功率因数变流器（55kW 以下产品，连接 FR－HC 变流器，除了两者 P、N 端相连外，变流器的 Y1 或 Y2、RDY、RSO、SE 端分别与变频器的 X11、X10、RES、SD 端相连；75kW 以上产品，连接 MT－HC 变流器，除了两者 P、N 端相连外，变流器的 RDY、RSO、SE 分别与变频器的 X10、RES、SD 端相连），用以抑制电源谐波。③用于连接直流母线变流器/电源再生转换器（55kW 以下产品，连接 FR－CV 直流母线变流器，由 FR－CV 供给变频器的主电源，除了两者 P、N 端相连外，变流器的 P24、SD（SE 与 SD 相连）、RDYB、RSO 端分别与变频器的 PC、SD、X10、RES 端相连；75kW 以上产品，连接 MT－RC 电源再生转换器，两者 P、N 端相连外，可以选择由它向变频器提供直流电源）。

7）直流电抗器接线端：其标志为 P1、P/＋，用于连接直流电抗器以提高功率因数。对于 55kW 及以下的变频器产品，如果要安装直流电抗器，请拆下端子 P1 和 P/＋之间的短路片，并在端子 P1、P/＋上连接电抗器。对于 75kW 及以上的变频器产品，已经配备了标准直流电抗器，使用时必须安装直流电抗器，安装前请拆下端子 P1 和 P/＋之间的短路片。除了在连接直流电抗器以外时，请勿拆下端子 P1 和 P/＋之间的短路片。

8）内置制动器回路连接端：其标志为 PX、PR，通过端子 PX 和 PR 之间安装短路片（初始状态下），使内置制动器回路有效。

9）接地端：其标志为⏚，变频器外壳接地（保护接地）。

2. 变频器主电路接线的注意事项

1）电源绝对不能接在变频器的输出端上（U、V、W），否则将损坏变频器。

2）对于 7.5kW 及以下的变频器产品，在端子 PX 和 PR 之间安装短路片的情况下，请勿将专用制动电阻器连接至端子 P/＋、PR，否则可能会导致变频器损坏。

3）变频器的输入/输出（主电路）包含谐波成分，可能会干扰变频器附近的通信设备，为此在变频器的电源输入侧应该安装无线电噪声滤波器（FR－BIF 选件）。但在变频器输出侧，不要安装电容器、浪涌抑制器和无线电噪声滤波器（FR－BIF 选件），否则会导致变频器故障或电容和浪涌抑制器的损坏。

3. 外部/PU 切换模式的面板运行操作

变频器运行需要给出起动指令以及设定输出频率，可以通过操作面板、外部（输入）端子、通信命令代码来设定，分别对应变频器的“PU 运行模式”“外部运行模式”“网络运行模式”。并且，在各种运行模式下，能够通过操作面板及通信的命令代码进行切换。

当运行模式选择参数 Pr. 79＝0（初始值）时，处于外部/PU 运行切换模式，可用操作面板上的“PU/EXT”键进行 PU 运行模式和外部运行模式的切换。若在变频器外部设置了频率设定电位器及起动开关，则应选择外部运行模式，且在 Pr. 340＝0 的初始值状态下，接通变频器电源或复位操作后，FR－A700 变频器处于外部运行模式（操作面板上的 EXT 指示灯点亮）。具体操作步骤如下。

1）在初始状态下，接通变频器电源或复位操作后，FR－A700 变频器处于外部运行模式（操作面板上的 EXT 指示灯点亮，显示屏显示“0.00”）。

2）按动操作面板（FR－DU07）上的“PU/EXT”键，进入 PU 运行模式（操作面板上的 PU 指示灯点亮，显示屏显示“0.00”）。

3）在 PU 运行模式下（PU 指示灯点亮，显示屏显示“0.00”），旋转 M 旋钮“  ”，使给定频率调至所需数值。

4）按动“SET”键，写入给定频率（显示 F 与频率闪烁）。

5）按动正转“FWD”键或者反转“REV”键，变频器的输出频率即按预置的升速时间（初始值：7.5kW 以下为 5s，11kW 以上为 15s）开始上升到给定频率，电动机的运行方向由按键决定（FWD 为逆时针正转，REV 为顺时针反转）。

6）查看运行参数。在运行状态下，通过按动“SET”键，可以在显示屏上依次显示“输出电流”“输出电压”“输出频率”。

7）停止变频器。在运行状态下，通过按动“STOP/RESET”键，输出频率按预置的降速时间（初始值：7.5kW 以下为 5s，11kW 以上为 15s）下降至 0。

4. PU 固定模式的面板运行操作

PU 固定模式的面板运行操作步骤如下。

1）在出厂状态下（Pr.79 = 0，Pr.340 = 0）接通变频器电源，变频器处于外部运行模式（EXT 指示灯点亮，显示屏显示“0.00”）。

2）此时按动操作面板上的“PU/EXT”键，进入 PU 运行模式（PU 指示灯点亮，显示屏显示“0.00”）。

3）按动“MODE”键，进入参数设定模式（MON 和 PU 指示灯均点亮，显示屏显示“P.　　0”），旋转 M 旋钮“ 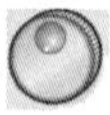 ”，使显示屏显示“P.　79”为止，按动“SET”键，显示屏显示“　　0”（即 Pr.79 的当前值），旋转 M 旋钮“  ”，使显示屏显示“　　1”（变更数值）为止，再按动“SET”键，参数写入完毕（参数与设定值闪烁），成为 PU 固定运行模式（接通电源时，处于 PU 运行模式，无法用“PU/EXT”键变更为其他运行模式；若要更改运行模式，必须更改参数 Pr.79 的设定）。

4）在 PU 运行模式下（PU 指示灯点亮，显示屏显示“0.00”），旋转 M 旋钮“ 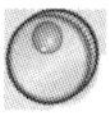 ”，使给定频率调至所需数值。

5）按动“SET”键，写入给定频率（显示 F 与频率闪烁）。

6）按动正转“FWD”键或者反转“REV”键，变频器的输出频率即按预置的升速时间（初始值：7.5kW 以下为 5s，11kW 以上为 15s）开始上升到给定频率，电动机的运行方向由按键决定（FWD 为逆时针正转，REV 为顺时针反转）。

7）查看运行参数。在运行状态下，通过按动“SET”键，可以在显示屏上依次显示“输出电流”、“输出电压”、“输出频率”。

8）停止变频器。在运行状态下，通过按动“STOP/RESET”键，输出频率按预置的降速时间（初始值：7.5kW 以下为 5s，11kW 以上为 15s）下降至 0。

3.2.4　变频器点动（JOG）运行

三菱 FR－A700 变频器能够设定点动运行的频率（Pr.15）和加减速时间（Pr.16），在外部运行模式和 PU 运行模式下均能点动运行。

1. 通过操作面板 PU 的点动运行

在 PU 运行模式下的点动运行，仅在按下操作面板（FR－DU07/FR－PU04－CH）上的起动按钮时运行。具体操作步骤如下。

1）在初始状态下，接通变频器电源或复位操作后，FR－A700变频器处于外部运行模式（操作面板上的EXT指示灯点亮，显示屏显示“0.00”）。

2）按动操作面板上的“PU/EXT”键，进入PU运行模式（操作面板上的PU指示灯点亮，显示屏显示“0.00”）。

3）再按操作面板上的“PU/EXT”键，进入PU的点动（JOG）运行模式（操作面板上的PU指示灯点亮，显示屏显示“JOG”）。

4）按下操作面板上的“FWD”键（正转）或者“REV”键（反转）期间，电动机以5Hz（Pr.15的初始值）旋转（操作面板上的PU指示灯点亮，显示屏显示“5.00”）。

5）松开“FWD”键或者“REV”键，电动机停止（操作面板上的PU指示灯点亮，显示屏显示“0.00”）。

6）按下“MODE”键，切换参数修改模式（操作面板上的PU指示灯点亮，显示屏显示“P.　0”）。

7）旋转M旋钮“”，调准到Pr.15点动频率参数（操作面板上的PU指示灯点亮，显示屏显示“P.15”）。

8）按下“SET”键，显示器显示参数Pr.15的当前值（操作面板上的PU指示灯点亮，显示屏显示“5.00”）。

9）旋转M旋钮“”，将设定值调为“10.00”（操作面板上的PU指示灯点亮，显示屏显示“10.00”）。

10）按下“SET”键进行设定值写入（显示屏显示“10.00”与“P.15”交替闪烁）。

11）操作步2）～5），电动机以10Hz的频率旋转。

2. 通过外部端子的点动运行

点动信号为ON时（JOG端子为ON），通过起动信号（正转STF、反转STR）起动或停止。点动信号可以通过输入端子的功能选择（Pr.178～Pr.189设定为5）分配到某个输入端子点动。在初始状态下，当点动信号（JOG端子的输入信号）为ON时，在STF端子输入信号为ON期间，电动机正转，STF端子输入信号为OFF期间，电动机停止；当点动信号（JOG端子的输入信号）为ON时，在STR端子输入信号为ON期间，电动机反转，STR端子输入信号为OFF期间，电动机停止。具体操作步骤如下。

1）在初始状态下，接通变频器电源或复位操作后，FR－A700变频器处于外部运行模式（操作面板上的EXT指示灯点亮，显示屏显示“0.00”）。如果处于PU运行模式（EXT灯灭），请通过“PU/EXT”键切换为外部运行模式（EXT灯亮）。如果无法用“PU/EXT”键切换为外部运行模式，请通过Pr.79的设定值切换为外部运行模式。

2）端子JOG和SD之间为ON（接通）。

3）端子STF（或STR）和SD之间置为ON期间，电动机以5Hz（Pr.15的初始值）正转（或反转）。

4）端子STF（或STR）和SD之间置为OFF期间，电动机停止。

3.2.5 变频器多段速度运行

预先通过参数设定运行速度，并通过接点端子的输入信号来切换速度，称为变频器的多段速度运行，其方法是通过外部端子进行频率设定。当参数写入选择 Pr. 77 = 0（初始值）时，在 PU 运行模式下，仅在停止中能够写入表 3-11 所示的多段速度设定参数。

表 3-11　三菱 FR－A700 变频器多段速度设定参数

参数号	名称	初始值	设定范围	内容
4	多段速度设定（高速）	50Hz	0～400Hz	设定仅当 RH 为 ON 时的频率
5	多段速度设定（中速）	30Hz	0～400Hz	设定仅当 RM 为 ON 时的频率
6	多段速度设定（低速）	10Hz	0～400Hz	设定仅当 RL 为 ON 时的频率
24	多段速度设定（速度 4）	9999	0～400Hz，9999	设定值为 0～400Hz：通过 REX、RH、RM、RL 信号的组合可以进行速度 4～速度 15 的频率设定（例如 REX 为 ON，RH 为 ON，RM 为 OFF，RL 为 OFF，则选择速度 12）。 设定值为“9999”：未选择
25	多段速度设定（速度 5）	9999	0～400Hz，9999	
26	多段速度设定（速度 6）	9999	0～400Hz，9999	
27	多段速度设定（速度 7）	9999	0～400Hz，9999	
232	多段速度设定（速度 8）	9999	0～400Hz，9999	
233	多段速度设定（速度 9）	9999	0～400Hz，9999	
234	多段速度设定（速度 10）	9999	0～400Hz，9999	
235	多段速度设定（速度 11）	9999	0～400Hz，9999	
236	多段速度设定（速度 12）	9999	0～400Hz，9999	
237	多段速度设定（速度 13）	9999	0～400Hz，9999	
238	多段速度设定（速度 14）	9999	0～400Hz，9999	
239	多段速度设定（速度 15）	9999	0～400Hz，9999	

1. 变频器 3 段速度运行（速度设定 Pr. 4～Pr. 6）

变频器 3 段速度运行的输入端控制信号接线：只要完成正转起动（STF）、反转起动（STR）、高速（RM）、中速（RM）、低速（RL）和接点输入公共端（SD）的连接即可；并根据速度要求对变频器参数 Pr. 4～Pr. 6 进行设置。仅当 RH 信号为 ON 时，变频器按 Pr. 4 中设定的频率运行（初始值为 50Hz，可更改）；仅当 RM 信号为 ON 时，变频器按 Pr. 5 中设定的频率运行（初始值为 30Hz，可更改）；仅当 RL 信号为 ON 时，变频器按 Pr. 6 中设定的频率运行（初始值为 10Hz，可更改）。

需要注意的是，在初始设定情况下（Pr. 24～Pr. 27 以及 Pr. 232～Pr. 239 均设置为 9999），如果同时选择 2 段速度以上，则按照低速信号侧的设定频率运行。例如，当 RH、RM 信号均为 ON 时，RM 信号（Pr. 5 设定值）优先。

在初始设定下，RH、RM、RL 信号分别被分配在端子 RH、RM、RL 上；通过在 Pr. 178～Pr. 189（输入端子功能分配）上设定“0（RL 信号）”“1（RM 信号）”“2（RH 信号）”，也可以将 RH、RM、RL 信号分配到其他输入端子上，参见表 3-9。

2. 变频器 7 段速度运行

如果不使用 REX 信号，则可通过 RH、RM、RL 的开关信号，最多可以选择 7 段速度。7 段速度选择控制电路如图 3-22 所示。其中，SA1 为正转开关，SA2、SA3、SA4 为 7 段速度选择开关，SA5 为反转开关，SD 为接点输入公共端。

FR－A700 变频器要进行 7 段速度运行，除了按图 3-22 完成电路接线后，还应对各段速度参数进行设置以及对各端子接点状态提出要求，应用例子见表 3-12。另外，还应对几个相关参数进行设置：加速时间 Pr. 7（初始值：7.5kW 以下产品为 5s，11kW 以上产品为 15s），减速时间 Pr. 8（初始值：7.5kW 以下产品为 5s，11kW 以上产品为 15s），过电流保护 Pr. 9（初始值：变频器输出电流额定值）应设置为电动机的额定电流，运行模式选择 Pr. 79（初始值：0，为“外部/PU”切换模式）应设置为 3（“PU/外部组合运行模式 1”，即用操作面板设置频率值，通过端子输入外部的开关控制信号）。具体操作过程是：变频器在初始状态下接通电源处于外部运行模式，通过按动“PU/EXT”键切换为 PU 运行模式，按动“MODE”键进入参数设置模式进行相关参数的设置，按动“SET”键进行设定参数值的写入。在完成表 3-12 所列参数和 Pr. 7 ~ Pr. 9、Pr. 79 的设置工作后，若闭合 SA1 和 SA2，则电动机以速度 1（45Hz）正转运行；若闭合 SA1、SA2、SA3，则电动机以速度 6（20Hz）正转运行；若闭合 SA4 和 SA5，则电动机以速度 3（35Hz）反转运行，等等。

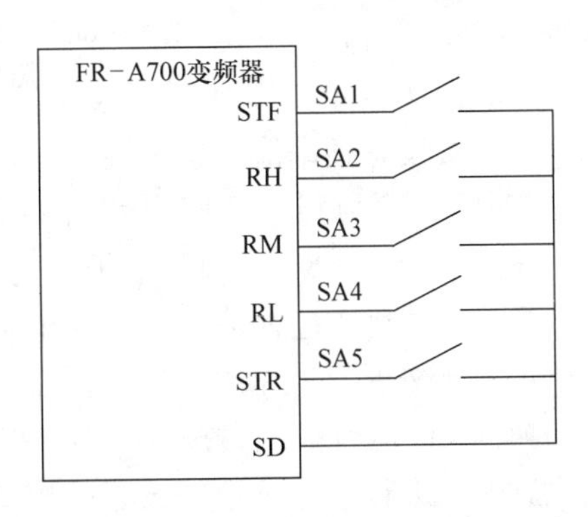

图 3-22　变频器 7 段速度选择控制电路

表 3-12　7 段速度参数设置与接点状态要求表

速度段	参数号	设定的频率/Hz	接点要求（ON）
速度 1	Pr. 4	45	RH
速度 2	Pr. 5	40	RM
速度 3	Pr. 6	35	RL
速度 4	Pr. 24	30	RM、RL
速度 5	Pr. 25	25	RH、RL
速度 6	Pr. 26	20	RH、RM
速度 7	Pr. 27	15	RH、RM、RL

3. 变频器 2 段速度运行

实际中经常用到 2 段速度运行的情况，如电梯运行和检修时要用到 2 段速度，洗衣机的脱水和洗衣旋转也要用到 2 段速度。2 段速度可以作为 3 段速度的特例，通过 RH、RM、RL 的任意两个接点的组合控制，来实现 2 段速度运行。具体参数设置方法和操作过程参见 3 段速度运行的说明。

4. 变频器 8 段 ~ 15 段速度运行

如果需要设置的速度超过 7 段，则需要使用 REX 信号。变频器 8 段 ~ 15 段速度选择控制电路如图 3-23 所示。其中，SA1 为正转开关，SA2、SA3、SA4、SA5 为 15 段速度选择开关，SA6 为反转开关，SD 为接点输入公共端。

如果 FR－A700 变频器要进行 8 段 ~ 15 段速度运行，除了按图 3-23 完成电路接线后，还应对各段速度参数进行设置以及对各端子接点状态提出要求，应用例子见表 3-13。另外，还应对几个相关参数进行设置：加速时间 Pr. 7（初始值：7.5kW 以下产品为 5s，11kW 以上产品为 15s），减速时间 Pr. 8（初始值：7.5kW 以下产品为 5s，11kW 以上产品为 15s），过电流保护 Pr. 9（初始值：变频器输出电流额定值）应设置为电动机的额定电流，运行模式选择 Pr. 79（初始值：0，为“外部/PU”切换模式）应设置为 3（“PU/外部组合运行模式 1”，即用操作面板设置频率值，通过端子输入外部的开关控制信号）；还应设置 REX 信号的输入端子，例如，设置 Pr. 184 = 8，将 AU 端子作为 REX 信号的输入端。具体操作过程是：变频器在初始状态下接通电源处于外部运行模式，通过按动“PU/EXT”键切换为 PU 运行模式，按动“MODE”键进入参数设置模式进行相关参数的设置，按动“SET”键进行设定参数值的写入。在完成表 3-13 所列参数和 Pr. 7 ~ Pr. 9、Pr. 79、Pr. 184 的设置工作后，若闭合 SA1 和 SA2，则电动机以速度 1（5Hz）正转运行；若闭合 SA1、SA4、SA5，则电动机以速度 9（45Hz）正转运行；若闭合 SA2、SA4、SA5、SA6，则电动机以速度 13（40Hz）反转运行，等等。

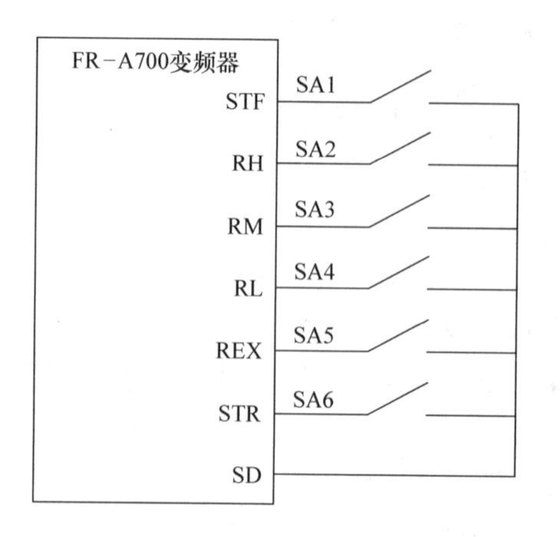

图 3-23　变频器 8 段 ~ 15 段速度选择控制电路

表 3-13　8 段 ~ 15 段速度参数设置与接点状态要求表

速度段	参数号	设定的频率/Hz	接点要求（ON）
速度 1	Pr. 4	5	RH
速度 2	Pr. 5	10	RM
速度 3	Pr. 6	15	RL
速度 4	Pr. 24	20	RM、RL
速度 5	Pr. 25	25	RH、RL
速度 6	Pr. 26	30	RH、RM
速度 7	Pr. 27	35	RH、RM、RL
速度 8	Pr. 232	40	REX
速度 9	Pr. 233	45	REX、RL
速度 10	Pr. 234	50	REX、RM
速度 11	Pr. 235	55	REX、RM、RL
速度 12	Pr. 236	60	REX、RH
速度 13	Pr. 237	40	REX、RH、RL
速度 14	Pr. 238	30	REX、RH、RM
速度 15	Pr. 239	20	REX、RH、RM、RL

3.3　三层电梯变频 PLC 控制

工作任务

1）请你完成三层电梯变频 PLC 控制方案的设计工作。

2）请你完成三层电梯变频 PLC 控制电路的设计工作。

3）请你完成三层电梯变频控制中 PLC、变频器的有关参数的确定与设置工作。

4）请你完成三层电梯 PLC 控制程序的设计工作。

相关知识

3.3.1 Q 系列 PLC 的基本指令

1. 比较指令

（1）BIN16 位数据比较（=、<>、>、<=、<、>=）指令

可用软元件：内部软元件（系统、用户）、文件寄存器、链接直接软元件、智能功能模块软元件、变址寄存器 Zn、常数（十进制常数为 K，十六进制常数为 H）。

梯形图表示： [□ | S1 | S2]

说明：这组指令是用来比较 BIN16 位数据操作所用的指令，当执行条件满足时，把由 S1 指定软元件的 BIN16 位数据和由 S2 指定软元件的 BIN16 位数据进行“=、<>、>、<=、<、>=”（相等、不等、大于、小于等于、小于、大于等于）的比较运算操作。当比较条件满足时，比较操作的结果使输出导通。

例 1 BIN16 位数据比较指令的应用格式如图 3-24 所示。在执行第 1 行指令时，仅当 S1 和 S2 满足指令给定的条件关系时，Y0 输出为 ON。在执行第 2 行指令时，仅当 X1 为 ON 的条件下，且 S1 和 S2 满足指令给定的条件关系时，Y1 输出才为 ON。在执行第 3 行、第 4 行指令时，仅当 X2 和 X3 均为 ON，或者 S1 和 S24 满足比较指令的条件关系时，Y2 输出将变为 ON。

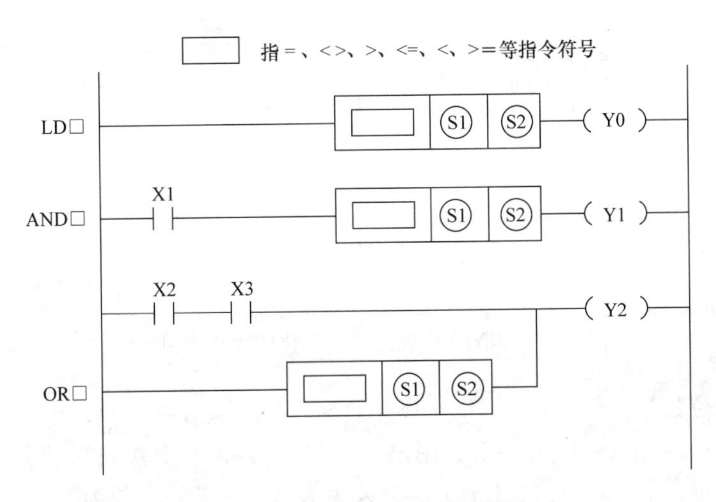

图 3-24　BIN16 位数据比较指令的应用格式

例 2 BIN16 位数据“相等”（=）比较指令应用举例如图 3-25 所示。通过“=”比较指令将 XF ~ X0 的数据与 D3 的数据进行是否相等的比较，仅当 XF ~ X0 的数据与 D3 的数据一致时，Y0 输出将变为 ON。

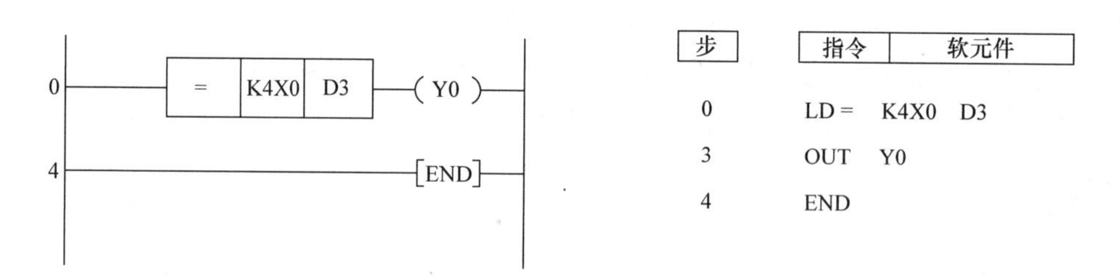

步	指令	软元件
0	LD=	K4X0 D3
3	OUT	Y0
4	END	

图 3-25 BIN16 位数据“=”比较指令应用举例

例 3 BIN16 位数据“< >”比较指令应用举例如图 3-26 所示。通过“< >”比较指令，将十进制常数 K200 与 D3 的数据进行是否不等的比较，当 D3 的数据不等于 200 时，Y0 输出将变为 ON。

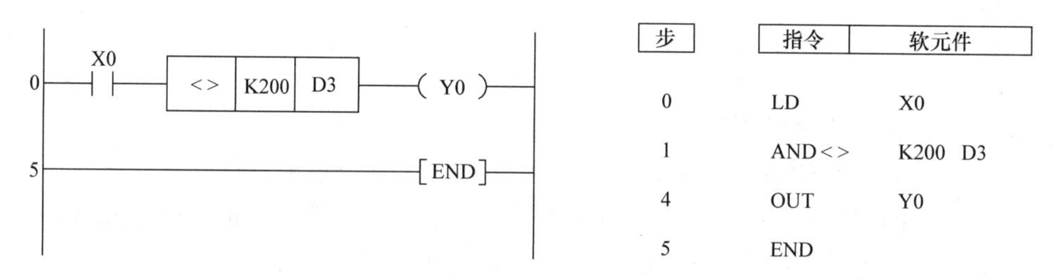

步	指令	软元件
0	LD	X0
1	AND<>	K200 D3
4	OUT	Y0
5	END	

图 3-26 BIN16 位数据“< >”比较指令应用举例

例 4 BIN16 位数据“>”比较指令应用举例如图 3-27 所示。在 X0 为 ON 的条件下，通过“>”比较指令，将常数 K200 与 D3 的数据进行大小比较，当 D3 的数据小于 200 时，或者 M1 导通时，Y0 将变为 ON。

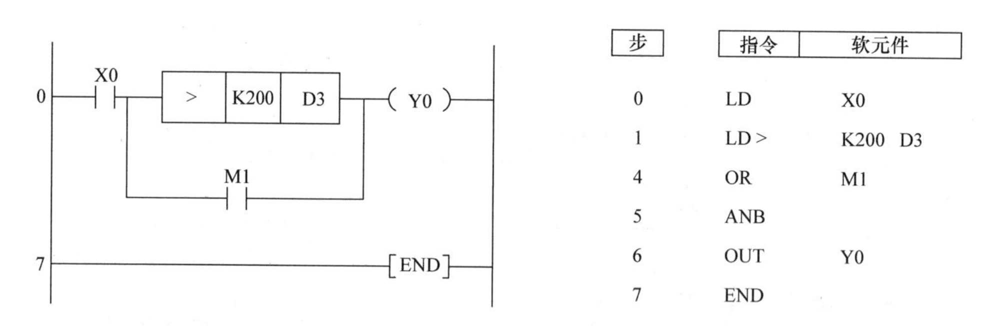

步	指令	软元件
0	LD	X0
1	LD>	K200 D3
4	OR	M1
5	ANB	
6	OUT	Y0
7	END	

图 3-27 BIN16 位数据“>”比较指令应用举例

（2）BIN32 位数据比较（D=、D< >、D>、D<=、D<、D>=）指令

可用软元件：内部软元件（系统、用户）、文件寄存器、链接直接软元件、智能功能模块软元件、变址寄存器 Zn、常数（十进制常数为 K，十六进制常数为 H）。

梯形图表示：—[□ | Ⓢ1 | Ⓢ2]—

说明：这组指令是用来比较 BIN32 位数据操作所用的指令，当执行条件满足时，执行□中相应的比较运算操作。把由Ⓢ1指定软元件的 BIN32 位数据和由Ⓢ2指定软元件的 BIN32

位数据进行比较，当指令比较条件满足时，比较操作结果将导通。

例 5　BIN32 位数据比较指令的应用格式如图 3-28 所示。如果对应指令的比较条件满足，则指令执行结果将导通。

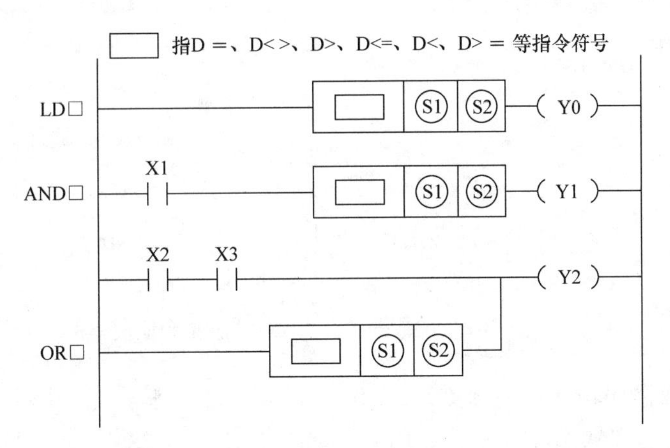

图 3-28　BIN32 位数据比较指令的应用格式

例 6　BIN32 位数据“D =”比较指令应用举例如图 3-29 所示。通过“D =”比较指令将 X1F ~ X0 的数据与 D4、D3 的数据进行是否“相等”比较，若 X1F ~ X0 的数据与 D4、D3 的数据一致，Y0 将变为 ON。

步	指令	软元件
0	LDD =	K8X0　D3
5	OUT	Y0
6	END	

图 3-29　BIN32 位数据“D =”比较指令应用举例

例 7　BIN32 位数据“D < >”比较指令应用举例如图 3-30 所示。当 X0 为 ON 时，通过“D < >”比较指令，将十进制常数 K30000 与 D4、D3 的数据进行比较，当 D4、D3 的数据不等于 30000 时，Y0 将变为 ON。

步	指令	软元件
0	LD	X0
1	ANDD < >	K30000　D3
6	OUT	Y0
7	END	

图 3-30　BIN32 位数据“D < >”比较指令应用举例

例 8　BIN32 位数据“D < =”比较指令应用举例如图 3-31 所示。通过“D < =”比较指令，将 D1、D0 与 D4、D3 的数据进行比较，（D1、D0 的数据）≤（D4、D3 的数据），

或者 X0 和 X1 均为 ON 时，Y0 将变为 ON。

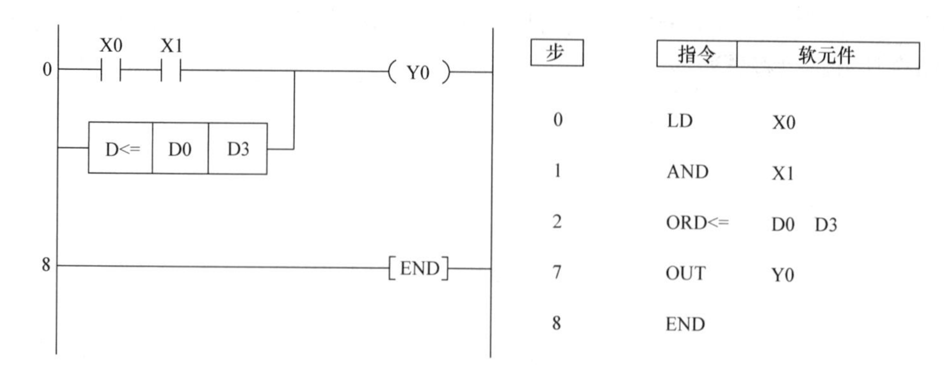

图 3-31　BIN32 位数据“D < =”比较指令应用举例

（3）字符串数据比较（$ =、$ < >、$ >、$ < =、$ <、$ > =）指令

可用软元件：内部软元件（系统、用户）、常数（$）。

梯形图表示：—[□ | Ⓢ1 | Ⓢ2]—

说明：这组指令是用来比较字符串所用的指令，当执行条件满足时，执行□中相应的比较运算操作。把由Ⓢ1指定软元件的字符串和由Ⓢ2指定软元件的字符串进行比较，比较运算针对从Ⓢ1、Ⓢ2指定的软元件号开始至存储了“00H”的软元件号为止的所有字符进行逐个比较，当条件满足时，比较操作结果将导通。如果Ⓢ1和Ⓢ2的长度相等，则第一个不同字符的 ASCII 码决定了该字符串的大小，例如“ABCDE” = “ABCDE”“ABCDE” < “ABCDF”；如果Ⓢ1和Ⓢ2的长度不相等，那么长度较长的字符串值更大。

例 9　字符串数据“$ =”比较指令应用举例如图 3-32 所示。通过“$ =”比较指令，将存储在 D0 后面的字符串（直至存储了“00H”的软元件号为止）与存储在 D3 后面的字符串（直至存储了“00H”的软元件号为止）进行比较，当数据一致时，Y0 将变为 ON。

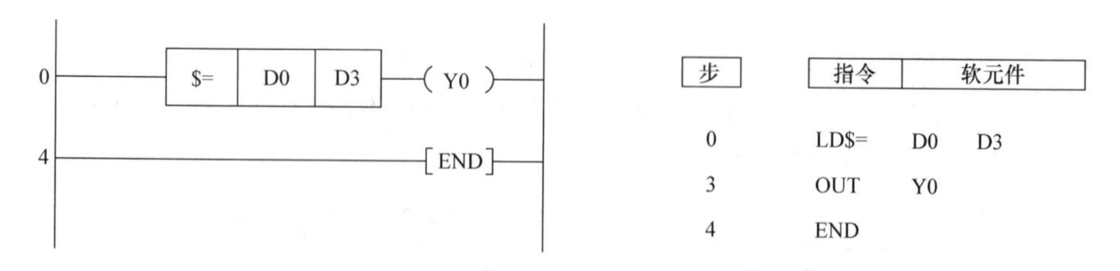

图 3-32　字符串数据“$ =”比较指令应用举例

2. 算术运算指令

（1）BIN16 位加减法（ +、+P、 -、 -P）指令

可用软元件：Ⓢ、Ⓢ1、Ⓢ2为内部软元件（系统、用户）、文件寄存器、链接直接软元件、智能功能模块软元件、变址寄存器 Zn、常数（十进制常数为 K，十六进制常数为 H）。Ⓓ为内部软元件（系统、用户）、文件寄存器、链接直接软元件、智能功能模块软元件、变址寄存器 Zn。

1）只有 2 个操作数的 16 位加减法指令。

梯形图表示：——[□ | Ⓢ | Ⓓ]——

说明：由Ⓢ指定软元件的 BIN16 位数据与Ⓓ指定软元件的 BIN16 位数据进行加减法运算，并将运算结果存储在由Ⓓ指定的软元件中。这里的Ⓓ既是源操作数又是目标操作数。其中Ⓢ、Ⓓ的取值范围为 -32768 ~ 32767，数据的正负号由它们的最高有效位来判定，0 为正、1 为负。当运算结果中发生了下溢或者上溢时，进位标志（SM700）将不变为 ON。

2）有 3 个操作数的 16 位加减法指令。

梯形图表示：——[□ | Ⓢ1 | Ⓢ2 | Ⓓ]——

说明：由Ⓢ1指定软元件的 BIN16 位数据与Ⓢ2指定软元件的 BIN16 位数据进行加减法运算，并将运算结果存储在由Ⓓ指定的软元件中。这里的Ⓓ只作为目标数据。其中Ⓢ1、Ⓢ2、Ⓓ的取值范围为 -32768 ~ 32767，数据的正负号由它们的最高有效位来判定，0 为正、1 为负。当运算结果中发生了下溢或者上溢时，进位标志（SM700）将不变为 ON。

例 10　BIN16 位加减法指令的应用格式如图 3-33 所示。当指令执行条件为 ON 时，根据指令对源操作数进行加减运算，并把运算结果保存到目标操作数中。其中，带有字符“□P”的指令，仅当输入条件的上升沿执行一次该指令。

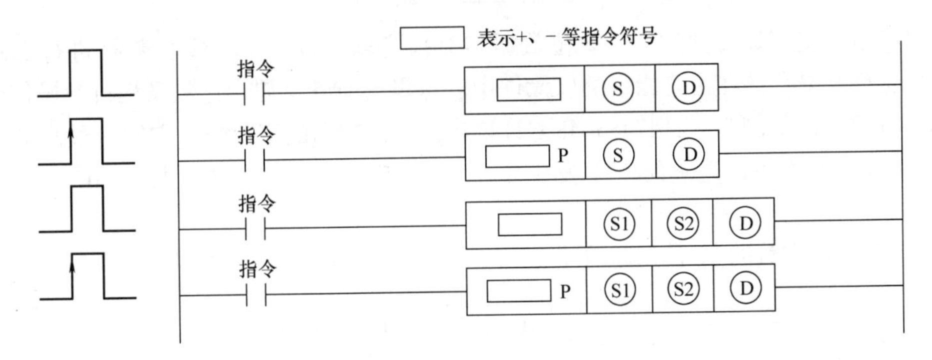

图 3-33　BIN16 位加减法指令的应用格式

例 11　BIN16 位加法指令应用举例如图 3-34 所示。当 X0 变为 ON 时，将 D3 与 D0 的内容进行加法运算，并将运算结果存储到 Y3F ~ 38 中。

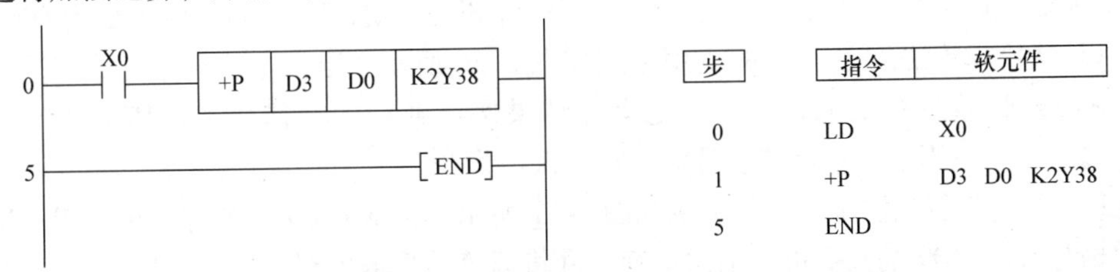

图 3-34　BIN16 位加法指令应用举例

例 12　BIN16 位减法指令应用举例如图 3-35 所示。当 X1 变为 ON 时，定时器 T2 开始工作，运行常开继电器（SM400）导通，使定时器 T2 的设置值与当前值进行相减运算，并把运算结果存储在 D3 元件中。

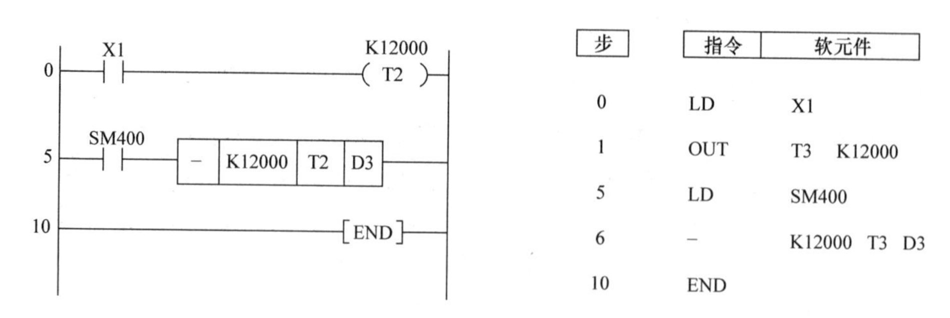

图 3-35 BIN16 位减法指令应用举例

（2）BIN32 位加减法（D+、D+P、D-、D-P）指令

可用软元件：Ⓢ、Ⓢ1、Ⓢ2为内部软元件（系统、用户）、文件寄存器、链接直接软元件、智能功能模块软元件、变址寄存器 Zn、常数（十进制常数为 K，十六进制常数为 H）。Ⓓ为内部软元件（系统、用户）、文件寄存器、链接直接软元件、智能功能模块软元件、变址寄存器 Zn。

1）只有 2 个操作数的 32 位加减法指令。

梯形图表示：

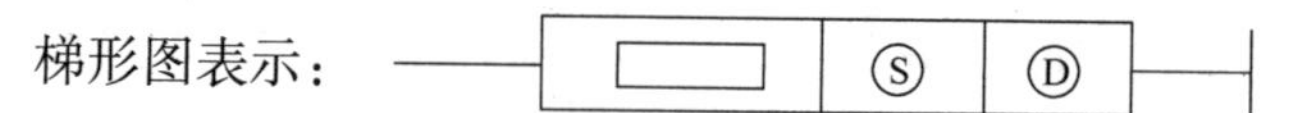

说明：由Ⓢ指定软元件的 BIN32 位数据与Ⓓ指定软元件的 BIN32 位数据进行加减法运算，并将运算结果存储在由Ⓓ指定的软元件中。这里的Ⓓ既是源操作数又是目标操作数。其中，Ⓢ、Ⓓ的取值范围为 -2147483648 ~ 2147483647，数据的正负号由它们的最高有效位来判定，0 为正、1 为负。运算结果中发生了下溢或者上溢时，进位标志（SM700）将不变为 ON。

2）有 3 个操作数的 32 位加减法指令。

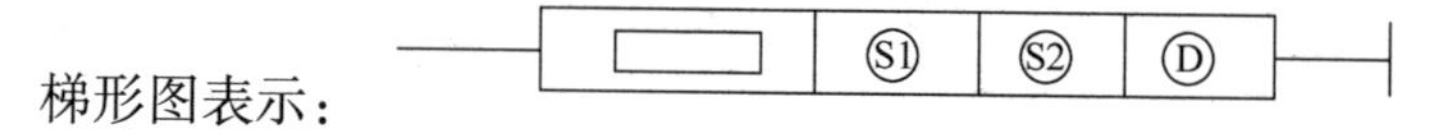

梯形图表示：

说明：由Ⓢ1指定软元件的 BIN32 位数据与Ⓢ2指定软元件的 BIN32 位数据进行加减法运算，并将运算结果存储在由Ⓓ指定的软元件中。这里的Ⓓ只作为目标数据。其中，Ⓢ1、Ⓢ2、Ⓓ的取值范围为 -2147483648 ~ 2147483647，数据的正负号由它们的最高有效位来判定，0 为正、1 为负。运算结果中发生了下溢或者上溢时，进位标志（SM700）将不变为 ON。

例 13 BIN32 位加减法指令的应用格式如图 3-36 所示。当指令执行条件为 ON 时，根据指令对源操作数进行加减运算，并把运算结果保存到目标操作数中。其中，带有字符“□P”的指令，仅当输入条件的上升沿执行一次该指令。

例 14 BIN32 位加法指令应用举例如图 3-37 所示。当 X0 变为 ON 时，将 X2B ~ X10 的 28 位数据与 D10、D9 的数据进行加法运算，并将运算结果输出到 Y4B ~ Y30 中。

（3）BIN16 位乘除法（*、*P、/、/P）指令

可用软元件：Ⓢ1、Ⓢ2为内部软元件（系统、用户）、文件寄存器、链接直接软元件、智能功能模块软元件、变址寄存器 Zn、常数（十进制常数为 K，十六进制常数为 H）。Ⓓ为内部软元件（系统、用户）、文件寄存器、链接直接软元件、智能功能模块软元件、变址寄存

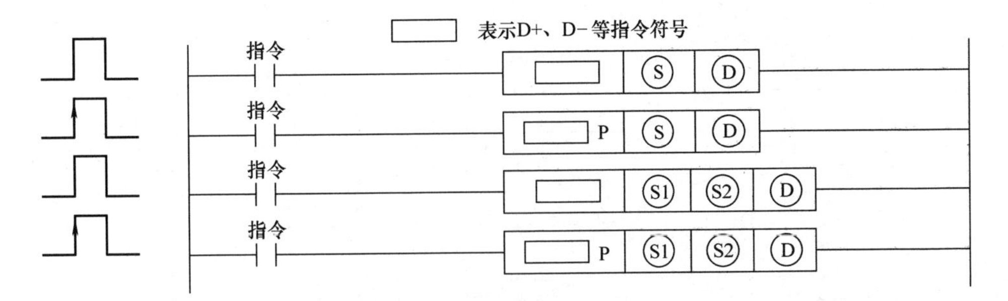

图 3-36　BIN32 位加减法指令的应用格式

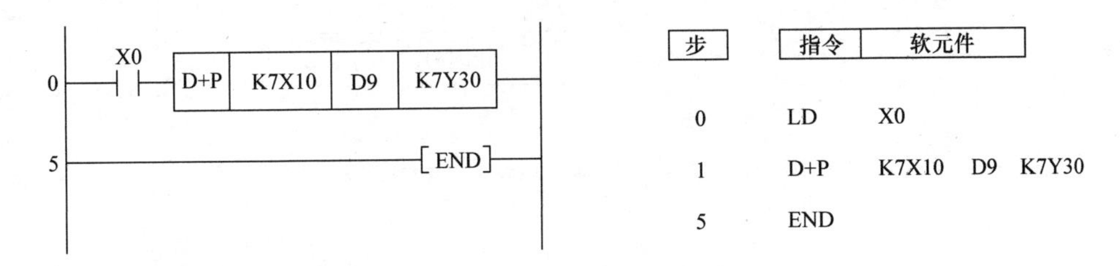

图 3-37　BIN32 位加法指令应用举例

器 Zn。

梯形图表示：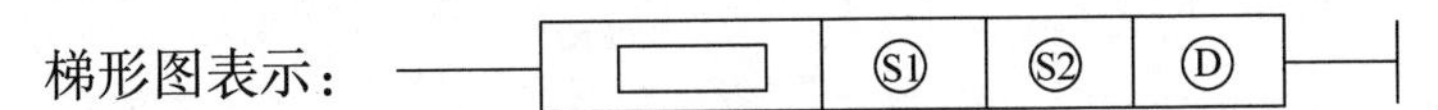

说明：由Ⓢ1指定软元件的 BIN16 位数据与Ⓢ2指定软元件的 BIN16 位数据进行乘除法运算，并将 BIN32 位运算结果存储在由Ⓓ指定的软元件起始编号中。

1）BIN16 位乘法运算指令的具体运算过程，如图 3-38 所示。其中Ⓢ1、Ⓢ2的取值范围为 -32768 ~ 32767；当Ⓓ为位软元件时，则从低位开始指定，例如：K1…低 4 位（b0 ~ b3）；K4…低 16 位（b0 ~ b15）；源操作数和乘法运算结果的正负判定是在最高位（为 b15 或者 b31）中进行的，最高位置 0 为正、置 1 为负，参见图 3-38。

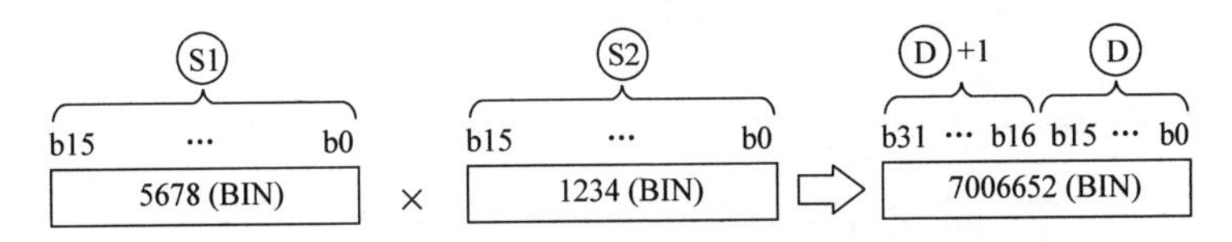

图 3-38　BIN16 位乘法运算指令的具体运算过程

2）BIN16 位除法运算指令的具体运算过程，如图 3-39 所示。在字软元件的情况下，将除法运算结果的商和余数以 32 位进行存储，商存储在低 16 位中，余数存储在高 16 位中（只有在字软元件的情况下才可以存储）。在位软元件的情况下，则以 16 位格式仅存储商。Ⓢ1、Ⓢ2、Ⓓ、Ⓓ+1 的数据正负判定是在最高位（b15）中进行的（商及余数均附加符号位），置 0 为正，置 1 为负。

例 15　BIN16 位乘除法指令的应用格式如图 3-40 所示。

例 16　两个 16 位常数相乘运算应用举例如图 3-41 所示。当 X0 变为 ON 时，将“5678”与“1234”进行乘法运算，运算结果存储到 D4、D3 中。

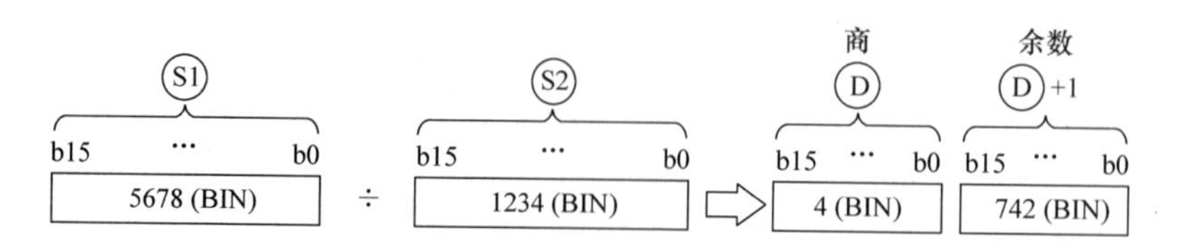

图 3-39　BIN16 位除法运算指令的具体运算过程

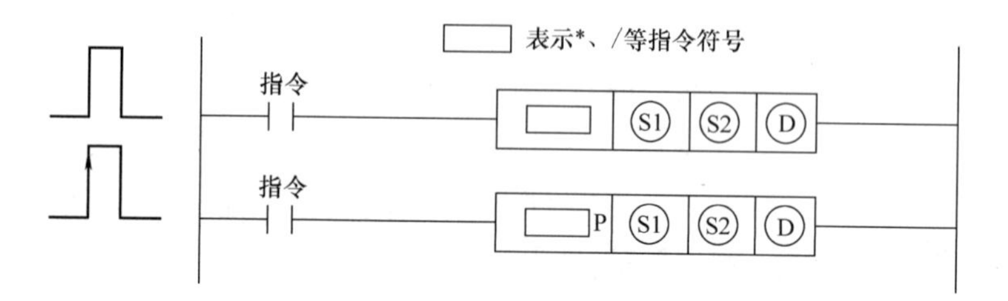

图 3-40　BIN16 位乘除法指令的应用格式

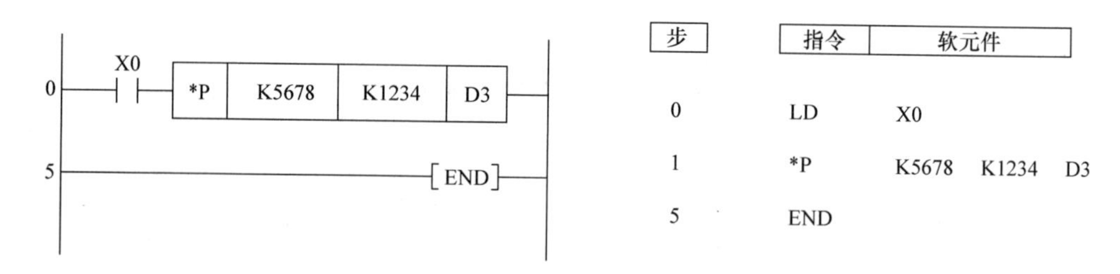

图 3-41　两个 16 位常数相乘运算应用举例

例 17　8 位数和 12 位数相乘运算应用举例如图 3-42 所示。在 PLC 首次上电时，初始化脉冲（第一个扫描周期）SM402 为 ON，将 XF ~ X8 的 BIN 数据与 X1B ~ X10 的 BIN 数据进行乘法运算，运算结果输出到 Y3F ~ Y30 中。

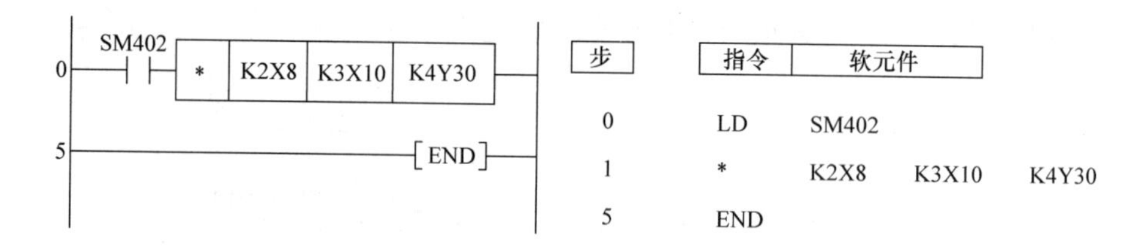

图 3-42　8 位数和 12 位数相乘运算应用举例

（4）BIN32 位乘除法（D＊、D＊P、D/、D/P）指令

可用软元件：Ⓢ1、Ⓢ2为内部软元件（系统、用户）、文件寄存器、链接直接软元件、智能功能模块软元件、变址寄存器 Zn、常数（十进制常数为 K，十六进制常数为 H）。Ⓓ为内部软元件（系统、用户）、文件寄存器、链接直接软元件、智能功能模块软元件、变址寄存器 Zn。

梯形图表示：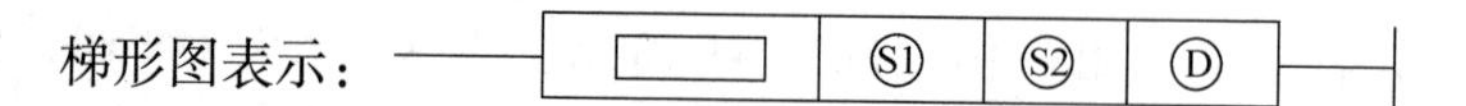

说明：由Ⓢ1指定软元件的 BIN32 位数据与Ⓢ2指定软元件的 BIN32 位数据进行乘除法运算，并将运算结果存储在由Ⓓ指定的软元件起始编号中。

1）BIN32 位数据乘法指令的运算过程，如图 3-43 所示。其运算结果为 64 位数据。但应注意，当Ⓓ为位软元件（如 Y5F ~ Y20）时，则乘法结果的低 32 位可以在指令中指定存储元件（如 K8Y20），但在指令中不能对高 32 位进行指定（如 Y5F ~ Y40）。为此，如果在位软元件中需要使用乘法运算结果的高 32 位数据，则应将乘法结果保存在字软元件（Ⓓ + 2）、（Ⓓ + 3）的数据传送到指定的位软元件（高 32 位 Y5F ~ Y40）中。

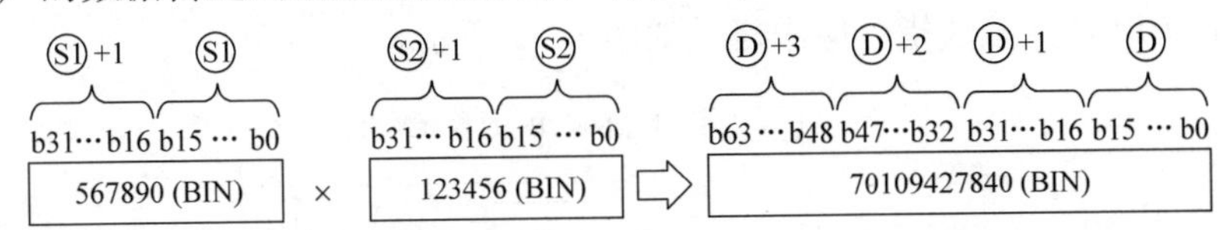

图 3-43　BIN32 位数据乘法指令的运算过程

2）BIN32 位数据除法指令的运算过程，如图 3-44 所示。在字软元件的情况下，则将除法运算结果的商和余数以 64 位进行存储，其中，商存储在低 32 位（Ⓓ + 1、Ⓓ）中，余数存储在高 32 位（Ⓓ + 3、Ⓓ + 2）中。在位软元件的情况下，则以 32 位格式仅存储商（保存在Ⓓ + 1、Ⓓ中）。

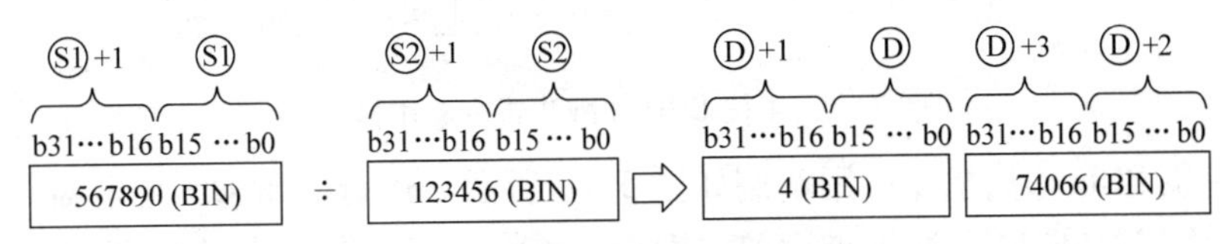

图 3-44　BIN32 位除法指令的运算过程

例 18　BIN32 位乘法指令应用举例如图 3-45 所示。当 X0 变为 ON 时，将 D8、D7 的 BIN 数据与 D19、D18 的 BIN 数据相乘，运算结果存储到 D4 ~ D1 中。

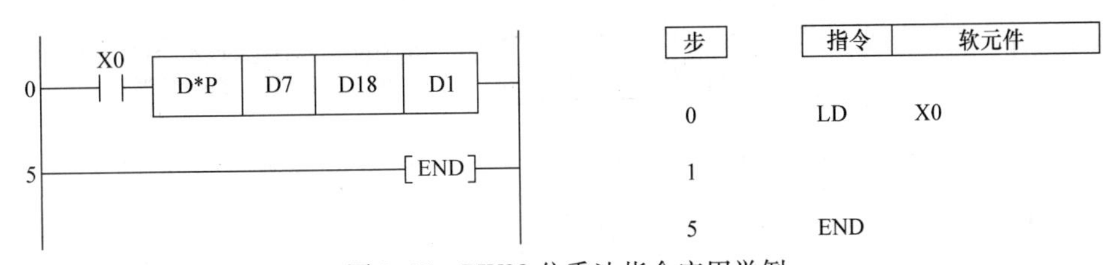

图 3-45　BIN32 位乘法指令应用举例

（5）BCD 4 位加减法（B +、B + P、B -、B - P）指令

可用软元件：Ⓢ、Ⓢ1、Ⓢ2为内部软元件（系统、用户）、文件寄存器、链接直接软元件、智能功能模块软元件、变址寄存器 Zn、常数（十进制常数为 K，十六进制常数为 H）。Ⓓ为内部软元件（系统、用户）、文件寄存器、链接直接软元件、智能功能模块软元件、变址寄存器 Zn。

1）只有 2 个操作数的 4 位 BCD 加减法指令。

梯形图表示：—[□ | Ⓢ | Ⓓ]—

说明：由Ⓢ指定软元件的 4 位 BCD 数据与Ⓓ指定软元件的 4 位 BCD 数据进行加减法运算，并将运算结果存储在由Ⓓ指定的软元件中。其中Ⓢ、Ⓓ的取值范围为 0 ~ 9999；加法运算结果超过了 9999 时，进位将被视为无效（进位标志 SM700 不变为 ON）。

2）有 3 个操作数的 4 位 BCD 加减法指令。

梯形图表示：—[□ | Ⓢ1 | Ⓢ2 | Ⓓ]—

说明：由Ⓢ1指定软元件的 4 位 BCD 数据与Ⓢ2指定软元件的 4 位 BCD 数据进行加减法运算，并将运算结果存储在由Ⓓ指定的软元件中。其中Ⓢ1、Ⓢ2和Ⓓ的取值范围为 0 ~ 9999；加法运算结果超过了 9999 时，进位将被视为无效（即进位标志 SM700 将不变为 ON）。

例 19　4 位 BCD 加减法指令应用格式如图 3-46 所示。

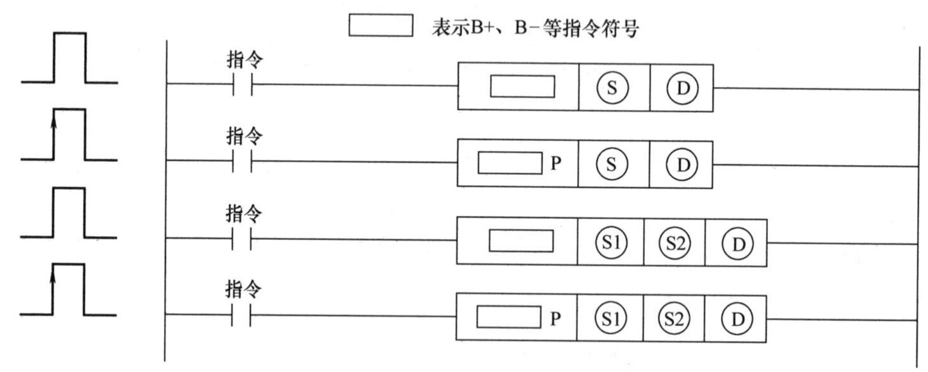

图 3-46　4 位 BCD 加减法指令应用格式

例 20　4 位 BCD 加法指令应用举例如图 3-47 所示。运行时常 ON 继电器（SM400）导通，将 5678 及 1234 的 BCD 数据进行加法运算，再将运算结果存储到 D993 中，并且输出到 Y3F ~ Y30 中。

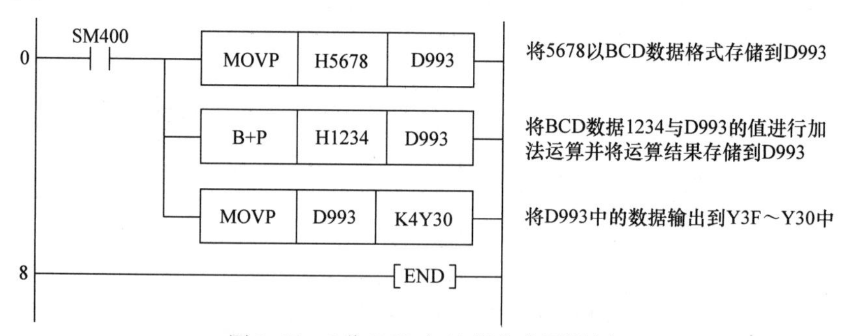

图 3-47　4 位 BCD 加法指令应用举例

例 21　4 位 BCD 减法指令应用举例如图 3-48 所示。当 X0 变为 ON 时，将 D20 的 BCD 数据与 D30 的 BCD 数据进行减法运算，并将运算结果输出到 R10。

X0
0 —| |—[B−P | D20 | D30 | R10]
5 —[END]

步	指令	软元件
0	LD	X0
1	B−P	D20　D30　R10
5	END	

图 3-48　4 位 BCD 减法指令应用举例

(6) 16 位 BIN 数据的递增和递减运算（INC、INCP、DEC、DECP）指令

可用软元件：内部软元件（系统、用户）、文件寄存器、链接直接软元件、智能功能模块软元件、变址寄存器 Zn。

1) 16 位 BIN 数据加 1 指令。

梯形图表示：—| INC/INCP | Ⓓ |—

说明：INC 或 INCP 的作用是将由Ⓓ指定的软元件（16 位 BIN 数据）加 1。当Ⓓ指定软元件的值为 32767 时，如果执行了 INC 或 INCP 指令，将在Ⓓ中指定的软元件中存储 -32768。

例 22 INCP 指令应用举例如图 3-49 所示。当 X1 变为 ON 时，将 0 传送到 D8 中；当 M0 为 OFF，X2 由 OFF 变为 ON 时，执行 D8 数据加 1；通过 X2 或 M0 的状态多次变化后，对 D8 数据进行多次加 1 运算，当 D8 的值为 100 时，将 Y0 置为 ON。

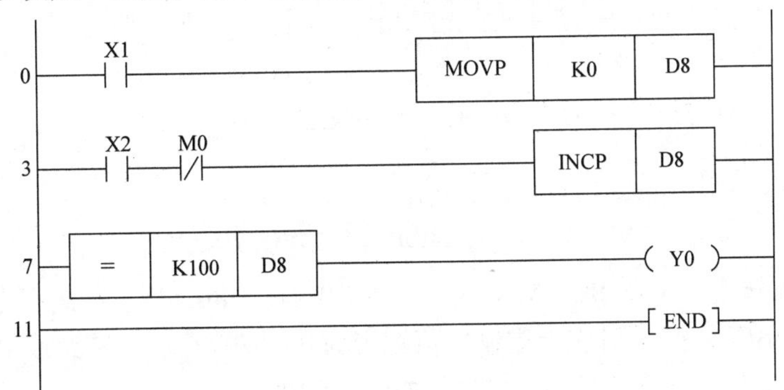

图 3-49　INCP 指令应用举例

2) 16 位 BIN 数据减 1 指令。

梯形图表示：—| DEC/DECP | Ⓓ |—

说明：DEC 或 DECP 的作用是将由Ⓓ指定的软元件（16 位 BIN 数据）减 1。当Ⓓ指定软元件的值为 -32768 时，如果执行了 DEC 或 DECP 指令，将在Ⓓ中指定的软元件中存储 32767。

例 23 DECP 指令应用举例如图 3-50 所示。当 X1 变为 ON 时，将 100 传送到 D8 中；当 M0 为 OFF，X2 由 OFF 变为 ON 时，执行 D8 减 1；当 D8 的值为 0 时，将 Y0 置为 ON。

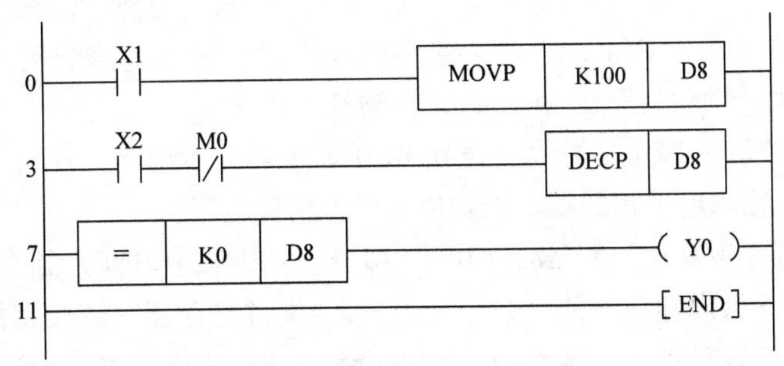

图 3-50　DECP 指令应用举例

3. 数据转换指令

（1）BIN 数据转换为 4 位和 8 位 BCD 数据的（BCD、BCDP、DBCD、DBCDP）指令

可用软元件：Ⓢ为内部软元件（系统、用户）、文件寄存器、链接直接软元件、智能功能模块软元件、变址寄存器 Zn、常数（十进制常数为 K，十六进制常数为 H）。Ⓓ为内部软元件（系统、用户）、文件寄存器、链接直接软元件、智能功能模块软元件、变址寄存器 Zn。

梯形图表示：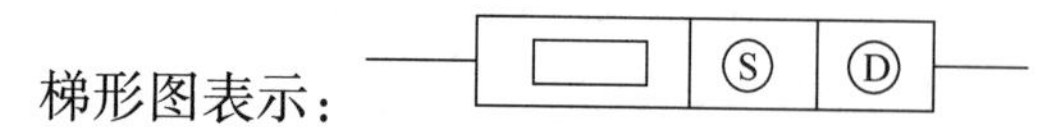

1）BIN 数据转换为 4 位 BCD 数据的指令（BCD、BCDP）。这组指令是用来将Ⓓ指定的软元件中的 BIN 数据（对应十进制取值范围为 0 ~ 9999）转换成 BCD 数据，并将它存储在Ⓓ指定的软元件中，具体工作过程如图 3-51 所示。

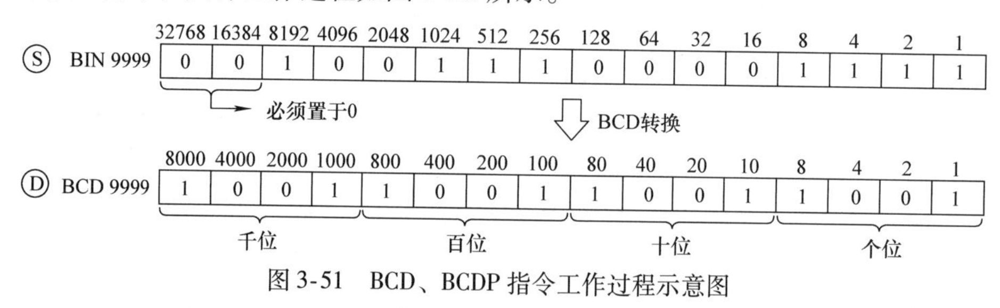

图 3-51　BCD、BCDP 指令工作过程示意图

2）BIN 数据转换为 8 位 BCD 数据的指令（DBCD、DBCDP）。这组指令是用来将Ⓢ指定的软元件中的 BIN 数据（对应十进制取值范围为 0 ~ 99999999）转换成 BCD 数据，并将它存储在Ⓢ指定的软元件中，具体工作过程如图 3-52 所示。

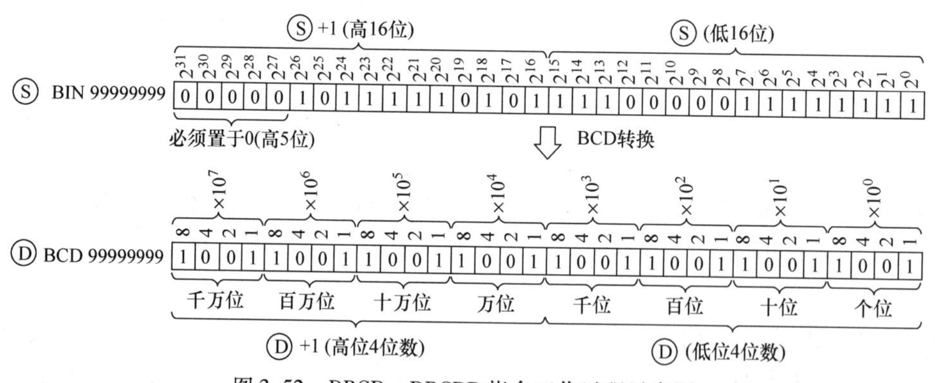

图 3-52　DBCD、DBCDP 指令工作过程示意图

例 24　图 3-53 给出了 BCDP 指令应用及 BCD 码输出显示电路的例子。当 X0 变为 ON 时，将计数器 C4 的当前值转化为 BCD 码并存储到 Y2F ~ Y20 中；通过 PLC 和 BCD 码显示器的电路连接，将 Y2F ~ Y20 中的数据送到 BCD 显示器显示出来。注意，PLC 输出电平应与 BCD 码显示器的输入电平相匹配，否则应加电平转换电路。

（2）BCD 数据转换为 BIN 数据的（BIN、BINP、DBIN、DBINP）指令

可用软元件：Ⓢ为内部软元件（系统、用户）、文件寄存器、链接直接软元件、智能功能模块软元件、变址寄存器 Zn、常数（十进制常数为 K，十六进制常数为 H）。Ⓓ为内部软元件（系统、用户）、文件寄存器、链接直接软元件、智能功能模块软元件、变址寄存

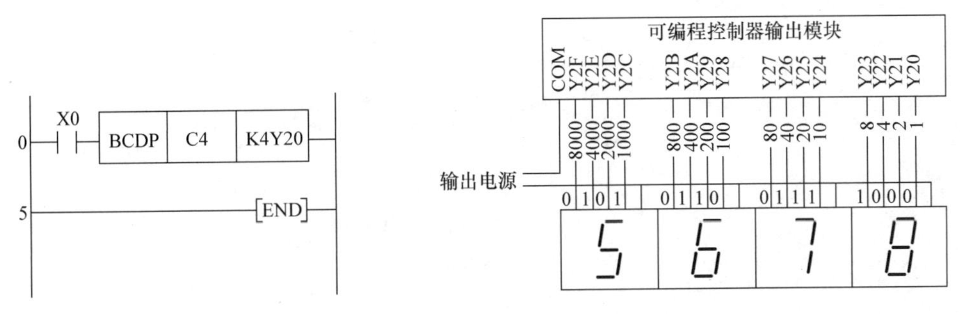

图 3-53　BCDP 指令应用及 BCD 码输出显示电路的例子

器 Zn。

梯形图表示：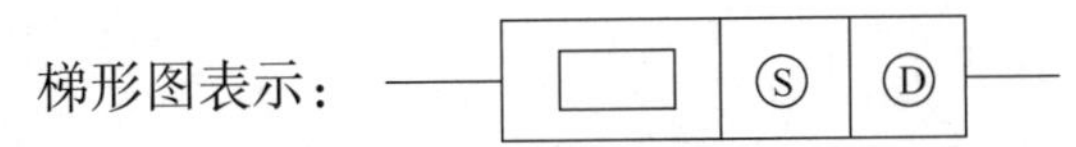

1）4 位 BCD 数据转换为 BIN 数据的指令（BIN、BINP）。这组指令是用来将Ⓢ指定的软元件中的 BCD 数据（0～9999）转换成 BIN 数据，并将它存储在Ⓓ指定的软元件中，具体工作过程如图 3-54 所示。

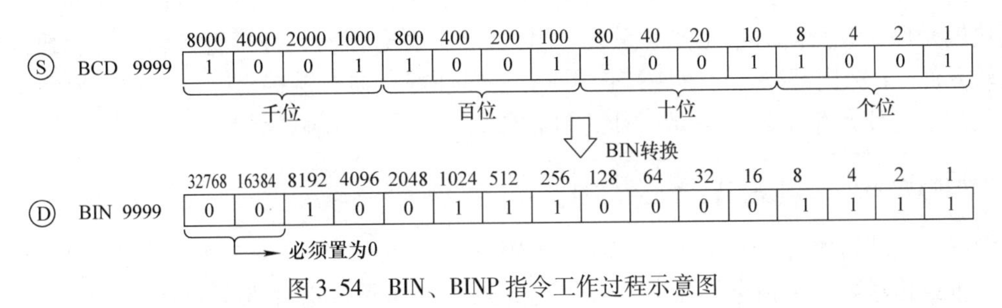

图 3-54　BIN、BINP 指令工作过程示意图

2）8 位 BCD 数据转换为 BIN 数据的指令（DBIN、DBINP）。这组指令是用来将Ⓢ指定的软元件中的 BCD 数据（0～99999999）转换成 BIN 数据，并将它存储在Ⓓ指定的软元件中。

4. 数据传送指令

（1）16 位和 32 位数据传送（MOV、MOVP、DMOV、DMOVP）指令

可用软元件：Ⓢ为内部软元件（系统、用户）、文件寄存器、链接直接软元件、智能功能模块软元件、变址寄存器 Zn、常数（十进制常数为 K，十六进制常数为 H）。Ⓓ为内部软元件（系统、用户）、文件寄存器、链接直接软元件、智能功能模块软元件、变址寄存器 Zn。

梯形图表示：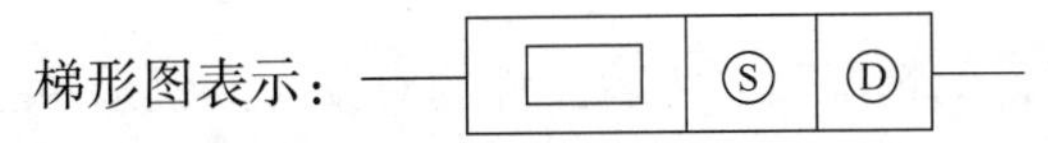

说明：MOV、MOVP 指令将Ⓢ指定软元件的 16 位数据传送到Ⓓ指定的软元件中；DMOV、DMOVP 指令将Ⓢ指定软元件的 32 位数据传送到Ⓓ中指定的软元件中。

例 25　MOVP 指令应用举例如图 3-55 所示。当 X0 变成 ON 时，XB～X0 的数据存储到 D2 中。

例 26　DMOVP 指令应用举例如图 3-56 所示。当 X0 为 ON 时，将 D1、D0 的数据存储

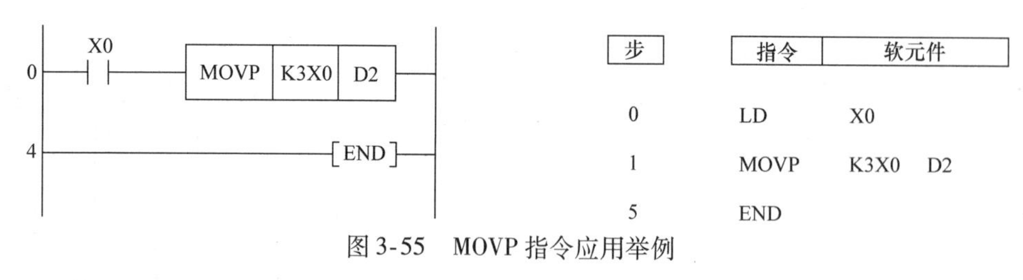

图 3-55　MOVP 指令应用举例

到 D3、D2 中。

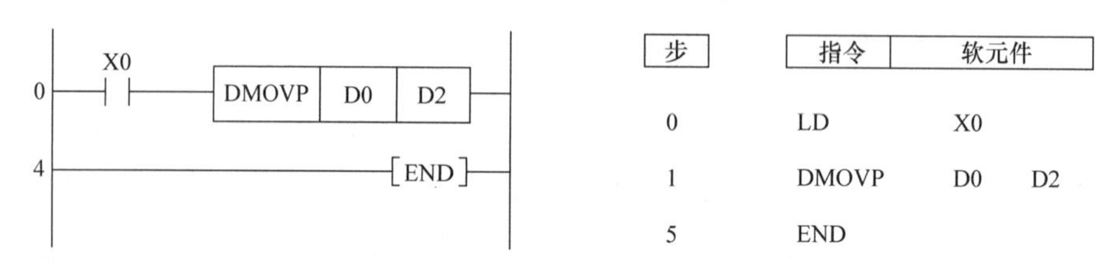

图 3-56　DMOVP 指令应用举例

（2）16 位块传送（BMOV、BMOVP）指令

可用软元件：Ⓢ为内部软元件（系统、用户）、文件寄存器、链接直接软元件、智能功能模块软元件。Ⓓ为内部软元件（系统、用户）、文件寄存器、链接直接软元件、智能功能模块软元件。n 为内部软元件（系统、用户）、文件寄存器、链接直接软元件、智能功能模块软元件、变址寄存器 Zn、常数（十进制常数为 K，十六进制常数为 H）。

梯形图表示：—[□ | Ⓢ | Ⓓ | n]—

说明：当执行条件为 ON 时，BMOV、BMOVP 指令将Ⓢ中指定的软元件开始的 n 点 16 位数据批量传送到Ⓓ中指定的软元件开始的 n 点中。如果传送源Ⓢ与传送目标Ⓓ的软元件重复时，也可进行传送。BMOV、BMOVP 指令的执行过程如图 3-57 所示。

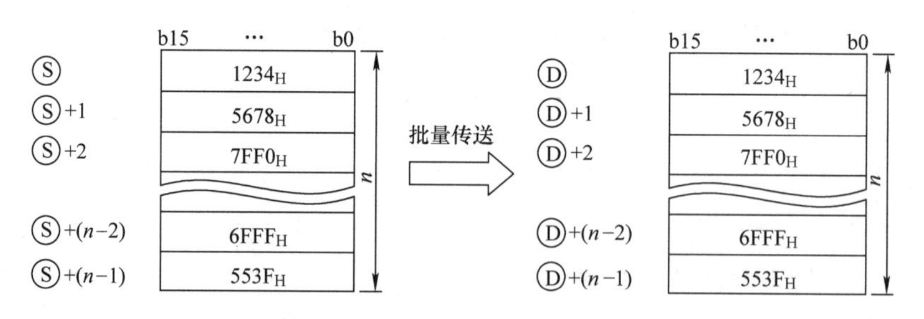

图 3-57　BMOV、BMOVP 指令的工作过程示意图

注意：如果Ⓢ为字软元件而Ⓓ为位软元件的情况下，字软元件的对象为位软元件的位数指定中指定的位数。例如，Ⓓ中指定了 K1Y30 时，则Ⓢ中指定的字软元件的低 4 位将成为传送对象。如果Ⓢ和Ⓓ均指定了位软元件，则Ⓢ和Ⓓ必须设置相同的位数。

例 27　BMOVP 指令应用举例如图 3-58 所示。当 X0 变为 ON 时，将 D66 ~ D69 中的低 4 位数据，以 4 点为单位分别输出到 Y30 ~ Y3F 中。数据传输前和传输后的结果如图 3-59 所示。

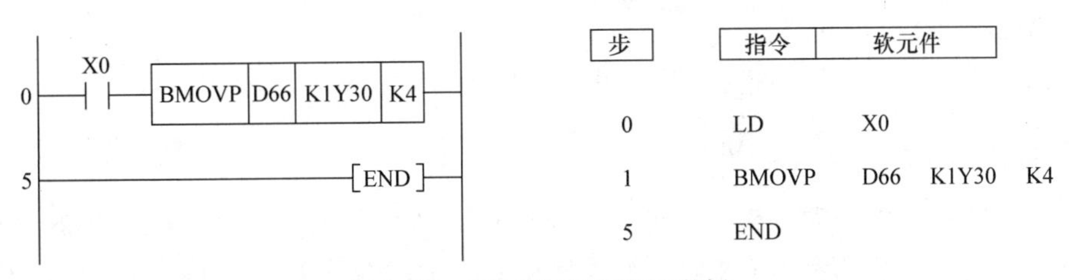

图 3-58　BMOVP 指令应用举例

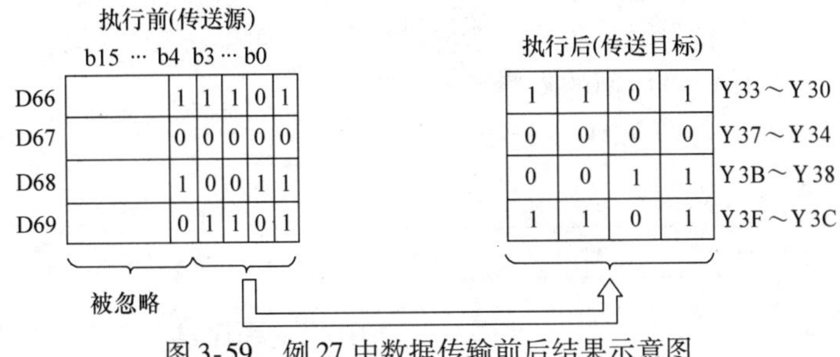

图 3-59　例 27 中数据传输前后结果示意图

5. 程序分支（跳转）指令

（1）条件跳转（CJ）指令

可用软元件：跳转目标的指针编号 P0 ~ P299。

梯形图表示：

CJ	P**

说明：当执行条件为 ON 时，执行同一程序文件（如主程序）内指定的指针号（P0 ~ P299）的程序；当执行条件为 OFF 时，执行下一步的程序。

例 28　CJ 指令应用例子如图 3-60 所示。当 X0 为 ON 时，跳转至指针号 P3 的程序执行，此时如果 X1 的状态发生改变，Y0 的值不会发生变化，而如果 X2 为 ON，则 Y1 变为 ON。当 X0 为 OFF 时，执行第 2 行、第 3 行程序。

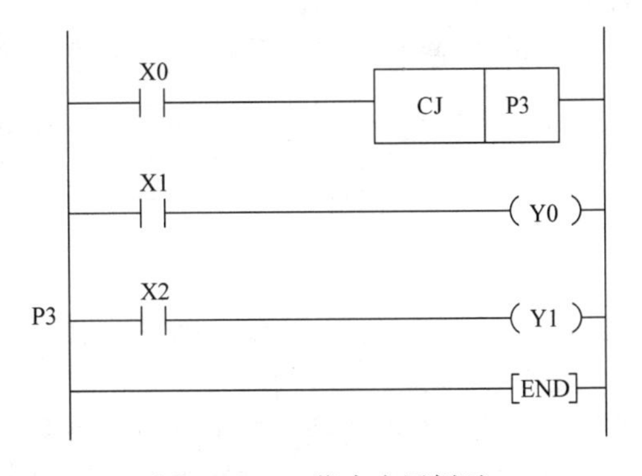

图 3-60　CJ 指令应用例子

例 29　用 CJ 指令可以跳转到当前正在执行步之前的某一步，进行某段程序的循环运行，但要考虑跳出该段循环程序的条件，以防止看门狗定时器超时，如图 3-61 所示。

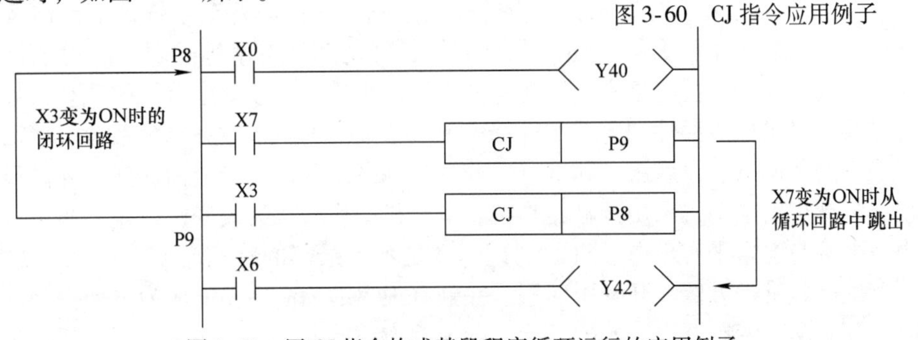

图 3-61　用 CJ 指令构成某段程序循环运行的应用例子

（2）无条件跳转（JMP）指令

可用软元件：跳转目标的指针编号 P0 ~ P299。

梯形图表示：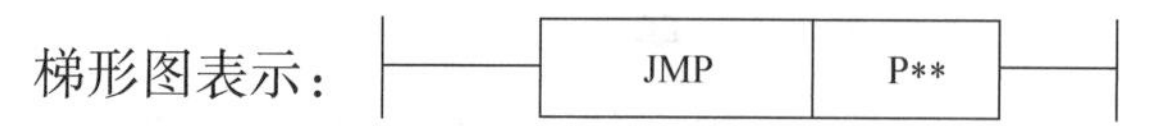

说明：无条件地执行同一程序文件（如主程序）内指定的指针号（P0 ~ P299）的程序。

注意：在定时器线圈变为 ON 后，如果使用 CJ、JMP 指令对处于 ON 状态的定时器进行跳转，则无法进行正常计测。已通过 CJ、JMP 实现跳转的软元件不发生变化。跳转指令只能指定同一程序文件内的指针号。在跳转运行过程中，如果跳转到跳转范围内的某个指针号，则将执行跳转目标指针号后面的程序。

（3）条件跳转至结束（GOEND）指令

可用软元件：无。

梯形图表示：GOEND

说明：在执行条件为 ON 时，跳转至同一程序中的主程序结束（FEND 指令）或者全部程序结束（END 指令）处的指令。

注意，在以下情况下将变为出错状态，出错标志（SM0）将 ON，出错代码将被存储到 SD0 中。

1）在执行 FOR 指令后执行 NEXT 指令前执行了 GOEND 指令时，出错代码为 4200。

2）在执行 CALL/ECALL 指令后执行 RET 指令前执行了 GOEND 指令时，出错代码为 4211。

3）在中断程序执行过程中，在执行 IRET 指令前执行了 GOEND 指令时，出错代码为 4221。

例 30 当 D0 的值为负数时，跳转至 END 结束运行的程序，如图 3-62 所示。

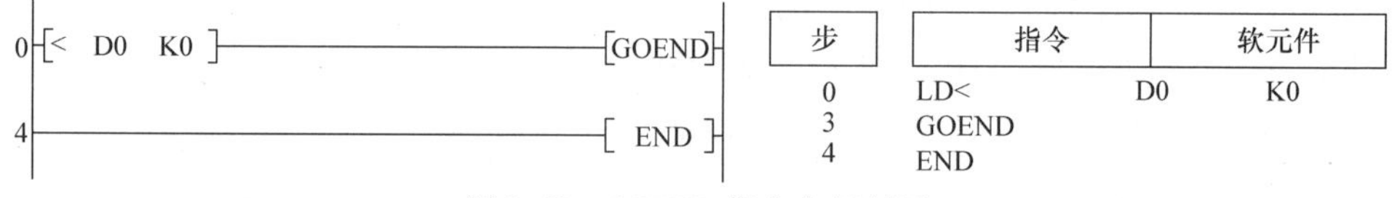

图 3-62 GOEND 指令应用例子

3.3.2 三层电梯变频 PLC 控制系统设计

电梯是高层宾馆、商店、住宅、多层厂房和仓库等高层建筑不可缺少的垂直方向的交通工具。随着社会的发展，建筑物规模越来越大，楼层越来越多，对电梯的调速精度、调速范围等静态和动态特性提出了更高的要求。电梯是集机电一体的复杂系统，不仅涉及机械传动、电气控制和土建等工程领域，还涉及可靠性、舒适感和美学等问题。而对现代电梯而言，还应具有高度的安全性。事实上，在电梯上已经采用了多项安全保护措施。例如，在设计电梯的时候，对机械零部件和电器元件都采取了很大的安全系数和保险系数。然而，只有电梯的制造、安装调试、售后服务和维修保养都达到高质量，才能全面保证电梯的最终高质量。传统的电梯曳引电动机采用接触器来实现电动机工作状态的改变，双速异步电动机在定子回路中串电抗与电阻来实现电动机的调速，满足不了乘客的舒适感要求。采用 PLC 控制的电梯可靠性高、维护方便、开发周期短，并具有很大的灵活性，已成为电梯控制的发展方向。同时，随着交流变频调速技术的发展，电梯的拖动方式已由原来直流调速逐渐过渡到了交流变频调速，不仅能满足乘客的舒适感和保证平层的精度，还可以降低能耗，节约能源，减小运行费用。因此，以 PLC 控制技术进行变频调速已成为现代电梯行业的一个热点。

工作任务完成指引

1）根据三层电梯的变频控制要求，设计电气控制电路。

2）完成 PLC、变频器综合控制的有关参数的确定和设置工作。

3）完成三层电梯 PLC 控制程序设计及调试工作。

1. 电梯的发展

电梯是一种以电动机为动力的垂直升降机，装有箱状吊舱，用于多层建筑乘人或载运货物，服务于规定楼层的固定式升降设备。电梯一般具有一个轿厢，运行在至少两列垂直的或倾斜角小于15°的刚性导轨之间，轿厢尺寸与结构形式便于乘客出入或装卸货物。电梯无严格的速度分类，我国习惯上将电梯分为低速电梯（1m/s 以下）、中速电梯（1～2m/s）、高速电梯（2～5m/s）和超高速电梯（5m/s 以上）4 种。19 世纪中期开始使用液压电梯，它可以使十层以下的旧楼加设电梯而无需在楼顶增建悬挂轿厢用的机房，至今仍在低层建筑物上应用。1852 年，美国 E. G. 奥的斯研制出钢丝绳提升的安全升降机；1889 年，美国推出了世界上第一台以直流电动机为动力的电梯，从而彻底改变了人类使用升降工具的历史；19 世纪末，采用了摩擦轮传动，大大增加了电梯的提升高度。20 世纪 80 年代，驱动装置又进一步改进，如电动机通过蜗杆传动带动缠绕卷筒、采用平衡配重等。1983 年第一台变压变频电梯诞生，性能完全达到了直流电梯的水平，且具有体积小、重量轻、效率高、节能等优点，是现代化电梯理想的电力驱动系统。1989 年诞生了第一台交流直线电动机变频驱动电梯，它取消了电梯的机房，对电梯的传统技术做了重大的革新，使电梯技术进入了一个崭新的时期。如 2010 年 1 月 4 日竣工，为当前世界第一高楼的迪拜哈利法塔（又称迪拜大厦）有 162 层，总高 828 米的摩天大楼，使用德国沃克斯电梯，速度可达 17.4m/s。近年来，随着双轿厢技术、变速技术、储能技术、双 PWM 变换技术、目的选层群控技术等在电梯中的应用，电梯性能达到了一个新的高度；未来电梯技术将朝着更加环保、节能、高效及节省建筑面积等方向发展，同时更加注重电梯系统运行的安全性。

我国兴旺的电梯市场吸引了全世界所有的知名电梯公司，如美国奥的斯、瑞士迅达、芬兰通力、德国蒂森、日本三菱、日立、东芝、富士达等 13 家大型外商投资公司在国内市场份额达到了 74%。国内电梯品牌主要有上海三菱、天津 OTIS、中国迅达、苏州迅达、广州日立、西子 OTIS 等一批企业可与国际上最先进的电梯公司相媲美；民族品牌如苏州江南、常州飞达、上海华立、浙江巨人、天津利通、山东百斯特等在市场上也很活跃，并有一定量的出口。对现代化电梯性能的衡量，主要着重于可靠性、安全性和乘坐的舒适性。此外，对经济性、能耗、噪声等级和电磁干扰程度等方面也有相应要求。随着时代的发展，设计电梯时对人在与外界隔离封闭的电梯轿厢内产生的心理上的压抑感和恐惧感也有所考虑。因此，提倡对电梯进行豪华性装修，比如：轿厢内用镜面不锈钢装潢、在观光电梯井道设置宇宙空间或深海景象；在轿厢壁和顶棚装饰某些图案甚至是有变化的图案，并且在色彩调配上要令人赏心悦目；在轿厢内播放优美的音乐、电视节目、天气预报、新闻等，用以减少乘坐人员的烦躁。

2. 电梯的主要部件及作用

电梯主要由曳引系统、门系统、层楼指示灯、呼梯盒、操纵箱、平层及开门装置、电梯控制柜、轿箱、重量平衡系统、导向系统、安全保护系统等组成，如图 3-63 所示。

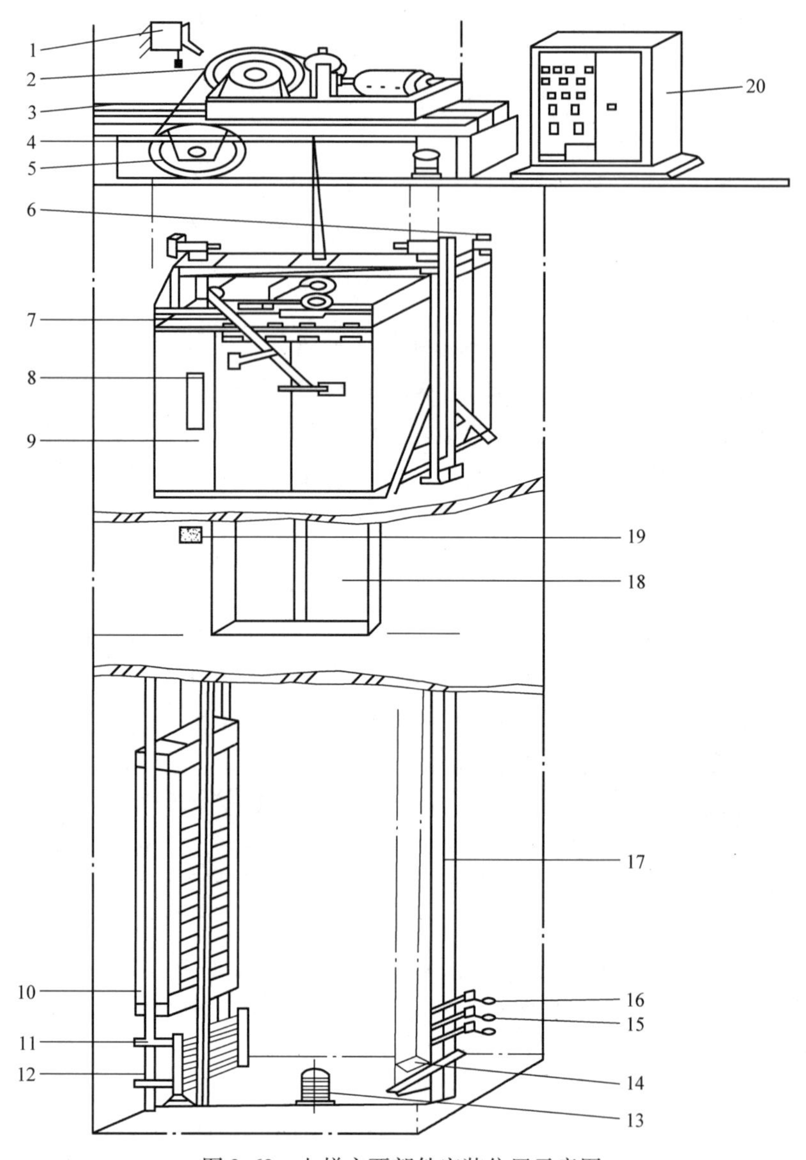

图 3-63　电梯主要部件安装位置示意图

1—极限开关　2—曳引机　3—承重架　4—限速器　5—导向轮　6—平层感应器　7—开门电机　8—操纵箱　9—轿厢　10—对重　11—防护栅栏　12—对重导轨　13—缓冲器　14—限速器装置　15—基站厅外开关　16—限位开关　17—轿厢导轨　18—厅门　19—呼梯盒　20—控制柜

1）曳引系统：主要功能是输出与传递动力，使电梯运行。曳引系统主要由曳引机、曳引钢丝绳、导向轮、反绳轮组成。其中，曳引机主要由驱动电动机、电磁制动器（电磁抱闸）、减速器牵引轮等组成。曳引机的作用有三个：一是调速，二是驱动曳引钢丝绳，三是电梯停车时实施制动。驱动电动机的功率选择：例如有齿轮电梯，钢丝绳为半绕式 1∶1 绕法，额定载重量 $Q=1000\text{kg}$，额定速度 $V=1.0\text{m/s}$，平衡系数 $K_p=0.45$，电动机安全系数 $K_D=1.05$，电梯机械总效率 $n=0.55$，则电动机功率 $N=Q(1-K_p)VK_D/(102n)=1000\times(1-0.45)\times1\times1.05/102/0.55=10.3\text{kW}$，取整为 11kW，即该电梯所需功率为 11kW。又如，采用有齿曳引机的电梯，设定电梯平衡系数为 0.45，电梯额定载重量为 1500kg，电梯额定运行速度为 1m/s，曳引机传动总功率为 0.55，可以算出电动机的功率为 $P=(1-$

0.45)×1500/(102×0.55)=14.71kW，曳引机选型时功率应该大于14.71kW，可以选取15kW。对于普通的客运电梯，驱动电动机一般选用9.5kW、11kW或15kW的异步电动机。

2）门系统：由轿厢门、层门、开门机、门锁装置等组成，主要功能是封住层站入口和轿厢入口。电梯的门分为厅门（每层站一个）与轿门（只有一个）。只有当电梯停靠在某层站时，此层厅门才允许开启（由门机拖动轿门，轿门带动厅门完成）；只有当厅门、轿门全部关闭后才允许电梯起动运行。

3）层楼指示灯：安装在每层站厅门的上方和轿厢内轿门的上方，用以指示电梯的运行方向及电梯所处的位置。一般由数码管组成，且与呼梯盒做成一体结构。

4）呼梯盒：用以产生呼叫信号。常安装在厅门外，离地面一米左右的墙壁上。基站与底站只有一只按钮，中间层站由上呼叫与下呼叫两个按钮组成。

5）操纵箱：安装在轿厢内，供乘客对电梯发布动作命令。操纵箱上面设有与电梯层站数相同的内选层按钮。

6）平层及开门装置：由平层感应器及楼层感应器组成。上行时，上磁铁板先触发楼层感应器，发出减速停车信号；电梯开始减速，至平层信号发出时，发出停车及开门信号，使电动机停转，抱闸抱死。下行时，下磁铁板先触发楼层感应器，发出减速停车信号，电梯开始减速，至平层信号发出时，发出停车及开门信号。

7）电梯控制柜：用于控制电梯运作的装置，它把各种电子器件和电气元件安装在一个有安全防护作用的柜形结构内，一般放置在电梯机房内，无机房电梯的控制柜放置在井道内。

8）轿厢：运送乘客和货物的组件，由轿厢架和轿厢体组成。轿厢内设有轿门、门机机构、门刀机构、门锁机构、门机供电电路及轿顶照明、轿顶接线箱，轿门上方设有楼层显示，轿门右侧设有内选按钮及指示、开关门按钮、警铃、超载、满载指示。

9）重量平衡系统：主要功能是相对平衡轿厢重量，在电梯工作中能使轿厢与对重间的重量差保持在限额之内，保证电梯的曳引传动正常。对重的重量=（载重量/2+轿厢自重）×45%。

10）导向系统：主要功能是限制轿厢和对重的活动自由度，使轿厢和对重只能沿着导轨做升降运动。导向系统主要由导轨、导靴和导轨架组成。

11）安全保护系统：主要功能是保证电梯安全使用，防止一切危及人身安全的事故发生。由电梯限速器、安全钳、夹绳器、缓冲器、安全触板、层门门锁、电梯安全窗、电梯超载限制装置、限位开关装置组成。

3. 电梯PLC变频控制系统电路图设计

电梯PLC变频控制系统的硬件电路主要由三菱Q系列PLC、FR-A740变频器、调速系统等构成，用来完成对曳引电动机及开关门机的起动与加减速、安全保护等功能。FR-A740变频器只完成调速功能，其额定功率是指它适用的4极交流异步电动机的功率。由于同容量电动机，其极数不同，电动机额定电流不同。随着电动机极数的增多，电动机额定电流增大，此时变频器的容量选择不能以电动机额定功率为依据。对于笼型电动机，变频器的容量选择应以变频器的额定电流大于或等于电动机的最大正常工作电流1.1倍为原则，这样可以最大限度地节约资金。对于重载起动、高温环境、绕线转子电动机、同步电动机等条件下，变频器的容量应适当加大。而PLC负责处理各种信号的逻辑关系，从而向变频器发出起停信号，同时变频器也将自身的工作状态输送给PLC，形成双向联络关系。

电梯PLC变频控制系统的完整电路，如图3-64所示。三相交流电源380V经过断路器QF和接触器KM1控制、交流电抗器减少变频器所产生的电源谐波后，加到变频器的电源输入端；变频器的输出经接触器KM2控制后，加到曳引电动机M1；变频器的控制电源由外部独立供电，可以保持异常显示或异常输出功能。PLC经过接触器KM3和KM4输出门机控制信号，实现开关轿厢门与厅门的控制。系统还配置了与曳引电动机同轴连接的旋转编码器，完成位置信号反馈，实现位置闭环控制。此外系统还必须配置制动电阻，当电梯减速运行时，电动机处于再生发电状态，向变频器回馈电能，由制动电阻抑制直流电压升高。

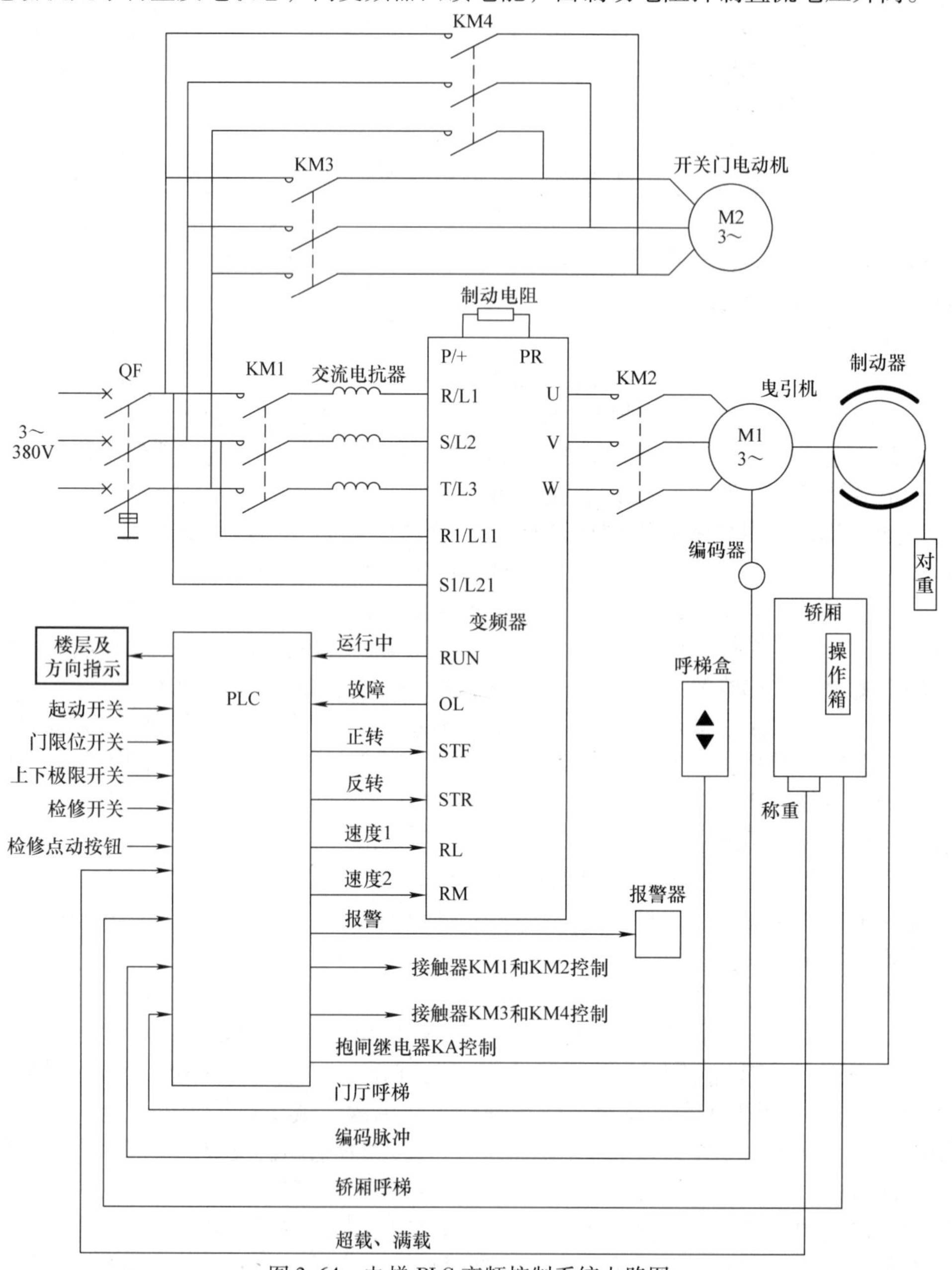

图 3-64　电梯 PLC 变频控制系统电路图

电梯制动器是一种双向推力制动器，通电时产生双向电磁推力，使制动机构与电动机旋转部分脱离，断电时电磁力消失，在外加制动弹簧压力的作用下，形成失电制动的摩擦式制动器。当电梯处于静止状态时，电磁制动器的线圈中无电流通过，这时因电磁铁心间没有吸引力、制动瓦块在制动弹簧压力作用下，将制动轮抱紧，保证电动机不旋转；当曳引电动机通电旋转的瞬间，制动电磁铁中的线圈同时通上电流，电磁铁心迅速磁化吸合，带动制动臂使其制动弹簧受作用力，制动瓦块张开，与制动轮完全脱离，电梯得以运行；当电梯轿厢到达所需停站时，曳引电动机失电、制动电磁铁中的线圈也同时失电，电磁铁心中的磁力迅速消失，铁心在制动弹簧的作用下通过制动臂复位，使制动瓦块再次将制动轮抱住，电梯停止工作。制动器是电梯重要的安全装置，它的安全、可靠是保证电梯安全运行的重要因素之一。

旋转编码器是一种光电式旋转测量装置，它将被测的角位移直接转换成数字信号（高速脉冲信号）。编码器如以信号原理来分，有增量型编码器，绝对型编码器。我们通常用的是增量型编码器，可将旋转编码器的输出脉冲信号直接输入给 PLC，利用 PLC 的高速计数器对其脉冲信号进行计数，以获得测量结果。不同型号的旋转编码器，其输出脉冲的相数也不同，有的旋转编码器输出 A、B、Z 三相脉冲，有的只有 A、B 两相脉冲，最简单的只有 A 相脉冲。编码器有 5 条引线，其中三条是脉冲输出线，1 条是 COM 端线，1 条是电源线（OC 门输出型）。编码器的电源可以是外接电源，也可直接使用 PLC 的 DC 24V 电源。电源“－”端要与编码器的 COM 端连接，电源“＋”与编码器的电源端连接。A、B、Z 三相脉冲输出线直接与 PLC 的三个输入端连接。Z 相信号在编码器旋转一圈只输出一个脉冲，通常用来做零点的依据，连接时要注意 PLC 输入的响应时间。旋转编码器还有一条屏蔽线，使用时要将屏蔽线接地，以提高抗干扰性。由于 A、B 两相相差 90°，可通过比较 A 相在前还是 B 相在前，以判别编码器的正转与反转，通过零位脉冲，可获得编码器的零位参考位。如单相（A 或 B）连接，用于单方向计数，单方向测速。A、B 两相连接，用于正反向计数、判断正反向和测速。A、B、Z 三相连接，用于带参考位修正的位置测量。

4. 电梯控制 PLC 接口电路设计

根据三层电梯变频控制要求，设计电梯控制 PLC 接口电路如图 3-65 所示。24V（AC/DC）直流电源将 AC 220V 输入电压转化为 DC 24V 电压，供给接口电路使用；PLC 采用 Q00JCPU 模块；输入模块 1（QX40 型 16 点 DC 24V 输入模块）用于接收起动开关 S1、轿门打开与关闭限位开关 SQ1 和 SQ2、轿厢上行极限开关 SQ3 和一层位置开关 SQ4、满载和超载开关信号 SP1 和 SP2、门厅呼梯盒的呼梯按钮信号 SB1 ~ SB4、轿厢内操作箱的呼梯按钮信号 SB5 ~ SB9 以及安装在机房的电梯检修开关 S2、电梯检修上行点动按钮 SB10 和下行点动按钮 SB11；输入模块 2（QX40 型 16 点 DC 24V 输入模块）用于接收旋转编码器的 A 相和 B 相脉冲信号、变频器的运行信号 RUN 和故障信号 OL；输出模块 1（QY10 型 16 点继电器输出模块）用于输出正转 STF、反转 STR、低速 RL 和高速 RM 的控制信号；输出模块 2（QY10 型 16 点继电器输出模块）用于输出楼层位置的数字（数码管）信号与报警信号；输出模块 3（QY10 型 16 点继电器输出模块）用于输出抱闸继电器 KA 的控制信号、变频器运行与输出接触器 KM1 和 KM2 的控制信号、轿门开关接触器 KM3 和 KM4 的控制信号，以及电梯运行方向指示灯 HL1 和 HL2、轿厢目标楼层指示灯 HL3 ~ HL5 和门厅按钮状态指示灯 HL6 ~ HL9。

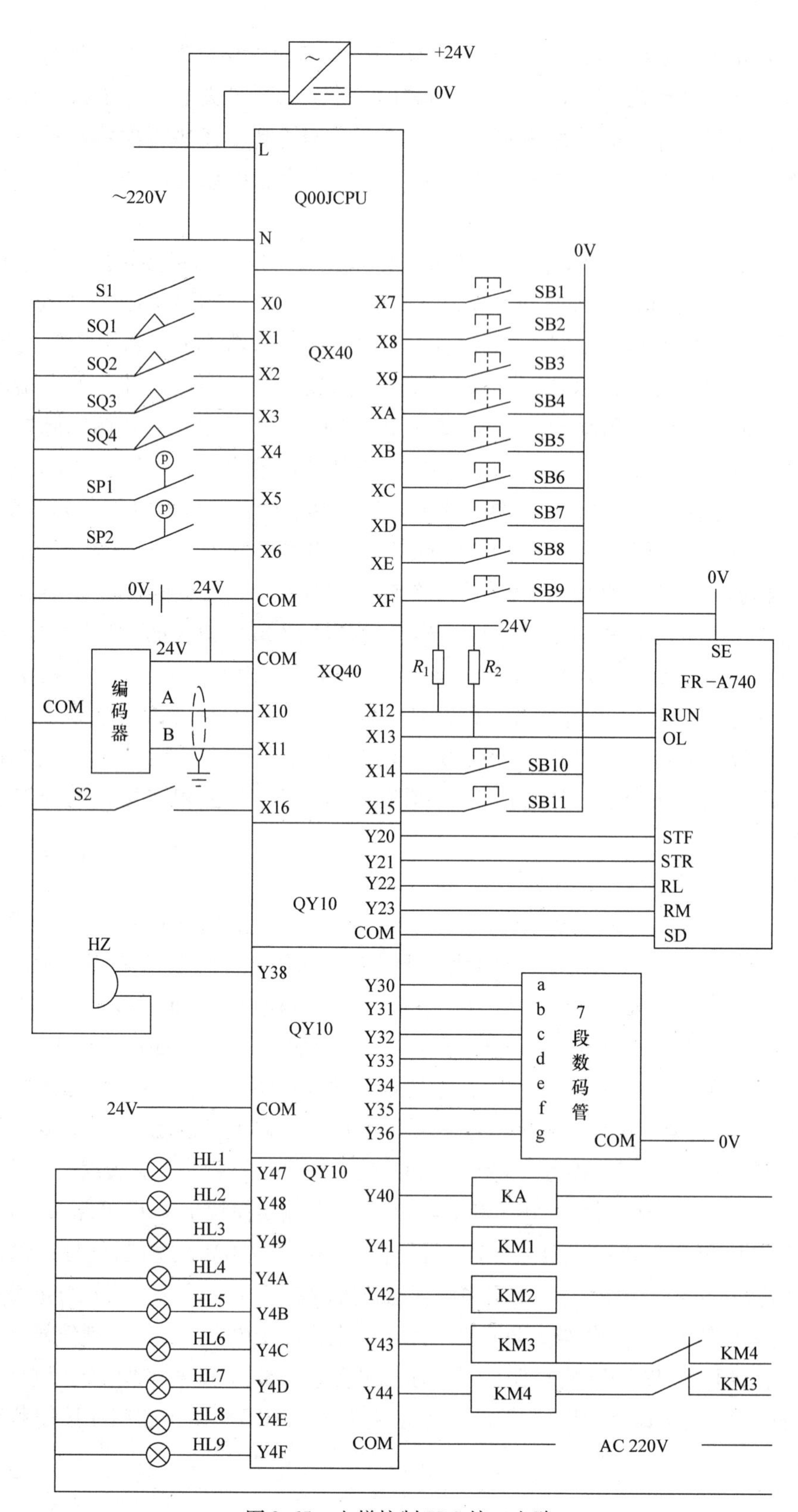

图3-65　电梯控制PLC接口电路

5. I/O 地址分配

根据三层电梯变频控制接口电路的具体要求，第 0 槽安装输入模块 1，其 I/O 地址为 X00 ~ X0F；第 1 槽安装输入模块 2，其 I/O 地址为 X10 ~ X1F；第 2 槽安装输出模块 1，其 I/O 地址为 Y20 ~ Y2F；第 3 槽安装输出模块 2，其 I/O 地址为 Y30 ~ Y3F；第 4 槽安装输出模块 3，其 I/O 地址为 Y40 ~ Y4F。三层电梯变频控制的 I/O 地址分配见表 3-14。

表 3-14　三层电梯变频控制的 I/O 地址分配

输入			输出		
输入地址	输入元件	名称或作用	输出地址	输出元件	名称或作用
X0	S1	起动开关	Y20	STF	变频器正转（电梯上行）
X1	SQ1	轿门打开限位开关	Y21	STR	变频器反转（电梯下行）
X2	SQ2	轿门关闭限位开关	Y22	RL	变频器低速
X3	SQ3	轿厢上行极限行程开关	Y23	RM	变频器高速
X4	SQ4	轿厢位于一层行程开关	Y30	a	24V 共阴数码管 a 段
X5	SP1	电梯满载（开关信号）	Y31	b	24V 共阴数码管 b 段
X6	SP2	电梯超载（开关信号）	Y32	c	24V 共阴数码管 c 段
X7	SB1	1 楼门厅上行按钮	Y33	d	24V 共阴数码管 d 段
X8	SB2	2 楼门厅上行按钮	Y34	e	24V 共阴数码管 e 段
X9	SB3	2 楼门厅下行按钮	Y35	f	24V 共阴数码管 f 段
XA	SB4	3 楼门厅下行按钮	Y36	g	24V 共阴数码管 g 段
XB	SB5	轿厢目标 1 楼按钮	Y38	HZ	报警器
XC	SB6	轿厢目标 2 楼按钮	Y40	KA	抱闸控制继电器
XD	SB7	轿厢目标 3 楼按钮	Y41	KM1	变频器运行准备接触器
XE	SB8	轿门打开按钮	Y42	KM2	变频器输出控制接触器
XF	SB9	轿门关闭按钮	Y43	KM3	轿门打开接触器
X10	A	旋转编码器 A 相脉冲	Y44	KM4	轿门关闭接触器
X11	B	旋转编码器 B 相脉冲	Y47	HL1	电梯上行指示灯
X12	RUN	变频器运行信号	Y48	HL2	电梯下行指示灯
X13	OL	变频器故障信号	Y49	HL3	轿厢 1 楼目标指示灯
X14	SB10	电梯检修上行点动按钮	Y4A	HL4	轿厢 2 楼目标指示灯
X15	SB11	电梯检修下行点动按钮	Y4B	HL5	轿厢 3 楼目标指示灯
X16	S2	电梯检修开关	Y4C	HL6	1 楼门厅上行按钮状态
			Y4D	HL7	2 楼门厅上行按钮状态
			Y4E	HL8	2 楼门厅下行按钮状态
			Y4F	HL9	3 楼门厅下行按钮状态

6. 三层电梯控制要求

用 PLC、变频器设计一个三层电梯的控制系统，其控制要求如下。

1）电梯处于任意一层时，如果 10min 内没有呼梯操作，电梯将自动回到 1 层。

2）电梯停在 1 层或 2 层时，按下 SB4（3 楼下呼）则电梯上行至 3 层停止。

3）电梯停在1层时，按下SB2（2楼上呼）或SB3（2楼下呼），则电梯上行到2层停止。

4）电梯停在1层时，先按下SB2（2楼上呼）后按下SB4（3楼下呼），则电梯上行到2层停止，等轿厢关门后继续上行至3层停止，即同方向截车。

5）电梯停在1层时，先按SB4（3楼下呼），后按SB3（2楼下呼），则电梯上行至3层停止，即反方向不截车；如果先按SB3（2楼下呼），后按SB4（3楼下呼），则电梯上行到2层停止，然后继续上行到3层停止，即同方向截车。

6）电梯停在2层，按下SB1（1楼上呼），则电梯下行到1层停止；电梯停在2层，按SB4（3楼下呼），则电梯上行至3层停止。

7）电梯停在3层时，按下SB1（1楼上呼），则电梯下行到1层停止。

8）电梯停在3层时，按下SB2（2楼上呼）或SB3（2楼下呼），则电梯下行到2层停止。

9）电梯停在3层时，先按SB3（2楼下呼），后按SB1（1楼上呼），则电梯下行至2层停止，等轿厢关门后继续下行至1层停止。

10）电梯停在3层时，先按SB1（1楼上呼），后按SB2（2楼上呼），则电梯下行至1层停止。如果先按SB2（2楼上呼），后按SB1（1楼上呼），则电梯下行至2层停止，然后再下行至1层停止。

11）轿厢位置要求用7段数码管显示，上行、下行用上下箭头指示灯显示，楼层呼梯用指示灯显示，电梯上行、下行通过变频器控制曳引电动机正、反转，以及在减速区用低速（10Hz）运行，在恒速区用高速（30Hz）运行。

12）电梯到楼层停止后，无开关门操作，延时3s后自动进行开关门。轿门关闭后电梯才能上行或下行。

13）电梯有上行极限位置保护，停车或断电时有抱闸保护，满载时同向不截车保护，超载时报警保护及信息数码显示功能。

7. 三层电梯PLC控制程序设计

根据三层电梯的控制要求，设计的PLC控制程序流程图如图3-66所示。其中，上电初始化模块主要对输出模块3的输出（Y40~Y4F）信号进行清零操作。在电梯运行开关闭合（为ON）时，呼梯信号处理模块主要判断有无呼梯信号，如果在10min之内没有呼梯信号，电梯将返回（或停在）1层；如果有呼梯信号，则把呼梯信号进行上呼信号与下呼信号的划分以及保存处理，然后关闭轿门和厅门。读取电梯位置模块主要根据轿厢位于1层的行程开关和旋转编码器发出的脉冲数量来确定电梯所在的楼层。电梯上行与下行控制模块主要根据呼梯信号和电梯当前位置的比较，确定电梯上行或者下行。停车与开门模块主要判断目标层是否达到，如果达到目标层，则进行停车与开门处理。下面介绍各模块程序的设计。

1）上电初始化程序。利用上电初始化脉冲SM402，对输出模块3的输出（Y40~Y4F）信号、电梯当前位置（M20）、电梯上行目标（M30）和下行目标（M40）进行清零操作，如图3-67所示。

2）呼梯信号处理程序。M10~M12用于保存电梯平层位置，在1楼平层时M10为ON，在2楼平层时M11为ON，在3楼平层时M12为ON；M0和M1用于保存上行和下行标志，要求上行时M0为ON，下行时M1为ON；呼梯信号处理程序如图3-68所示。当电梯停机时

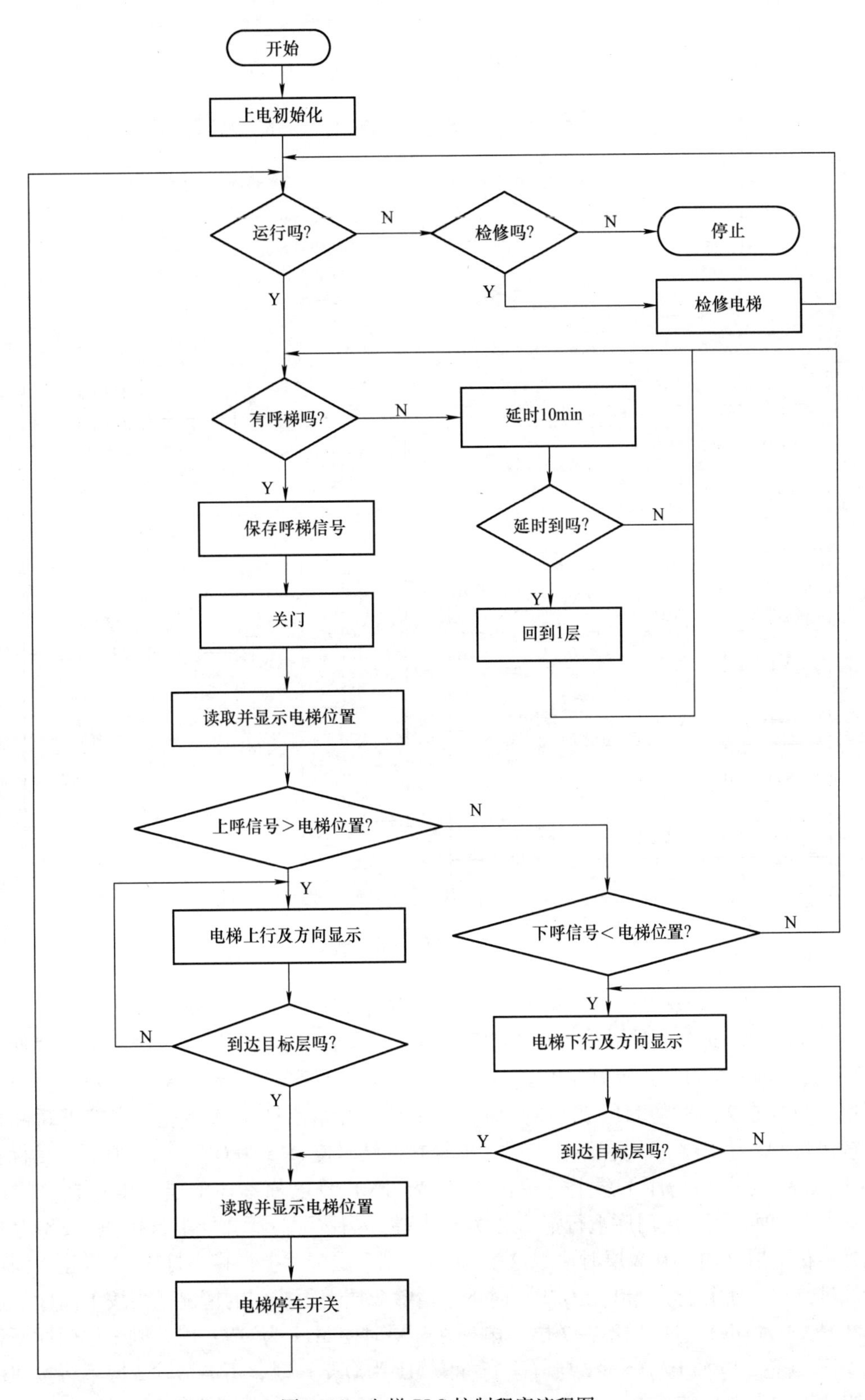

图 3-66　电梯 PLC 控制程序流程图

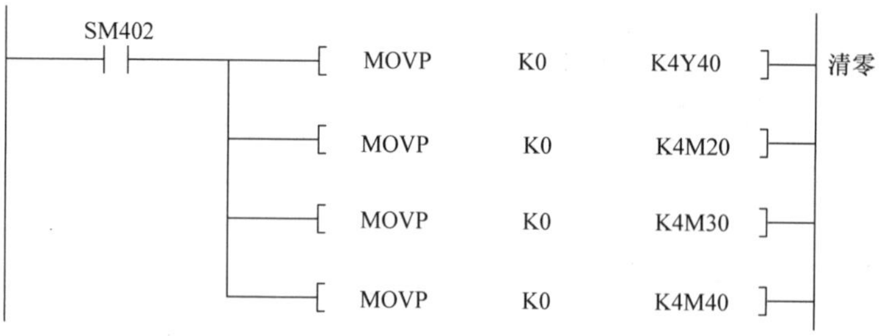

图 3-67　上电初始化程序

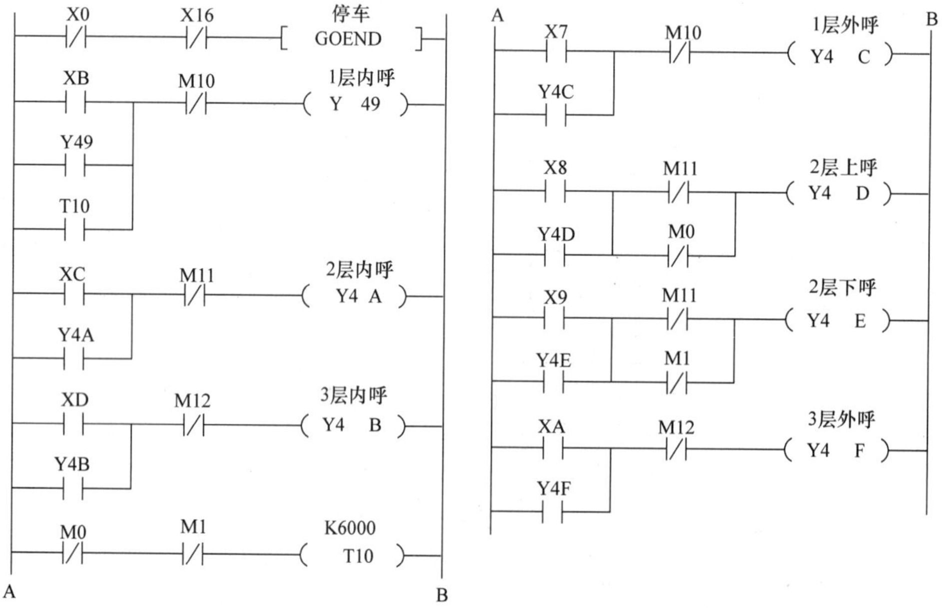

图 3-68　呼梯信号处理程序

（X0 为 OFF、X16 为 OFF），跳转到 END 指令，结束程序运行。当按下轿厢目标 1 层按钮（XB 为 ON）时，或者在 10min 之内没有呼梯信号，且电梯不在 1 层（电梯在 1 层时使 M10 为 ON）时，则 1 层目标指示灯 Y49 点亮；当按下轿厢目标 2 层按钮（XC 为 ON）且电梯不在 2 层（电梯在 2 层时使 M11 为 ON）时，则 2 层目标指示灯 Y4A 点亮；当按下轿厢目标三层按钮（XD 为 ON）且电梯不在 3 层（电梯在 3 层时使 M12 为 ON）时，则 3 层目标指示灯 Y4B 点亮。当按下门厅 1 层上行按钮（X7 为 ON）且电梯不在 1 层（电梯在 1 层时使 M10 为 ON）时，则 1 层门厅上行指示灯 Y4C 点亮；当按下门厅 2 层上行按钮（X8 为 ON）且电梯不在 2 层（电梯在 2 层时使 M11 为 ON），则 2 层门厅上行指示灯 Y4D 点亮，当电梯下行经过二层（上行标志 M0 为 OFF）时不会清除 2 层上行按钮的情况；当按下门厅 2 层下行按钮（X9 为 ON）且电梯不在 2 层（电梯在 2 层时使 M11 为 ON）时，则 2 层门厅下行指示灯 Y4E 点亮，电梯上行经过 2 层（上行标志 M1 为 OFF）时，不会清除 2 层下行按钮的情况；当按下门厅 3 层下行按钮（XA 为 ON）且电梯不在 3 层（电梯在 3 层时使 M12 为 ON）时，则 3 层门厅下行指示灯 Y4F 点亮。

3）电梯平层判断与显示程序。旋转编码器的输出脉冲用作电梯平层定位，用计数器 C1 来统计编码器的输出脉冲，轿厢位于 1 层的行程开关 SQ4 使计数器 C1 复位，电梯上行时，每来一个脉冲使 C1 增 1；电梯下行时，每来一个脉冲使 C1 减 1。脉冲定位是在手动模式下正反向各测量 5 次得到楼层高度脉冲值后，再用平均值法计算得到楼层高度脉冲值，在本例中假定楼层高度脉冲值为 4216。根据计数器 C1 的值来确定楼层位置：0≤C1≤40，为 1 层，使 M10 为 ON；4176≤C1≤4256，为 2 层，使 M11 为 ON；8392≤C1≤8472，为 3 层，使 M12 为 ON。当 M10 为 ON 时，数码管显示“1”；当 M11 为 ON 时，数码管显示“2”；当 M12 为 ON 时，数码管显示“3”。当电梯超载（X6 为 ON）时，声响报警（X38 为 ON），同时数码管显示“0”。电梯平层判断与显示程序如图 3-69 所示。

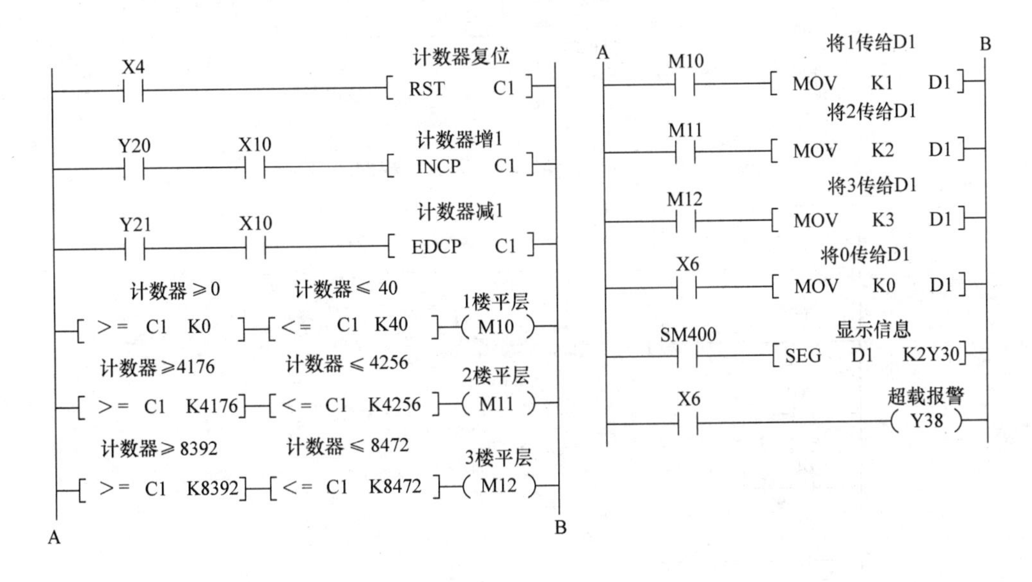

图 3-69 电梯平层判断与显示程序

4）电梯运行方向处理程序。电梯在 1 层时，当 Y4A、Y4B、Y4D、Y4E、Y4F 中任意一个为 ON 且下行标志 M1 为 OFF 时，设置电梯上行标志 M0 为 ON；以及电梯在 2 层时，当 Y4B、Y4F 为 ON 且下行标志 M1 为 OFF 时，也应设置电梯上行标志 M0 为 ON。电梯在 3 层时，当 Y49、Y4A、Y4C、Y4D、Y4E 中任意一个为 ON 且上行标志 M0 为 OFF 时，设置电梯下行标志 M1 为 ON；以及电梯在 2 层时，当 Y49、Y4C 为 ON 且上行标志 M0 为 OFF 时，也应设置电梯下行标志 M1 为 ON。电梯运行方向处理程序如图 3-70 所示。

5）电梯关门与开门处理程序。当轿门完全打开后，轿门打开极限开关 SQ1 被压合（X1 为 ON），定时器 T1 开始定时，定时延时 5s 后，会自动关门；同时，在电梯开门状态下，如果按下轿厢内的关门按钮 SB9（XF 为 ON），则轿门自动关闭。产生电梯开门信号有三种情况：一是电梯停止运行后，由定时器 T2 定时 3s 后，自动开门；二是电梯停在某层时，电梯不满载（X5 为 OFF），如果还没有起动，按下该层厅外同向呼梯按钮后，电梯开门；三是电梯没有起动时，按下轿厢内的开门按钮 SB8（XE 为 ON），电梯开门。电梯关门与开门处理程序如图 3-71 所示。

M10
M11
当前位置1层
M20
M20
M11
M10
M12
当前位置2层
M21
M21
M12
M11
当前位置3层
M22
M22
Y4A
上行目标2层
M31
Y4D
Y4B
上行目标3层
M32
Y4F
Y49
下行目标1层
M40
Y4C
A
B
A
Y4A
下行目标2层
B
M41
Y4E
上行目标>当前位置
> K4M30 K4M20
M1
上行标志
M0
M20
Y4E
下行目标>当前位置
> K4M40 K4M20
M0
下行标志
M1
M22
Y4D
X0
M0
置上行指示
Y47
X16
X14
X0
M1
置下行指示
Y48
X16
X15

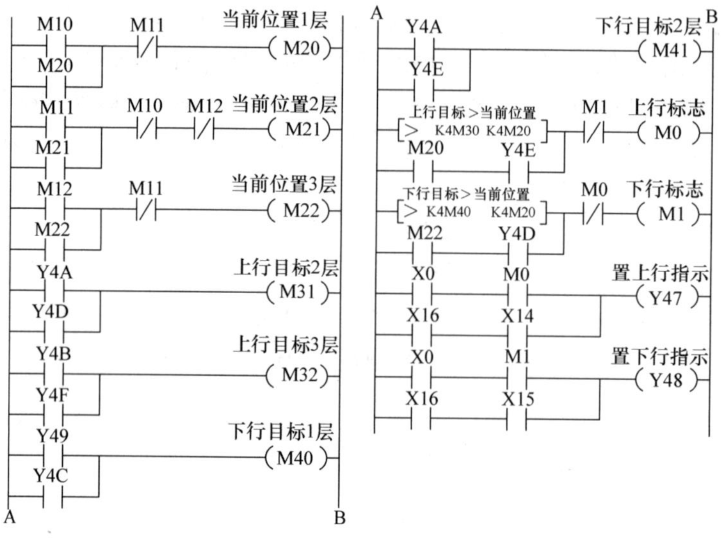

图 3-70　电梯运行方向处理程序

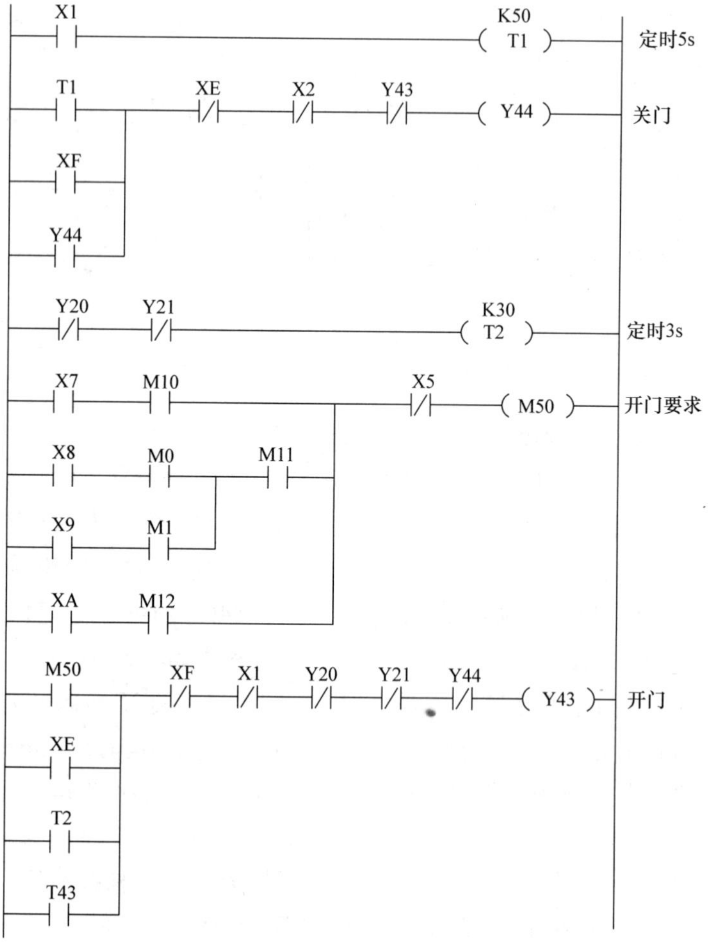

X1
K50
T1
定时5s
T1
XE
X2
Y43
Y44
关门
XF
Y44
Y20
Y21
K30
T2
定时3s
X7
M10
X5
M50
开门要求
X8
M0
M11
X9
M1
XA
M12
M50
XF
X1
Y20
Y21
Y44
Y43
开门
XE
T2
T43

图 3-71　电梯关门与开门处理程序

6）电梯运行处理程序。在起动开关 S1 闭合（X0 为 ON）或者检修开关 S2 闭合（X16 为 ON）时，接触器 KM1 闭合为变频器运行做好准备；电梯位于停车楼层或者没有上行与下行标志时，抱闸继电器 KA 和变频器输出接触器 KM2 均应失电；在电梯检修状态下，按下点动按钮 SB10 或 SB11（对应 X14 或 X15 为 ON）时，抱闸继电器 KA 和变频器输出接触器 KM2 要通电。电梯上行信号的产生：在上行标志 M0 为 ON、没有停车信号（M60 为 OFF）、轿门关闭（X2 为 ON）、未到上行极限（X3 为 OFF）、不超载（X6 为 OFF）、没有下行信号（Y21 为 OFF）时，置上行信号 Y20 为 ON。电梯下行信号的产生：在下行标志 M1 为 ON、没有停车信号（M60 为 OFF）、轿门关闭（X2 为 ON）、未到 1 层行程开关位置（X4 为 OFF）、不超载（X6 为 OFF）、没有上行信号（Y20 为 OFF）时，置下行信号 Y21 为 ON。电梯运行处理程序如图 3-72 所示。

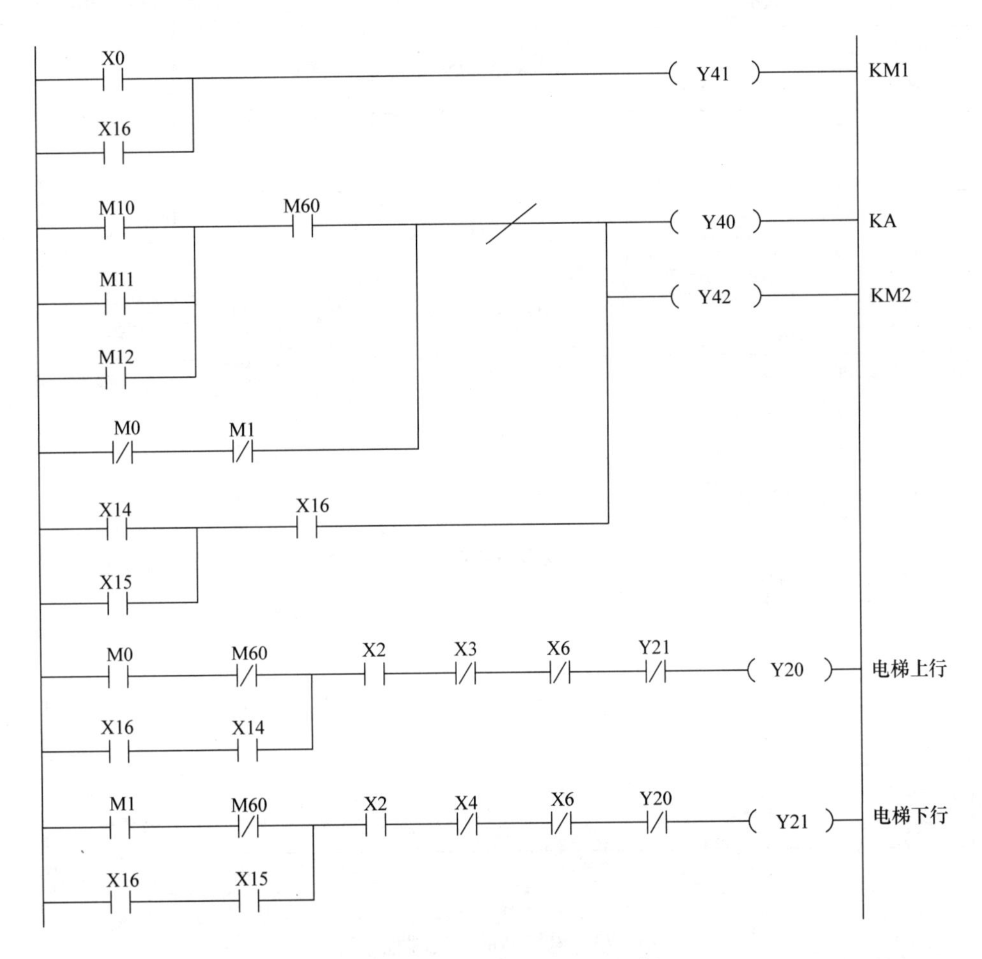

图 3-72　电梯运行处理程序

7）电梯高低速处理程序。电梯低速有 8 种情况：其一，电梯在三层，下行，且 8032≤C1≤8432 时，电梯减速；其二，电梯在 3 层，下行，要求停靠 2 层，且 4216≤C1≤4616 时，电梯减速；其三，电梯在 2 层，下行，且 3816≤C1≤4216 时，电梯减速；其四，电梯在 2 层，下行，要求停靠 1 层，且 0≤C1≤400 时，电梯减速；其五，电梯在 1 层，上行，且 0≤C1≤400 时，电梯减速；其六，电梯在 1 层，上行，要求停靠 2 层，且 3816≤C1≤4216 时，电梯减速；其七，电梯在 2 层，上行，且 4216≤C1≤4616 时，电梯减速；其八，电梯在 2 层，上行，要求停靠 3 层，且 8032≤C1≤8432 时，电梯减速。在电梯减速情况下，变频器输出低速运行信号；在电梯非减速情况下，变频器输出高速运行信号。电梯高低速处理程序如图 3-73 所示。

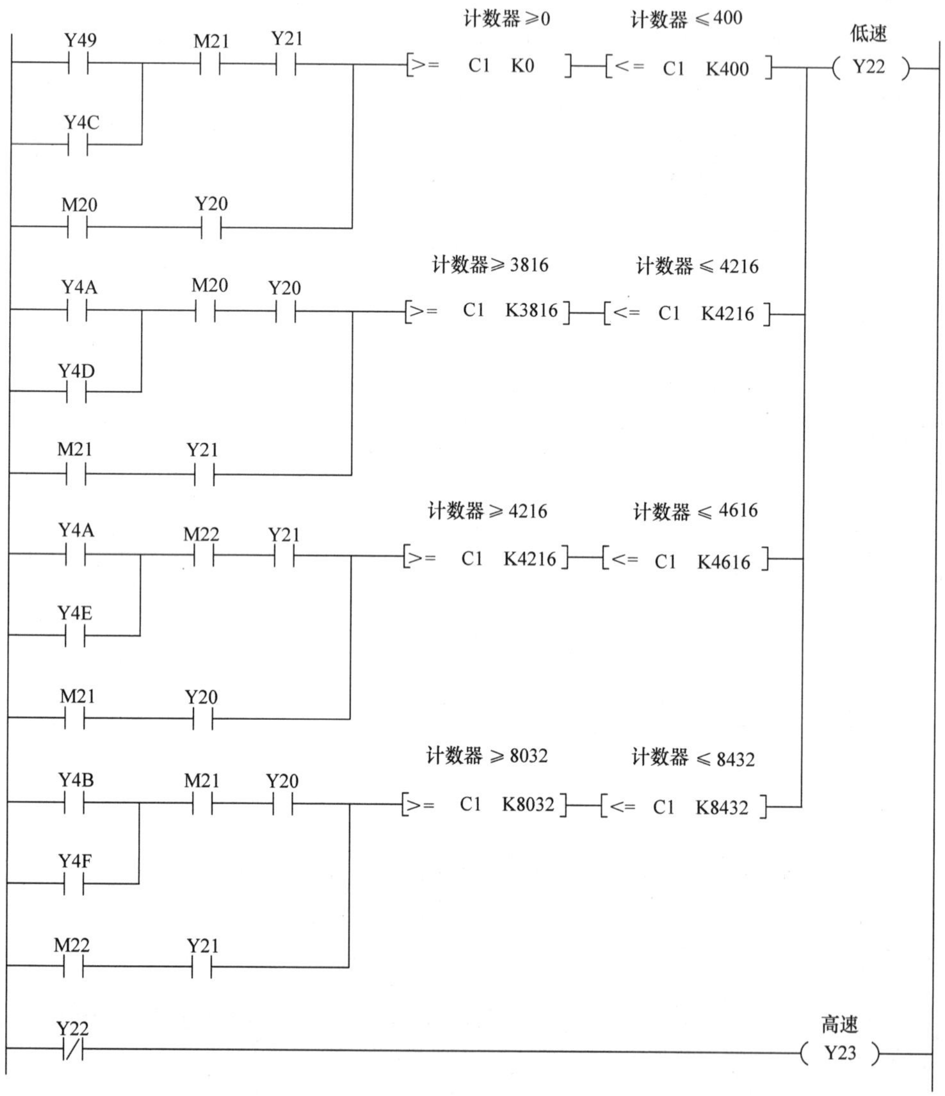

图 3-73　电梯高低速处理程序

8）电梯停车处理程序。电梯停车有 4 种情况：其一，电梯到达目标 1 层或者在 1 层时厅外有呼梯信号；其二，电梯到达目标 2 层；其三，电梯经过 2 层且遇到厅外有同向呼梯信号；其四，电梯到达目标 3 层或者在 3 层时厅外有呼梯信号。电梯停车信号用轿门关闭限位开关来清除。电梯停车处理程序如图 3-74 所示。

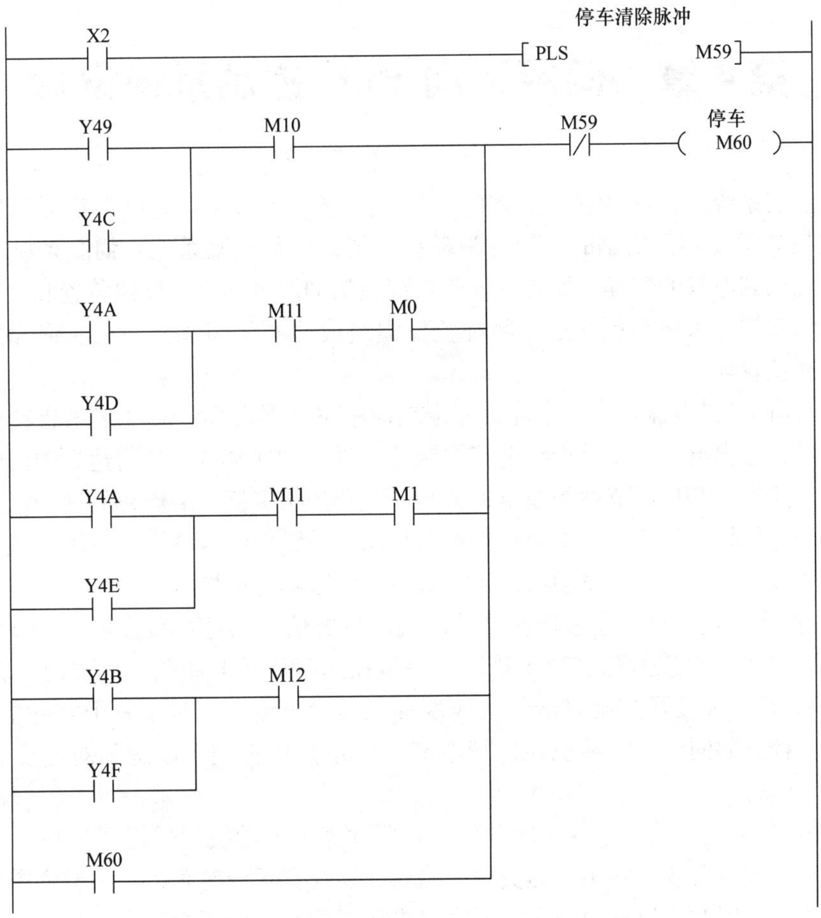

图 3-74　电梯停车处理程序

复习思考题

1. 简述触摸屏的工作原理。
2. 触摸屏有哪些类型？请读者自行上网查询几种典型触摸屏的型号。
3. 简述三菱 GOT1000 系列触摸屏的主要特点。
4. 简述用 GT - Designer2 软件设计电动机正转（M1）、反转（M2）和停止（M0）位开关画面的过程。
5. 三菱 FR - A700 系列变频器的接线端有哪些？
6. 三菱 FR - A700 系列变频器的参数如何设置？
7. 三菱 FR - A700 系列变频器有哪几种操作模式？各种操作模式有什么异同？
8. 用三菱 FR - A700 系列变频器实现三段速（50Hz、40Hz、20Hz）运行，请完成相关电路设计及变频器参数的设置过程。
9. 简述电梯制动器的作用与工作过程。
10. 描述三层电梯控制变频器参数的设置过程。
11. 简述旋转编码器在电梯中实现位置控制（减速控制和平层控制）的方法。
12. 分析电梯检修时的操作流程以及对应程序的工作过程。

第4章　伺服运动PLC控制系统设计

在自动控制系统中，输出量（物体的位置、方位、状态等）能以一定准确度跟随输入量（或给定值）的变化而变化的系统称为随动系统，亦称伺服系统。伺服系统的发展经历了从液压、气动到电气的过程，而电气伺服系统包括伺服电动机、反馈装置和控制器。一般情况下交流伺服控制系统是包含三个闭环负反馈组成的PID调节器，从内到外依次是电流环、速度环和位置环。

1）最里面的环是电流环。这个环路完全在伺服驱动器内部，通过霍尔装置检测驱动器和电动机的各相输出电流，负反馈给电流控制器，进行PID调节，从而达到输出电流尽量接近设定电流。速度环PID调节后的输出，就是电流环的给定值，电流环的这个给定值和电流环的反馈值进行比较后的差值在电流环内做PID调节后输出给电动机。电流环就是控制电动机的转矩，所以在转矩模式下驱动器的运算最少，动态响应最快。

2）中间的环是速度环。通过检测电动机编码器的信号来进行负反馈与PID调节。“速度设定”和“速度环反馈值”进行比较后的差值在速度环做PID调节后输出，就是“电流环的给定值”，所以速度环控制时既包含速度环又包含电流环。对于一个实际的伺服系统，在速度和位置控制的同时，实际也在进行电流（转矩）的控制，以达到对速度和位置的相应控制。

3）最外面的环是位置环。这个闭环可以在驱动器和电动机编码器间构建，也可在外部控制器和电动机编码器或最终驱动的负载间构建，要视实际情况而定。由于位置环的输出就是速度环的给定，因此在位置控制模式下系统进行了所有三个环的运算，此时系统运算量最大，动态响应最慢。外部脉冲经过平滑滤波处理和电子齿轮计算后作为“位置环的设定”，该设定值和来自编码器反馈的脉冲信号经过偏差计数器计算后的数值，再经过位置环PID调节后的输出，就构成了速度环给定值。

自动化立体仓库是伴随着物流发展而迅速兴起的一种新型仓库，物资储运作业自动化是其重要的内容，实现仓库物资储运作业自动化，仓库机械设备、管理、信息、人才系统配套、协调发展是今后重要的发展趋势。而巷道式堆垛机是自动化立体仓库重要的组成部分，因此，巷道式堆垛机的设计和使用就显得尤为重要。堆垛机是立体仓库的主要起重运输设备，它能够在自动化的巷道中来回穿梭运行，将位于巷道口的货物存入货格，或者相反取出货格内的货物运送到巷道口。运用这种设备的仓库最高可达40m，大多数在10～25m之间。

工作任务

1）请你用伺服系统完成立体仓库的PLC控制方案设计工作。

2）请你用伺服系统完成立体仓库的PLC控制电路设计工作。

3）请你用伺服系统完成立体仓库PLC控制的程序设计工作。

相关知识

4.1　Q 系列 PLC 的应用指令

4.1.1　逻辑运算指令

1. 16 位和 32 位数据逻辑积（WAND、WANDP、DAND、DANDP）指令

可用软元件：内部软元件、文件寄存器 R、链接直接软元件 ZR、智能功能模块软元件、变址寄存器 Zn，常数 K 和 H（仅在源操作数 S 中使用）。

（1）16 位数据逻辑积（WAND、WANDP）指令

梯形图表示：

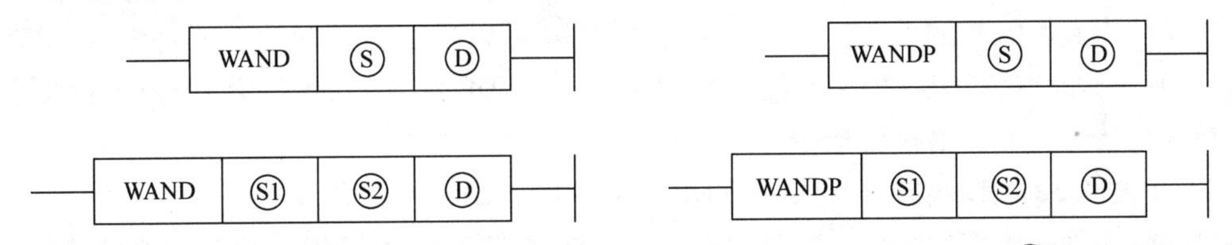

说明：当操作数为 2 个，且 WAND 指令的执行条件为 ON 时，它将Ⓢ中指定软元件的 16 位数据与Ⓓ中指定软元件的 16 位数据逐位进行逻辑积运算，并将结果存储到Ⓓ中指定的软元件中。当操作数为 3 个，且 WAND 指令的执行条件为 ON 时，它将Ⓢ1中指定软元件的 16 位数据与Ⓢ2中指定软元件的 16 位数据逐位进行逻辑积运算，并将结果存储到Ⓓ中指定的软元件中。WANDP 指令和 WAND 指令的区别只是它是在执行条件的上升沿执行指令。

注意：在位软元件的情况下，位数指定点数以后的位软元件将被作为 0 进行运算。

（2）32 位数据逻辑积（DAND、DANDP）指令

梯形图表示：

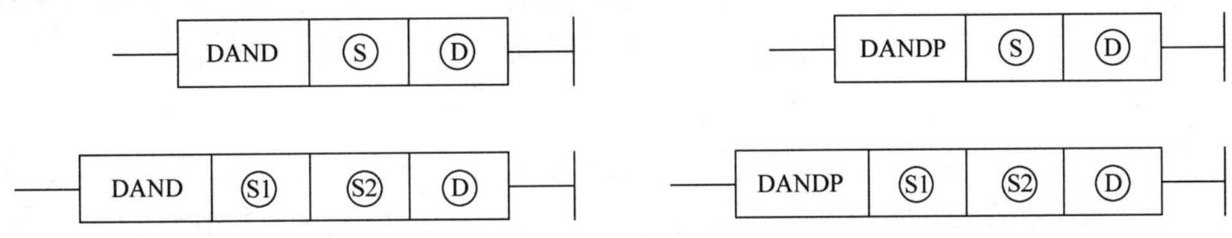

说明：当操作数为 2 个，且 DAND 指令的执行条件为 ON 时，它将Ⓢ中指定软元件的 16 位数据与Ⓓ中指定软元件的 16 位数据逐位进行逻辑积运算，并将结果存储到Ⓓ中指定的软元件中，同时将（Ⓢ+1）中指定软元件的 16 位数据与（Ⓓ+1）中指定软元件的 16 位数据逐位进行逻辑积运算，并将结果存储到（Ⓓ+1）中指定的软元件中。当操作数为 3 个，且 DAND 指令的执行条件为 ON 时，它将Ⓢ1中指定软元件的 16 位数据与Ⓢ2中指定软元件的 16 位数据逐位进行逻辑积运算，并将结果存储到Ⓓ中指定的软元件中，同时将（Ⓢ1+1）中指定软元件的 16 位数据与（Ⓢ2+1）中指定软元件的 16 位数据逐位进行逻辑积运算，并将结果存储到（Ⓓ+1）中指定的软元件中。DANDP 指令和 DAND 指令的区别只是它是在执行条件的上升沿执行指令。

注意：在位软元件的情况下，位数指定点数以后的位软元件将被作为 0 进行运算。

2. 块逻辑积（BKAND、BKANDP）指令

可用软元件：内部字软元件、文件寄存器 R、链接直接软元件 ZR，常数 K 和 H（仅在源操作数 S2 和运算数据个数 *n* 中使用）。

梯形图表示：

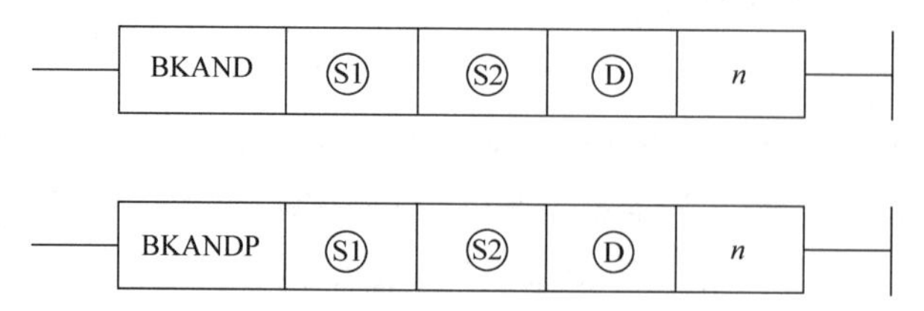

说明：当 BKAND 指令的执行条件为 ON 时，它将从Ⓢ1中指定的软元件开始的 *n* 点的内容与从Ⓢ2中指定的软元件开始的 *n* 点的内容逐位进行逻辑积运算，并将结果存储到Ⓓ中指定的软元件为起始编号的后面。Ⓢ1与Ⓓ或者Ⓢ2与Ⓓ可以指定为相同的软元件编号，Ⓢ2中可以指定为 -32768 ~32767（BIN16 位）的常数。BKANDP 指令与 BKAND 指令的区别仅在于它是在执行条件的上升沿执行指令。

3. 16 位和 32 位逻辑或（WOR、WORP、DOR、DORP）指令

可用软元件：内部软元件、文件寄存器 R、链接直接软元件 ZR、智能功能模块软元件、变址寄存器 Zn，常数 K 和 H（仅在源操作数 S 中使用）。

（1）16 位逻辑或（WOR、WORP）指令

梯形图表示：

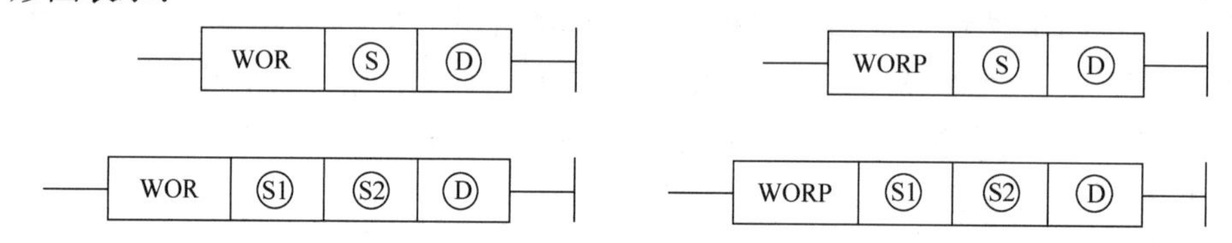

说明：当操作数为 2 个，且 WOR 指令的执行条件为 ON 时，它将Ⓢ中指定软元件的 16 位数据与Ⓓ中指定软元件的 16 位数据逐位进行逻辑或运算，并将结果存储到Ⓓ中指定的软元件中。当操作数为 3 个，且 WOR 指令的执行条件为 ON 时，它将Ⓢ1中指定软元件的 16 位数据与Ⓢ2中指定软元件的 16 位数据逐位进行逻辑或运算，并将结果存储到Ⓓ中指定的软元件中。WORP 指令和 WOR 指令的区别只是在于它是在执行条件的上升沿执行指令。

注意：在位软元件的情况下，位数指定点数以后的位软元件将被作为 0 进行运算。

（2）32 位逻辑或（DOR、DORP）指令

梯形图表示：

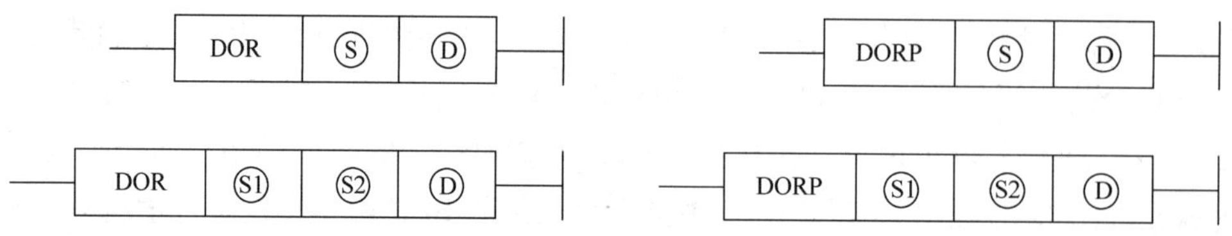

说明：当操作数为 2 个，且 DOR 指令的执行条件为 ON 时，它将Ⓢ中指定软元件的 32 位数据与Ⓓ中指定软元件的 32 位数据逐位进行逻辑或运算，并将结果存储到Ⓓ中指定的软元件中。当操作数为 3 个，且 DOR 指令的执行条件为 ON 时，它将Ⓢ1中指定软元件的 32 位

数据与Ⓢ2中指定软元件的32位数据逐位进行逻辑或运算，并将结果存储到Ⓓ中指定的软元件中。DORP指令和DOR指令的区别只是在于它是在执行条件的上升沿执行指令。

注意：在位软元件的情况下，位数指定点数以后的位软元件将被作为0进行运算。

4. 块逻辑或（BKOR、BKORP）**指令**

可用软元件：内部字软元件、文件寄存器R、链接直接软元件ZR，常数K和H（仅在源操作数S2和运算数据个数 n 中使用）。

梯形图表示：

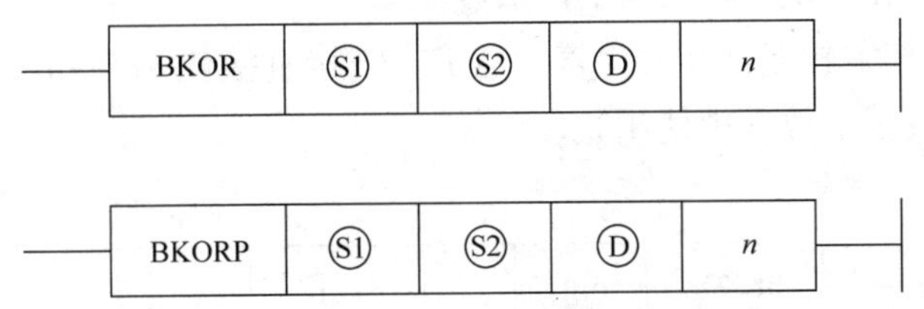

说明：当BKOR指令的执行条件为ON时，它将从Ⓢ1中指定的软元件开始的 n 点的内容与从Ⓢ2中指定的软元件开始的 n 点的内容逐位进行逻辑或运算，并将结果存储到Ⓓ中指定的软元件为起始编号的后面。Ⓢ1与Ⓓ或者Ⓢ2与Ⓓ可以指定为相同的软元件编号，Ⓢ2中可以指定为－32768～32767（BIN16位）的常数。BKORP指令与BKOR指令的区别仅在于它是在执行条件的上升沿执行指令。

5. 16位和32位逻辑异或（WXOR、WXORP、DXOR、DXORP）**指令**

可用软元件：内部软元件、文件寄存器R、链接直接软元件ZR、智能功能模块软元件、变址寄存器Zn，常数K和H（仅在源操作数S中使用）。

（1）16位逻辑异或（WXOR、WXORP）指令

梯形图表示：

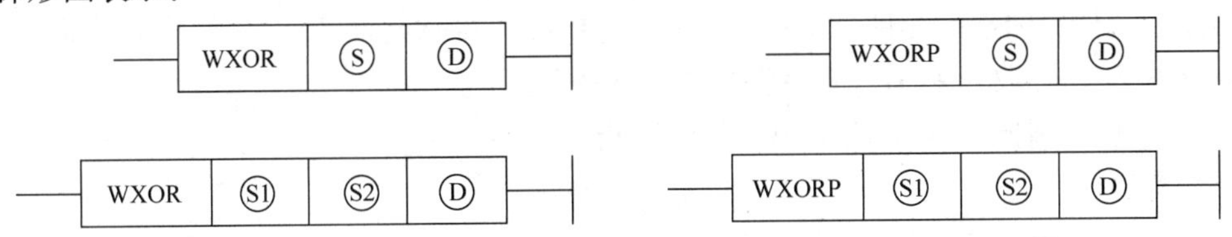

说明：当操作数为2个，且WXOR指令的执行条件为ON时，它将Ⓢ中指定软元件的16位数据与Ⓓ中指定软元件的16位数据逐位进行逻辑异或运算，并将结果存储到Ⓓ中指定的软元件中。当操作数为3个，且WXOR指令的执行条件为ON时，它将Ⓢ1中指定软元件的16位数据与Ⓢ2中指定软元件的16位数据逐位进行逻辑异或运算，并将结果存储到Ⓓ中指定的软元件中。WXORP指令和WXOR指令的区别只是在于它是在执行条件的上升沿执行指令。

注意：在位软元件的情况下，位数指定点数以后的位软元件将被作为0进行运算。

（2）32位逻辑异或（DXOR、DXORP）指令

梯形图表示：

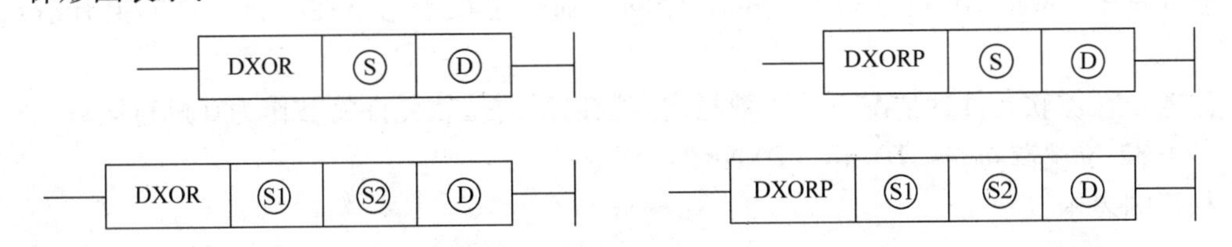

说明：当操作数为2个，且DXOR指令的执行条件为ON时，它将Ⓢ中指定软元件的32位数据与Ⓓ中指定软元件的32位数据逐位进行逻辑异或运算，并将结果存储到Ⓓ中指定的软元件中。当操作数为3个，且DXOR指令的执行条件为ON时，它将Ⓢ1中指定软元件的32位数据与Ⓢ2中指定软元件的32位数据逐位进行逻辑异或运算，并将结果存储到Ⓓ中指定的软元件中。DXORP指令和DXOR指令的区别只是在于它是在执行条件的上升沿执行指令。

注意：在位软元件的情况下，位数指定点数以后的位软元件将被作为0进行运算。

6. 块异或运算（BKXOR、BKXORP）**指令**

可用软元件：内部字软元件、文件寄存器R、链接直接软元件ZR，常数K和H（仅在源操作数S2和运算数据个数*n*中使用）。

梯形图表示：

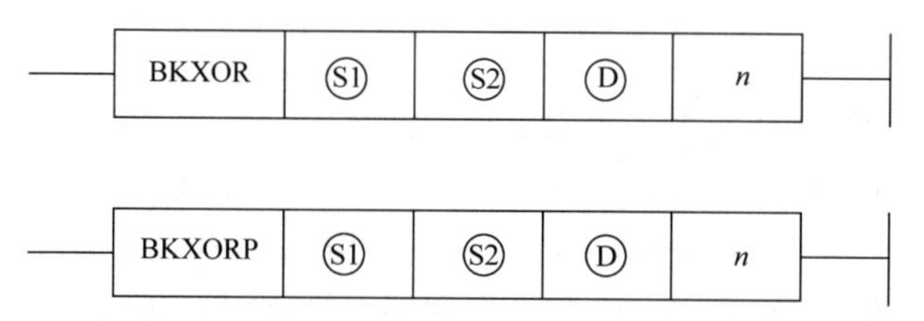

说明：当BKXOR指令的执行条件为ON时，它将从Ⓢ1中指定的软元件开始的*n*点的内容与从Ⓢ2中指定的软元件开始的*n*点的内容逐位进行逻辑异或运算，并将结果存储到Ⓓ中指定的软元件为起始编号的后面。Ⓢ1与Ⓓ或者Ⓢ2与Ⓓ可以指定为相同的软元件编号，Ⓢ2中可以指定为-32768～32767（BIN16位）的常数。BKXORP指令与BKXOR指令的区别仅在于它是在执行条件的上升沿执行指令。

7. 16位和32位逻辑同或（WXNR、WXNRP、DXNR、DXNRP）**指令**

可用软元件：内部软元件、文件寄存器R、链接直接软元件ZR、智能功能模块软元件、变址寄存器Zn，常数K和H（仅在源操作数S中使用）。

（1）16位逻辑同或（WXNR、WXNRP）指令

梯形图表示：

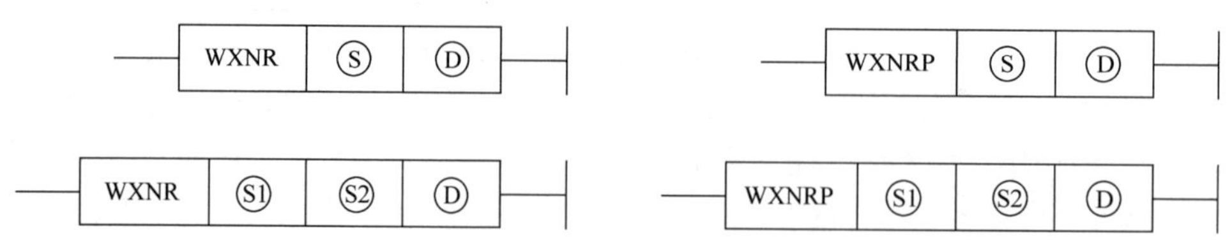

说明：当操作数为2个，且WXNR指令的执行条件为ON时，它将Ⓢ中指定软元件的16位数据与Ⓓ中指定软元件的16位数据逐位进行逻辑同或运算，并将结果存储到Ⓓ中指定的软元件中。当操作数为3个，且WXNR指令的执行条件为ON时，它将Ⓢ1中指定软元件的16位数据与Ⓢ2中指定软元件的16位数据逐位进行逻辑同或运算，并将结果存储到Ⓓ中指定的软元件中。WXNRP指令和WXNR指令的区别只是在于它是在执行条件的上升沿执行指令。

注意：在位软元件的情况下，位数指定点数以后的位软元件将被作为0进行运算。

（2）32位逻辑同或（DXNR、DXNRP）指令

梯形图表示：

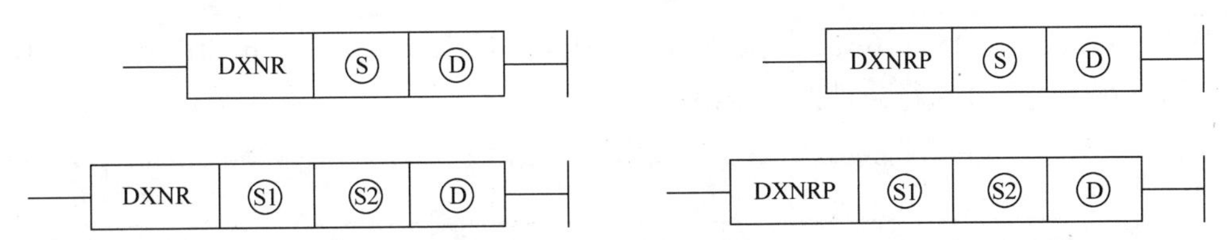

说明：当操作数为2个，且DXNR指令的执行条件为ON时，它将Ⓢ中指定软元件的32位数据与Ⓓ中指定软元件的32位数据逐位进行逻辑同或运算，并将结果存储到Ⓓ中指定的软元件中。当操作数为3个，且DXNR指令的执行条件为ON时，它将Ⓢ1中指定软元件的32位数据与Ⓢ2中指定软元件的32位数据逐位进行逻辑同或运算，并将结果存储到Ⓓ中指定的软元件中。DXNRP指令和DXNR指令的区别只是在于它是在执行条件的上升沿执行指令。

注意：在位软元件的情况下，位数指定点数以后的位软元件将被作为0进行运算。

8. 块逻辑同或（BKXNR、BKXNRP）指令

可用软元件：内部字软元件、文件寄存器R、链接直接软元件ZR，常数K和H（仅在源操作数S2和运算数据个数n中使用）。

梯形图表示：

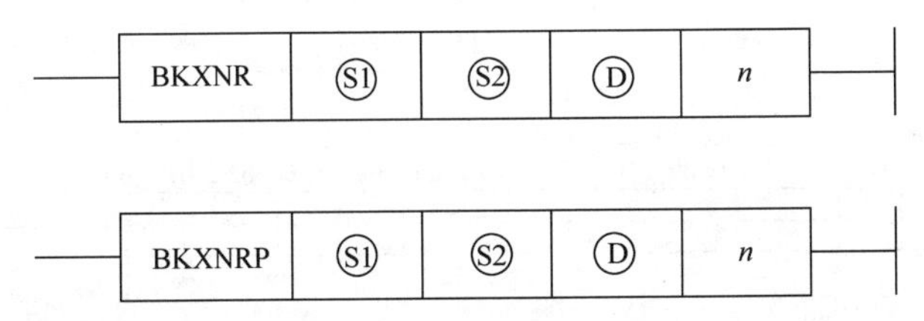

说明：当BKXNR指令的执行条件为ON时，它将从Ⓢ1中指定的软元件开始的n点的内容与从Ⓢ2中指定的软元件开始的n点的内容逐位进行逻辑同或运算，并将结果存储到Ⓓ中指定的软元件为起始编号的后面。Ⓢ1与Ⓓ或者Ⓢ2与Ⓓ可以指定为相同的软元件编号，Ⓢ2中可以指定为－32768～32767（BIN16位）的常数。BKXNRP指令与BKXNR指令的区别仅在于它是在执行条件的上升沿执行指令。

4.1.2 旋转指令

1. 右旋转（ROR、RORP、RCR、RCRP）**指令**

可用软元件：内部字软元件、文件寄存器R、链接直接软元件ZR、智能功能模块软元件、变址寄存器Zn，常数K和H（仅在源操作数n中使用）。

（1）不带进位的右旋转（ROR、RORP）指令

梯形图表示：

说明：当n的指定范围为0～15，在ROR执行条件为ON时，将Ⓓ中指定的软元件的16位数据在不包含进位标志（SM700）的状态下进行n位右旋转，从最低位被移出的位进入最高位同时存入到进位标志（SM700）中，如图4-1所示。如果Ⓓ中指定了软元件位数的情况下，按位数指定中指定的软元件范围进行旋转。此时，实际旋转的位数为n÷（位数指定中指定的点数）的余数。例如，$n=15$，（位数指定中指定的点数）＝12位时，15÷12＝1的余数为3，因此旋转3位。如果n中指定了16以上的值时，将按n÷16的余数值进行旋

转。例如，$n=18$ 时，$18 \div 16 = 1$ 的余数为 2，因此进行 2 位右旋转。RORP 指令和 ROR 指令的区别仅在于它是在执行条件的上升沿执行指令。

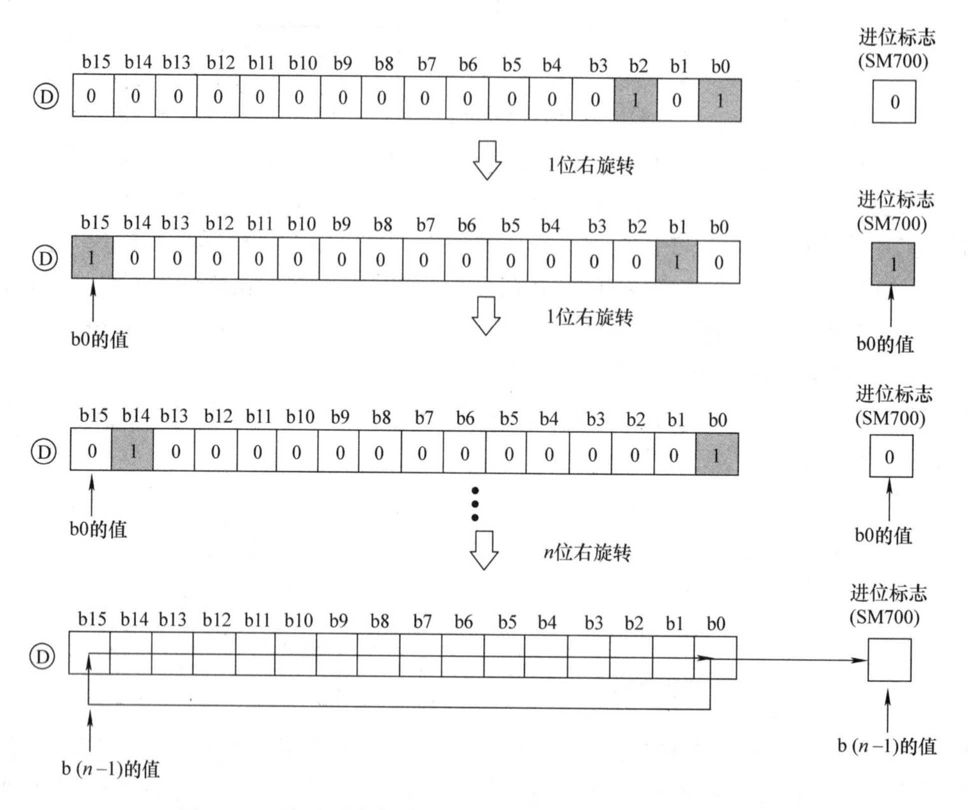

图 4-1　不包含进位标志的右旋转 ROR 指令执行过程示意图

(2) 带进位的右旋转（RCR、RCRP）指令

梯形图表示：

说明：当 n 的指定范围为 0 ~ 15，在 RCR 执行条件为 ON 时，将Ⓓ中指定的软元件的 16 位数据在包含进位标志（SM700）的状态下进行 n 位右旋转，从最低位被移出的位存入到进位标志（SM700）中，原进位标志进入最高位，如图 4-2 所示。如果Ⓓ中指定了软元件位数的情况下，按位数指定中指定的软元件范围进行旋转。此时，实际旋转的位数为 $n \div$（位数指定中指定的点数）的余数。例如，$n=15$，（位数指定中指定的点数）= 12 位时，$15 \div 12 = 1$ 的余数为 3，因此旋转 3 位。如果 n 中指定了 16 以上的值时，将按 $n \div 16$ 的余数值进行旋转。例如，$n=18$ 时，$18 \div 16 = 1$ 的余数为 2，因此进行 2 位右旋转。RCRP 指令和 RCR 指令的区别仅在于它是在执行条件的上升沿执行指令。

2. 左旋转（ROL、ROLP、RCL、RCLP）**指令**

可用软元件：内部字软元件、文件寄存器 R、链接直接软元件 ZR、智能功能模块软元件、变址寄存器 Zn，常数 K 和 H（仅在源操作数 n 中使用）。

(1) 不带进位标志的左旋转（ROL、ROLP）指令

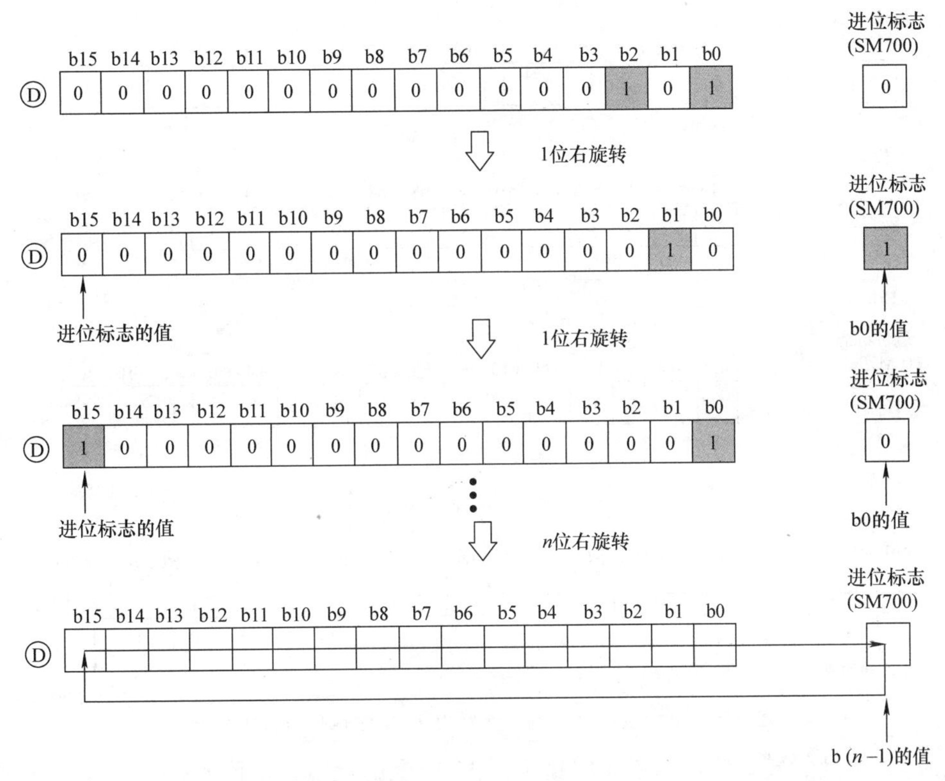

图 4-2　包含进位标志的右旋转 RCR 指令执行过程示意图

梯形图表示：

说明：当 n 指定范围为 0～15，且 ROL 执行条件为 ON 时，将Ⓓ中指定的软元件的 16 位数据在不包含进位标志（SM700）的状态下进行 n 位左旋转，从最高位被移出的位进入最低位同时存入到进位标志（SM700）中，如图 4-3 所示。如果Ⓓ中指定了软元件位数的情况下，按位数指定中指定的软元件范围进行旋转。此时，实际旋转的位数为 n ÷（位数指定中指定的点数）的余数。例如，n = 15，（位数指定中指定的点数）= 12 位时，15 ÷ 12 = 1 的余数为 3，因此旋转 3 位。如果 n 中指定了 16 以上的值时，将按 n ÷ 16 的余数值进行旋转。例如，n = 18 时，18 ÷ 16 = 1 的余数为 2，因此进行 2 位右旋。ROLP 指令和 ROL 指令的区别仅在于它是在执行条件的上升沿执行指令。

（2）带进位标志的左旋转（RCL、RCLP）指令

梯形图表示：

说明：当 n 指定范围为 0～15，且 RCL 执行条件为 ON 时，将Ⓓ中指定的软元件的 16 位数据在包含进位标志（SM700）的状态下进行 n 位左旋转，从最高位被移出的位进入进位标志（SM700）中，原进位标志进入最低位，如图 4-4 所示。如果Ⓓ中指定了软元件位数的情况下，按位数指定中指定的软元件范围进行旋转。此时，实际旋转的位数为 n ÷（位数指定中指定的点数）的余数。例如，n = 15，（位数指定中指定的点数）= 12 位时，15 ÷ 12 = 1

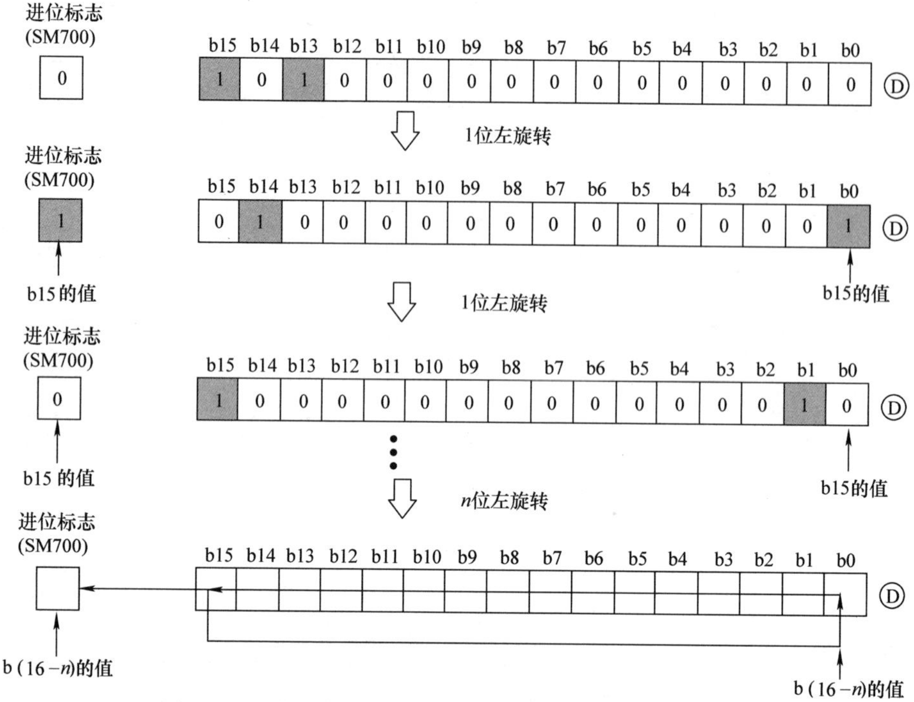

图 4-3　不带进位标志的左旋转 ROL 指令执行过程示意图

的余数为 3，因此旋转 3 位。如果 n 中指定了 16 以上的值时，将按 $n \div 16$ 的余数值进行旋转。例如，$n=18$ 时，$18 \div 16 = 1$ 的余数为 2，因此进行 2 位旋转。RCLP 指令和 RCL 指令的区别仅在于它是在执行条件的上升沿执行指令。

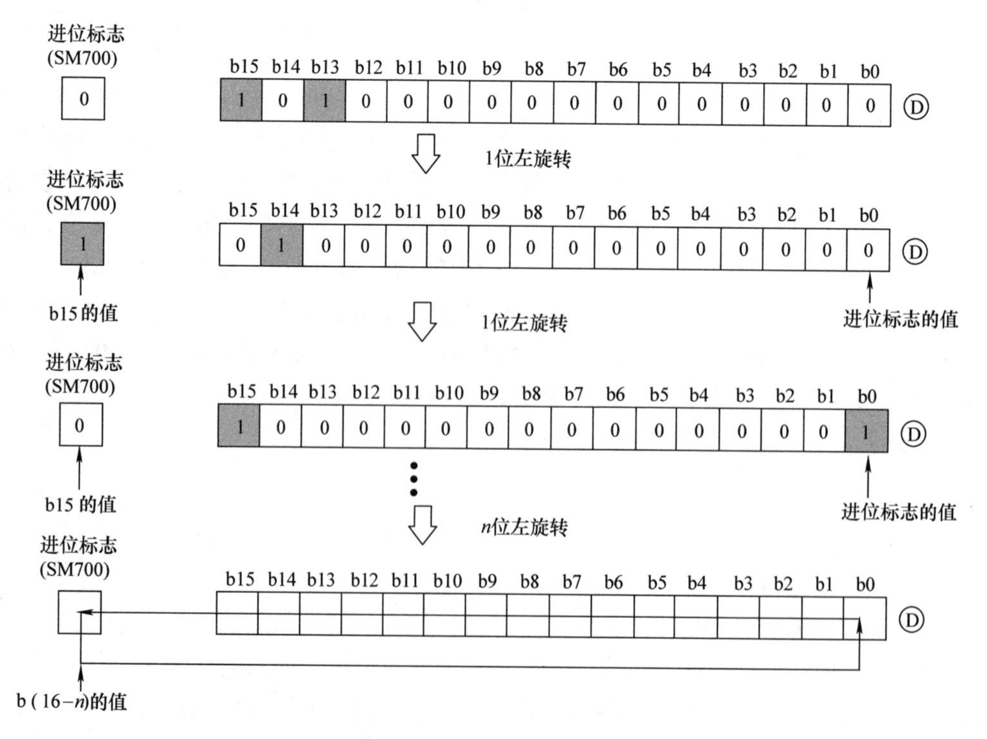

图 4-4　带进位标志的左旋转 RCL 指令执行过程示意图

3. 32 位数据右旋转（DROR、DRORP、DRCR、DRCRP）**指令**

可用软元件：内部字软元件、文件寄存器 R、链接直接软元件 ZR、智能功能模块软元件、变址寄存器 Zn，常数 K 和 H（仅在源操作数 n 中使用）。

（1）32 位数据不带进位标志右旋转（DROR、DRORP）指令

梯形图表示：

说明：当 n 指定范围为 0 ~ 31，且 DROR 执行条件为 ON 时，将Ⓓ中指定的软元件的 32 位数据在不包含进位标志的状态下进行 n 位右旋转，最低位被移到最高位同时存入进位标志位（SM700）中，如图 4-5 所示。在Ⓓ中指定了软元件位数的情况下，按位数指定中指定的软元件范围进行旋转。此时，实际旋转的位数为 n ÷（位数指定中指定的点数）的余数。例如，n = 31，（位数指定中指定的点数）= 24 位时，31 ÷ 24 = 1 的余数为 7，因此旋转 7 位。当 n 中指定了 32 以上时，按 n ÷ 32 的余数值进行旋转。例如，n = 34 时，34 ÷ 32 = 1 的余数为 2，因此进行 2 位旋转。DRORP 指令和 DROR 的区别仅在于它是在执行条件的上升沿执行指令。

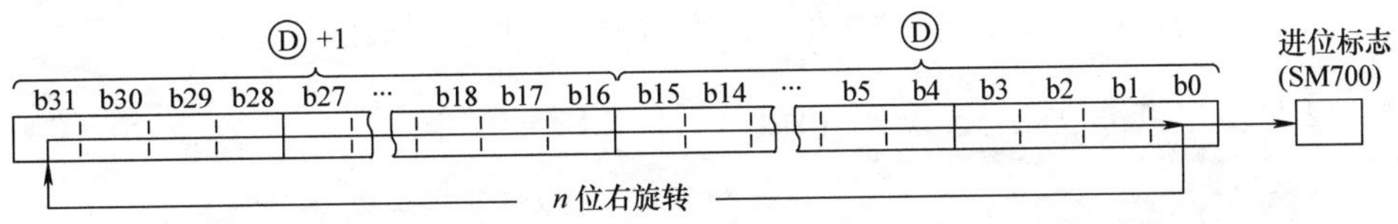

图 4-5　32 位数据不带进位标志右旋转 DROR 指令执行过程示意图

（2）32 位数据带进位标志右旋转（DRCR、DRCRP）指令

梯形图表示：

说明：当 n 指定范围为 0 ~ 31，且 DRCR 执行条件为 ON 时，将Ⓓ中指定的软元件的 32 位数据在包含进位标志的状态下进行 n 位右旋转，最低位被移到进位标志位（SM700）中，原进位标志移到最高位，如图 4-6 所示。在Ⓓ中指定了软元件位数的情况下，按位数指定中指定的软元件范围进行旋转。此时，实际旋转的位数为 n ÷（位数指定中指定的点数）的余数。例如，n = 31，（位数指定中指定的点数）= 24 位时，31 ÷ 24 = 1 的余数为 7，因此旋转 7 位。当 n 中指定了 32 以上时，按 n ÷ 32 的余数值进行旋转。例如，n = 34 时，34 ÷ 32 = 1 的余数为 2，因此进行 2 位右旋转。DRCRP 指令和 DRCR 的区别仅在于它是在执行条件的上升沿执行指令。

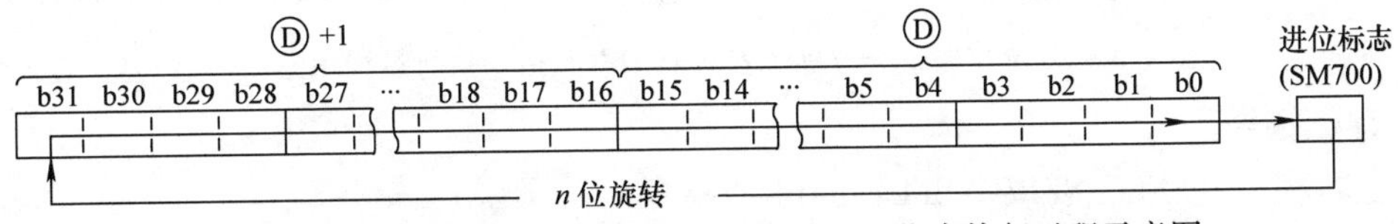

图 4-6　32 位数据带进位标志右旋转 DRCR 指令执行过程示意图

4. 32 位数据左旋转（DROL、DROLP、DRCL、DRCLP）**指令**

可用软元件：内部字软元件、文件寄存器 R、链接直接软元件 ZR、智能功能模块软元件、变址寄存器 Zn，常数 K 和 H（仅在源操作数 n 中使用）。

（1）32 位数据不带进位标志左旋转（DROL、DROLP）指令

梯形图表示：

说明：当 n 指定范围为 0～31，且 DROL 执行条件为 ON 时，将Ⓓ中指定的软元件的 32 位数据在不包含进位标志的状态下进行 n 位左旋转，最高位被移到最低位同时存入进位标志位（SM700）中，如图 4-7 所示。在Ⓓ中指定了软元件位数的情况下，按位数指定中指定的软元件范围进行旋转。此时，实际旋转的位数为 n÷（位数指定中指定的点数）的余数。例如，n＝31，（位数指定中指定的点数）＝24 位时，31÷24＝1 的余数为 7，因此旋转 7 位。当 n 中指定了 32 以上时，按 n÷32 的余数值进行旋转。例如，n＝34 时，34÷32＝1 的余数为 2，因此进行 2 位旋转。DROLP 指令和 DROL 的区别仅在于它是在执行条件的上升沿执行指令。

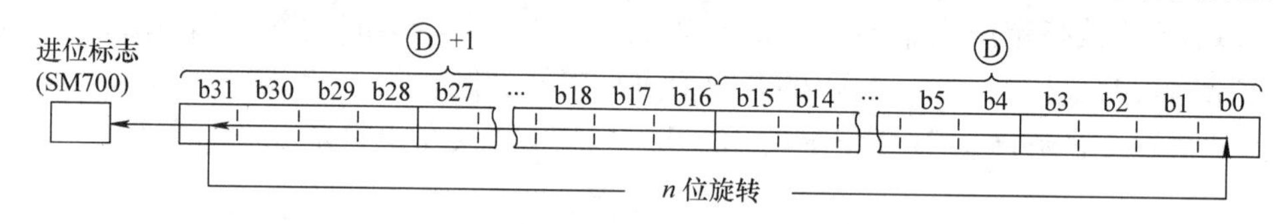

图 4-7　32 位数据不带进位标志左旋转 DROL 指令执行过程示意图

（2）32 位数据带进位标志左旋转（DRCL、DRCLP）指令

梯形图表示：

说明：当 n 指定范围为 0～31，且 DRCL 执行条件为 ON 时，将Ⓓ中指定的软元件的 32 位数据在包含进位标志的状态下进行 n 位左旋转，最高位被移到进位标志位（SM700）中，原进位标志移到最低位，如图 4-8 所示。在Ⓓ中指定了软元件位数的情况下，按位数指定中指定的软元件范围进行旋转。此时，实际旋转的位数为 n÷（位数指定中指定的点数）的余数。例如，n＝31，（位数指定中指定的点数）＝24 位时，31÷24＝1 的余数为 7，因此旋转 7 位。当 n 中指定了 32 以上时，按 n÷32 的余数值进行旋转。例如，n＝34 时，34÷32＝1 的余数为 2，因此进行 2 位旋转。DRCLP 指令和 DRCL 的区别仅在于它是在执行条件的上升沿执行指令。

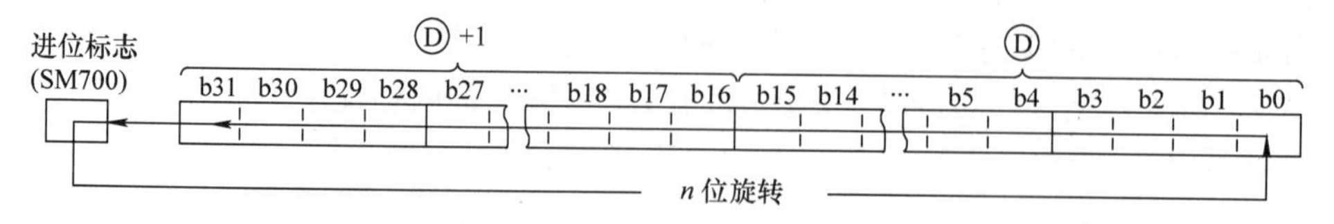

图 4-8　32 位数据带进位标志左旋转 DRCL 指令执行过程示意图

4.1.3　移位指令

1. 左右移位（SFR、SFRP、SFL、SFLP）**指令**

可用软元件：内部字软元件、文件寄存器 R、链接直接软元件 ZR、智能功能模块软元件、变址寄存器 Zn，常数 K 和 H（仅在源操作数 n 中使用）。

（1）右移（SFR、SFRP）指令

梯形图表示：

说明：当 n 指定范围为 0 ~ 15，且 SFR 执行条件为 ON 时，将Ⓓ中指定的软元件的 16 位数据右移 n 位，同时从最高位开始至 n 位为止将变为 0，最低位依次移到进位标志（SM700）中，如图 4-9 所示。在Ⓓ中指定了软元件位数的情况下，按位数指定中指定的软元件范围进行右移。此时，实际移位的位数为 $n\div$（位数指定中指定的点数）的余数。例如，$n=15$，（位数指定中指定的点数）$=8$ 位时，$15\div8=1$ 的余数为 7，因此进行 7 位移位。当 n 中指定了 16 以上时，按 $n\div16$ 的余数值进行移位。例如，$n=18$ 时，$18\div16=1$ 的余数为 2，因此进行 2 位移位。SFRP 指令和 SFR 的区别仅在于它是在执行条件的上升沿执行指令。

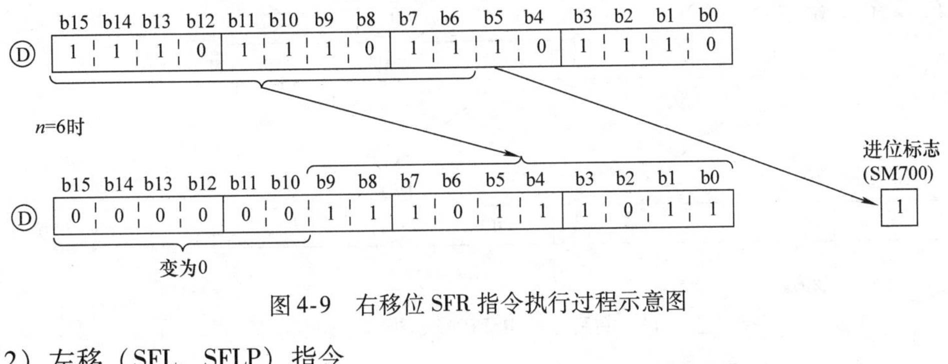

图 4-9　右移位 SFR 指令执行过程示意图

（2）左移（SFL、SFLP）指令

梯形图表示：

说明：当 n 指定范围为 0 ~ 15，且 SFL 执行条件为 ON 时，将Ⓓ中指定的软元件的 16 位数据左移 n 位，同时从最低位开始至 n 位为止将变为 0，最高位依次移到进位标志（SM700）中，如图 4-10 所示。在Ⓓ中指定了软元件位数的情况下，按位数指定中指定的软元件范围进行移位。此时，实际移位的位数为 $n\div$（位数指定中指定的点数）的余数。例如，$n=15$，（位数指定中指定的点数）$=8$ 位时，$15\div8=1$ 的余数为 7，因此进行 7 位移位。当 n 中指定了 16 以上时，按 $n\div16$ 的余数值进行移位。例如，$n=18$ 时，$18\div16=1$ 的余数为 2，因此进行 2 位移位。SFLP 指令和 SFL 的区别仅在于它是在执行条件的上升沿执行指令。

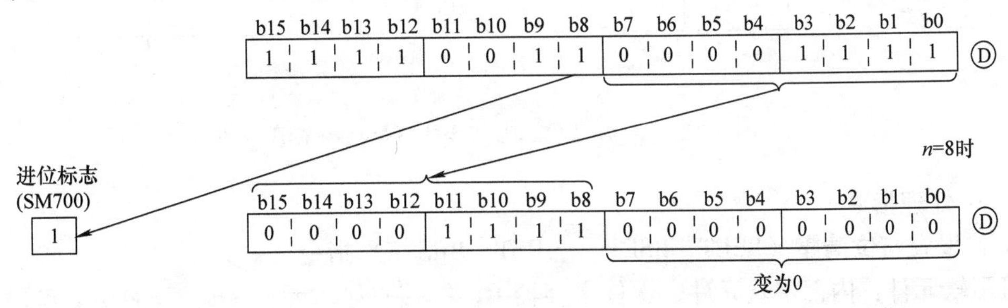

图 4-10　左移位 SFL 指令执行过程示意图

2. 移1位（BSFR、BSFRP、BSFL、BSFLP）**指令**

可用软元件：内部字软元件，常数K和H（仅在源操作数n中使用）。

（1）右移1位（BSFR、BSFRP）指令

梯形图表示：

说明：当BSFR指令执行条件为ON时，将Ⓓ中指定的软元件开始的n点（0～15）数据右移1位，移出位存入进位标志（SM700）中，最高位（Ⓓ$+n-1$）补0，如图4-11所示。BSFRP指令和BSFR的区别仅在于它是在执行条件的上升沿执行指令。

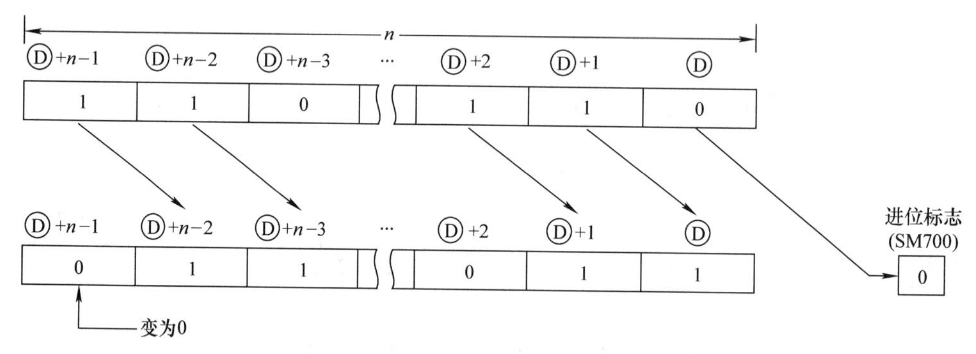

图4-11　右移1位BSFR指令执行过程示意图

（2）左移1位（BSFL、BSFLP）指令

梯形图表示：

说明：当BSFL指令执行条件为ON时，将Ⓓ中指定的软元件开始的n点（0～15）数据左移1位，移出位存入进位标志（SM700）中，最低位补0，如图4-12所示。BSFLP指令和BSFL的区别仅在于它是在执行条件的上升沿执行指令。

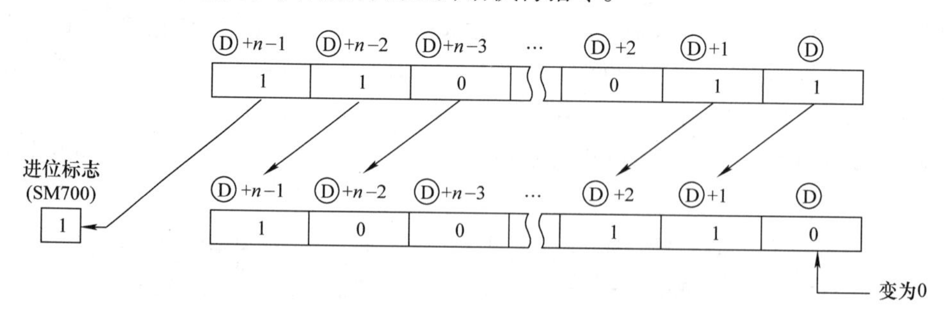

图4-12　左移1位BSFL指令执行过程示意图

4.1.4　位处理指令

1. 位设置与位清零（BSET、BSETP、BRST、BRSTP）**指令**

可用软元件：内部字软元件、文件寄存器R、链接直接软元件ZR、智能功能模块软元件、变址寄存器Zn，常数K和H（仅在源操作数n中使用）。

梯形图表示：

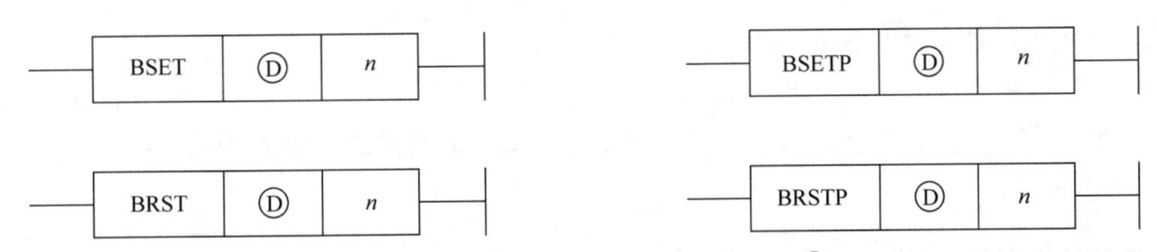

说明：当 n 取值 0 ~ 15，且 BSET 执行条件为 ON 时，对Ⓓ中指定的字软元件的第 n 位进行置位（设置 1）。当 n 取值 0 ~ 15，且 BRST 执行条件为 ON 时，对Ⓓ中指定的字软元件的第 n 位进行复位（清零）。BSETP 与 BSET 指令的区别仅在于它是在执行条件的脉冲上升沿执行指令。BRSTP 与 BRST 指令的区别仅在于它是在执行条件的脉冲上升沿执行指令。

例 1 位设置 BRSTP 与位清零 BSETP 指令应用例子如图 4-13 所示。它们和复位指令（RST）与置位指令（SET）有相同的功能。当 X0B 为 OFF 时，将 D8.8 复位；当 X0B 为 ON 时，将 D8.3 置位。

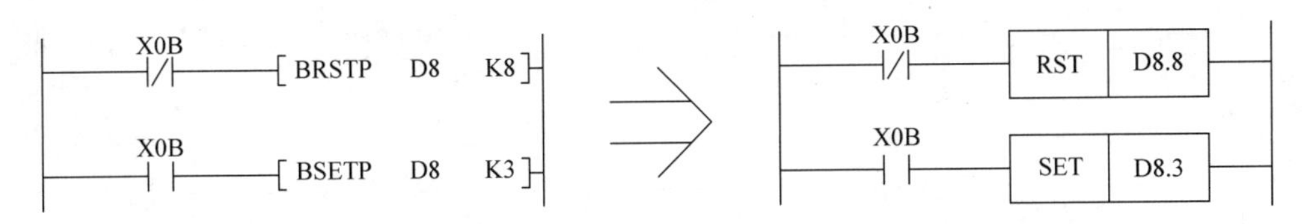

图 4-13 位设置 BRSTP 与位清零 BSETP 指令应用例子

2. 提取位（TEST、TESTP、DTEST、DTESTP）**指令**

可用软元件：内部字软元件、文件寄存器 R、链接直接软元件 ZR、智能功能模块软元件、变址寄存器 Zn，常数 K 和 H（仅在源操作数Ⓢ2中使用）。

梯形图表示：

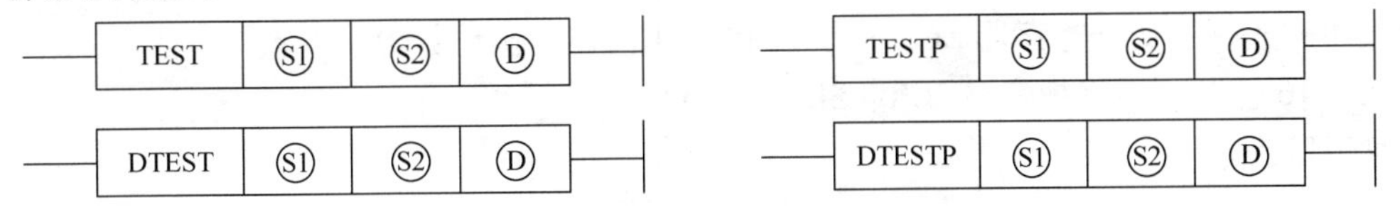

说明：在执行条件为 ON 时，在Ⓢ1中指定的软元件内，对Ⓢ2中指定位置（对于 TEST 指令，取值范围为 0 ~ 15；对于 DTEST 指令，取值范围为 0 ~ 31）的位数据进行提取后，写入到Ⓓ中指定的位软元件中。TEST 指令为 16 位数据的位提取指令，DTEST 指令为 32 位数据的位提取指令，其执行过程如图 4-14 所示。TESTP、DTESTP 与 TEST、DTEST 指令的区别仅在于它是在执行条件的上升沿执行指令。

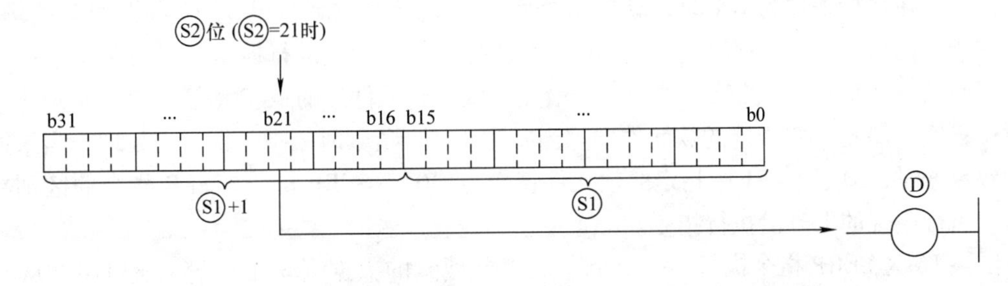

图 4-14 32 位数据的位提取 DTEST 指令执行过程示意图

3. 对 *n* 点的位软元件复位（BKRST、BKRSTP）**指令**

可用软元件：内部字软元件（Ⓓ操作数）；文件寄存器 R、链接直接软元件 ZR、智能功能模块软元件、变址寄存器 Zn、常数 K 和 H（仅在源操作数 *n* 中使用）。

梯形图表示：

说明：在执行条件为 ON 时，从中指定的位软元件开始，对 *n* 点的位软元件进行复位。当Ⓓ是定时器或计数器时，将从中指定的定时器（T）或计数器（C）开始的 *n* 点的当前值置为 0 后，将线圈触点置为 OFF。

例 2 多位软元件复位 BKRSTP 指令应用例子如图 4-15 所示。当 X20 为 ON 时，它将 D10.2～D11.1 的 16 个位复位。

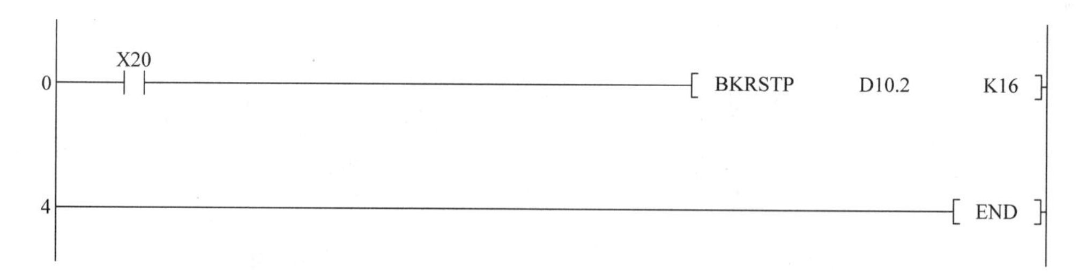

图 4-15 多位软元件复位 BKRSTP 指令应用例子

4.1.5 数据处理指令

1. 搜索相同数据（SER、SERP、DSER、DSERP）**指令**

可用软元件：内部字软元件（Ⓢ2操作数）、文件寄存器 R、链接直接软元件 ZR、智能功能模块软元件、变址寄存器 Zn、常数 K 和 H（仅在源操作数Ⓢ1、Ⓓ、*n* 中使用）。

（1）16 位相同数据搜索（SER、SERP）指令

梯形图表示：

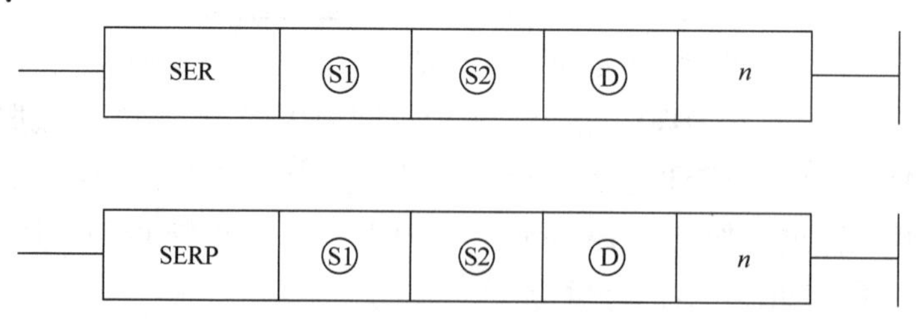

说明：在执行条件为 ON 时，SER 指令将Ⓢ1中指定的软元件的 16 位数据作为关键字，从Ⓢ2中指定的软元件的 16 位数据开始至 *n* 个数据（字）为止进行搜索。将与关键字一致的个数存储到Ⓓ+1 中指定的软元件中，将最先一致的软元件号的从Ⓢ2算起（该位置取 1）的相对位置值存储到Ⓓ中指定的软元件中。当 *n* 为 0 或者负数时，指令执行无处理。当未搜索到一致数据时，Ⓓ、Ⓓ+1 中指定的软元件将变为“0”。SERP 指令与 SER 指令的区别在于它是在执行条件的上升沿执行指令。

图 4-16 为 SERP 指令执行的一个例子。需要搜索的数据（Ⓢ1的内容）是 123，从Ⓢ2开始搜索，直到Ⓢ2+*n*−1 为止，共有 2 个一致的数据，保存在Ⓓ+1 中；最先数据一致的地

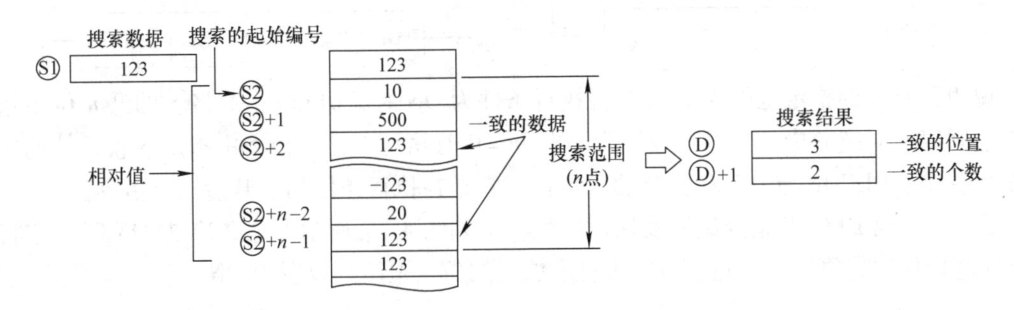

图 4-16　16 位相同数据搜索 SERP 指令执行过程示意图

址相对值为 3，且保存在Ⓓ中。

（2）32 位相同数据搜索（DSER、DSERP）指令

梯形图表示：

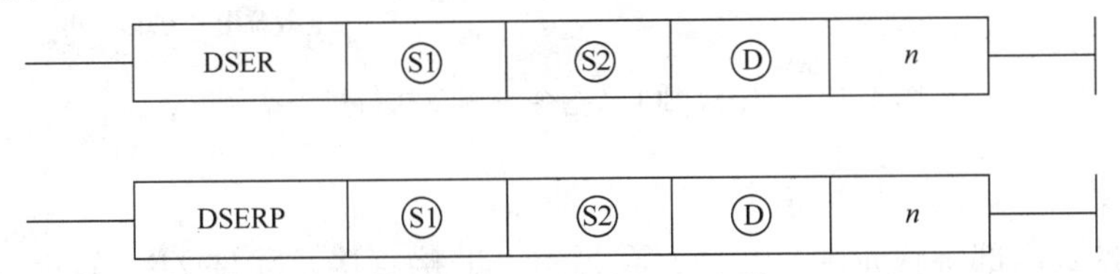

说明：在执行条件为 ON 时，DSER 指令将Ⓢ2 + 1，Ⓢ1中指定的软元件的 32 位数据作为关键字，Ⓢ2从中指定的软元件开始以 32 位为单位对 n 个（以 16 位为单位时为 $2 \times n$ 个）的范围进行搜索。将与关键字一致的个数存储到Ⓓ + 1 中指定的软元件中，将最先一致的软元件号的从Ⓢ2算起的相对值存储到Ⓓ中指定的软元件中。当 n 为 0 或者负数时，指令执行无处理。当未搜索到一致的数据时，Ⓓ、Ⓓ + 1 中指定的软元件将变为“0”。DSERP 指令与 DSER 指令的区别在于它是在执行条件的上升沿执行指令。

2. 统计为 1 的位数（SUM、SUMP、DSUM、DSUMP）**指令**

可用软元件：内部字软元件、文件寄存器 R、链接直接软元件 ZR、智能功能模块软元件、变址寄存器 Zn、常数 K 和 H（仅在源操作数Ⓢ中使用）。

梯形图表示：

说明：在执行条件为 ON 时，SUM 指令统计Ⓢ中指定的 16 位数据中将处于 1 状态的位的总数，并存储到Ⓓ中指定的软元件中。在执行条件为 ON 时，在 DSUM 指令统计Ⓢ中指定的 32 位数据中将处于 1 状态的位的总数，并存储到Ⓓ中指定的软元件中。SUMP、DSUMP 指令与 SUM、DSUM 指令的区别在于它是在执行条件的上升沿执行指令。

3. 解码（DECO、DECOP）**指令**

可用软元件：内部字软元件、文件寄存器 R、链接直接软元件 ZR、智能功能模块软元件、变址寄存器 Zn、常数 K 和 H（仅在源操作数 n 中使用）。

梯形图表示：

说明：当 n 的指定范围为 1～8，且执行条件为 ON 时，DECO 指令将Ⓢ的低 n 位中指定的二进制值所对应Ⓓ中位置的位设置为 ON。$n=0$ 时执行无处理，Ⓓ中指定的软元件的内容不发生变化。DECOP 与 DECO 指令的区别在于它是在执行条件的上升沿执行指令。

例 3 解码 DECOP 指令编程及执行过程举例如图 4-17 所示。在 X20 为 ON 时，它将低 3 位 X2X1X0 的数值（为十进制 6）所对应位置的位（M16）设置为 ON。

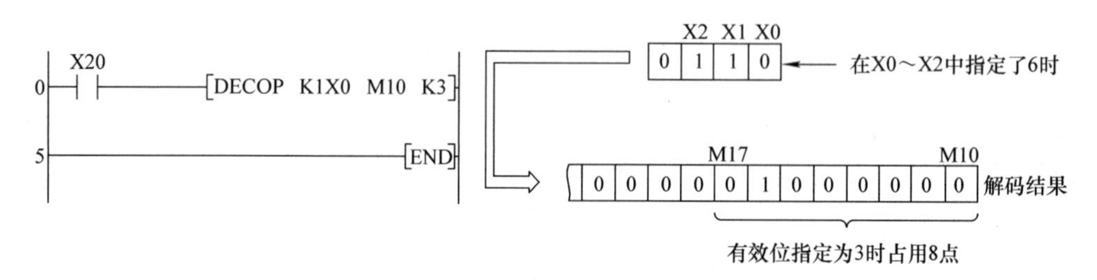

图 4-17 解码 DECOP 指令编程及执行过程举例

4. 编码（ENCO、ENCOP）指令

可用软元件：内部字软元件、文件寄存器 R、链接直接软元件 ZR、智能功能模块软元件、变址寄存器 Zn、常数 K 和 H（仅在源操作数 n 中使用）。

梯形图表示：

说明：当 n 指定范围为 1～8，且执行条件为 ON 时，从Ⓢ开始的 2^n 位范围内的数据，将处于 1 状态的位所对应的二进制值存储到Ⓓ中。$n=0$ 时执行无处理，Ⓓ的内容不发生变化。当多个位为 1 时，按高位的位的位置进行处理。ENCOP 指令与 ENCO 指令的区别在于它是在执行条件的上升沿执行指令。

例 4 编码 ENCOP 指令编程及执行过程举例如图 4-18 所示。在 X20 为 ON 时，它将 M10 开始的 $2^3=8$ 范围内的为 1 位的数值（为十进制 3），以 BIN 格式存储在 D8 中。

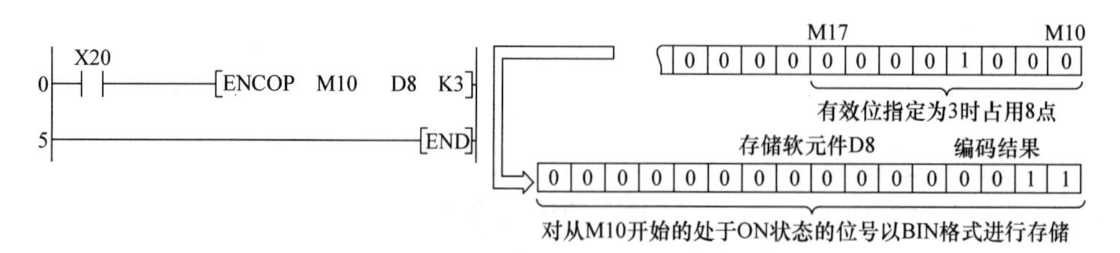

图 4-18 编码 ENCOP 指令编程及执行过程举例

5. 7 段显示译码（SEG、SEGP）指令

可用软元件：内部字软元件、文件寄存器 R、链接直接软元件 ZR、智能功能模块软元件、变址寄存器 Zn、常数 K 和 H（仅在源操作数Ⓢ中使用）。

梯形图表示：

说明：在执行条件为 ON 时，将低 4 位中指定的 0 ~ F 的数据译码为 7 段显示数据后，存储到Ⓓ中，它们之间的关系见表 4-1。当指令中使用位软元件时，Ⓓ表示存储 7 段显示数据的软元件的起始编号；指令中使用字软元件时，Ⓓ表示存储的软元件编号，如图 4-19 所示。SEGP 指令与 SEG 指令的区别在于它是在执行条件的上升沿执行指令。

表 4-1　Ⓢ低 4 位中指定的 0 ~ F 数据和 7 段显示数据（十六进制）之间的关系

Ⓢ低 4 位	7 段显示数据	Ⓢ低 4 位	7 段显示数据	Ⓢ低 4 位	7 段显示数据	Ⓢ低 4 位	7 段显示数据
0	3F	4	66	8	7F	C	39
1	06	5	6D	9	6F	D	5E
2	5B	6	7D	A	77	E	79
3	4F	7	27	B	7C	F	71

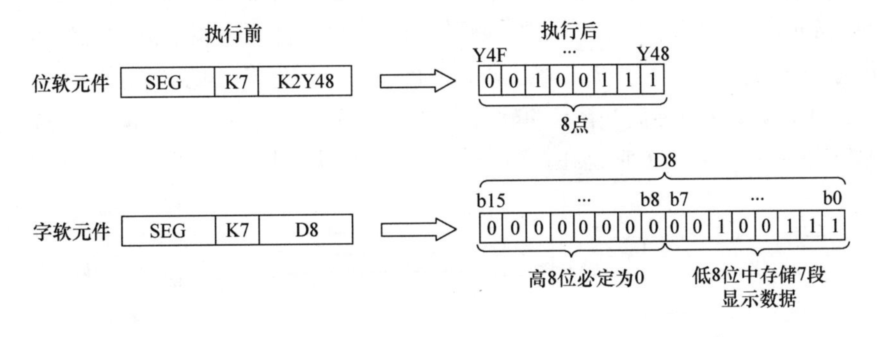

图 4-19　7 段译码 SEG 指令执行过程示意图

6. 数据分离（DIS、DISP）指令

可用软元件：内部字软元件（源操作数Ⓓ中使用）、文件寄存器 R、链接直接软元件 ZR、智能功能模块软元件、变址寄存器 Zn、常数 K 和 H（仅在源操作数 n 中使用）。

梯形图表示：

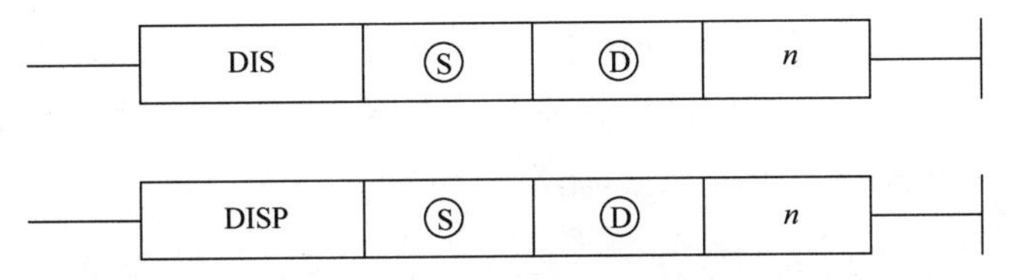

说明：当 n 指定范围为 1 ~ 4，且在执行条件为 ON 时，将Ⓢ中指定的 4 位十六进制数据的低 n 位数（每位数由 4 位二进制组成）的数据，存储到Ⓓ中指定的软元件开始的 n 个软元件的最低 4 位二进制中，同时从Ⓓ中指定的软元件开始的 n 个软元件的高 12 位均变为 0。当 n = 0 时执行无处理。DISP 与 DIS 指令的区别在于它是在执行条件的上升沿执行指令。

例 5　图 4-20 是数据分离 DISP 指令应用例子以及执行结果示意图。当 X0 为 ON 时，程序将 D0 中的 4 位十六进制数按位进行分离，并且分别存储到 D10、D11、D12、D13 中，它们的高 12 个二进制位均为 0。

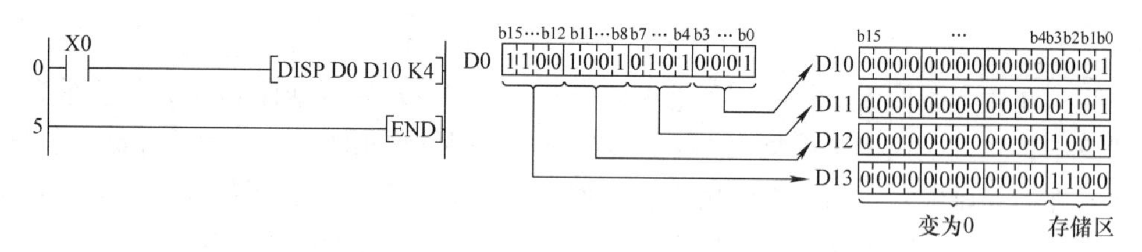

图 4-20　数据分离 DISP 指令应用例子以及执行结果示意图

7. 数据合并（UNI、UNIP）**指令**

可用软元件：内部字软元件（源操作数Ⓢ中使用）、文件寄存器 R、链接直接软元件 ZR、智能功能模块软元件、变址寄存器 Zn、常数 K 和 H（仅在源操作数 *n* 中使用）。

梯形图表示：

说明：当 *n* 指定范围为 1～4，且执行条件为 ON 时，将Ⓢ中指定的软元件开始的 *n* 点的 16 位二进制数据的低 4 位，按位数由低至高进行合并，没有合并的高位数均为 0，构成一个新的 16 位二进制数，存储到Ⓓ指定的软元件中，如图 4-21 所示。当 *n*＝0 时执行无处理。UNIP 与 UNI 指令的区别在于它是在执行条件的上升沿执行指令。

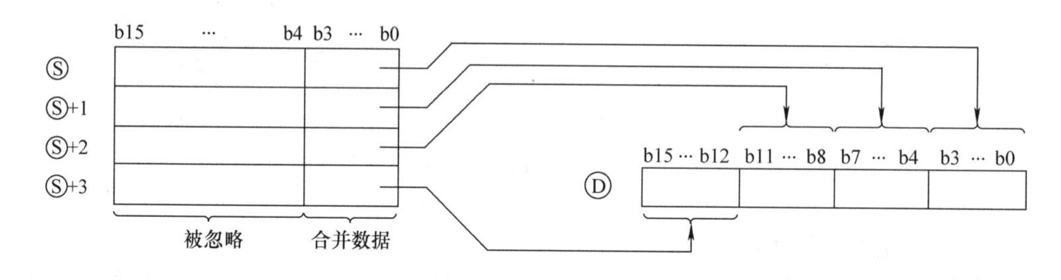

图 4-21　数据合并 UNI 指令执行过程示意图

8. 搜索最大值（MAX、MAXP、DMAX、DMAXP）**指令**

可用软元件：内部字软元件（源操作数Ⓢ、Ⓓ中使用）、文件寄存器 R、链接直接软元件 ZR、智能功能模块软元件、变址寄存器 Zn、常数 K 和 H（仅在源操作数 *n* 中使用）。

（1）16 位 BIN 数据中搜索最大值（MAX、MAXP）指令

梯形图表示：

说明：在执行条件为 ON 时，从Ⓢ中指定的软元件开始，在 *n* 点的 16 位 BIN 数据中搜索最大值，并将最大值存储到Ⓓ中指定的软元件中，将最先检测出的存储最大值的软元件号从Ⓢ算起（该位置取 1）的相对位置值存储到Ⓓ＋1 中，将最大值的个数存储到Ⓓ＋2 中，如图 4-22 所示。

（2）32 位 BIN 数据中搜索最大值（DMAX、DMAXP）指令

梯形图表示：

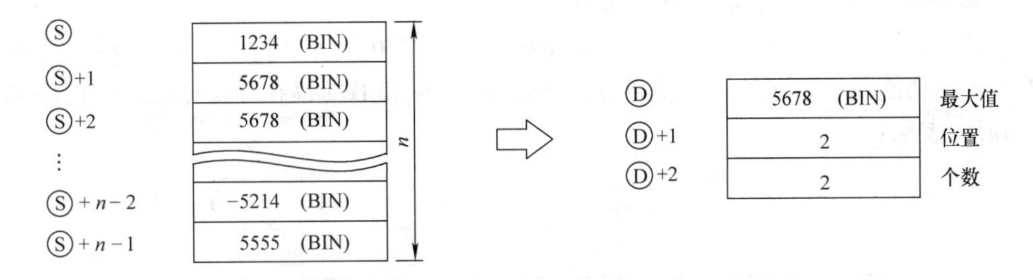

图 4-22　16 位 BIN 数据中搜索最大值 MAX 指令执行过程示意图

说明：在执行条件为 ON 时，从Ⓢ中指定的软元件开始，在 n 点的 32 位 BIN 数据中搜索最大值，并将最大值存储到Ⓓ+1、Ⓓ中指定的软元件中，将最先检测出的存储最大值的软元件号从Ⓢ算起的相对位置值存储到Ⓓ+2 中，将最大值的个数存储到Ⓓ+3 中，如图 4-23 所示。

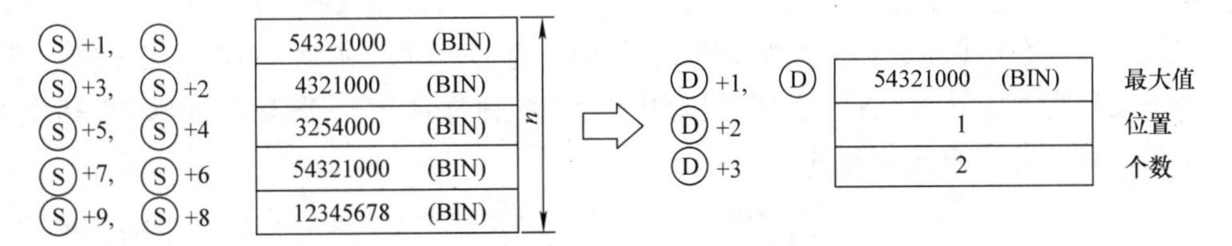

图 4-23　32 位 BIN 数据中搜索最大值 DMAX 指令执行过程示意图

9. 搜索最小值（MIN、MINP、DMIN、DMINP）**指令**

可用软元件：内部字软元件（源操作数Ⓢ、Ⓓ中使用）、文件寄存器 R、链接直接软元件 ZR、智能功能模块软元件、变址寄存器 Zn、常数 K 和 H（仅在源操作数 n 中使用）。

（1）16 位 BIN 数据中搜索最小值（MIN、MINP）指令

梯形图表示：

说明：在执行条件为 ON 时，从Ⓢ中指定的软元件开始，在 n 点的 16 位 BIN 数据中搜索最小值，并将最小值存储到Ⓓ中指定的软元件中，将最先检测出的存储最小值的软元件号从Ⓢ算起的相对位置值存储到Ⓓ+1 中，将最小值的个数存储到Ⓓ+2 中。

（2）32 位 BIN 数据中搜索最小值（DMIN、DMINP）指令

梯形图表示：

说明：在执行条件为 ON 时，从Ⓢ中指定的软元件开始，在 n 点的 32 位 BIN 数据中搜索最小值，并将最小值存储到Ⓓ+1、Ⓓ中指定的软元件中，将最先检测出的存储最小值的软元件号从Ⓢ算起的相对位置值存储到Ⓓ+2 中，将最小值的个数存储到Ⓓ+3 中。

10. 数据排序（SORT、DSORT）指令

可用软元件：内部字软元件（源操作数Ⓢ、Ⓓ中使用）、文件寄存器 R、链接直接软元件 ZR、智能功能模块软元件、变址寄存器 Zn、常数 K 和 H（仅在源操作数 n 中使用）。

梯形图表示：

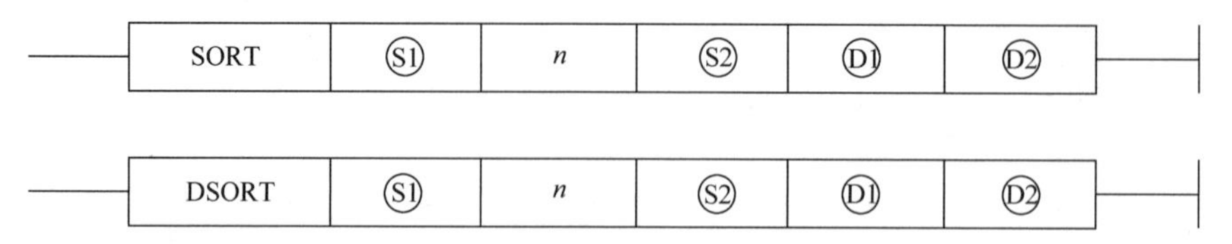

说明：SORT 为 BIN16 位数据排序指令，Ⓢ1为排序表格的起始软元件编号，n 为排序的数据个数，Ⓢ2为执行一次排序中进行比较的数据个数（仅影响排序结束的扫描次数），Ⓓ1中指定的软元件用来存储排序是否结束的状态（在排序指令开始执行时变为 OFF，在排序结束时变为 ON），Ⓓ2中指定的软元件开始的 2 点为排序指令执行时的系统所用（用户不能挪作他用）。在执行条件为 ON 时，SORT 指令将从Ⓢ1开始的 n 点的 BIN16 位数据进行升序/降序排序（当 SM703 为 OFF 时，进行升序排序；当 SM703 为 ON 时，进行降序排序）。

例 6 图 4-24 是数据排序 SORT 指令应用例子。当 X0 为 ON，且 X10 为 ON 时，对 D0～D3 数据进行降序排序；当 X0 为 OFF，且 X10 为 ON 时，对 D0～D3 数据进行升序排序。排序完成后将 M0 置为 ON，且 D10 和 D11 为系统排序所用。DSORT 与 SORT 指令的区别是它仅对 BIN32 位数据进行排序。

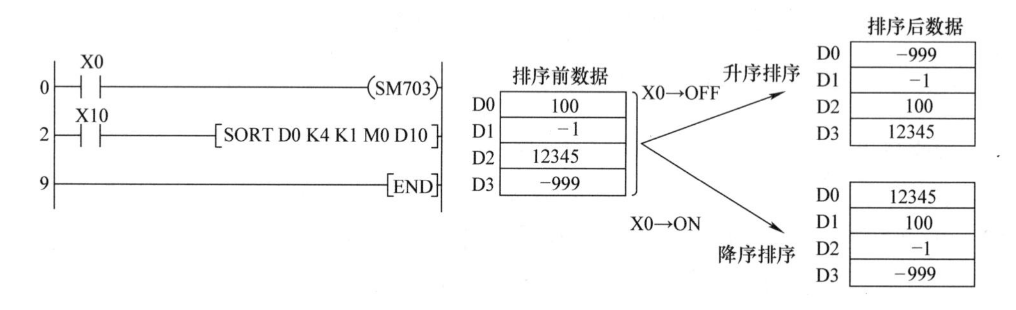

图 4-24 数据排序 SORT 指令应用例子

11. 数据求和（WSUM、WSUMP）指令

可用软元件：内部字软元件（源操作数Ⓢ使用）、文件寄存器 R、链接直接软元件 ZR、智能功能模块软元件、变址寄存器 Zn、常数 K 和 H（仅在源操作数 n 中使用）。

梯形图表示：

说明：在执行条件为 ON 时，将Ⓢ中指定的软元件开始的 n 点的 16 位 BIN 数据全部进行加法运算后，并将结果存储到Ⓓ+1、Ⓓ中指定的软元件中。

12. 求平均值（MEAN、MEANP）指令

可用软元件：内部字软元件、文件寄存器 R、链接直接软元件 ZR（源操作数Ⓢ、Ⓓ使用）、常数 K 和 H（仅在源操作数 n 中使用）。

梯形图表示：

说明：当 n 设置范围为 1 ~ 32767，且执行条件为 ON 时，将Ⓢ中指定的软元件开始的 n 点 16 位 BIN 数据进行平均值计算后（在计算结果不是整数值的情况下，小数点以下将进位），将结果存储到Ⓓ中指定的软元件中。当 n 中指定的值为 0 时，执行无处理。

4.1.6 结构化指令

1. 无条件多次执行程序块（FOR、NEXT）**指令**

可用软元件：内部字软元件、文件寄存器 R、链接直接软元件 ZR（源操作数Ⓢ、Ⓓ使用）、常数 K 和 H。

梯形图表示：

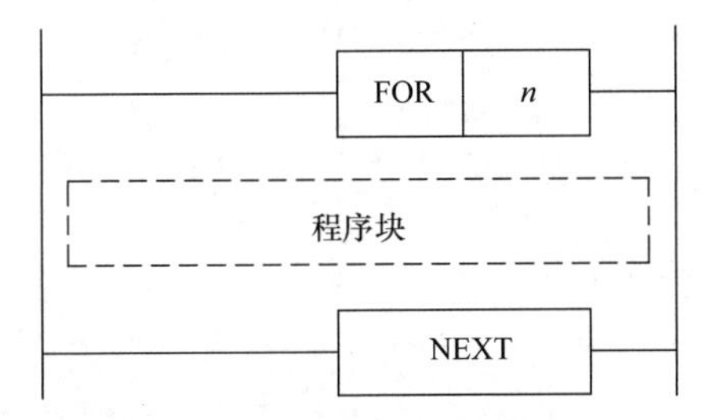

说明：将 FOR ~ NEXT 指令之间的程序块无条件执行 n 次（n 指定范围为 1 ~ 32767）后，再执行 NEXT 指令的下一步的处理。如果 n 指定了 −32768 ~ 0 的值，将执行等同于 n = 1 时的处理。FOR 指令的嵌套最多可达 16 级。如果运行当中不希望执行 FOR ~ NEXT 指令之间的程序处理，应通过条件跳转（CJ 或 SCJ）指令进行跳转。

2. 强制结束 FOR ~ NEXT 之间程序（BREAK、BREAKP）**指令**

可用软元件：内部字软元件、文件寄存器 R、链接直接软元件 ZR、智能功能模块软元件、变址寄存器 Zn。

梯形图表示：

说明：Ⓓ是用于存储剩余反复次数的软元件编号（BIN16 位），Pn 是反复处理强制结束时的分支目标指针号［软元件名（指针）］。当执行条件为 ON 时，对 FOR ~ NEXT 之间的指令执行强制结束，将执行切换到 Pn 中指定的指针处。对多重嵌套执行强制结束时，则应执行与嵌套级数相同数量的 BREAK 指令。

例 7 图 4-25 是 FOR ~ BREAKP ~ NEXT 指令应用例子。PLC 正常运行时 SM400 为 ON，RST 指令执行将 D0 清零；在 FOR ~ NEXT 的 100 次循环过程中，每循环一次，D0 的内容增 1，当 D0 变为 30（执行了 30 次 FOR ~ NEXT）时，相等比较指令处于导通状态，BREAKP 指令执行，强制结束 FOR ~ NEXT 之间的程序，将剩余循环次数（70 次）保存到 D1 中，并跳到指针号 P0 处执行。

3. 子程序调用（CALL、CALLP）**指令**

可用软元件：内部字软元件、文件寄存器 R、链接直接软元件 ZR、智能功能模块软元件、变址寄存器 Zn、常数 K 和 H。

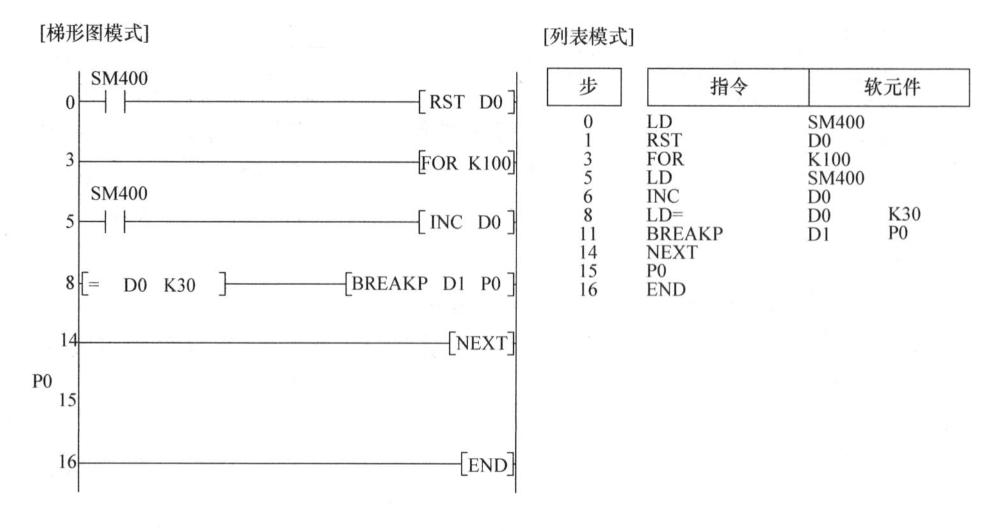

步	指令	软元件	
0	LD	SM400	
1	RST	D0	
3	FOR	K100	
5	LD	SM400	
6	INC	D0	
8	LD=	D0	K30
11	BREAKP	D1	P0
14	NEXT		
15	P0		
16	END		

图 4-25 FOR ~ BREAKP ~ NEXT 指令应用例子

（1）不带变量传送的子程序调用指令

梯形图表示：

说明：Pn 为子程序的起始指针编号。当执行条件为 ON 时，CALL 指令将执行 Pn 中指定的指针的子程序。CALLP 指令与 CALL 指令区别在于它是在执行条件的上升沿执行指令。

（2）带变量传送的子程序调用指令

说明：Pn 为子程序的起始指针编号，Ⓢ1 ~ Ⓢ为变量传送到子程序中的软元件编号。功能软元件是指在带变量的子程序中使用的软元件，在带变量的子函数调用源与带变量的子程序之间进行数据的写入/读出。功能软元件有三种：功能输入 FX、功能输出 FY 和功能寄存器 FD（如果是子程序中的源数据，则自动作为子程序的输入数据；如果是子程序中的目标数据，则自动作为子程序的输出数据。）。

在子程序中使用功能软元件（FX、FY、FD）来传送变量时，必须在 CALL（P）指令的Ⓢ1 ~ Ⓢ中指定与功能软元件（FX、FY、FD）相对应的软元件（X、Y、D）。当执行条件为 ON 时，CALL（P）指令将执行 Pn 中指定的指针的子程序，将位数据的内容（X）传送到 FX 中，将字数据的内容（D）传送到 FD 中。在子程序执行之后，将 FY、FD 的内容传送到对应的软元件（Y、D）中。

例 8 带变量传送的子程序调用指令的数据传输示意图如图 4-26 所示。当 X10 为 ON 时，调用起始指针 P0 子程序，将 X0 传送给 FX0，将 D0 传送给 FD1；子程序执行结束返回主程序时，将 FD2 传送给 D100。

带变量传送子程序调用注意事项如下。

1）功能软元件的处理单位：FX、FY 以位为单位；FD 以 4 个字为单位（例如 FD0 有 4

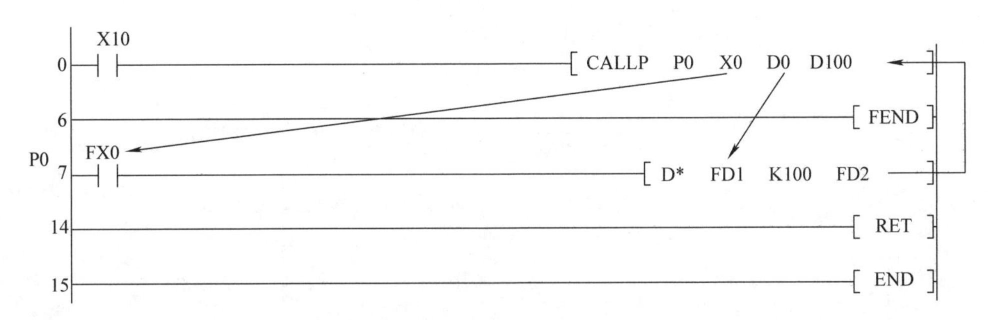

图4-26 带变量传送的子程序调用指令的数据传输示意图

个字的存储容量，FD1也有4个字的存储容量，依次类推）。所以，功能软元件所对应的调用软元件也应该预留出相当于该数据大小的容量，如果未能预留出相当于该数据大小的容量将会变为出错状态。例如，在子程序调用指令中使用了D0，则D1、D2、D3必须预留，不能在子程序中使用。

2）子程序中使用的功能软元件数必须与CALL（P）指令中的变量数相同。此外，功能软元件与CALL（P）指令中的变量类型应该完全一致。在CALL（P）指令的变量中指定的软元件号不应重复。

3）在CALL（P）指令的变量中使用的软元件不应在子程序中使用。如果在子程序中使用了CALL（P）指令的变量中使用的软元件，将无法正常进行运算。

4）如果在CALL（P）指令的变量的软元件中使用了定时器/计数器，只进行当前值的接收与发送。

4. 子程序结束（RET）指令

梯形图表示：

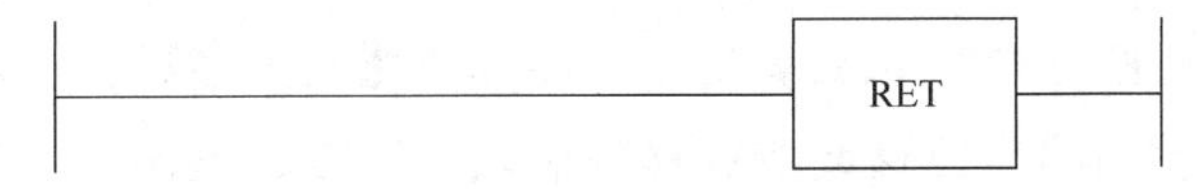

说明：无条件执行RET指令时，结束子程序，返回子程序调用指令的下一步处理。

4.1.7 读取日期指令

可用软元件：内部字软元件、文件寄存器R、链接直接软元件ZR。

梯形图表示：

说明：在执行条件为ON时，根据CPU模块的时钟因子读取“年、月、日、时、分、秒、星期”后，以BIN值存储到Ⓓ中指定的软元件的后面。其中，Ⓓ中存放公历年（1980～2079），Ⓓ+1中存放月（1～12），Ⓓ+2中存放日（1～31），Ⓓ+3中存放时（0～23），Ⓓ+4中存放分（0～59），Ⓓ+5中存放秒（0～59），Ⓓ+6中存放星期（0～6）。闰年时将进行自动修正。

例9 读取系统日期与时间并输出的程序如图4-27所示。PLC正常运行时SM400为ON，DATERD指令执行，读取系统日期和时间，并以二进制（BIN）值存储到D0～D6中。由BCD指令将二进制值转化为BCD码，分别由Y70～Y7F输出“年”，由Y68～Y6F输出“月”，由Y60～Y67输出“日”，Y58～Y5F输出“时”，由Y50～Y57输出“分”，由

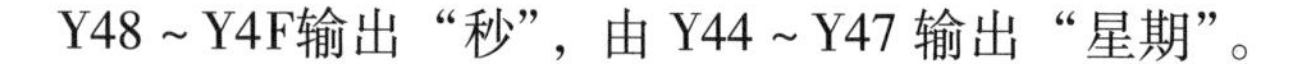
Y48 ~ Y4F输出“秒”，由 Y44 ~ Y47 输出“星期”。

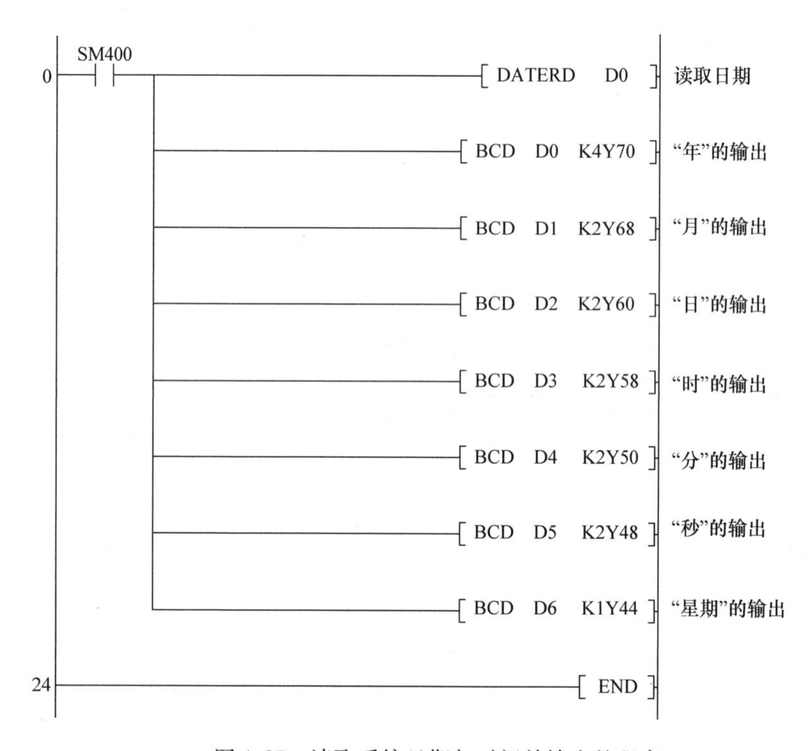

图 4-27　读取系统日期与时间并输出的程序

4.2　步进电动机的工作原理及其应用

步进电动机是将电脉冲信号转换为角位移或线位移的电动机，当输入一个电脉冲信号时，它就前进一步，输出的角位移或线位移与输入脉冲数成正比，即转速与脉冲频率成正比。步进电动机作为执行元件，常常和计算机一起组成高精度的数字控制系统。

4.2.1　步进电动机的工作原理

1. 步进电动机的定义

步进电动机是一种专门用于速度和位置精确控制的特种电动机，它的旋转是以固定的角度（称为步距角）一步一步运行的，故称为步进电动机。在非超载的情况下，步进电动机的转速、停止的位置只取决于脉冲信号的频率和脉冲数，而不受负载变化的影响。当步进驱动器接收到一个脉冲信号时，它就驱动步进电动机按设定的方向转动一个固定的角度，称为“步距角”，它的旋转是以固定的角度一步一步运行的。可以通过控制脉冲个数来控制角位移量，从而达到准确定位的目的；同时可以通过控制脉冲频率来控制电动机转动的速度和加速度，从而达到调速的目的。

2. 步进电动机的分类

步进电动机的发展历史较短：德国百格拉公司于 1973 年发明了五相混合式步进电动机及其驱动器；1993 年又推出了性能更加优越的三相混合式步进电动机。我国在 20 世纪 80 年代以前，一直是反应式步进电动机占统治地位，混合式步进电动机是 20 世纪 80 年代后期才开始发展的。

根据转子的结构形式不同，步进电动机分为永磁式（PM）、反应式（VR）和混合式（HB）三种。永磁式步进电动机一般为两相，转矩和体积较小，步距角一般为 7.5°或 15°；反应式步进电动机一般为三相，可实现大转矩输出，步距角一般为 1.5°，但噪声和振动都很大，欧美等发达国家已于 20 世纪 80 年代将其淘汰。混合式步进电动机综合了反应式、永磁式步进电动机两者的优点，它的步距角小，出力大，动态性能好，是目前性能最高的步进电动机。它有时也称作永磁感应子式步进电动机。混合式步进电动机又可分为两相、三相、四相、五相、八相，两相混合式步进电动机步距角一般为 3.6°/1.8°，五相混合式步进电动机的步距角一般为 0.72°/0.36°，这种步进电动机的应用最为广泛。

3. 步进电动机的工作原理

下面以三相反应式步进电动机为例，来介绍步进电动机的工作原理。步进电动机的定子上装有 6 个均匀分布的磁极，每对磁极上绕有一对绕组组成一相，定子上三相绕组连成星形，由脉冲电源供电。在定子磁极和转子上都开有齿分度相同的小齿，并采用适当的齿数配合，当 A 相磁极的小齿与转子小齿一一对应时，B 相磁极的小齿与转子小齿相互错开 1/3 齿距，C 相则错开 2/3 齿距，如图 4-28 所示。

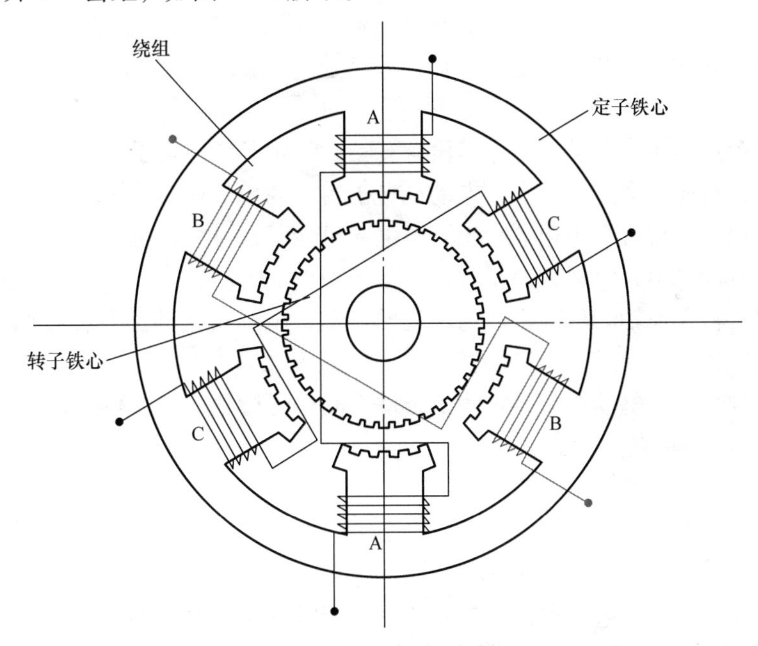

图 4-28　步进电动机内部结构的横剖面示意图

当 A 相绕组通入电脉冲时，气隙中就产生一个沿 A－A 轴线方向的磁场，由于磁力线力图通过磁阻最小的路径，于是产生磁拉力使转子转至与 A 相绕组轴线重合的位置。接着给 B 相绕组通电时，转子的小齿偏离定子小齿一个角度（30°），由于励磁通力图沿磁阻最小路径通过，因此对转子产生电磁吸力，迫使转子小齿转动，当转子转到与定子小齿对齐位置时，因转子只受径向力而无切线力，故转矩为零，转子被锁定在这个位置上。如果三相绕组按 A、B、C、A 顺序循环通电，转子则按逆时针方向一步一步转动。如果通电顺序改为 A、C、B、A 循环，则转子将反方向一步一步转动，其转速取决于脉冲的频率，频率越高，转速越快。

三相步进电动机有以下三种工作方式：

1）单三拍，通电顺序为 A→B→C→A 循环。

2）双三拍，通电顺序为 AB→BC→CA→AB 循环。

3）三相六拍，通电顺序为 A→AB→B→BC→C→CA→A 循环。

步进电动机的定子绕组每改变一次通电状态，转子转过的角度称为步距角，可由下式求出：

$$\theta = \frac{360^\circ}{m \times Z \times C}$$

式中，m 为定子相数；Z 为转子齿数；C 为通电方式，单相轮流通电、双相轮流通电方式时，$C=1$；单、双相轮流通电方式时，$C=2$。由公式可知，转子齿数 Z 越多，步距角 θ 越小；定子相数 m 越多，步距角 θ 越小；通电方式的节拍越多，步距角 θ 越小。

4. 步进电动机的主要参数

1）步进电动机的相数：指电动机内部的线圈组数，目前常用的有两相、三相、五相。

2）拍数：完成一个磁场周期性变化所需脉冲数或导电状态，或者指电动机转过一个齿距角所需脉冲数。“单”“双”“拍”的意思是：“单”是指每次切换前后只有一相绕组通电；“双”就是指每次有两相绕相通电；而从一种通电状态转换到另一种通电状态就叫作一“拍”。

3）保持转矩：指步进电动机通电但没有转动时，定子锁住转子的力矩。

4）步距角：对应一个脉冲信号，电动机转子转过的角位移。

5）定位转矩：电动机在不通电状态下，电动机转子自身的锁定力矩。

6）失步：电动机运转时运转的步数，不等于理论上的步数。

7）失调角：转子齿轴线偏移定子齿轴线的角度，电动机运转必存在失调角，由失调角产生的误差，采用细分驱动是不能解决的。

8）运行矩频特性：电动机在某种测试条件下测得运行中输出力矩与频率关系的曲线。

5. 步进电动机的特点

1）一般步进电动机的精度为步距角的 3% ~5%，且不累积。

2）步进电动机外表允许的最高温度取决于不同电动机磁性材料的退磁点。

3）步进电动机的力矩会随转速的升高而下降。

4）空载起动频率：步进电动机在空载情况下能够正常起动的脉冲频率，如果脉冲频率高于该值，电动机不能正常起动，可能发生丢步或堵转。在有负载的情况下，起动频率应更低。如果要使步进电动机达到高速转动，脉冲频率应该有加速过程，即起动频率较低，然后按一定加速度升到所希望的高频（电动机转速从低速升到高速）。步进电动机的起步速度一般在 10 ~100r/min，伺服电动机的起步速度一般在 100 ~300r/min。根据步进电动机大小和负载情况而定，大功率电动机一般对应较低的起步速度。

5）低频振动特性：步进电动机在低速时易出现低频振动现象。振动频率与负载情况和驱动器性能有关，一般认为振动频率为电动机空载起跳频率的一半。这种由步进电动机的工作原理所决定的低频振动现象对于机器的正常运转非常不利。当步进电动机工作在低速时，一般应采用阻尼技术来克服低频振动现象，比如在电动机上加阻尼器，或驱动器上采用细分技术等。

6）步进电动机的力矩会随转速的升高而下降。

4.2.2　步进电动机的控制应用

1. 步进电动机的开环控制

步进电动机控制系统主要由控制器、步进控制器、功率放大器、步进电动机和负载等组成，如图 4-29 所示。由 PLC、单片机等控制器输出的脉冲信号和电动机旋转方向控制信号，经过步进控制器和功率放大器处理后驱动步进电动机旋转，带动机械负载实现精确定位功能。

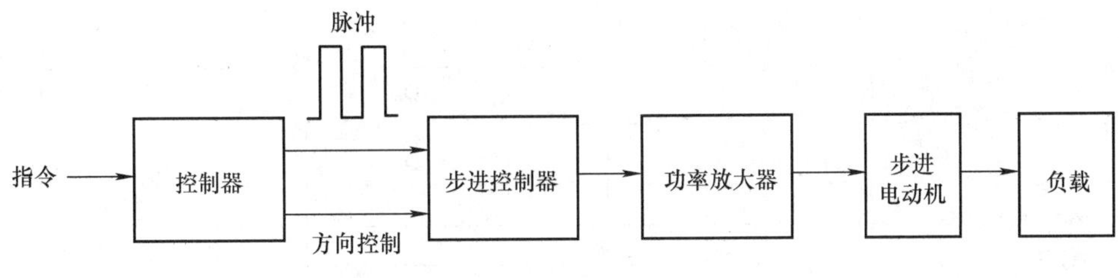

图 4-29　步进电动机的开环控制框图

图 4-30 是两相步进电动机驱动控制原理框图。由图 4-30 可知，步进电动机驱动器由步进控制器和功率放大器两部分组成，功率放大器能使步进电动机运转，并能把控制器发来的脉冲信号转化为驱动步进电动机运转的控制脉冲，步进电动机的转速与脉冲频率成正比，所以控制脉冲频率就可以精确调速，控制脉冲数量就能精确定位。

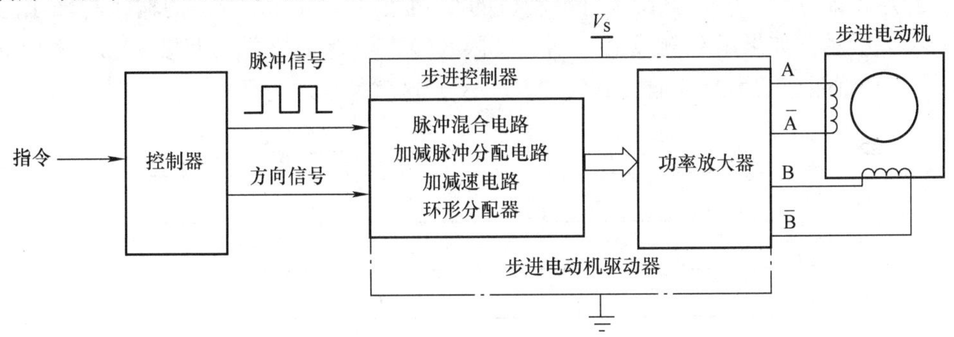

图 4-30　两相步进电动机驱动控制原理图

（1）步进控制器。步进控制器由脉冲混合电路、加减脉冲分配电路、加减速电路和环形分配器组成，其主要作用是把输入脉冲转换成环形脉冲，以控制步进电动机的旋转。步进控制器可以由硬件电路实现，也可以采用计算机控制系统，由软件来实现其功能。步进控制器采用计算机控制系统的优点是：线路简化，成本降低，可靠性提高，并能灵活改变步进电动机的控制方案，使用起来更方便。

1）脉冲混合电路将脉冲进给、手动进给、手动回原点、误差补偿等混合为正向或负向脉冲进给信号。

2）加减脉冲分配电路将同时存在正向或负向脉冲合成为单一方向的进给脉冲。

3）加减速电路将单一方向的进给脉冲调整为符合步进电动机加减速特性的脉冲，频率的变化要平稳，加减速具有一定的时间常数。

4）环形分配器将来自加减速电路的一系列进给脉冲转换成能控制步进电动机定子绕组

通、断电的电平信号，电平信号状态的改变次数及顺序与进给脉冲的个数及方向对应。

（2）环形分配器。将插补器的单序列脉冲转换为步进电动机需要的多序列脉冲的装置叫环形分配器。环形分配器可以由硬件构成，也可以由软件构成。硬件环形分配器的基本构成是触发器。因为步进电动机有几相就需要几个序列脉冲，所以步进电动机有几相，就要设置几个触发器。每个触发器发出的脉冲就是一个序列脉冲，用来控制步进电动机某相定子绕组的通电与断电。图 4-31 是由三个触发器构成的环形分配器电路，触发器工作的同步信号就是来自插补器的某个坐标轴的位移驱动信号 Δx 或 Δy。

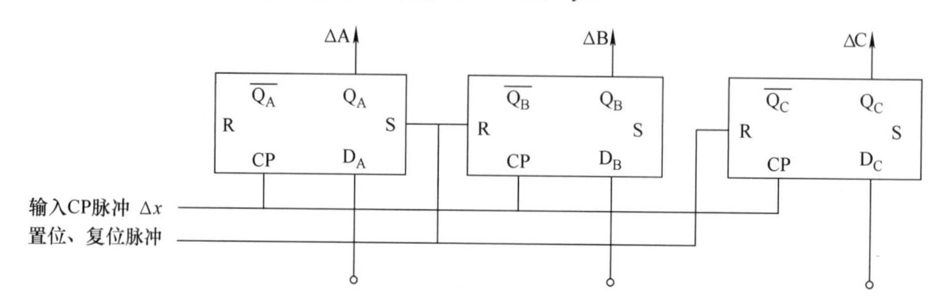

图 4-31　由三个触发器构成的环形分配器电路

图 4-31 所示环形分配器采用三相单三拍工作方式，即通电顺序为 A→B→C→A。当 Q_A 有输出 ΔA 时，就使步进电动机的 A 相通电；当 Q_B 有输出 ΔB 时，就使步进电动机的 B 相通电；当 Q_C 有输出 ΔC 时，就使步进电动机的 C 相通电。环形分配器的输入与输出脉冲波形如图 4-32 所示。如果用 D 触发器，则触发器的输入端就是 D 端。只要有 Δx 这个单序列脉冲输入，它就能连续不断地输出 ΔA、ΔB、ΔC，这就是称之为环形分配器的道理。

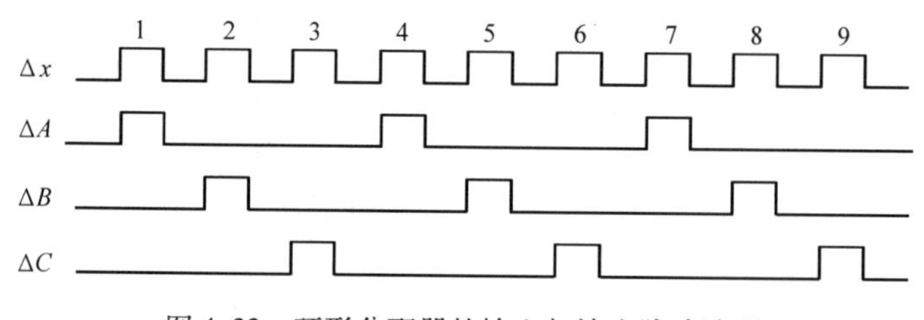

图 4-32　环形分配器的输入与输出脉冲波形

（3）功率放大器。功率放大器一般由前置放大器和功率放大器组成，其作用是将环形分配器输出的 mA 级脉冲电流进行功率放大，以驱动步进电动机转动。

（4）步进电动机的控制特点。由以上分析，可以得出步进电动机的控制特点如下。

1）控制输入到步进电动机的脉冲数目可以控制步进电动机的角位移。

2）控制输入到步进电动机的脉冲频率可以控制步进电动机的转速。

3）控制步进电动机定子绕组的通电顺序可以控制步进电动机的转动方向。

2. 步进电动机的闭环控制

在开环控制系统中，步进电动机响应控制指令后的实际运行情况，控制系统是无法预测和监视的。在某些运行速度较宽、负载大小变化频繁的场合，步进电动机很容易失步，使整个系统趋于失控。另外，对于高精度的控制系统，采用开环控制往往满足不了精度的要求。因此必须在控制回路中增加反馈环节，构成闭环控制系统，系统框图如图 4-33 所示。与开环系统相比，闭环控制系统多了一个由位置传感器组成的反馈环节。将位置传感器测出的负载实际位置与位置指令值进行比较，用比较差值信号进行控制，不仅可以查防失步，还能消除位置误差，提高系统的精度。闭环控制系统的精度与步进电动机有关，但主要取决于位置传感器的精度。

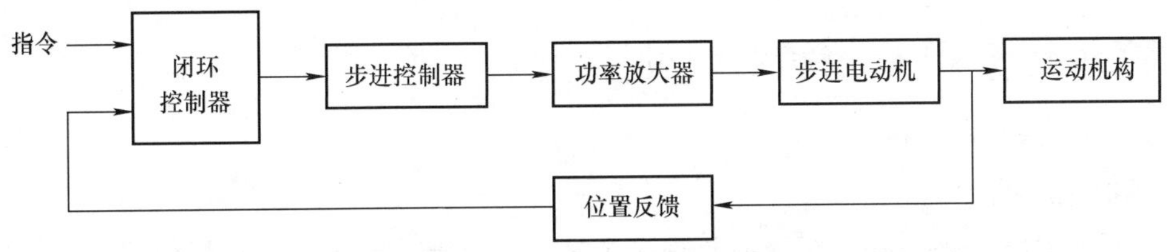

图 4-33　步进电动机闭环控制系统框图

3. 步进电动机在堆垛机中的应用

堆垛机是指从高层货架上提取、搬运和堆垛单元货物的专用起重机。它是一种仓储设备，分为桥式堆垛机和巷道式堆垛机两种。桥式堆垛机具有起重机和叉车的双重结构特点，适用于运载笨重和长大物件，额定起重量一般为 0.5 ~ 5t，有的可达 20t，主要用于高度在 12m 以下、跨度在 20m 以内仓库的物件存取。巷道式堆垛机是沿着货架巷道内轨道运行的，通过伸叉的伸出与收回来取放物件，可使巷道宽度做得较窄，有利于提高仓库的利用率，专用于高架仓库，仓库高度目前可达 45m。

立体仓库自动存取系统是由 PLC、堆垛机、货架、出入库输送机等设备组成。其中，PLC 是控制核心，堆垛机是立体仓库的主要存取设备，它是由机架、行走机构、升降机构、载货台、伸叉、导轨等构成的。由步进电动机构成的堆垛机硬件系统如图 4-34 所示。PLC 把多种输入信号如控制面板的开关信号和传感器（如限位开关）信号采样进来，通过 PLC 内部逻辑控制和运算处理，输出步进电动机驱动器所需要的脉冲信号，进而控制堆垛机通过导轨按其指定距离进行水平与垂直运动，同时控制伸叉电动机的正反转，控制伸叉的伸出和收回运动，实现货物的存取操作。

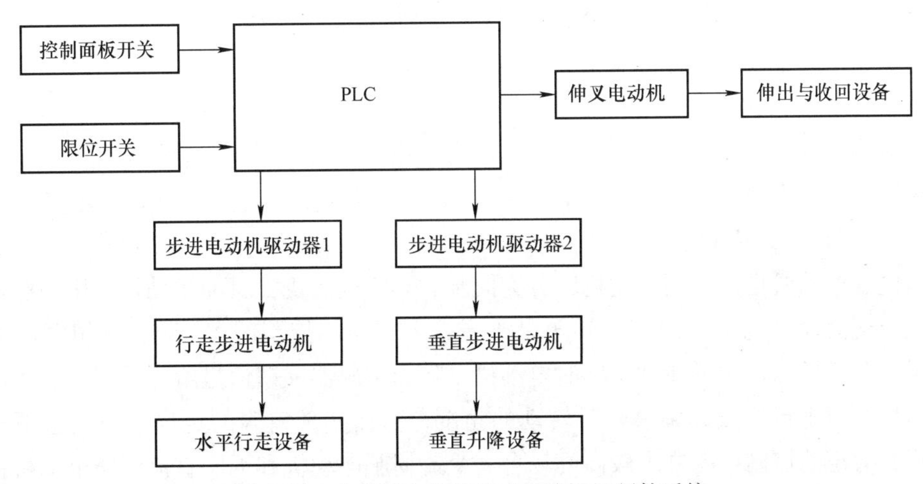

图 4-34　由步进电动机构成的堆垛机硬件系统

堆垛机的工作原理：由行走电动机通过驱动轴带动车轮在下导轨上做水平行走；由提升电动机带动起升滚筒及载货台做垂直升降运动，载货台升降导向是依靠货台两侧设置的导向轮，在堆垛机两根立柱上的垂直运动来实现的；载货台上的伸叉做伸缩运动，实现货物取放。通过上述三维运动可将指定货位上的货物取出或将货物送到指定的货位。行走认址器用于控制堆垛机的水平行走位置，提升认址器用于控制堆垛机载货台的升降位置，伸叉下面的行程开关控制伸叉伸出的距离，接近光电开关控制伸叉的回中位置。

4.3 立体仓库PLC控制系统设计

4.3.1 交流伺服系统概述

1. 伺服系统的定义

伺服系统是指用来精确地跟随或复现某个过程的反馈控制系统，包括位置、速度和力矩的控制。伺服系统的主要任务是按照控制命令的要求，对功率进行放大、变换与调控等处理，使驱动装置输出的力矩、速度和位置的控制变得非常灵活方便。

2. 伺服电动机

伺服电动机是控制电动机的一种，在控制系统中一般用作执行元件。伺服电动机可以把输入的电压信号变换成为电动机轴上的角位移和角速度等机械信号输出，其主要特点是，当信号电压为零时无自转现象，转速随着转矩的增加而匀速下降。按控制电压来划分，伺服电动机可分为直流伺服电动机和交流伺服电动机两大类。

直流伺服电动机是用直流脉冲电压信号驱动的，在它的几相定子线圈中按一定的顺序加上直流脉冲，它就按要求转动一定的角度，与步进电动机不同，它在旋转的同时会发出对应数量的脉冲送回控制系统，如此一来，控制系统就会知道发了多少脉冲给伺服电动机，同时又收了多少脉冲回来，就能够很精确地控制电动机的转动，所以不会发生“丢步”现象，从而实现精确的定位。伺服电动机的精度决定于编码器的精度（线数）。例如，对于带17位编码器的伺服电动机而言，驱动器每接收$2^{17}=131072$个脉冲电动机转一圈，即其脉冲当量为$360°/131072=0.00275°$，是步距角为1.8°步进电动机的脉冲当量的1/655。按结构及工作原理划分，直流伺服电动机可分为有刷和无刷电动机，有刷电动机成本低、结构简单、起动转矩大、调速范围宽、控制容易，但维护不方便（换电刷），容易产生电磁干扰，一般适用于成本要求较低的普通工业和民用场合。无刷直流伺服电动机具有体积小、重量轻、出力大、响应快、速度高、惯量小、转动平滑、力矩稳定、效率很高、运行温度低、电磁辐射很小、免维护、长寿命等特点，但控制复杂，通常被应用在控制要求较高、转速较大（每分钟1~2万转）的设备上。

交流伺服电动机也是无刷电动机，分为同步和异步电动机，目前运动控制中一般都用同步电动机。交流伺服电动机内部的转子是永磁铁，驱动器控制的U/V/W三相电形成电磁场，转子在此磁场的作用下转动，同时电动机自带的编码器反馈信号给驱动器，驱动器根据反馈值与目标值进行比较，调整转子转动的角度，从而实现精确的定位，一般适用于对位置、速度和力矩的控制精度要求较高的场合。交流伺服电动机和无刷直流伺服电动机在功能上的区别：交流伺服电动机的性能要好一些，因为其为正弦波控制，转矩脉动小，而直流伺服电动机是梯形波控制，但直流伺服系统比较简单、便宜。两者之间的最大差别就是功能和价格，交流伺服电动机一般有5~9种功能，而且编码器线位大，直流无刷伺服电动机的功能简化，常用的有 2 ~ 3 种功能（脉冲控制、速度控制、力矩控制），编码器一般只有 1000 ~ 2500 线，优点就是价格低，针对一些伺服要求不算太高的场合适合使用直流无刷伺服电动机。另外，交流伺服电动机可以做到很大的输出功率，此时具有大惯量、低转速，因而适合做低速平稳运行的应用。

3. 伺服系统的发展简介

伺服系统的发展经历了由液压到电气的过程。电气伺服系统根据所驱动的电动机类型分为直流（DC）和交流（AC）伺服系统。20 世纪 50 年代，无刷电动机和直流电动机实现了产品化，并在计算机外围设备和机械设备上获得了广泛的应用，20 世纪 70 年代则是直流伺服电动机应用最广泛的时代。但直流伺服电动机存在机械结构复杂、维护工作量大等缺点，在运行过程中转子容易发热，影响了与其连接的其他机械设备的精度，难以应用到高速及大容量的场合，机械换向器则成为直流伺服驱动技术发展的瓶颈。从 20 世纪 70 年代后期到 80 年代初期，随着微处理器技术、大功率高性能半导体功率器件技术和电机永磁材料制造工艺的发展及其性能价格比的日益提高，交流伺服技术——交流伺服电动机和交流伺服控制系统逐渐成为主导产品。交流伺服电动机克服了直流伺服电动机存在的电刷、换向器等机械部件所带来的各种缺点，其过负荷特性和低惯性尤其体现出交流伺服系统的优越性。

从伺服驱动产品当前的应用来看，直流伺服产品正逐渐减少，交流伺服产品则日渐增加，市场占有率逐步扩大。在实际应用中，精度更高、速度更快、使用更方便的交流伺服产品已经成为工厂自动化等各个领域中的主流产品。伺服系统在机电设备中具有重要的地位，高性能的伺服系统可以提供灵活、方便、准确、快速的驱动。随着技术的进步和整个工业的不断发展，拖动系统的发展趋势是用交流伺服驱动取代传统的液压、直流、步进和 AC 变频调速驱动，以便使系统性能达到一个全新的水平，包括更短的周期、更高的生产率、更好的可靠性和更长的寿命。

4. 交流伺服系统的分类

交流伺服系统按其采用的驱动电动机的类型来分，主要有两大类：永磁同步（SM 型）电动机交流伺服系统和感应式异步（IM 型）电动机交流伺服系统。其中，永磁同步电动机交流伺服系统在技术上已趋于完全成熟，具备了十分优良的低速性能，并可实现弱磁高速控制，拓宽了系统的调速范围，适应了高性能伺服驱动的要求。随着永磁材料性能的大幅度提高和价格的降低，其在工业生产自动化领域中的应用将越来越广泛，目前已成为交流伺服系统的主流。感应式异步电动机交流伺服系统由于感应式异步电动机结构坚固，制造容易，价格低廉，因而具有很好的发展前景，代表了将来伺服技术的方向。但由于该系统采用矢量变换控制，相对永磁同步电动机伺服系统来说控制比较复杂，而且电动机低速运行时还存在着效率低、发热严重等有待克服的技术问题，目前并未得到普遍应用。

交流伺服系统的执行元件一般为普通三相笼型异步电动机，功率变换器件通常采用智能功率模块 IPM。为进一步提高系统的动态和静态性能，可采用位置和速度闭环控制。三相交流电流的跟随控制能有效提高逆变器的电流响应速度，并且能限制暂态电流，从而有利于 IPM 的安全工作。速度和位置环可使用单片机控制，以使控制策略获得更高的控制性能。电流调节器若为比例形式，三个交流电流环都用足够大的比例调节器进行控制，其比例系数应该在保证系统不产生振荡的前提下尽量选大些，使被控异步电动机三相交流电流的幅值、相位和频率紧随给定值快速变化，从而实现电压型逆变器的快速电流控制。电流用比例调节，具有结构简单、电流跟随性能好以及限制电动机的起动与制动电流快速可靠等诸多优点。

5. 交流伺服运动控制系统的组成

交流伺服运动控制系统的组成框图如图4-35所示。由PLC CPU、上位计算机或手动操作脉冲发生器等，向控制器发出指令信号；控制器主要实现PID控制、自适应控制、模糊控制、智能控制、矢量控制、直接转矩控制等，它将指令信号与反馈信号进行比较处理与控制后，向功率执行装置输出控制信号；功率执行装置对输入控制信号进行放大处理后驱动交流伺服电动机运转；交流伺服电动机带动拖动对象，完成机械运行；传感器检测出拖动对象的位置/速度信号，并经信号处理电路处理后作为控制器的反馈信号。

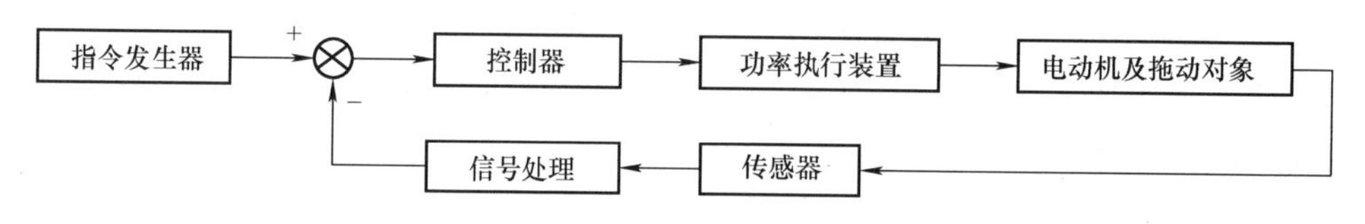

图4-35　交流伺服运行控制系统的组成框图

4.3.2　三菱MR－J3－A伺服放大器应用

伺服放大器又叫伺服驱动器，是一种控制伺服电动机的装置。它的作用就好像普通交流电动机中的变频器，是伺服系统的一个重要组成部分，主要实现高精度定位。三菱电机最新推出新一代高性能伺服放大器MR－J3系列，该系列产品有MR－J3－A和MR－J3－B两种型号，以适应不同客户的需求。其中，MR－J3－A采用通用脉冲串接口；MR－J3－B对应新一代高速同步网络SSCNETⅢ（Servo System Controller NetworkⅢ）总线接口，采用光纤进行通信。

1. 伺服放大器的控制模式

三菱MR－J3具有位置控制、速度控制和转矩控制三种控制模式，还可以选择位置/速度切换控制、速度/转矩切换控制和转矩/位置切换控制。本伺服放大器不但可以用于机床和普通工业机械的高精度定位和平滑的速度控制，还可以用于线性控制和张力控制等，应用范围十分广泛。此外，该系列产品具有USB和RS－422串行通信功能，可以使用装有伺服设置软件的个人计算机，进行参数的设定、试运行、状态显示的监控和增益调整等。

MELSERVO－J3系列伺服电动机采用了分辨率为262144脉冲/转的绝对位置编码器，只需安装电池，就可以构成绝对位置检测系统。这样，只需进行一次原点设定，在电源开启和报警发生时就不再需要原点回归。

1）位置控制模式：可以使用最大1Mpps的高速脉冲串对电动机的转动速度和方向进行控制，执行分辨率为262144脉冲/转的高精度定位。另外还提供了位置平滑功能，可以根据机械情况从两种模式中进行选择。当位置指令脉冲急剧变化时，可以实现更平稳的起动和停止。由于急剧加减速或过载产生的主电路过电流会影响功率晶体管，所以伺服放大器采用了钳位电路以限制转矩。转矩的限制可用通过外部模拟量输入或参数设置的方式调整。

2）速度控制模式：通过外部模拟速度指令（DC 0～±10V）或参数设置的内部速度指令（最大7速），可对伺服电动机的速度和方向进行高精度的平稳控制。另外，还具有用于速度指令的加减速时间常数设定功能、停止时的伺服锁定功能和用于外部模拟量速度指令的偏置自动调整功能。

3）转矩控制模式：通过外部模拟量转矩输入指令（DC 0 ~ ±8V）或参数设置的内部转矩指令可以控制伺服电动机的输出转矩。具有速度限制功能（外部或内部设定），可以防止无负载时电动机速度过高，本功能可用于张力控制等场合。

2. 伺服放大器的标准规格

MR－J3－A 系列伺服放大器的标准规格及主要参数见表 4-2。

表 4-2　MR－J3－A 系列伺服放大器的标准规格及主要参数

项目 \ 规格 MR－J3－□		10A	20A	40A	60A	70A	100A	200A	350A	500A	700A
主电路电源	电压（范围）/V	三相 AC 200 ~ 230（AC 170 ~ 253）或单相 AC 230（AC 207 ~ 253）					三相 AC 200 ~ 230（AC 170 ~ 253）				
	频率（范围）/Hz	50/60（±5%以内）									
	电源容量/kVA	0.3	0.5	0.9	1.0	1.3	1.7	3.5	5.5	7.5	10.0
控制电路电源	电压（范围）/V	单相 AC 230（AC 207 ~ 253）									
	频率（范围）/Hz	50/60（±5%以内）									
	输入功率/W	30								45	
接口用电源	电压/V	DC 24 ±10%									
	电源容量/mA	300 以上									
额定输出功率/kW		0.1	0.2	0.4	0.6	0.75	1	2	3.5	5	7
控制系统		正弦波 PWM 控制，电流控制方式									
动态制动		内置									
保护功能		过电流切断，再生过电压切断，过载切断（电热继电器），伺服电动机过热保护，编码器异常保护，再生异常保护，电压不足、瞬间掉电保护，超速保护，误差过大保护									
位置控制模式	最大输入脉冲频率	1Mpps（差动接收器时），200kpps（集电极开路时）									
	指令脉冲放大倍数（电子齿轮）	电子齿轮 A/B 倍 A：1 ~ 1048576　B：1 ~ 1048576　1/10 < A/B < 2000									
	定位完成范围设定	0 ~ ±10000pulse（指令脉冲单位）									
	误差范围	±3 转									
	转矩限制	由参数设定或外部模拟输入（DC 0 ~ +10V/最大转矩）									
速度控制模式	速度控制范围	模拟速度指令 I：2000，内部速度指令 I：5000									
	模拟速度指令输入	DC 0 ~ ±10V/额定速度									
	速度波动	±0.01%以下（负载变化 0 ~ 100%） 0%（电源变化 ±10%） ±0.2%以下（环境温度 25℃ ±10℃）　仅用于外部速度设置时									
	转矩限制	由参数设定或外部模拟输入（DC 0 ~ +10V/最大转矩）									

（续）

项目 \ 规格 MR－J3－□			10A	20A	40A	60A	70A	100A	200A	350A	500A	700A
转矩控制模式	模拟转矩指令输入		DC 0～±8V/最大转矩（输入阻抗 10～12kΩ）									
	速度限制		由参数设定或外部模拟输入（DC 0～±10V/额定速度）									
环境	环境温度	运行	0℃～+55℃（不冻结）									
		保存	-20℃～+65℃（不冻结）									
	环境湿度	运行	90%RH 以下（不凝结）									
		保存	室内（无阳光直射）、无腐蚀性气体，可燃气体，油雾，灰尘的地方									
	空气条件		海拔 1000m 以下									
	海拔		5.9m/s^2 以下									
	振动											
质量/kg			0.8	0.8	1.0	1.0	1.4	1.4	2.3	2.3	4.6	6.2

使用时，伺服放大器的规格必须和伺服电动机的型号规格相匹配，详见表 4-3。

表 4-3　伺服放大器与伺服电动机配合表

伺服放大器	伺服电动机			
	HF－MP 系列	HF－KP 系列	HF－SP 系列（1000r/min）	HF－SP 系列（2000r/min）
MR－J3－10A	HF－MP053、HF－MP13	HF－KP053、HF－KP13		
MR－J3－20A	HF－MP23	HF－KP23		
MR－J3－40A	HF－MP43	HF－KP43		
MR－J3－60A			HF－SP51	HF－SP52
MR－J3－70A	HF－MP73	HF－KP73		
MR－J3－100A			HF－SP81	HF－SP102
MR－J3－200A			HF－SP121、HF－SP201	HF－SP152、HF－SP202
MR－J3－350A				HF－SP352
MR－J3－500A				HF－SP502
MR－J3－700A				HF－SP702

3. 伺服放大器的接线

1）外部结构示意图：下面以 MR－J3－100A 以下规格的伺服放大器为例，来介绍伺服放大器的外部结构。伺服放大器前面板卸下后的结构如图 4-36 所示。其中，LED 数码显示器和操作按钮的安排如图 4-37 所示。

2）伺服放大器与外部设备的连接：日本的电压等级和我国不同，有三相 AC 200～230V（线电压）、单相 AC 230V 和单相 100～120V 等电压等级。其中，规格为 MR－J3－10A～MR－J3－70A 的伺服放大器，可以使用三相 AC 200～230V（线电压）和单相 AC 230V 电压等级，在我国只能选用单相 AC 230V 电压等级的伺服放大器；而规格为 MR－J3－100A～MR－J3－700A 的伺服放大器，由于使用三相 AC 200～230V（线电压）电压，而不能在我

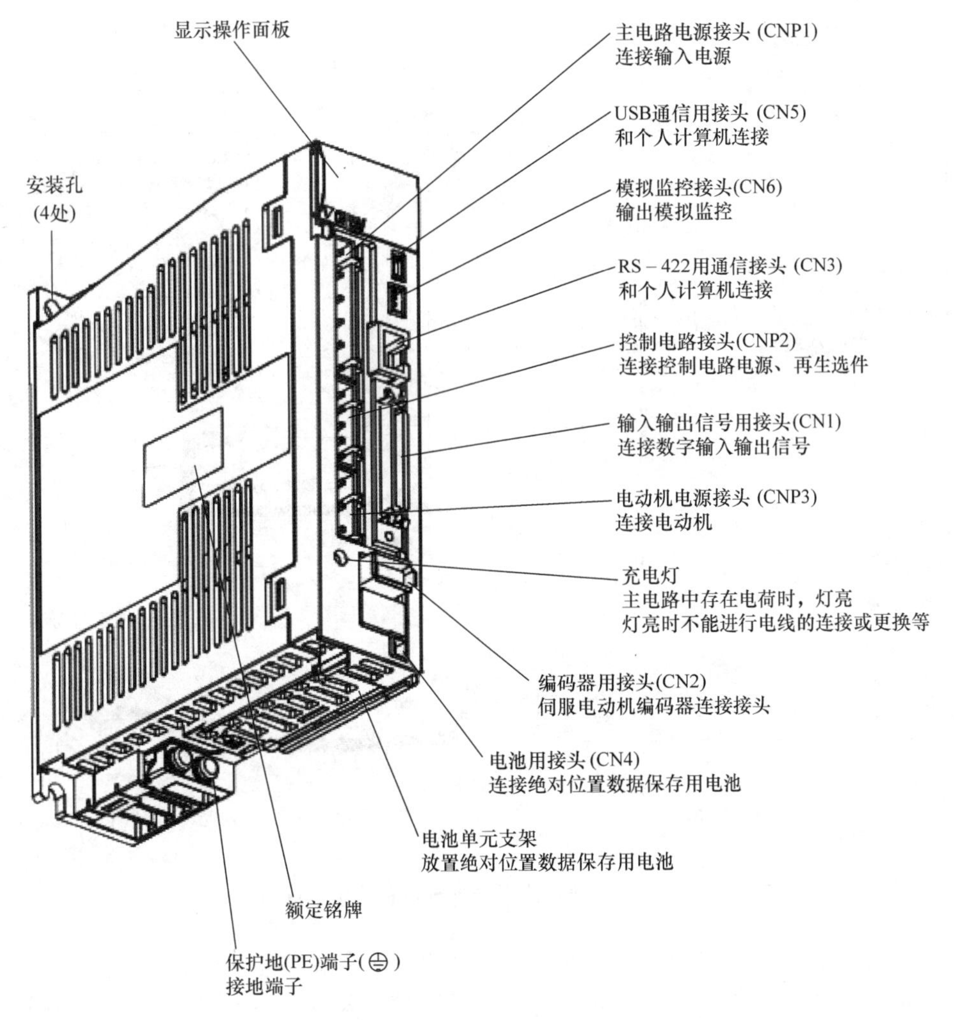

图 4-36　伺服放大器前面板卸下后的结构示意图

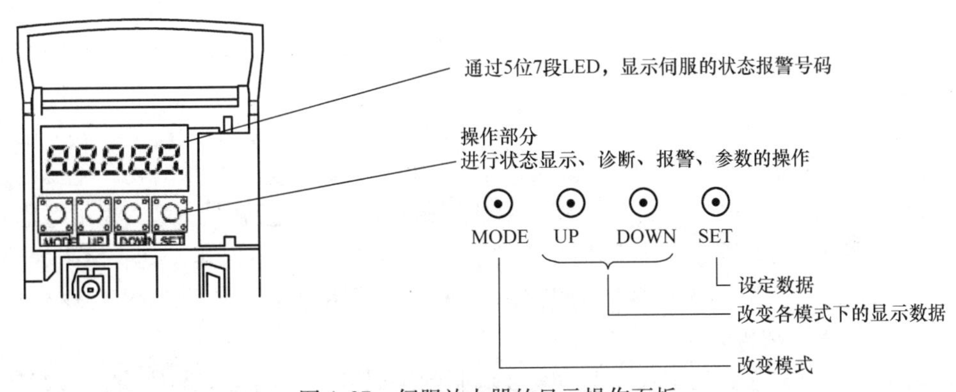

图 4-37　伺服放大器的显示操作面板

国使用。伺服放大器和单相 AC 230V 电源、个人计算机、中继端子台、伺服电动机等外部设备的连接示意图如图 4-38 所示。CN1 端口主要连接定位模块、编码器的输出脉冲、伺服放大器的输入控制信号以及工作状态输出信号等；CN2 端口连接伺服电动机的编码器；CN3

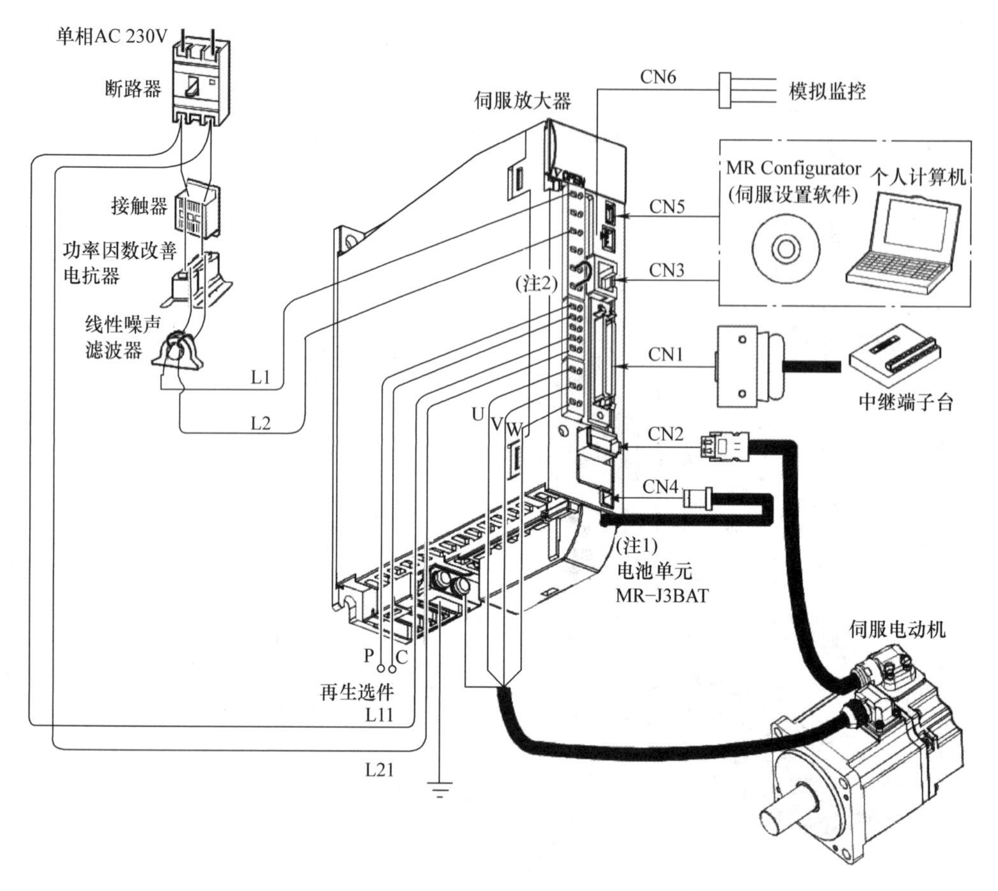

图 4-38　伺服放大器与外部设备连接示意图

是 RS－422 数据通信接口，CN5 是 USB 接口，利用这两个端口可以与个人计算机（PC）连接；CN4 是电源电池接口，当伺服系统是绝对系统时，电池安装在机体中，当伺服系统是增量式系统时则不需要；CN6 是模拟监控输出端口。L1 和 L2 为输入电源，L11 和 L21 为控制电路电源，U、V、W 为伺服电动机的动力线。使用伺服放大器内置再生电阻时，请连接 P 端子和 C 端子（出厂时已接好）。使用再生选件时，务必卸下 P 端子和 C 端子的连线，将再生制动选件连接到 P 端子和 C 端子之间。

对于规格为 MR－J3－10A～MR－J3－70A 的伺服放大器，使用单相 AC 230V 电源时，请参照图 4-39 进行输入电源和主电路接线，这样可以在检测到报警发生时切断电源的同时，也使伺服开启（SON）OFF。电源输入线必须使用断路器 QF 和接触器 KM。为了考虑安全，设计了起动、停止、紧急停止、故障停止电路。其中，SB1 为紧急停止按钮，SB2 为停止按钮，SB3 为起动按钮，KA 为故障处理继电器，KA1 为开启继电器。同时，图 4-39 也给出了伺服放大器与伺服电动机的连接关系。

3）编码器：伺服电动机输入轴上装有玻璃制的编码圆盘，圆盘上印刷有能够遮住光的黑色条纹，圆盘两侧有一对光源与受光元件，此外中间还有一个叫作分度尺的东西。圆盘转动时，遇到玻璃透明的地方光就会通过，遇到黑色条纹光就会被遮住。受光元件将光的有无转变为电信号后就成为脉冲（反馈脉冲）。“圆盘上条纹的密度＝伺服电动机的分辨率”亦即“每转的脉冲数”，根据条纹可以掌握圆盘的转动量。同时，表示转动量的条纹中还有表示转动方向的条纹。此外还有表示每转基准（叫作“零点”）的条纹，此脉冲每转输出 1 次，叫作“零点信号”。根据这三种条纹，即可掌握圆盘亦即伺服电动机的位置、转动量和转动方向。

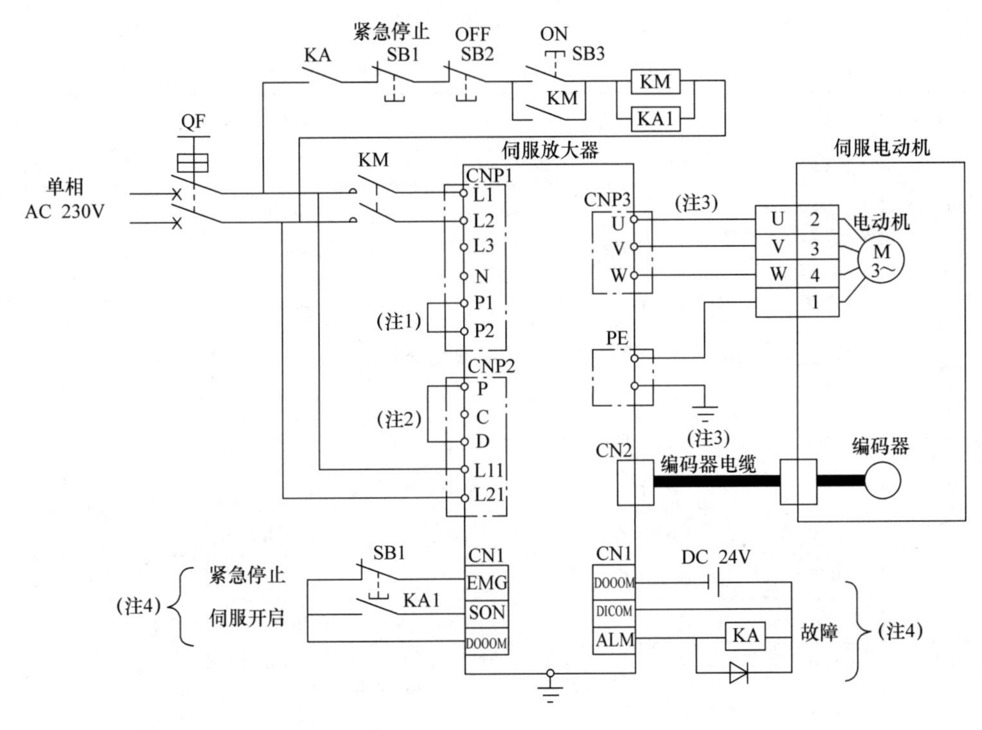

注 1　必须连接 P1 和 P2（出厂时已经连接好）。

注 2　必须连接 P 和 D（出厂时已经连接好）。

注 3　伺服放大器与伺服电动机的连接推荐使用选件电缆。

注 4　图中为漏型输入输出接口的情况。

图 4-39　伺服放大器和输入电源以及伺服电动机的连接图

4. 伺服放大器的内部参数

注意：不要任意调整或改变伺服放大器的内部参数值，否则将导致运行不稳定。MR－J3－A 伺服放大器的内部参数按照功能不同可以分为基本设定参数、增益/滤波器参数、扩展设定参数、输入/输出设定参数 4 类，详见表 4-4。

表 4-4　MR－J3－A 系列伺服放大器内部参数的分类

参数组	主 要 内 容
基本设定参数（№PA□□）	伺服放大器在位置控制模式下使用时，通过此参数进行基本设定
增益/滤波器参数（№PB□□）	当需要手动调整增益时，使用此参数
扩展设定参数（№PC□□）	伺服放大器在速度控制模式、转矩控制模式下使用时，主要使用此参数
输入/输出设定参数（№PD□□）	变更伺服放大器的输入/输出信号时使用此参数

伺服放大器在位置控制模式下使用时，一般设定基本设定参数（№PA□□）。基本设定参数的编号及功能说明见表 4-4。当需要手动调整伺服放大器的增益时，通过增益/滤波器

参数进行调整。当伺服放大器在速度控制模式或转矩控制模式时，主要通过扩展设定参数进行设定。当需要变更伺服放大器的输入/输出信号时，通过输入/输出设定参数进行设定。

在表4-5中，若在简称之前标有 * 标记，则进行参数设定后，需要将电源关闭（OFF），再次接通电源（ON）后才能使该设定参数有效。在所列表中“控制模式”一列：P代表位置控制模式；S代表速度控制模式；T代表转矩控制模式。

表4-5　MR-J3-A系列伺服放大器基本设定参数

参数号（№）	简称	名称与功能说明	初始值	单位	控制模式
PA01	* STY	控制模式	0000h	—	P、S、T
PA02	* REG	再生选件	0000h	—	P、S、T
PA03	* ABS	绝对位置检测系统	0000h	—	P
PA04	* AOP1	功能选择A-1	0000h	—	P、S、T
PA05	* FBP	伺服电动机旋转一周所需的指令脉冲数	0	—	P
PA06	CMX	电子齿轮分子（指令输入脉冲倍率分子）	1	—	P
PA07	CDV	电子齿轮分母（指令输入脉冲倍率分母）	1	—	P
PA08	ATU	自动调谐模式	0001h	—	P、S
PA09	RSP	自动调谐响应性	12	—	P、S
PA10	INP	到位范围	100	pulse	P
PA11	TLP	正转转矩限制	100.0	%	P、S、T
PA12	TLN	反转转矩限制	100.0	%	P、S、T
PA13	* PLSS	指令脉冲输入形式选择	0000h	—	P
PA14	* POL	转动方向选择	0	—	P
PA15	* ENR	编码器输出脉冲	4000	Pulse/rev	P、S、T
PA16	—	制造商设定用	0	—	—
PA17	—	制造商设定用	0000h	—	—
PA18	—	制造商设定用	0000h	—	—
PA19	* BLK	参数写入禁止	000Bh	—	P、S、T

1）参数写入禁止（№PA19的设定）：伺服放大器在出厂状态下的基本设定参数、增益/滤波器参数、扩展设定参数、输入/输出参数是可以改变的。通过PA19的设置，可以设定这些参数是否允许修改，见表4-6。

表4-6　PA19设定值决定参数是否允许修改情况

PA19设定值	设定参数操作	基本设定参数	增益/滤波器参数	扩展设定参数	输入/输出设定参数
0000h	读出	允许	禁止	禁止	禁止
	写入	允许	禁止	禁止	禁止
000Bh（初始值）	读出	允许	允许	允许	禁止
	写入	允许	允许	允许	禁止

（续）

PA19 设定值	设定参数操作	基本设定参数	增益/滤波器参数	扩展设定参数	输入/输出设定参数
000Ch	读出	允许	允许	允许	允许
	写入	允许	允许	允许	允许
100Bh	读出	允许	禁止	禁止	禁止
	写入	仅参数№PA19	禁止	禁止	禁止
100Ch	读出	允许	允许	允许	允许
	写入	仅参数№PA19	禁止	禁止	禁止

2）控制模式选择（№PA01 的设定）：当 PA01 初始值为 0000h 时，为位置控制模式；当 PA01 设置为 0001h 时，为位置/速度控制模式；当 PA01 设置为 0002h 时，为速度控制模式；当 PA01 设置为 0003h 时，为速度/转矩控制模式；当 PA01 设置为 0004h 时，为转矩控制模式；当 PA01 设置为 0005h 时，为转矩/位置控制模式。当该参数设置后，电源从OFF→ON 后变为有效。

3）再生选件的选择（№PA02 的设定）：使用再生选件时，设定此参数。当 PA02 初始值为 0000h 时，不使用再生制动选件；当 PA02 设定为 0001h 时，使用制动单元（FR－BU－15K 和 MR－J3－500A 配套使用；FR－BU－30K 和 MR－J3－700A 配套使用）或者电源再生转换器（FR－RC－15 和 MR－J3－500A 配套使用；FR－RC－30K 和 MR－J3－700A 配套使用）；当 PA02 设定为 0002h 时，使用 MR－RB032；当 PA02 设定为 0003h 时，使用 MR－RB12；当 PA02 设定为 0004h 时，使用 MR－RB32；当 PA02 设定为 0005h 时，使用 MR－RB30；当 PA02 设定为 0006h 时，使用 MR－RB50；当 PA02 设定为 0008h 时，使用 MR－RB31；当 PA02 设定为 0009h 时，使用 MR－RB51。如果参数设定错误，再生制动选件可能会烧坏；如果选择与伺服放大器不匹配的再生制动选件，将出现参数异常报警（AL. 37）。与伺服放大器配合的再生选件及再生功率，见表 4-7。当该参数设置后，电源从 OFF→ON 后变为有效。

表 4-7　与伺服放大器配合的再生选件及再生功率

功率 / 再生选件 / 伺服放大器	再生功率/W							
	内置再生电阻	MR－RB032（40Ω）	MR－RB12（40Ω）	MR－RB30（13Ω）	MR－RB31（6.7Ω）	MR－RB32（40Ω）	MR－RB50（13Ω）	MR－RB51（6.7Ω）
MR－J3－10A	—	30	—	—	—	—	—	—
MR－J3－20A	10	30	100	—	—	—	—	—
MR－J3－40A	10	30	100	—	—	—	—	—
MR－J3－60A	10	30	100	—	—	—	—	—
MR－J3－70A	20	30	100	—	—	300	—	—
MR－J3－100A	20	30	100	—	—	300	—	—
MR－J3－200A	100	—	—	300	—	—	500	—
MR－J3－350A	100	—	—	300	—	—	500	—
MR－J3－500A	130	—	—	—	300	—	—	500
MR－J3－700A	170	—	—	—	300	—	—	500

4）使用绝对位置检测系统（№PA03 的设定）：位置控制模式下使用绝对位置检测系统时，设定此参数。当 PA03 为初始值 0000h 时，使用增量系统；当 PA03 设定为 0001h 时，使用绝对位置系统，通过 DIO 进行 ABS 传送；当 PA03 设定为 0002h 时，使用绝对位置系统，通过通信进行 ABS 传送。当该参数设置后，电源从 OFF→ON 后变为有效。

5）使用电磁制动器内锁（№PA04 的设定）：当 CN1－23 引脚分配为电磁制动器时，设定此参数。当 PA04 为初始值 0000h 时，通过参数№PD14 分配的输出信号；当 PA04 设定为 0001h 时，电磁制动器内锁（MBR）。当该参数设置后，电源从 OFF→ON 后变为有效。

6）伺服电动机旋转一周所需的指令输入脉冲数（№PA05 的设定）：在位置控制模式下，当 PA05 为初始值 0 时，电子齿轮（参数№PA06、№PA07）为有效。当 PA05 设定为 1000～50000 时，该值为伺服电动机旋转一周所需要的指令输入脉冲数，此时电子齿轮无效。当该参数设置后，电源从 OFF→ON 后变为有效。

7）电子齿轮（№PA06、№PA07 的设定）：在位置控制模式下，电子齿轮分子 CMX（№PA06）的初始值为 1，设定范围为 1～1048576，电子齿轮分母 CDV（№PA07）的初始值为 1，设定范围为 1～1048576，但它们的比值必须满足：$\frac{1}{10}<\frac{CMX}{CDV}<2000$。如果设定的比值超出这个范围，那么将导致加减速时发出噪声，也不能按照设定的速度或加减速时间常数运行伺服电动机。电子齿轮的作用是，伺服放大器对输入的指令脉冲串可以乘上任意的倍率使伺服电动机能够正常地运转。因为来自编码器反馈脉冲的频率一般远远高于指令输入脉冲的频率，所以电子齿轮具有使输入指令脉冲串频率加快（倍频）的功能。

8）自动调谐（№PA08、№PA09 的设定）：在位置控制模式或速度控制模式下，自动调谐模式（№PA08），用于选择增益调整模式。当 PA08 设定为 0000h 时，采用插补模式进行增益调整，自动设定参数为 PB06、PB08、PB09、PB10；当 PA08 为初始值 0001h 时，采用自动调整模式 1 进行增益调整，自动设定参数为 PB06、PB07、PB08、PB09、PB10；当 PA08 设定为 0002h 时，采用自动调整模式 2 进行增益调整，自动设定参数为 PB07、PB08、PB09、PB10；当 PA08 设定为 0003h 时，采用手动模式进行增益调整。这里，PB06 为负载和伺服电动机的惯量比，PB07 为模型环增益，PB08 为位置环增益，PB09 为速度环增益，PB10 为速度积分补偿。

当机械发生振动或者齿轮声音很大时，请调小自动调谐响应性（将№PA09 的设定值调小）；为提高性能，在缩短定位调整时间时应增大自动调谐响应性（将№PA09 的设定值调大）。PA09 的初始值为 12，设定范围为 1～32，分别对应机械振动频率 10.0～400.0Hz。

9）到位范围（№PA10 的设定）：在位置控制模式下，该参数 PA10 为用电子齿轮计算前的指令脉冲单位来设置定位完成的输出范围，初始值为 100 个脉冲（当定位距离终点目标还有 100 个脉冲时，引脚 INP 将会有输出信号），设定范围为 0～10000 个脉冲。

10）转矩限制（№PA11、№PA12 的设定）：在位置控制、速度控制、转矩控制模式下，该参数可以限制伺服电动机的输出转矩。如果在伺服锁定中解除转矩限制，由于对指令位置响应的位置偏差量，伺服电动机可能会急速转动。如果设定了参数№PA11（正转转矩限制）或参数№PA12（反转转矩限制），在运行中一直会限制最大转矩。

当正转转矩限制（参数№PA11）设定为初始值 100% 时，则伺服电动机以最大转矩进行逆时针（CCW）驱动；如果将正转转矩限制（参数№PA11）设定为 0.0%，则不输出转矩。当反转转矩限制（参数№PA12）设定为初始值100%时，则伺服电动机以最大转矩进行（从电动机轴侧看）顺时针（CW）驱动；如果将反转转矩限制（参数№PA12）设定为0.0%，则不输出转矩。

11）指令脉冲输入形式（参数№PA13的设定）：在位置控制模式下，该参数用于指令脉冲输入形式的选择，可以选择负逻辑的三种脉冲输入形式和正逻辑的三种脉冲输入形式，详见表4-8。

表4-8　参数№PA13设定值确定的脉冲串输入形式

PA13设定值	脉冲串形式		正转指令	反转指令
0010h	负逻辑	正转脉冲串	PP	
		反转脉冲串	NP	
0011h		脉冲串+符号	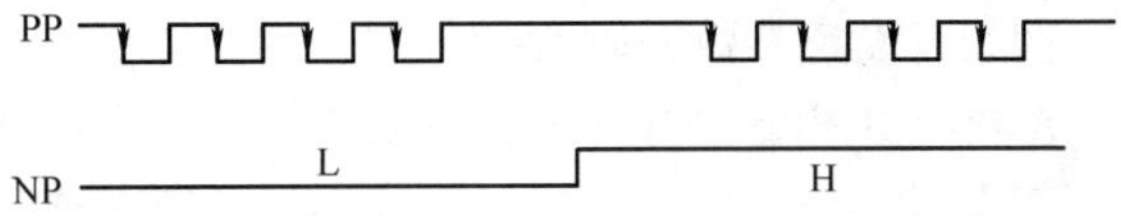 PP NP L	H
0012h		A相脉冲串	PP	
		B相脉冲串	NP	
0000h（初始值）	正逻辑	正转脉冲串	PP	
		反转脉冲串	NP	
0001h		脉冲串+符号	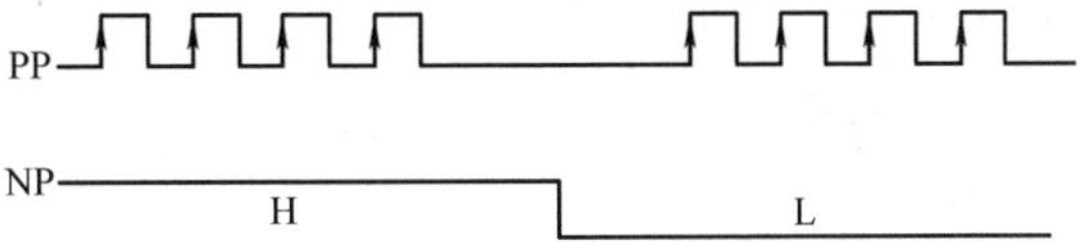 PP NP H	L
0002h		A相脉冲串	PP	
		B相脉冲串	NP	

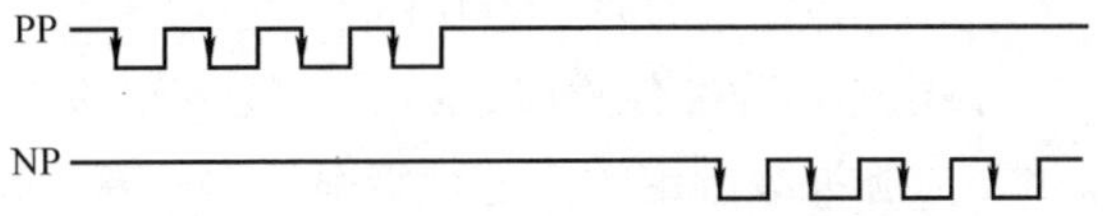

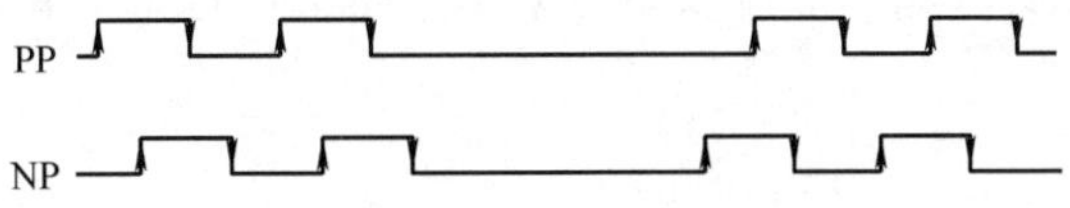

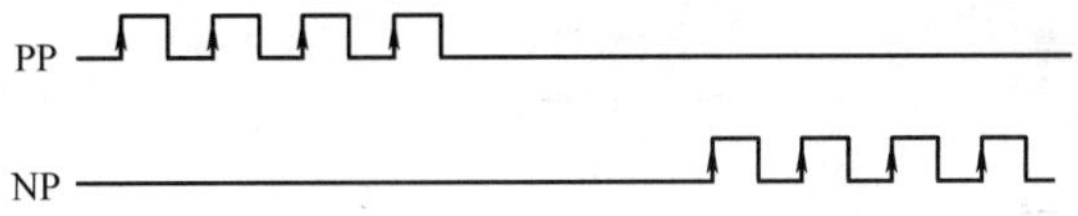

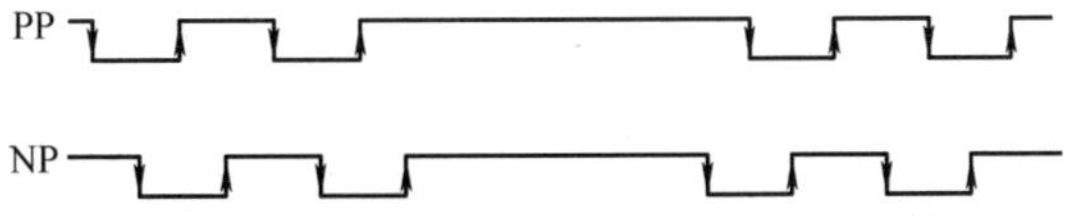

12）伺服电动机转动方向的选择（参数№PA14的设定）：参数№PA14的设定值（0或1）和输入脉冲形式（正转脉冲输入或反转脉冲输入）共同决定电动机的旋转方向，详见表4-9。该参数设定后，电源从OFF→ON后变为有效。电动机正转规定：朝电动机轴看为顺时针（CW）方向。

表4-9　伺服电动机转动方向的选择

参数№PA14的设定值	伺服电动机转动方向（从电动机轴侧看）	
	正转脉冲输入时	反转脉冲输入时
0	正转（逆时针CCW）	反转（顺时针CW）
1	反转（顺时针CW）	正转（逆时针CCW）

13）编码器输出脉冲（参数№PA15 的设定）：初始值为 4000pulse/rev，设定范围是：1～100000pulse/rev。该参数设定后，电源从 OFF→ON 后变为有效。伺服放大器设定编码器输出脉冲（A 相脉冲/B 相脉冲），即设定 A 相/B 相脉冲乘以 4 倍以后的值。用参数№PC19 选择输出脉冲设定或输出脉冲倍率设定。实际输出的 A 相/B 相脉冲的脉冲数为设定数的 1/4。输出最大频率为 4.6Mpps（4 倍后），请在这个范围内设定。

① 指定输出脉冲时，设定参数№PC19 为“□□0□”（初始值）。此时，PA15 用于设定伺服电动机转 1 圈对应的脉冲数，输出脉冲 = 设定值［pulse/rev］。

例如，参数№PA15 设定为“5600”时，实际输出的 A 相/B 相脉冲如下：

A 相/B 相输出脉冲 = 5600/4pulse/rev = 1400pulse/rev

② 设定输出脉冲倍率时，设定参数№PC19 为“□□1□”。此时，按照对应伺服电动机转 1 圈对应脉冲数设定的值进行倍率计算。输出脉冲 = 伺服电动机编码器分辨率/（PA15 的设定值）［pulse/rev］。

例如，设定参数№PA15 为“8”时，实际输出的 A 相/B 相脉冲如下：

A 相或 B 相输出脉冲 = 262144/8 * 1/4pulse = 8192pulse

③ 输出和指令脉冲一样的脉冲串时，设定参数№PC19 为“□□2□”。反馈脉冲按图4-40 所示计算输出。可以用与指令脉冲相同的脉冲单位输出反馈脉冲。

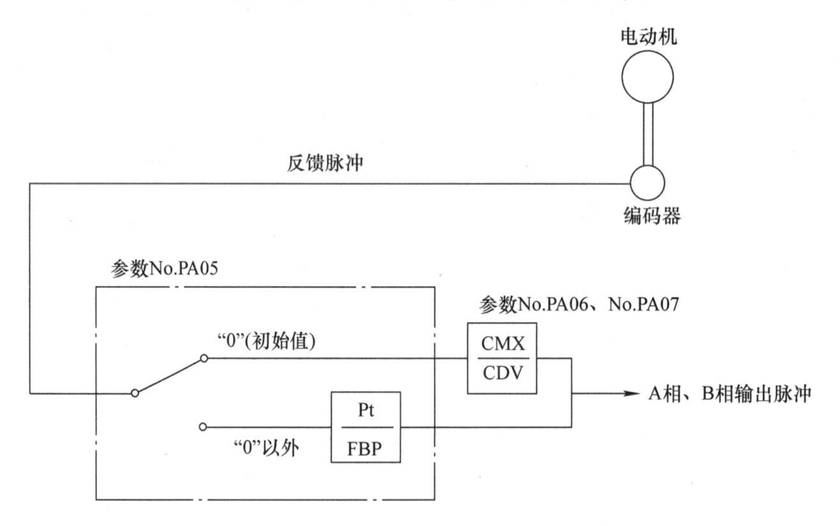

图 4-40　编码器反馈脉冲的计算输出

MR－J3－A 系列伺服放大器设定参数的修改，可以采用两种方法：一是通过伺服放大器的显示部分（5 位 7 段 LED）和操作部分（4 个按钮），可进行伺服放大器的状态显示、报警和参数设定；二是通过使用伺服设置软件（MR Configurator），可以使用个人计算机进行参数设定、试运行、状态显示等。

4.3.3　三菱 QD75 定位模块应用

1. QD75 系列定位模块型号说明

QD75 系列定位模块是用于 Q 系列 PLC 上的模块，可以支持任何定位系统必需的定位控制功能，如图 4-41 所示。在 QD75 定位模块中，QD75P1、QD75P2、QD75P4、QD75D1、QD75D2、QD75D4 等模块，是与步进电动机或伺服放大器组合来执行机械位置控制或速度控制的模块，而 QD75M1、QD75M2 和 QD75M4 是与 SSCNET（SERVO System Control NETwork）兼容的伺服放大器组合使用来执行机械位置控制或速度控制的模块，具有单轴控制、双轴控制、四轴控制功能的模块可供选择，详见表 4-10。

图 4-41　QD75P4 定位模块在主基板上安装例子

表 4-10　QD75 系列定位模块型号与功能说明

型　号	功能说明
QD75P1	单轴控制，采用集电极开路脉冲输出方式
QD75P2	双轴控制，采用集电极开路脉冲输出方式
QD75P4	四轴控制，采用集电极开路脉冲输出方式
QD75D1	单轴控制，采用差动驱动脉冲输出方式
QD75D2	双轴控制，采用差动驱动脉冲输出方式
QD75D4	四轴控制，采用差动驱动脉冲输出方式
QD75M1	单轴控制，采用 SSCNET 伺服专用控制网络
QD75M2	双轴控制，采用 SSCNET 伺服专用控制网络
QD75M4	四轴控制，采用 SSCNET 伺服专用控制网络

2. QD75 定位模块的功能与特点

1）丰富的控制功能：每轴允许进行 600 个定位数据设定；支持单独定位动作和连续定位动作；支持 2～4 轴速度、位置插补动作。

2）三种运行型式可供选择。①独立定位控制：只执行指定的定位数据并结束定位（单步执行）。②连续定位控制：在执行指定的定位数据后，停下来（速度要降为 0），然后执行下一个连续定位数据。③连续路径控制：执行完一个定位数据，而不进行减速停止（即速度不降为 0）就执行下一个连续定位数据。

3）提供多种控制方式。①1/2/3/4 轴的直线控制（包括直线插补）。②1/2/3/4 轴的固定进给控制。③2 轴圆弧插补控制。④1/2/3/4 轴的速度控制。⑤PTP（点对点）控制和路径控制。⑥增量模式（INC）进行速度控制切换位置控制（V/P），绝对模式（ABS）进行速度控制切换位置控制。⑦位置控制切换速度控制（P/V）。⑧当前值变更。⑨跳转指令（NOP 指令，JUMP 指令，LOOP－LEND）。

4）具有原点返回控制功能：提供机械原点回归控制方式、快速原点回归以及原点回归重试功能。

5）提供梯形加减速和S形加减速处理功能：自动梯形加减速度是指速度的增大或减小部分是线性变化的（即速度与距离的关系曲线为梯形）；而S形加减速是指速度的增加与减小部分呈正弦曲线。

6）高速化起动：在CPU模块给QD75发出起动指令到起动为止的时间6～7ms的高速起动，缩短了机器准备时间（预读起动需要3ms）。另外在执行同步起动（处于独立运行或插补法运行方式）时，不会出现轴间起动延迟。

7）实现输出脉冲高速化和通信远程化：QD75P1/QD75P2/QD75P4模块采用集电极开路输出方式，指令脉冲最高速度可达200kpps（kpulse/s），通信最大距离可达2m；QD75D1/QD75D2/QD75D4模块采用差动驱动输出方式，指令脉冲最高速度可达1Mpps，通信最大距离可达10m；QD75M1/QD75M2/QD75M4模块采用SSCNET伺服专用控制网络，指令脉冲最高速度可达10Mpps，通信最大距离可达200m。

8）能够使用智能模块专用指令：在创建对于QD75的顺控程序时，可以使用表4-11中的QD75专用指令。绝对位置恢复指令（ABRST）、定位起动指令（PSTRT）和示教指令（TEACH）不能在各个轴中同时执行。如果同时执行这些指令，则第二个和后面的指令会被内部互锁忽略（不会发生出错）。

表4-11　QD75定位模块的专用指令

用途	指令标记	功能概要
绝对位置复位	ABRST（ABRST1：轴1；ABRST2：轴2；ABRST3：轴3；ABRST4：轴4）	恢复指定轴的绝对位置
定轴起动	PSTRT（PSTRT 1：轴1；PSTRT2：轴2；PSTRT 3：轴3；PSTRT 4：轴4）	起动指定轴的定位控制
示教	TEACH（TEACH 1：轴1；TEACH2：轴2；TEACH 3：轴3；TEACH 4：轴4）	示教指定轴
内存写入	PFWRT	把QD75参数、定位数据和块起动数据写入QD75内置的闪存ROM中
参数初始化	PINIT	使QD75缓冲存储器和闪存ROM中的设置数据恢复其工厂设置数据（初始值）

9）易于维护：数据可以被保存到闪存中，断电数据不会丢失；故障内容细分化，提高故障诊断效率；能够分别保存16个故障/警告信息，便于故障/警告的确认。

3. QD75定位模块的工作原理

QD75定位模块在伺服控制系统中的应用例子如图4-42所示，它在PLC CPU模块的控制下向驱动单元输出正向运行脉冲串或者反向运行脉冲串。驱动单元中的偏差计数器积累脉冲信号串和反馈脉冲信号的差值，并发送给数－模转换器处理；数－模转换器将差值脉冲信号转换为直流模拟电压，成为控制伺服电动机的速度指令；这个速度指令（设定值）和“速度环反馈值”进行比较后的差值在速度环做PID调节后输出，就是“电流环的给定值”，电流环的这个给定值经过伺服放大器处理后输出给伺服电动机。偏差计数器保持一定累积量，使伺服电动机保持旋转状态；当偏差计数器的累积脉冲减少时伺服电动机转速变慢，当累积脉冲为 0 时伺服电动机停止旋转。同时，伺服电动机附带脉冲发生器产生与转速成比例的反馈脉冲，供偏差计数器和速度控制电路使用。因此，伺服电动机的转速与指定脉冲的频率成比例；伺服电动机的转角与指定脉冲的数量成比例。在规定每个脉冲的移动量后，就可以将工件定位传送到与脉冲串数量成比例的位置。

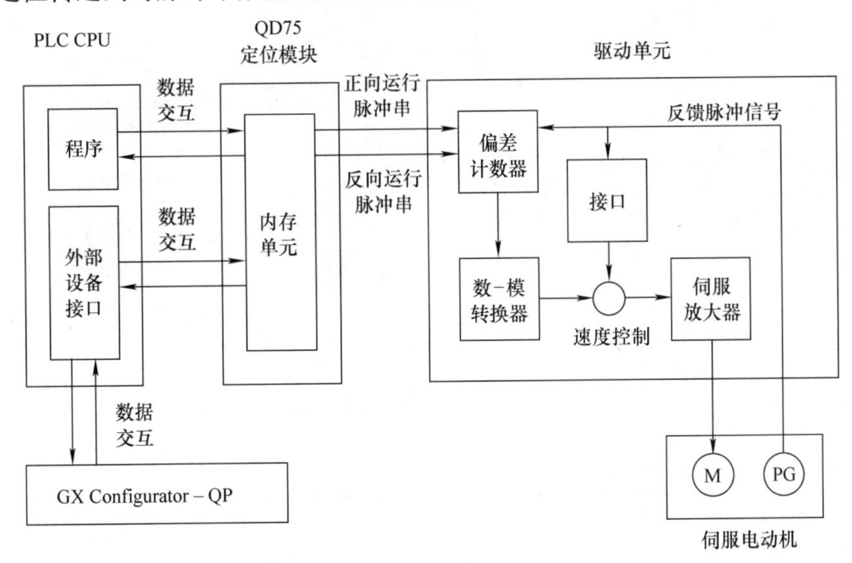

图 4-42　QD75 定位模块在伺服控制系统中的应用例子

4. QD75 定位模块工作结构图

QD75 定位模块的工作结构如图 4-43 所示。安装 GX Works2 软件的计算机对 PLC 进行编辑顺控程序和设定执行条件；安装 GX Configurator－QP 软件的计算机可以对 QD75 定位模块的参数数据进行设置，通过采用连续动作、循环指令、跳转指令以及块起动指令等对定位数据进行编辑，从而简化了复杂动作顺控程序的编辑；PLC CPU 模块根据内部存储的顺控程序，向 QD75 定位模块发出指令并检测 QD75 的故障；QD75 的外部设备可以向 QD75 输入起动、停止、限位以及控制切换信号，手动脉冲发生器可以向 QD75 发送控制脉冲信号（手动运行方式可以根据手动脉冲发生器输入的脉冲数进行定位控制：在手动脉冲发生器运行中，脉冲从手动脉冲发生器输入到 QD75，这使从 QD75 输出相同输入脉冲数到伺服放大器，并且工件按指定方向移动，用于精密定位控制时的微调整和定位地址的计算）；QD75 模块存储参数和数据，并按照 PLC CPU 模块、外部信号或手动脉冲信号的要求，向伺服单元发送控制脉冲信号；伺服单元接收 QD75 模块发出的脉冲指令，驱动伺服电动机运行，同时向 QD75 发送准备就绪信号和零信号；伺服电动机按照伺服单元发出的伺服指令进行实际动作。

5. QD75 定位模块的参数和数据设置

要想使定位模块 QD75 工作，必须对其设定各种参数和数据。设定的方法包括使用“GX Configurator－QP”软件在 Windows 计算机中设定以及通过顺控程序写入这两种方法。用 QD75 执行控制时需要设置的参数和数据包括“参数数据”“监视数据”和“控制数据”，见表 4-12。

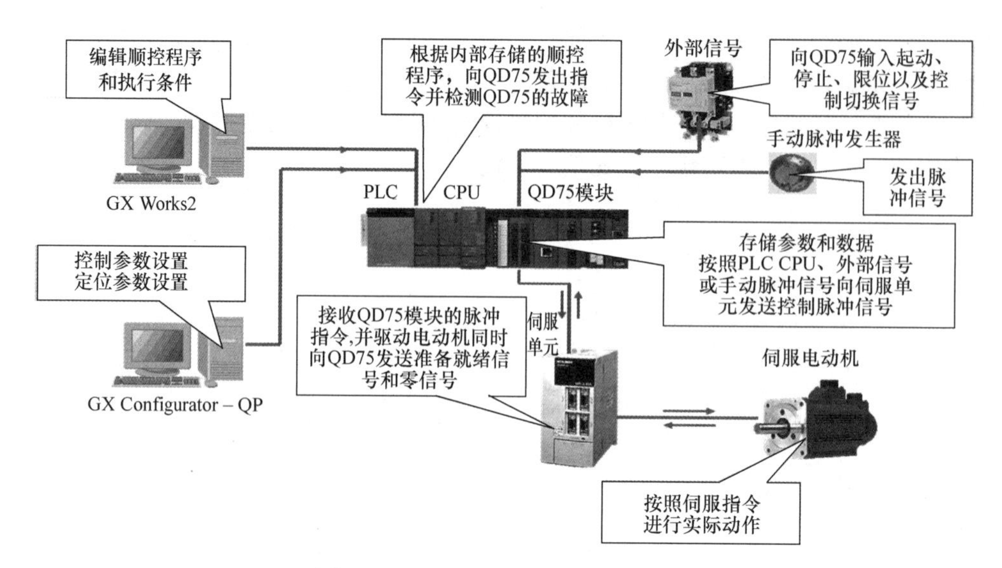

图4-43　QD75定位模块的工作结构

表4-12　QD75定位模块需要设置的参数和数据

名称	分　类			功　能
参数数据	参数	定位参数（Pr. 1 ~ Pr. 42，Pr. 150）	基本参数1	当起动系统时，按照设备和适用电动机设置（注：如果基本参数1的设置不正确，则旋转方向可能相反，或者可能不发生运行）
			基本参数2	
			具体参数1	当起动系统时，按照系统配置设置（注：具体参数2是最全面使用QD75功能的数据项目，按需要设置）
			具体参数2	
		OPR（回原点）参数（Pr. 43 ~ Pr. 57）	OPR基本参数	设置执行OPR控制需要的值
			OPR具体参数	
	定位数据	定位数据（Da. 1 ~ Da. 10）		设置“主要的定位控制”用的数据
	块起动数据	块起动数据（Da. 11 ~ Da. 14）		设置“高级定位控制”用的数据
		条件数据（Da. 15 ~ Da. 19）		设置“高级定位控制”用的条件数据
		备忘录数据		设置“高级定位控制”中使用的条件数据用的条件判断值
监视数据	系统监视数据（Md. 1 ~ Md. 19）			监视QD75规格和运行历史
	轴监视数据（Md. 20 ~ Md. 47）			监视与运行轴有关的数据，诸如当前位置和速度
控制数据	系统控制数据（Cd. 1 ~ Cd. 2）			把“设置数据”写入模块/初始化模块中的“设置数据”
	轴控制数据（Cd. 3 ~ Cd. 40）			进行与运行相关的设置，控制运行期间的变速，并停止/重新起动运行

GX Configurator－QP 软件可以对 QD75 定位模块的参数和数据进行设置。图 4-44 为 QD75P2 定位模块基本参数设定窗口示例，对轴 1、轴 2 的基本参数 1 和基本参数 2 进行设置；图 4-45 为 QD75P2 定位模块轴定位数据设置示例，对轴定位数据进行设置；图 4-46 为 QD75P2 定位模块的块起动数据设置示例，对块起动数据进行设置。这些参数和数据的详细设置方法，请参考《Q 系列定位模块 QD75P/QD75D 用户手册（详细篇）》。

Kind	Item	Axis #1	Axis #2
Basic parameter 1	Unit	3:pulse	3:pulse
	Pulse per rotation	20000 pls	20000 pls
	Travel per rotation	20000 pls	20000 pls
	Unit magnification	1: 1 times	1: 1 times
	Pulse output mode	1:CW/CCW mode	1:CW/CCW mode
	Rotation direction	0:Forward pulses to increase address	0:Forward pulses to increase address
	Bias speed at start	0 pls/s	0 pls/s
Basic parameter 2	Speed limit	200000 pls/s	200000 pls/s
	ACC time #0	1000 ms	1000 ms
	DEC time #0	1000 ms	1000 ms

图 4-44　QD75P2 定位模块基本参数设定窗口示例

No.	Pattern	CTRL method	SLV axis	ACC (ms)	DEC (ms)	Positioning address [pls]
1	0:END	1:ABS line1	-	0:1000	0:1000	0
2						
3	1:CONT	1:ABS line1	-	0:1000	0:1000	0
4	0:END	A:ABS line2	Axis #2	0:1000	0:1000	0
5						
6	2:LOCUS	1:ABS line1	-	0:1000	0:1000	0
7	0:END	D:ABS ArcMP	Axis #2	0:1000	0:1000	0
8						

图 4-45　QD75P2 定位模块轴定位数据设置示例

当设置的数据需要下载到 QD75 中或监视运行状态时，GX Configurator－QP 不直接连接到 QD75。由于 GX Configurator－QP 和 QD75 通过 Q 模式 CPU 模块进行数据通信，所以通过 RS－232 或 USB 把装有 GX Configurator－QP 的个人计算机与 Q 模式 CPU 模块相连接，再通过 GX Configurator－QP 实现 QD75 的参数设置、定位数据编写、监控和测试。使用 GX Configurator－QP 有如下优点。

1）参数设置简单，代替了对参数设置的顺控程序。

2）可以通过采用连续动作、循环指令、跳转指令以及块起动指令等对定位数据进行编

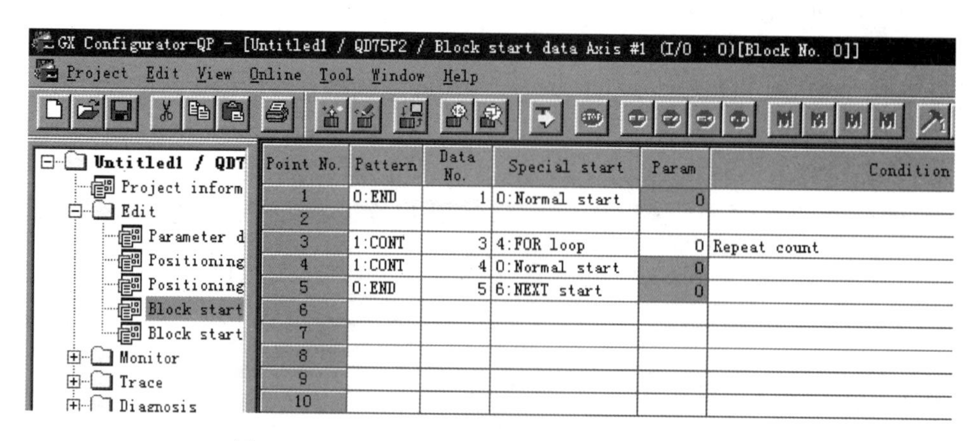

图 4-46　QD75P2 定位模块的块起动数据设置示例

辑，从而简化了复杂动作顺控程序的编辑。

3）可以通过时序图形式表示定位模块 I/O 信号、外部 I/O 信号和缓冲存储器状态的采样监视。

4）可以进行（离线）预设定位数据基础上的模拟。

6. QD75 定位模块的面板与信号连接器

QD75 定位模块的面板主要包括 LED 指示灯和外部设备连接器，如图 4-47 所示。

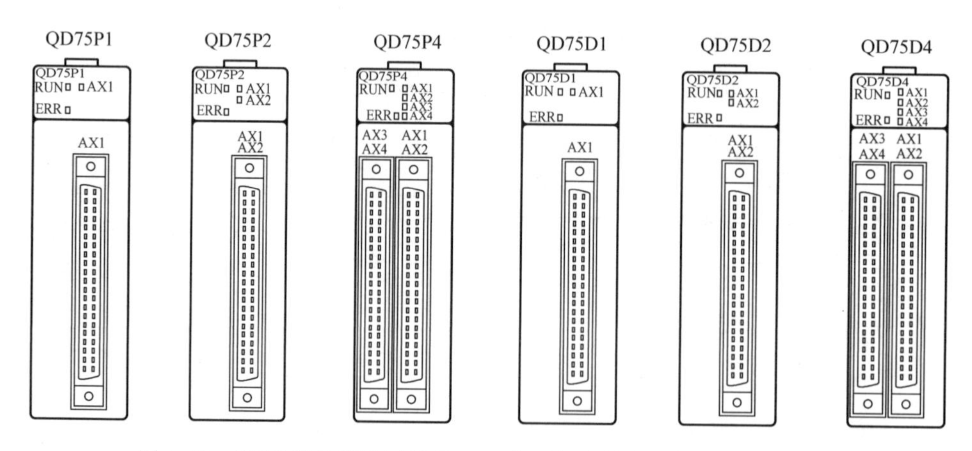

图 4-47　QD75 定位模块面板的 LED 指示灯与外部设备连接器布置图

1）LED 指示灯。以 QD75P4 或 QD75D4 为例，有运行（RUN）指示灯、故障（ERR）指示灯、轴 1 ~ 轴 4（AX1 ~ AX4）指示灯。当 PLC 运行后，发现 RUN 指示灯熄灭时，说明 QD75 硬件故障或 WDT 出错；当 RUN 指示灯亮，而 ERR 指示灯熄灭时，说明 QD75 模块运行正常；当 RUN 指示灯和 ERR 指示灯均亮时，说明系统出错；当 RUN 指示灯和 AX1（或其他轴）指示灯均亮时，说明轴 1（或其他轴）运行中；当 RUN 指示灯亮，而 ERR 指示灯和 AX1（或其他轴）指示灯均闪烁时，说明轴 1（或其他轴）出错；当 RUN 指示灯、ERR 指示灯和 AX1 ~ AX4 全部 LED 均亮时，说明硬件故障。

2）外部设备连接器。轴 1（AX1）控制模块、轴 2（AX1 和 AX2）控制模块、轴 4

（AX1～AX4）控制模块的外部设备连接器如图4-47所示。每个连接器的引脚排列及对应信号见表4-13。

表4-13 QD75模块的外部设备连接器信号排列

引脚布局	轴4（AX4）		轴3（AX3）		轴2（AX2）		轴1（AX1）	
	引脚编号	信号名称	引脚编号	信号名称	引脚编号	信号名称	引脚编号	信号名称
B20 A20 B19 A19 B18 A18 B17 A17 B16 A16 B15 A15 B14 A14 B13 A13 B12 A12 B11 A11 B10 A10 B9 A9 B8 A8 B7 A7 B6 A6 B5 A5 B4 A4 B3 A3 B2 A2 B1 A1	2B20	空	2A20	空	1B20	PULSER B –	1A20	PULSER B +
	2B19	空	2A19	空	1B19	PULSER A –	1A19	PULSER A +
	*3	PULSER R	*3	PULSER COM	*3	PULSER COM	*3	PULSER COM
	2B18	PULSER R +	2A18	PULSER R –	1B18	PULSER R –	1A18	PULSER R –
	*3	PULSER R	*3	PULSER R	*3	PULSER R	*3	PULSER R
	2B17	PULSER R +	2A17	PULSER R +	1B17	PULSER R +	1A17	PULSER R +
	*3	PULSER COM	*3	PULSER COM	*3	PULSER COM	*3	PULSER COM
	2B16	PULSER F –	2A16	PULSER F –	1B16	PULSER F –	1A16	PULSER F –
	*3	PULSER F	*3	PULSER F	*3	PULSER F	*3	PULSER F
	2B15	PULSER F +	2A15	PULSER F +	1B15	PULSER F +	1A15	PULSER F +
	2B14	CLRCOM	2A14	CLRCOM	1B14	CLRCOM	1A14	CLRCOM
	2B13	CLEAR	2A13	CLEAR	1B13	CLEAR	1A13	CLEAR
	2B12	RDYCOM	2A12	RDYCOM	1B12	RDYCOM	1A12	RDYCOM
	2B11	READY	2A11	READY	1B11	READY	1A11	READY
	2B10	PGOCOM	2A10	PGOCOM	1B10	PGOCOM	1A10	PGOCOM
	2B9	PGO5	2A9	PGO5	1B9	PGO5	1A9	PGO5
	2B8	PGO24	2A8	PGO24	1B8	PGO24	1A8	PGO24
	2B7	COM	2A7	COM	1B7	COM	1A7	COM
	2B6	COM	2A6	COM	1B6	COM	1A6	COM
	2B5	CHG	2A5	CHG	1B5	CHG	1A5	CHG
	2B4	STOP	2A4	STOP	1B4	STOP	1A4	STOP
	2B3	DOG	2A3	DOG	1B3	DOG	1A3	DOG
	2B2	RLS	2A2	RLS	1B2	RLS	1A2	RLS
	2B1	FLS	2A1	FLS	1B1	FLS	1A1	FLS

*1 用1表示的引脚编号表示右侧连接器的引脚编号，用2表示的引脚编号表示左侧连接器的引脚编号。

*2 关于QD75P1或QD75D1模块，1B1～1B18将是空的。

*3 假如上面一排和下面一排均显示信号名称，则上面一排表示QD75P1、QD75P2和QD75P4的信号名称，下面一排表示QD75D1、QD75D2和QD75D4的信号名称。

3）QD75与外部设备之间的输入信号规格。与QD75P1、QD75P2、QD75P4、QD75D1、QD75D2、QD75D4等模块相连的外部输入信号的规格（电压、波形等）要求，见表4-14。

4）QD75与外部设备之间的输出信号规格。QD75P1、QD75P2、QD75P4、QD75D1、QD75D2、QD75D4等模块的输出信号规格见表4-15。

表 4-14　QD75 定位模块外部输入信号的规格要求

信号名称		额定输入电压/V（输入电流/mA）	使用电压范围/V	ON 电压/V（电流/mA）	OFF 电压/V（电流/mA）	输入电阻/kΩ	响应时间/ms
驱动模块就绪（READY） 停止信号（STOP） 上限限位信号（FLS） 下限限位信号（RLS）		DC 24（5）	DC 19.2～26.4	DC 17.5 或更大（3.5 或更大）	DC 7 或更小（1.7 或更小）	约 4.7	4 或更少
零点信号	PG05	DC 5（5）	DC 4.5～6.1	DC 2 或更大（2 或更大）	DC 0.5 或更小（0.5 或更小）	约 0.3	1 或更少
	PG024	DC 24（5）	DC 12～26.4	DC 10 或更大（3 或更大）	DC 3 或更小（0.2 或更小）	约 4.7	1 或更少
	PG05/ PG024	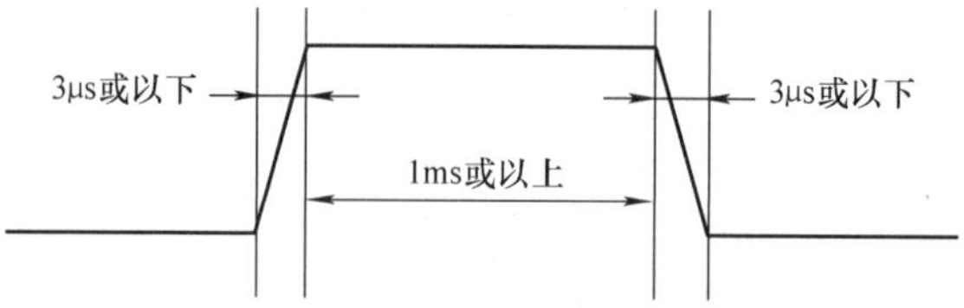 3μs或以下 1ms或以上 3μs或以下					
零点信号差动输入		与 Am26LS32 相当的差动输入接收器（ON/OFF 电平 ON：1.8V 或更大，OFF：0.6V 或更小					
手动脉冲发生器 A 相（脉冲 A） 手动脉冲发生器 B 相（脉冲 B）		DC 5（5）	DC 4.5～6.1	DC 2.5 或更大（2 或更大）	DC 1 或更小（0.1 或更小）	约 1.5	1 或更少
		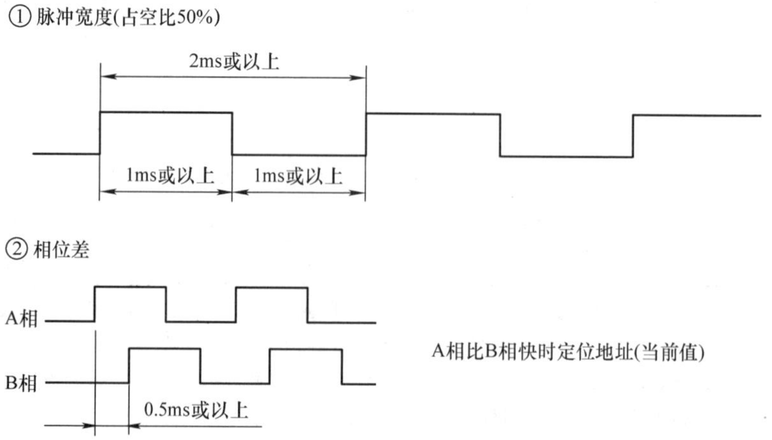 ① 脉冲宽度(占空比50%) 2ms或以上 1ms或以上　1ms或以上 ② 相位差 A相 B相 0.5ms或以上 A相比B相快时定位地址(当前值)					
近点狗*信号（DOG） 外部指令信号（CHG）		DC 24（5）	DC 19.2～26.4	DC 17.5 或更大（3.5 或更大）	DC 7 或更小（1.7 或更小）	约 4.3	1 或更少

* 近点狗是指伺服回零时的零位开关。QD75 模块有 6 种原点回归方式，前面几种都要用到近点狗信号。

表 4-15　QD75 定位模块的输出信号规格

<table>
<tr><th>信号名称</th><th>额定负载
电压/V</th><th>使用负载
电压/V</th><th>最大负载
电流/A
（冲击电流/A）</th><th>ON 时最大
电压降/V</th><th>OFF 时泄漏
电流/mA</th><th>响应时间/ms</th></tr>
<tr><td rowspan="2">脉冲输出
（CW/脉冲/A 相）
脉冲标记
（CCW/SIGN/B 相）</td><td colspan="6">与 Am26C31 相当的差动驱动器（QD75D□时）：
CW/CCW 型、PULSE/SIGN 型、A 相/B 相型，用 QD75 驱动模块的参数（Pr. 5 脉冲输出模式）选择。
“Pr. 5 脉冲输出模式”和“Pr. 23 脉冲输出信号逻辑选择”的脉冲关系如下：
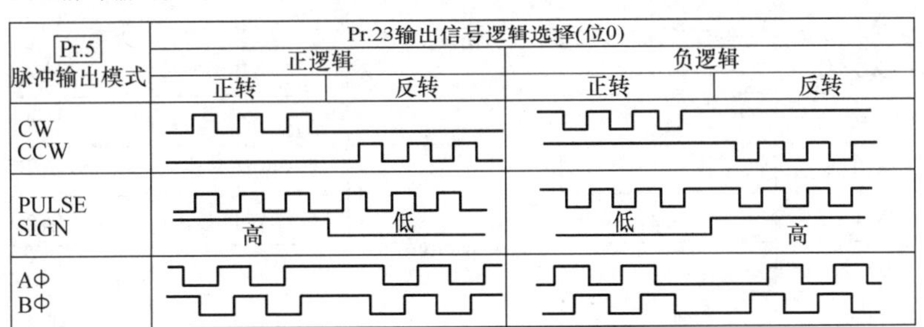
</td></tr>
<tr><td>DC 5～24</td><td>DC 4. 75～30</td><td>0. 05/1 点
（0. 2/10ms
或更小）</td><td>DC 0. 5（TYP）</td><td>0. 1 或更小</td><td>—</td></tr>
<tr><td>偏差计数清零
（CLEAR）</td><td>DC 5～24</td><td>DC 4. 75～30</td><td>0. 1/1 点
（0. 4/10ms
或更小）</td><td>DC 1（TYP）
DC 2. 5（MAX）</td><td>0. 1 或更小</td><td>2 或更少
（电阻负载）</td></tr>
</table>

5）QD75 定位模块使用 32 个输入点和 32 个输出点来与 PLC CPU 交换数据。当 QD75 定位模块安装在主基板的第 0 槽上时，QD75 定位模块和 PLC CPU 模块之间的 I/O 信号（包括地址分配）见表 4-16。其中，软元件 X 是 QD75 模块输入到 PLC CPU 的信号，软元件 Y 是 PLC CPU 输入到 QD75 模块的信号。

表 4-16　QD75 与 PLC CPU 之间的 I/O 信号

<table>
<tr><th colspan="3">QD75→PLC CPU（PLC 输入）</th><th colspan="3">PLC CPU→QD75（PLC 输出）</th></tr>
<tr><th>地址</th><th>控制轴</th><th>功能</th><th>地址</th><th>控制轴</th><th>功能</th></tr>
<tr><td>X0</td><td></td><td>QD75 就绪</td><td>Y0</td><td></td><td>PLC 就绪</td></tr>
<tr><td>X1</td><td></td><td>同步标志</td><td>Y1</td><td></td><td>禁用</td></tr>
<tr><td>X2</td><td></td><td>禁用</td><td>Y2</td><td></td><td>禁用</td></tr>
<tr><td>X3</td><td></td><td>禁用</td><td>Y3</td><td></td><td>禁用</td></tr>
<tr><td>X4</td><td>轴 1</td><td rowspan="4">M 代码 ON</td><td>Y4</td><td>轴 1</td><td rowspan="4">轴停止</td></tr>
<tr><td>X5</td><td>轴 2</td><td>Y5</td><td>轴 2</td></tr>
<tr><td>X6</td><td>轴 3</td><td>Y6</td><td>轴 3</td></tr>
<tr><td>X7</td><td>轴 4</td><td>Y7</td><td>轴 4</td></tr>
</table>

（续）

QD75→PLC CPU（PLC 输入）			PLC CPU→QD75（PLC 输出）		
地址	控制轴	功能	地址	控制轴	功能
X8	轴 1	出错检测	Y8	轴 1	正转 JOG 起动
X9	轴 2		Y9	轴 1	反转 JOG 起动
XA	轴 3		YA	轴 2	正转 JOG 起动
XB	轴 4		YB	轴 2	反转 JOG 起动
XC	轴 1	BUSY	YC	轴 3	正转 JOG 起动
XD	轴 2		YD	轴 3	反转 JOG 起动
XE	轴 3		YE	轴 4	正转 JOG 起动
XF	轴 4		YF	轴 4	反转 JOG 起动
X10	轴 1	起动完成	Y10	轴 1	定位起动
X11	轴 2		Y11	轴 2	
X12	轴 3		Y12	轴 3	
X13	轴 4		Y13	轴 4	
X14	轴 1	定位完成	Y14	轴 1	执行禁止标志
X15	轴 2		Y15	轴 2	
X16	轴 3		Y16	轴 3	
X17	轴 4		Y17	轴 4	
X18 ~ X1F		禁用	Y18 ~ Y1F		禁用

工作任务重点

1）立体仓库 PLC 控制系统框图设计。

2）立体仓库 PLC 控制系统相关电路设计。

3）立体仓库 PLC 控制程序流程图设计。

4.3.4 立体仓库 PLC 控制系统实例

1. 立体仓库简介

立体仓库是指采用几层、十几层乃至几十层高的货架储存单元货物，用相应的物料搬运设备进行货物入库和出库作业的仓库。由于这类仓库能充分利用空间储存货物，所以通常形象地将其称为“立体仓库”。立体仓库一般由高层货架、仓储机械设备、建筑物及控制和管理设施等部分组成。按照货架形式的不同，自动化立体仓库可分为三类：单元货架仓库、贯通式货架仓库和循环货架仓库。自动化立体仓库的核心部件是堆垛机，它担负着出库、进库、盘库等任务，是自动化立体仓库发展的主要标志。

2. 自动化立体仓库的特点

自动化立体仓库的主要特点是：很高的空间利用率、很强的出入库能力、采用高层货架储存货物、采用计算机进行控制管理，可以将计算机、互联网和立体仓库的控制系统相结合，实现远程控制，实现高速、精准地进行存取货物，以适应高速发展的物流系统的要求。目前，这类仓库最大高度可以达到40多米，最大库存数可以大至数万甚至十多万个货物单位，可以做到无人操作、按计划入库和出库的全自动化控制，并且可以实现仓库的计算机网络化管理。

3. 自动化立体仓库的控制要求

1）仓库构成：该立体仓库由底盘、三列四层共12个仓位的库体、巷道堆垛机、检测元件及电气控制元件等组成。巷道堆垛机负责全部货物的入库、出库承运作业，可实现三个自由度的运动。*X*轴方向与*Z*轴方向是堆垛机的水平（左右）运动与垂直（上下）运动方向，*Y*轴方向是叉梳机构的前后运动方向，采用滚珠丝杠、滑杠作为传动与导向机构，分别由三台交流伺服电动机来拖动。

2）控制要求：立体仓库的入货口与出货口为同一位置，称为零位平台，系统控制分为入库操作控制和出库操作控制两部分。入库操作时，当控制系统检测到零位平台有货物时，起动堆垛机，将零位平台上的货物放置到指定仓位上；出库作业时，起动堆垛机将指定仓位上的货物取出并送到零位平台，等待下一次的运行指令，亦保证了其工作参考原点。堆垛机的左右运动和上下运动可同时进行，为保证系统安全，三个运动方向均设有超限位开关保护；每个仓位必须有检测装置（微动开关），判断仓位是否已有货物，禁止双重入库与空取货物操作，当操作有误时发出错误报警信号；当按完仓位号后，没有按“确定”键之前，可以按“取消”键来取消该项操作；整个电气控制系统必须设置急停按钮，以防发生意外。

4. 自动化立体仓库的电控方案

自动化立体仓库的电气控制系统主要由三菱GT15系列触摸屏、Q系列PLC、QD75定位模块、MR－J3系列伺服放大器和交流伺服电动机、光电传感器、微动开关、旋转编码器等组成，如图4-48所示。

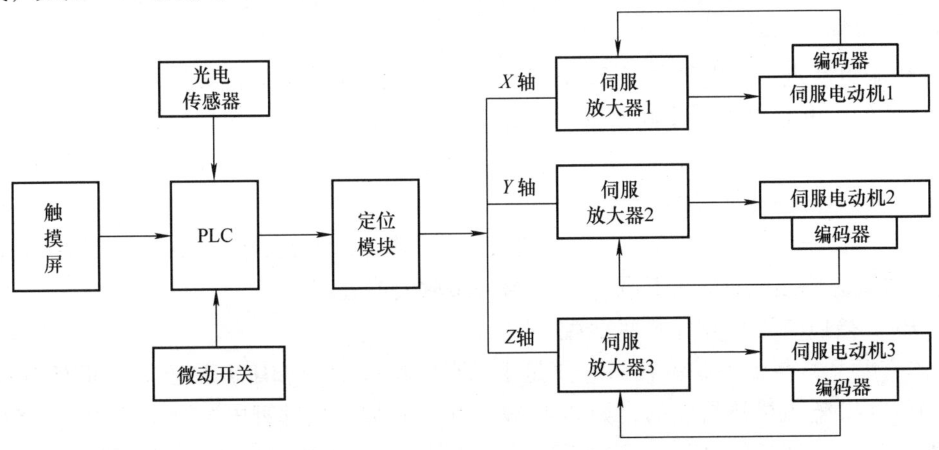

图4-48　立体仓库控制系统组成框图

1）触摸屏：选用三菱新一代人机界面GT15系列触摸屏，用于显示操作界面，同时将操作指令传送给PLC。GT15支持65536色显示、高亮度、色彩更加真实自然，操作时可享受完美的视觉感受；内置9MB标准内存，可扩展到57MB内存；内置1个RS－232接口、1个USB设备接口和1个CF卡接口；扩展接口有总线连接接口、串行通信接口、MELSEC-

NET/H 通信接口、CC－Link 通信接口和以太网接口；其屏幕尺寸有 15in、12.1in、10.4in 和 8.4in（1in =2.54cm）。通过安装有画面设计软件 GT Designer2 的个人计算机，进行画面设计工作，完成主控窗口、设备窗口、用户窗口、实时数据库和运行策略配置等，再通过 RS－232 连接器和 RS－232 连接电缆（GT01－C30R2－9S）下载到触摸屏中。完成操作画面设计后，将 GT15 用 RS－232 连接电缆（GT01－C30R－6P）与 Q00JCPU 连接后运行。

2）光电传感器：选用日本 SUNX 公司的 FPG 型光电传感器，共 8 组对射式光电传感器作限位控制。其中，6 组对射式光电传感器分别用作 X 轴、Y 轴、Z 轴的限位控制；2 组对射式光电传感器分别用作货架在 X 轴和 Z 轴的到位检测，并把检测结果送给 PLC 处理。

3）微动开关：该立体仓库共有 13 个仓位（四层 12 个仓位和 1 个零位平台），分别采用 13 只 SM5－00N 型微动开关作为货物有无的检测，并把检测结果送给 PLC 处理。

4）Q 系列 PLC：选用集电源模块与主基板为一体的 CPU 模块 Q00JCPU，内置 RS－232 连接器，配合定位模块和开关量输入输出模块，其主要作用是存储创建的程序，执行存储的顺控程序，接收触摸屏和各种传感器的信号，向 QD75 发出起动信号和停止信号，检测 QD75 的故障等。

5）QD75 定位模块：选用 QD75P4 定位模块，用于存储 X 轴、Y 轴、Z 轴的控制参数和数据，并按照 PLC CPU 的控制要求向伺服单元发送控制脉冲信号。该定位模块支持 2～4 轴速度、位置插补动作；每轴允许进行 600 个定位数据设定，支持单独定位动作和连续定位动作；数据可以保存到闪存中，断电数据不会丢失；能够分别保存 16 个故障/警告信息，便于故障/警告的确认。

6）伺服放大器：选用三菱 MR－J3 系列伺服放大器，用于接收 QD75 模块的脉冲指令，放大后驱动电动机，同时向 QD75 发送准备就绪信号和零信号。该放大器的响应速度达到 550Hz，编码器分辨率高达 131072p/rev，也就是每接收一个脉冲，电动机旋转 0.0027°。采用高级实时自动调整抑制控制器和振动抑制滤波器，可以自适应振动；同时具有增益搜索功能，自动找出最佳增益值。

7）伺服电动机：选用三菱 HK－KP23（B）型交流伺服电动机，按照伺服指令进行实际动作。该伺服电动机具有超低惯量、小容量、额定输出功率 200W，额定转速 3000r/min，有电磁制动器等特点。HK－KP23B 型电动机与 HK－KP23 型电动机相比，具有抱闸功能，适用于断电后需要保持位置的应用场合。

8）编码器：选用 OMRON 公司生产的 E6A2－CW5C 型旋转编码器，用于伺服电动机旋转角度的检测并输出系列脉冲信号，反馈给伺服放大器处理。

5. PLC 接口电路与 I/O 地址分配

立体仓库 PLC 控制系统的接口电路是由 GT15 触摸屏、Q00JCPU 模块、QD75P4 定位模块和 2 个 QX40 输入模块组成的，如图 4-49 所示。首先，用编程电缆（QC30R2）将计算机 RS－232 接口与 Q00JCPU 相连，在编程软件 GX Works2 中进行顺控程序的编辑与调试工作。在 PLC 的顺控程序编辑完成并调试成功后，在断电情况下，用 RS－232 连接电缆（GT01－C30R－6P）将 GT15 与 Q00JCPU 连接。在主基板的第 0 槽安装 QD75P4 定位模块（对应输入地址为 X00～X1F，输出地址为 Y00～Y1F），第 1 槽安装 QX40 输入模块 1（对应地址为 X20～X2F），第 2 槽安装 QX40 输入模块 2（对应地址为 X30～X3F）。立体仓库 PLC 控制系统的地址分配见表 4-17、表 4-18、表 4-19。

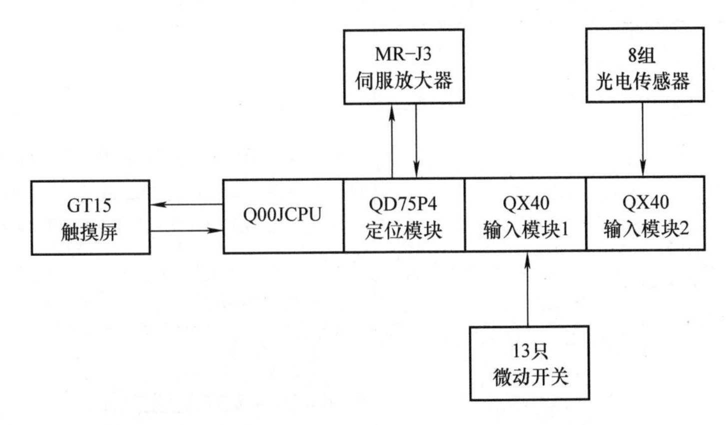

图 4-49　立体仓库 PLC 控制系统的接口电路框图

表 4-17　立体仓库 PLC 控制系统的地址分配表

输　　入			输　　出		
输入地址	输入元件	名称或作用	输出地址	输出元件	名称或作用
X00 ~ X1F	QD75	QD75 到 PLC CPU 的输入信号	Y00 ~ Y1F	QD75	PLC CPU 到 QD75 的输出信号
X20	SQ0	零位平台的微动开关			
X21	SQ1	1 号仓位的微动开关			
X22	SQ2	2 号仓位的微动开关			
X23	SQ3	3 号仓位的微动开关			
X24	SQ4	4 号仓位的微动开关			
X25	SQ5	5 号仓位的微动开关			
X26	SQ6	6 号仓位的微动开关			
X27	SQ7	7 号仓位的微动开关			
X28	SQ8	8 号仓位的微动开关			
X29	SQ9	9 号仓位的微动开关			
X2A	SQ10	10 号仓位的微动开关			
X2B	SQ11	11 号仓位的微动开关			
X2C	SQ12	12 号仓位的微动开关			
X30	SFW1	*X* 轴方向左极限位置检测的光电传感器			
X31	SBW1	*X* 轴方向右极限位置检测的光电传感器			
X32	SFW2	*Y* 轴方向前极限位置检测的光电传感器			
X33	SBW2	*Y* 轴方向后极限位置检测的光电传感器			
X34	SFW3	*Z* 轴方向上极限位置检测的光电传感器			
X35	SBW3	*Z* 轴方向下极限位置检测的光电传感器			
X36	SFW4	货架在 *X* 轴方向到位检测的光电传感器			
X37	SBW4	货架在 *Z* 轴方向到位检测的光电传感器			

表 4-18 由 QD75 到 PLC CPU 的输入信号

软元件编号	信号名称			详情
X0	QD75 READY		ON：READY OFF：未 READY/WDT 出错	• 当 PLC READY 信号［Y0］从 OFF 变成 ON 时，检查参数设置范围，如果没有发现错误，则该信号变成 ON • 当 PLC READY 信号［Y0］变成 OFF 时，该信号变成 OFF • 当 WDT 出错时，该信号变成 OFF • 该信号用于测控程序等中的互锁 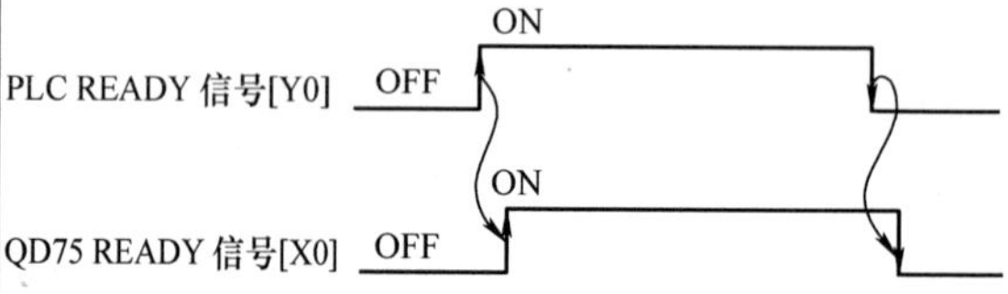 ON PLC READY 信号[Y0] OFF ON QD75 READY 信号[X0] OFF
X1	同步标志		OFF：禁止模块访问 ON：允许模块访问	• 在 PLC 变成 ON 或复位 CPU 模块时，如果能够从 CPU 模块访问 QD75，则该信号变成 ON • 当在 CPU 模块的模块同步设置中选择“异步”时，该信号可以用作从顺控程序访问 QD75 的互锁
X4 X5 X6 X7	轴 1 轴 2 轴 3 轴 4	M 代码 ON	OFF：未设置 M 代码 ON：设置了 M 代码	• 在 WITH 模式中，当起动定位数据运行时该信号变成 ON。在 AFTER 模式中，当完成定位数据运行时该信号变成 ON • 该信号随“Cd. 7 M 代码 OFF 请求”变成 OFF • 当未指定 M 代码时（当 Da. 10 M 代码是“0”时），该信号会保持 OFF • 通过使用定位运行的连续路径控制，即使该信号不变成 OFF 也会继续定位。然而，会发生警告（警告代码：503） • 当 PLC READY 信号［Y0］变成 OFF 时，M 代码 ON 信号也会变成 OFF • 如果 M 代码为 ON 时起动运行，则会出错
X8 X9 XA XB	轴 1 轴 2 轴 3 轴 4	出错检测	OFF：无错误 ON：出错	• 当发生参数设置范围出错和运行起动时或运行起动期间的出错，该信号变成 ON，并在“Cd. 5 轴出错复位”上复位出错时，该信号变成 OFF
XC XD XE XF	轴 1 轴 2 轴 3 轴 4	BUSY	OFF：不 BUSY ON：BUSY	• 在起动定位、OPR 或 JOG 运行时，该信号变成 ON。定位停止后过了“Da. 9 停顿时间”时该信号变成 OFF。（定位期间该信号保持 ON。）当用步运行停止定位时，该信号变成 OFF • 在手动脉冲发生运行期间，当“Cd21 手动脉冲发生器允许标志”为 ON 时，该信号变成 ON • 读信号在出错完成或定位停止时变成 OFF

（续）

软元件编号	信号名称			详　情
X10 X11 X12 X13	轴1 轴2 轴3 轴4	起动完成	OFF：起动未完成 ON：起动完成	• 当定位起动信号变成 ON 并且 QD75 起动定位处理时该信号变成 ON （OPR 控制期间，起动完成信号也变成 ON） 定位起动信号[Y10] OFF ON 起动完成信号[X10] OFF ON 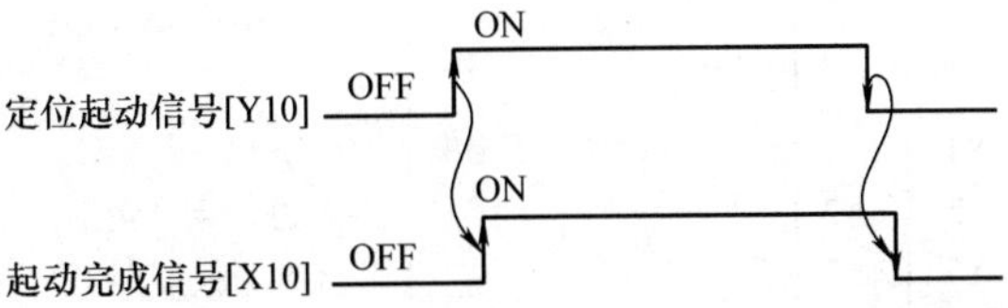
X14 X15 X16 X17	轴1 轴2 轴3 轴4	定位完成	OFF：定位未完成 ON：定位完成	• 从完成对各个定位数据编号的定位控制时的一瞬间起，该信号就变成 ON，一直持续"Pr. 40 定位完成信号输出时间"中设置的时间 • 如果在该信号为 ON 时起动定位（包括 OPR）、JOG/微动运行或手动脉冲发生器运行，则该信号会变成 OFF • 当半路取消速度控制或定位时，该信号不会变成 ON

表 4-19　由 PLC CPU 到 QD75 的输出信号

软元件编号	信号名称		详　情
Y0	PLC READY	OFF：PLC READY OFF ON：PLC READY ON	1）该信号通知 QD75 PLC CPU 正常 • 用顺控程序使该信号变成 ON/OFF • 定位控制、OPR 控制、JOG 运行、微动运行和手动脉冲发生器运行期间 PLC READY 信号变成 ON，除非系统处于外围设备测试模式 2）当更改参数时，依据参数不同，PLC READY 信号变成 OFF 3）当 PLC READY 信号从 OFF 变成 ON 时执行下列处理 • 检查参数设置范围 • QD75 READY 信号［X0］变成 ON 4）当 PLC READY 信号从 ON 变成 OFF 时执行下列处理 在这些情况下，应该把 OFF 时间设置成 100ms 或更大 • QD75 READY 信号［X0］变成 OFF • 运行轴停止 • 各个轴的 M 代码 ON 信号［X4 或 X7］变成 OFF，并且"0"存储在"Md. 25 有效 M 代码"中 5）当从外围设备或 PLC CPU 把参数或定位数据（编号 1～600）写入闪存 ROM 时，PLC READY 信号会变成 OFF

（续）

软元件编号	信号名称			详　情
Y4 Y5 Y6 Y7	轴 1 轴 2 轴 3 轴 4	轴停止	OFF：未请求轴停止 ON：请求了轴停止	• 当轴停止信号变成 ON 时，OPR 控制、定位控制、JOG 运行、微动运行和手动脉冲发生器运行会停止 • 定位运行期间通过使轴停止信号变成 ON，定位运行会被“停止” • 可以用“Pr. 39 停止组 3 突然停止选择”选择是否减速或突然停止 • 在定位运行的插补控制期间，如果任意轴的轴停止信号变成 ON，则插补控制中的所有轴都会减速并停止
Y8 Y9 YA YB YC YD YE YF	轴 1 轴 1 轴 2 轴 2 轴 3 轴 3 轴 4 轴 4	正向运行 JOG 起动 反向运行 JOG 起动 正向运行 JOG 起动 反向运行 JOG 起动 正向运行 JOG 起动 反向运行 JOG 起动 正向运行 JOG 起动 反向运行 JOG 起动	OFF：未起动 JOG ON：起动了 JOG	• 当 JOG 起动信号是 ON 时，会以“Cd. 17 JOG 速度”执行 JOG 运行。当 JOG 起动信号变成 OFF 时，运行会减速并停止 • 当设置微动位移量时，一个控制周期输出指定的位移量，然后运行停止
Y10 Y11 Y12 Y13	轴 1 轴 2 轴 3 轴 4	定位起动	OFF：未请求定位起动 ON：请求了定位起动	• 起动 OPR 运行或定位运行 • 定位起动信号在上升沿时有效，并且起动运行 • 当 BUSY 期间定位起动信号变成 ON 时，会发生运行起动警告（警告代码：100）
Y14 Y15 Y16 Y17	轴 1 轴 2 轴 3 轴 4	执行禁止标志	OFF：不在执行禁止期间 ON：在执行禁止期间	如果定位起动信号变成 ON 时执行禁止标志为 ON，则定位控制不起动，直到执行禁止标志变成 OFF 为止。“未提供脉冲输出”与“预读起动功能”一起使用

6. QD75 定位模块与各个模块的信号连接

1）使用 QD75 的步骤：除了正确接线外，还必须对其设定各种参数和数据。

① 把 QD75 安装在主基板上，给 QD75 和外部连接设备（驱动装置等）接线。

② 使用 GX Configurator - QP 软件，设置要执行的定位控制需要的参数、定位数据、块起动数据和条件数据。除了可在安装 GX Configurator - QP 软件的个人计算机中进行参数设定外，还可以通过顺控程序写入的方法来设定。

③ 使用 GX Works2 软件，创建定位运行需要的顺控程序。

④ 把用 GX Configurator - QP 创建的参数和定位数据等写入 QD75。

⑤ 使用 GX Works2 软件，把创建的顺控程序写入 PLC CPU。

⑥ 执行测试运行，并在测试模式中调节以检查与 QD75 和外部连接设备的连接并确认是否正确，执行指定的定位运行（调试设置的“参数”和“定位数据”等）。

⑦ 执行测试运行和调节以确认是否正确执行了指定的定位运行（调试创建的顺控程序。当未使用 GX Configurator - QP 时，也调试设置的数据）。

⑧ 实际定位运行。此时，按需要监视运行状态。如果出错或发出警告，则予以纠正。

2）QD75 模块与各个模块的信号连接框图如图 4-50 所示。QD75 模块通过主基板与 PLC CPU 模块通信，传送的数据包括设定参数、定位数据、块起动数据、控制数据、监视数据。QD75 通过外部设备接口的 40 只引脚连接器与电动机驱动装置（伺服放大器）、输入信号操作开关（外部信号）和手动脉冲发生器相连。

3）QD75 模块停止控制的条件：当出现下列情况之一时，QD75 模块停止各种控制。

① 当各种控制正常完成时。

② 当驱动装置 READY 信号变为 OFF 时。

③ 当 PLC READY 信号变为 OFF 时（当 PLC CPU 中发生“参数出错”或“WDT 出错”时）。

④ 当 QD75 中发生错误时。

⑤ 当有意停止控制时（来自 PLC CPU 的停止信号变为 ON，来自外部设备等的停止信号）。

当位置控制运行引起轴停止时，通过使用“Cd. 6 重新起动命令”，对定位数据终点的定位可以从停止位置重新起动。如果在连续定位或连续路径控制运行期间，发出重新起动命令，则该命令会把当前位置（由与中断位移时刻关联的定位数据编号指明）作为起始点，重新执行定位。当“Cd. 6 重新起动命令”为 ON 时，如果“Md. 26 轴运行状态”停止，则不管是绝对系统还是增量系统，对定位数据终点的定位都会从停止位置重新起动。如果“Md. 26 轴运行状态”未停止，则会有重新起动禁止警告（警告代码：104），并且会忽略重新起动命令。

QD75 型定位模块由采用 GX Configurator - QP 监视工具的计算机来设定。当设置的数据下载到 QD75 中或监视运行状态时，GX Configurator - QP 不直接连接到 QD75。由于 GX Configurator - QP 和 QD75 通过 Q 模式 CPU 模块进行数据通信，所以通过 RS - 232 或 USB 与 Q 模式 CPU 模块相连。

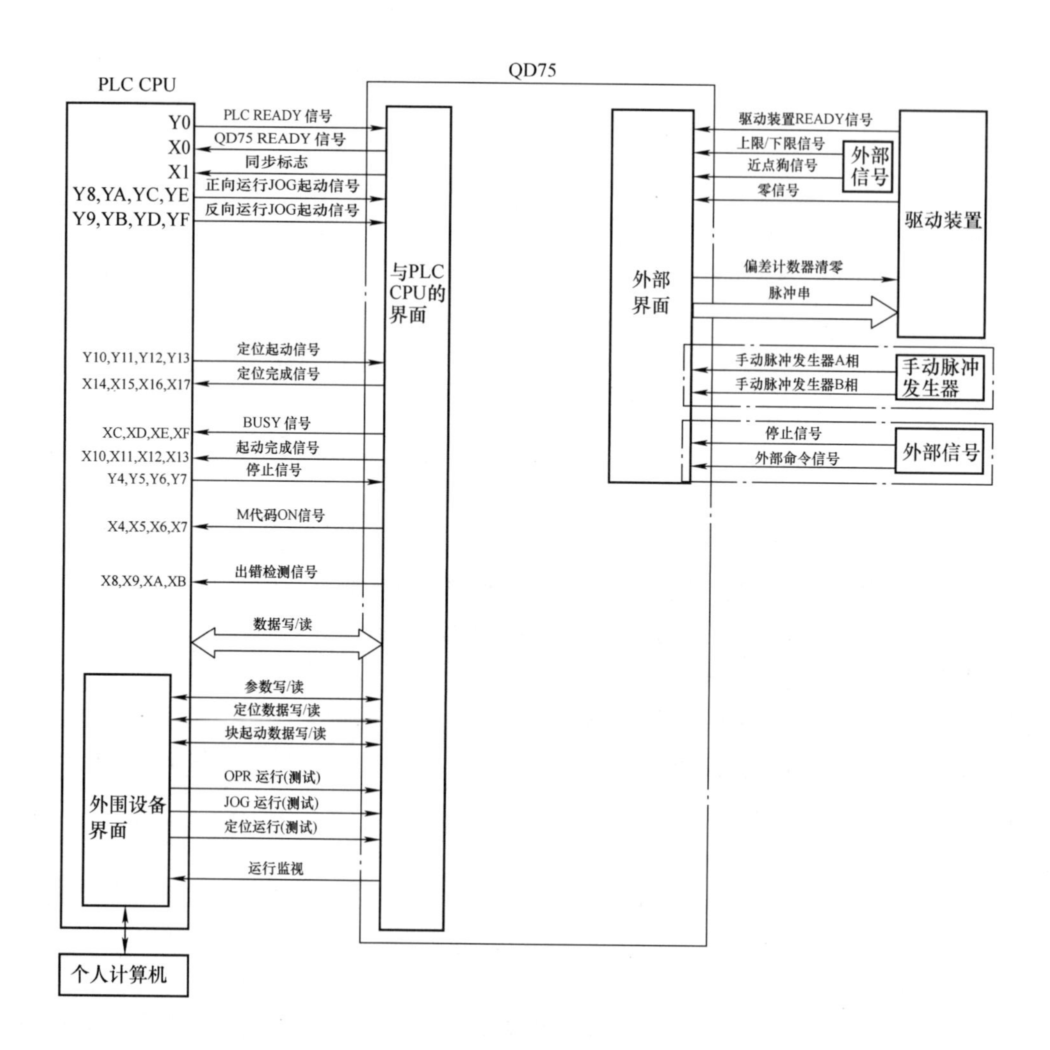

图 4-50　QD75 模块与各个模块的信号连接框图

7. MR－J3 伺服放大器的信号接线图

MR－J3 伺服放大器有 CNP1～CNP3 和 CN1～CN6 共 9 个连接端子，分别用于连接输入主电源、功率改善直流电抗器（选件）、再生选件、控制电源、伺服电动机、QD75 定位模块、编码器、使用 RS－422 接口的外部设备、光电池、使用 USB 接口的个人计算机等，同时可以输出编码器的脉冲、故障、零速检测、转矩限制有效、定位完成、监控输出 1 和监控输出 2 等信号；可以输入紧急停止、伺服接通、复位、比例控制、转矩限制选择、正转行程末端、反转行程末端、模拟转矩限制等信号。MR－J3 伺服放大器全部信号接线图如图 4-51 所示。

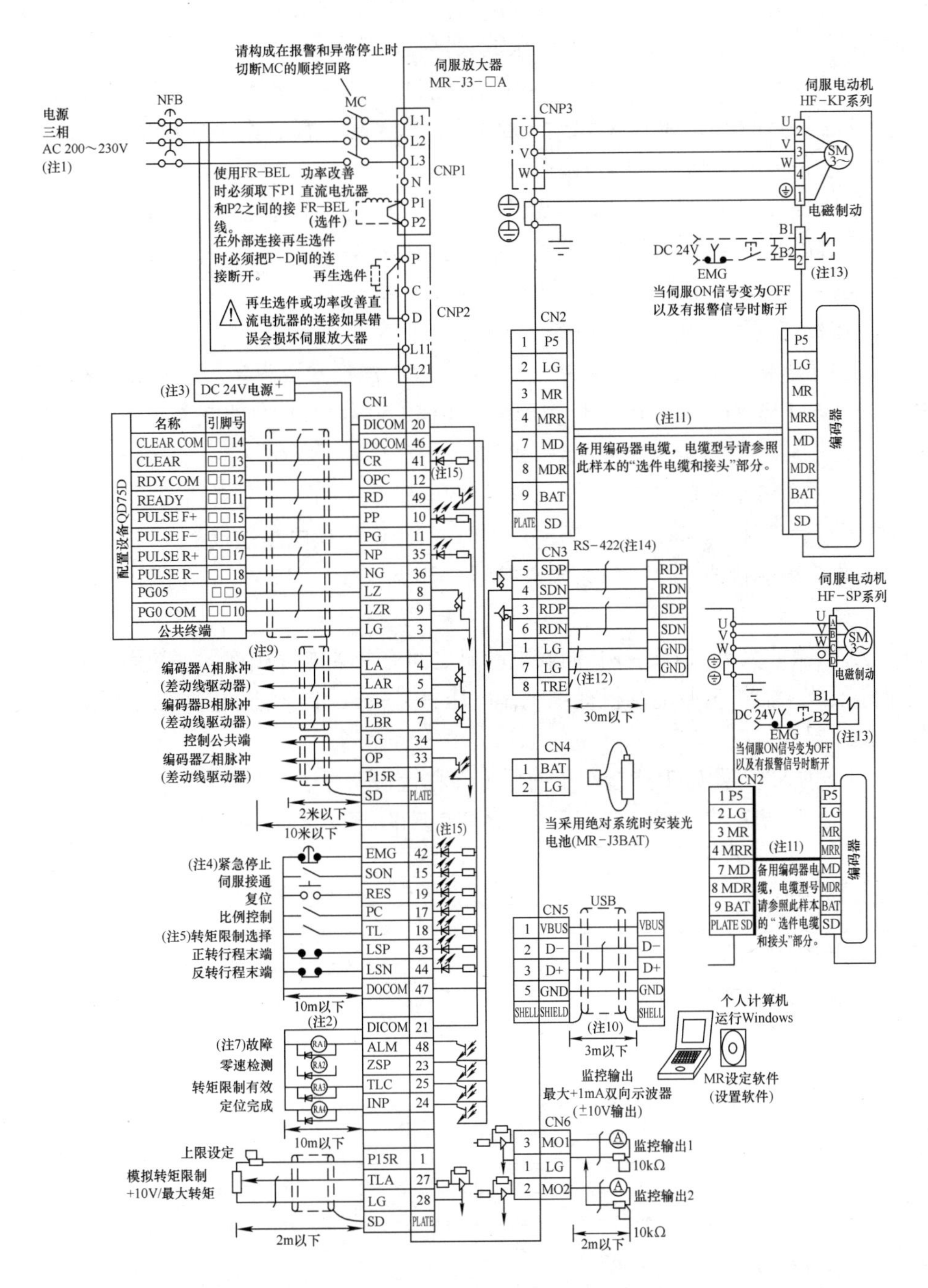

图 4-51　MR－J3 伺服放大器全部信号接线图

图 4-51 中的注释说明如下：

注 1. 当采用单相 AC 230V（MR－J3－70A 以下）时，连接电源到 L1 和 L2，L3 不能有任何连接。

注 2. 不可接反二极管的方向。如果反接，伺服放大器将发生故障，不能输出信号且紧急停止和其他保护电路将失去作用。

注 3. 采用 DC 24V×（1±10%）300～900mA 电源。电源容量根据所使用的输入/输出的数目而不同，详见《MR－J3－□A 伺服放大器技术资料集》。

注 4. 必须安装 EMG（紧急）触点（常闭触点）。如果未安装，不能正常运行。

注 5. 正常运行时 LSP 和 LSN 触点必须关闭。如果未关闭，则不能接受指令。

注 6. 同名信号的针脚在内部是接通的。

注 7. 故障信号（ALM）在没有报警的正常运行情况下始终处于 ON 状态。

注 8. 将屏蔽线和接头内的簧片准确连接（接地簧片）。

注 9. 连接 LG 和公共端子以提高抗噪声能力。

注 10. 在良好的噪声环境中可以 3m 以下。

注 11. 关于连接，详见《MR－J3－□A 伺服放大器技术资料集》。当 HF－KP 系列使用 4 线电缆（MR－EKCBL30M－H/－L 到 MR－EKCBL50M－H）时改变参数 No. PC22。

注 12. 在最后一个轴中，连接 TRE 和 RDN。

注 13. 适用于带电磁制动的电动机。连接到电磁制动的电源与极性无关。

注 14. 个人计算机也可以为用 RS－422/RS－232C 转换电缆连接。

注 15. 此为漏极接线，也可以为源极接线，详见《MR－J3－□A 伺服放大器技术资料集》。

MR－J3 伺服放大器与 HF－KP 伺服电动机之间有两条电缆相连，都使用三菱专用电缆。一条用于伺服放大器给伺服电动机提供工作电压，另一条用于伺服电动机的光栅码盘信号反馈给伺服放大器。

MR－J3 伺服放大器 CN1 连接端子的信号简称及说明见表 4-20。

表 4-20　MR－J3 伺服放大器 CN1 连接端子的信号简称及说明

简称	信号名称	简称	信号名称
SON	伺服开启	TLC	转矩限制中
LSP	正转行程末端	VLC	速度限制中
LSN	反转行程末端	RD	准备完毕
CR	清除	ZSP	零速
SP1	速度选择 1	INP	定位完毕
SP2	速度选择 2	SA	速度到达
PC	比例控制	ALM	故障
ST1	正转起动	WNG	报警
ST2	反转起动	BWNG	电池报警
TL	转矩限制选择	OP	编码器 Z 相脉冲（集电极开路）
RES	复位	MBR	电磁制动器互锁
EMG	紧急停止	LZ	编码器 Z 相脉冲（差动线驱动器）
LOP	控制切换	LZR	
VC	模拟量速度指令	LA	编码器 A 相脉冲（差动线驱动器）
VLA	模拟量速度限制	LAR	
TLA	模拟量转矩限制	LB	编码器 B 相脉冲（差动线驱动器）
TC	模拟量转矩指令	LBR	
RS1	正转选择	DICOM	数字接口用电源输入
RS2	反转选择	OPC	集电极开路电源输入
PP	正转/反转脉冲串	DOCOM	数字接口用公共端
NP		P15R	DC 15V 电源输出
PG		LG	控制公共端
NG		SD	屏蔽

8. PLC 控制程序设计

PLC 控制程序实现堆垛机对各个货位的精确定位与出入库操作。PLC 根据触摸屏的命令实现十二个空位的自动存取。单击触摸屏上相应的空位号，系统会自动寻找此空位来实现物品的存放，结束后自动返回原点，等待下一个命令，也可以将任意位置的货物送到另一位置。取货时只需输入仓位号，就可以从相应位置取回货物放至零号位。立体仓库 PLC 控制程序流程如图 4-52 所示。

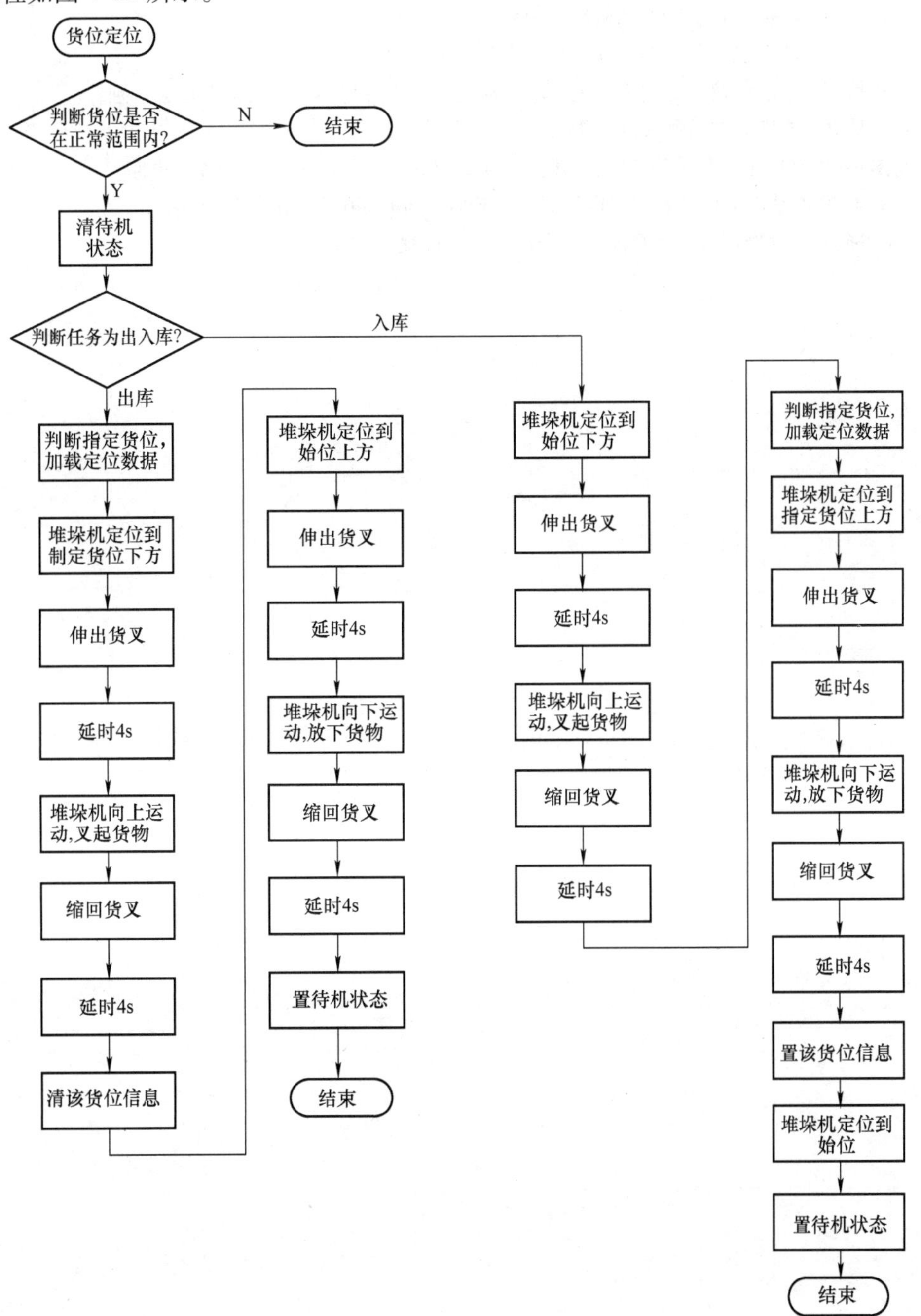

图 4-52　立体仓库 PLC 控制程序流程

复习思考题

1. 反应式步进电动机的步距角如何计算?
2. 为什么最大起动转矩比最大静转矩小得多?
3. 影响步进电动机性能的因素有哪些?使用时应如何改善步进电动机的频率特性?
4. 简要说明影响反应式步进电动机起动频率的主要因素。
5. 反应式步进电动机的起动频率和运行频率为什么不同?
6. 什么是伺服电动机及其分类?交流伺服电动机和无刷直流伺服电动机有什么区别?
7. 什么是立体仓库?它由哪些部分构成?
8. 在图 4-49 的基础上设计 13 只微动开关(SM5 - 00N)与 QX40 模块的连接电路。
9. 在图 4-49 的基础上设计 8 组光电传感器(FPG)与 QX40 模块的连接电路。
10. 简述把一件货物存入立体仓库 1 号仓位的工作过程。

第5章　PLC通信网络设计与调试

在生产现场进行高效率生产和适当的质量管理的同时，为了达到省力、省配线、设备的小型化和降低成本的目的，根据用途和生产目的建立一个网络系统是很重要的。PLC和各种智能设备（如工业控制计算机、PLC、变频器、机器人、柔性制造系统等）组成通信网络，以实现信息的交换，各PLC或远程I/O模块放置在各个生产现场进行分散控制，然后用网络连接起来，构成集中管理的分布式网络系统。通过以太网、控制网络还可以与MIS（管理信息系统）融合，形成管理控制一体化网络，能大大提高企业的生产管理水平。

5.1　PLC通信基础知识

5.1.1　数据通信基础

1. 并行通信与串行通信

按照数据传送方式划分，数据通信可以分为并行通信和串行通信两种通信方式。

1）并行通信（Parallel Communication）：数据的各个位同时传送，以字节或字为单位进行传送，除了8根或16根数据线、一根公共线（信号地线）外，还需要通信双方联络用的控制线。并行通信的传输速度快，但是传输线的根数多、成本高，一般用于近距离的数据传输。如计算机或PLC内部各种总线就是以并行方式传送数据的，计算机和并行打印机之间的数据传送也是并行通信。另外，在PLC底板上，各种模块之间也是按照并行方式通过底板总线交换数据的。然而，并行通信要求并行传送的各条线路同步，因此需要传送定时和控制信号，而且并行传送数据在经过转发、放大与较长距离传输后，还会引起不同的延迟与畸变，给信号同步带来困难，故在远距离数据通信中一般不使用并行通信。

2）串行通信（Serial Communication）：串行数据通信以二进制位（bit）为单位，每次只传输一位，除了公共线（信号地线）外，在一个数据传输方向上只需要一、二根线，它们既作为数据线，又作为通信联络控制线，数据信号和联络信号在这根线上按位进行传输。串行通信需要的信号线少，最少只需两根线（双绞线）就可以连接多台设置，适用于通信距离较远的场合。计算机和PLC都有通用的串行通信接口，例如RS－232C或者RS－485接口，工业控制中一般使用串行通信。近年来串行通信技术发展很快，传送速率可达Mbit/s级，在分散型工业测控系统中普遍采用串行数据通信。

2. 单工、半双工、全双工通信

按照通信双方信息的交互方式来划分，串行数据通信又可分为单工通信、半双工通信和全双工通信三种串行数据通信制式。

1）单工（Simplex）通信：数据信号只能沿着一个方向上传输，发送方只能发送不能接收，接收方只能接收而不能发送。任何时候都不能改变信号传输的方向，不能实现双方交流信息，故在PLC网络中极少使用，而在无线电广播和电视广播中使用。

2）半双工（Half－Duplex）通信：数据信号可以沿两个方向传输，但两个方向不能同时传送数据，必须交替进行。半双工通信适用于会话式通信，例如警察使用的“对讲机”

和军队使用的“步话机”，在 PLC 网络中也有使用。

3）全双工（Full - Duplex）通信：数据信号可以同时沿两个方向传输，两个方向可以同时进行发送和接收。在 PLC 网络中，应用较多。

3. 异步传输与同步传输

按照串行通信数据格式的不同，串行通信又可分为异步传输和同步传输两种串行通信传输方式。

1）异步传输。异步传输（Asynchronous Transmission）的数据以字符为单位，采用位形式的字符同步信号，发送器和接收器具有相互独立的时钟（频率相差不能太大），且两者中任一方都不向对方提供时钟同步信号。收发双方在数据传送之前也不需要协调：发送器可以在任何时刻发送数据，而接收器必须随时都处于准备接收数据的状态。异步传输方式中的每个字符是由起始位（占 1 位、为逻辑“0”）、数据位（占 5 ~ 8 位）、奇偶校验位（占 1 位，也可没有校验位）和停止位（占 1 位、1 位半或者 2 位，为逻辑“1”）四个部分组成的。异步传输时，一个字符传送，以起始位开始，接着是数据位和奇偶校验位，最后是停止位。

2）同步传输。同步传输（Synchronous Transmission）是以数据帧为单位，用 1 个或 2 个同步字符表示传输过程的开始，接着是 n 个字符的数据帧，最后是校验字符。同步通信时，先发送同步字符，接收方检测到同步字符后，开始接收数据，并按约定的长度拼成一个个数据字节，直到整个数据接收完毕，经校验无传送错误则结束一帧信息的传送。同步传输时，字符之间不允许有间隙，发送和接收双方要保持完全的同步，因此要求接收和发送设备必须使用完全同步的时钟。在近距离通信时，可以在传输线中增加一根时钟信号线来解决；在远距离通信时，可以采用锁相环技术，使接收方得到和发送方时钟频率完全相同的时钟信号。

3）异步传输和同步传输的区别。异步传输是按照约定好的固定格式，一帧一帧地传送。由于每个字符都要用起始位和停止位作为字符开始和结束的标志，因而传送效率低，但硬件设备相对简单，主要用于中低速通信的场合。在 PLC 网络中，通常采用异步串行通信方式。同步传输的一帧信息中，多个要传送的字符放在同步字符后面，这样，每个字符的起始位和停止位就不需要了，额外开销大大减少，故数据传输效率高于异步传输，但硬件设备比异步传输复杂，常用于高速通信的场合。

4. RS - 232C、RS - 422/RS - 485 串行通信接口

（1）RS - 232C 串行通信接口。RS - 232C 是 1969 年由美国电子工业协会 EIA 公布的串行通信接口，它定义了数据终端设备（DTE）与数据通信设备（DCE）之间的物理接口标准，普遍用于计算机之间及计算机与外设之间的串行通信，计算机和 PLC 一般使用 9 针连接器，距离较近不使用传输控制信号时，只需要 3 根线（RXD、TXD、GND），如图 5-1 所示。

RS - 232C 接口具有以下特点：

1）采用负逻辑，规定 DC - 15 ~ - 5V 为逻辑“1”，规定 DC 5 ~ 15V 为逻辑“0”；

2）数据传送速率较低，可以设置为：300bit/s、600bit/s、1. 2kbit/s、2. 4kbit/s、4. 8kbit/s、9. 6kbit/s、19. 2kbit/s。

3）采用单端驱动、单端接收方式，抗干扰能力差，传输距离一般不超过 15m。

由于 PC 默认的只带有 RS - 232 接口，有两种方法可以得到 PC 上位机的 RS - 485 电路：方法一是通过 RS - 232/RS - 485 转换电路，将 PC 的 RS - 232 串口信号转换成 RS - 485 信

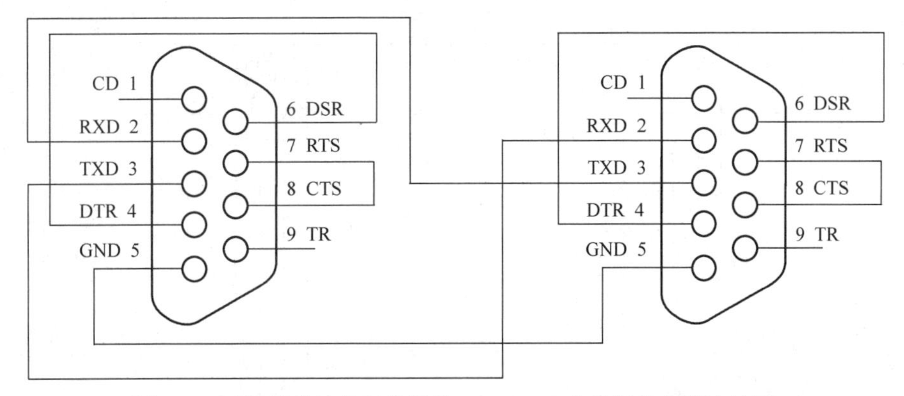

图 5-1　不使用传输控制信号的 RS－232C 串行通信电缆连接图

号，对于情况比较复杂的工业环境最好选用防浪涌和隔离栅的产品。方法二是通过 PCI 多串口卡，也可以直接选用输出信号为 RS－485 类型的扩展卡。

（2）RS－422 串行通信接口。1977 年，美国 EIA 学会针对 RS－232C 存在最高传输速率为 20kbit/s 和最远传输距离仅为 15m 的缺点，提出了 RS－422 串行通信接口。RS－422 是利用差分传输方式提高通信距离和可靠性的一种通信标准。在发送端使用 2 根信号线发送同一信号（2 根线的极性相反）。接收端对这两根线上的电压信号相减得到实际信号，逻辑“1”以两线间的电压差为 2～6V 表示；逻辑“0”以两线间的电压差为 -6～-2V 表示。在较短的传输距离时传输速率可达 10Mbit/s（此时最大传输距离为 12m）；在通信速率低于 100kbit/s 时，最大通信距离为 1200m。

RS－422 是一种单机发送、多机接收、全双工、平衡传输的规范，并且允许在一条平衡总线上连接最多 10 个接收器。RS－422 接口信号电平比 RS－232C 降低了，就不易损坏接口电路的芯片，且该电平与 TTL 电平兼容，可方便与 TTL 电路连接。这种方式可以有效地抗共模干扰，提高通信距离，最远可以传送 1200m。

（3）RS－485 串行通信接口。1983 年，EIA 在 RS－422 基础上制定了 RS－485 标准，它是 RS－422 接口的简化，采用了半双工通信方式，增加了发送器的驱动能力，使通信线路上最多可以使用 32 对差分驱动器/接收器，可以自行定义协议以及具备传输线成本低的特性，而成为工业应用中数据传输的首选标准。RS－485 电气标准与 RS－422 完全相同，但当 RS－485 线路空闲（即不传送信号）时，线路处于高阻（或挂起）状态，这时 RS－485 线路就可以允许被其他设备占用，也就是说具有 RS－485 通信接口的设备可以方便地连成网络。在 RS－485 网络中只允许有一个设备是主设备，其余全部是从设备；或者无主设备，各个设备之间通过传递令牌获得总线控制权。

RS－485 多采用两线制接线方式，这种接线方式为总线拓扑结构，在同一总线上最多可以挂接 32 个节点，如图 5-2 所示。在 RS－485 通信网络中，一般采用主从通信方式，即一个主机带多个从机。在 RS－485 中还有一个使能端（En），En 控制发送器与接收器中若一个有效则另一个禁止，使能控制信号用于驱动器与传输线的切断和连接，当使能起作用时，发送器处于高阻状态。很多情况下，连接 RS－485 通信链路时只是简单地用一对双绞线将各个接口的“A”“B”端连接起来，而忽略了信号地的连接，这种连接方法在许多场合是能正常工作的，但却埋下了很大的隐患。这有两个原因：①共模干扰问题。RS－485 接口采用差分方式传输信号，并不需要相对于某个参照点来检测信号，系统只需检测两线之间的电

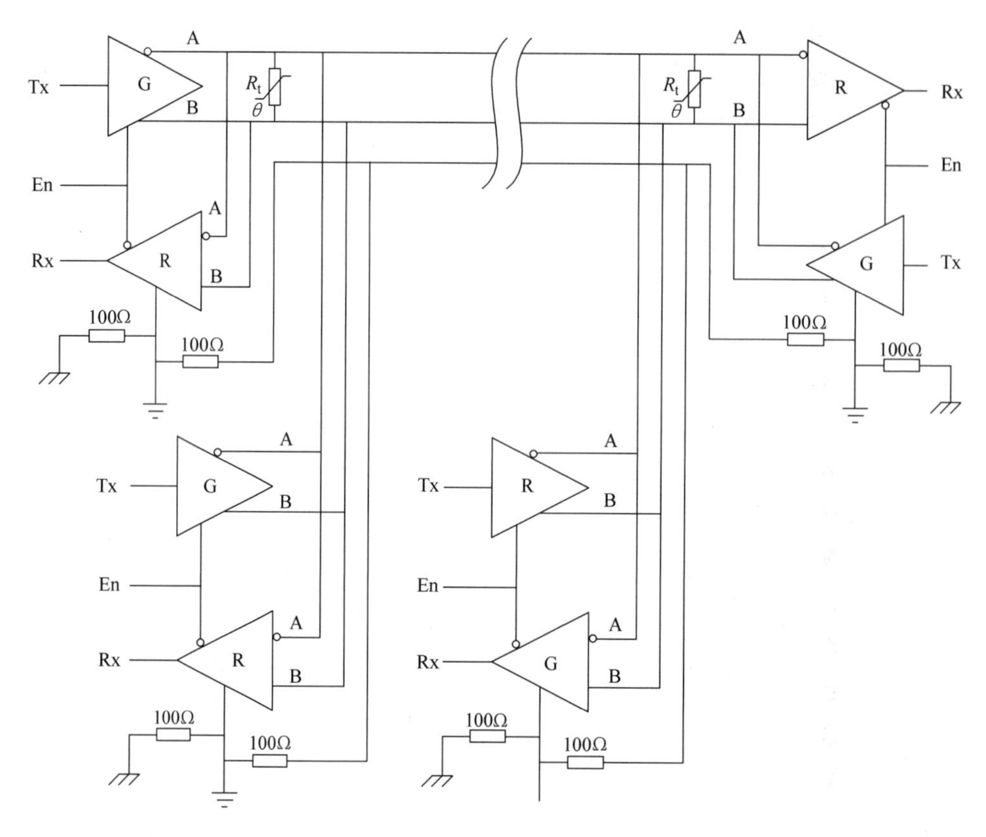

图 5-2　RS－485 网络拓扑示意图

位差就可以了。但是人们往往忽视了收发器有一定的共模电压范围，RS－485 收发器共模电压范围为－7～12V，只有满足上述条件，整个网络才能正常工作。当网络线路中共模电压超出此范围时就会影响通信的稳定可靠，甚至损坏接口。②EMI 问题。发送驱动器输出信号中的共模部分需要一个返回通路，如果没有一个低阻的返回通道（信号地），就会以辐射的形式返回源端，整个总线就会像一个巨大的天线向外辐射电磁波。

在低速、短距离、无干扰的场合，RS－485 通信可以采用普通的双绞线；反之，在高速、长线传输时，则必须采用阻抗匹配（一般为 120Ω）的 RS－485 专用电缆［STP－120Ω（for RS－485 & CAN）one pair 18 AWG］，而在干扰恶劣的环境下还应采用铠装型双绞屏蔽电缆［ASTP－120Ω（for RS－485 & CAN）one pair 18 AWG］。在使用 RS－485 接口时，对于特定的传输线路，从 RS－485 接口到负载其数据信号传输所允许的最大电缆长度与信号传输的波特率成反比，这个长度数据主要受信号失真及噪声等影响。理论上，通信速率在 100kbit/s 及以下时，RS－485 的最长传输距离可达 1200m，但在实际应用中传输的距离也因芯片及电缆的传输特性而有所差异。在传输过程中可以采用增加中继的方法对信号进行放大，最多可以加八个中继，也就是说理论上 RS－485 的最大传输距离可以达到 9.6km。如果真需要长距离传输，可以采用光纤为传播介质，收发两端各加一个光电转换器，多模光纤的传输距离是 5～10km，而采用单模光纤可达 50km 的传播距离。

RS－422 和 RS－485 均满足：当接收端的差分电压大于 200mV 时，输出正逻辑电平（数字“1”），小于－200mV 时，输出负逻辑电平（数字“0”）。RS－485 与 RS－422 的不同还在于其共模输出电压是不同的，RS－485 是－7～12V 之间，而 RS－422 是在－7～7V 之间，RS－485 接收器最小输入阻抗为 12kΩ，而 RS－422 的接收器最小输入阻抗为 4kΩ；所以 RS－485 满足所有 RS－422 的规范，RS－485 的驱动器可以在 RS－422 网络中应用，反之则不成立。RS－485 接口采用双绞线连接时，只有在很短的距离（12m）下才能获得最高传输速率 10Mbit/s，一般 100m 长双绞线最大传输速率仅为 1Mbit/s。

5. 通信传输介质

通信接口主要靠通信传输介质实现相连，以此构成信道。目前常用的有线通信传输介质有双绞线、多股屏蔽电缆、同轴电缆和光缆。双绞线把两根导线扭在一起，可以减少外部电磁干扰，如果用金属织网加以屏蔽，抗干扰能力更强。双绞线成本低，安装简单，RS－485 接口多用它。多股屏蔽电缆是把多股导线捆在一起，外加屏蔽层而制成，在 RS－232C 和 RS－422 接口使用。同轴电缆由中心导体层、绝缘层、屏蔽层和保护层组成，可用于基带传输（50Ω），也可用于宽带传输（75Ω）。与双绞线相比，同轴电缆的传输速度高、传输距离远，但成本相对要高。光缆由光纤、包层和保护层构成。与电缆相比，光缆的价格较高、维修复杂，但抗干扰能力更强，传送距离更远，在计算机网络中得到应用。

PLC 通信网络中常用传输介质的具体性能比较见表 5-1。

表 5-1　PLC 通信网络中常用传输介质的具体性能比较

性能指标	双绞线	同轴电缆	光缆
传输速率/(Mbit/s)	0.0096～2	1～450	10～500
连接方法	点对点；多点 1.5km 不用中继站	点对点；多点 10km 不用中继站（宽带） 1～3km 不用中继站（基带）	点对点 50km 不用中继站
传输信号	数字调制信号； 纯模拟信号（基带）	调制信号；数字（基带） 数字、图像、声音（宽带）	调制信号（基带） 数字、图像、声音（宽带）
支持网络	星形、环形、小型交换机	总线型、环形	总线型、环形
抗干扰能力	好（需外加屏蔽）	很好	极好
抗恶劣环境能力	好（需外加保护层）	好，但必须将电缆 与腐蚀物隔开	极好，能耐高温和 其他恶劣环境

5.1.2　网络结构和通信协议

1. 网络拓扑结构

网络拓扑是网络形状，或者是它在物理上的连通性。网络拓扑结构是指用传输媒体互连各种设备的物理布局，就是用什么方式把网络中的计算机等设备连接起来。拓扑图给出网络服务器、工作站的网络配置和相互间的连接，它的结构主要有星形结构、环形结构、总线型结构、分布式结构、树形结构、网状结构、蜂窝状结构等。网络中通过传输线互连的点称为站点或节点，节点间的物理连接结构称为拓扑结构。常用的网络拓扑结构如图 5-3 所示。

1）总线型结构：所有节点都通过硬件接口连接到一条公共总线上。任何节点都可以在总线上传送数据，并且能被总线上任一节点所接收。这种结构简单灵活，容易扩充新节点，甚至可用中继器连接多个总线。节点通过总线直接通信，具有速度快、延迟小、可靠性高等优点。但由于所有节点共用一条总线，容易发生数据冲突、争用总线控制权、降低传输效率等问题。

2）环形结构：各个节点通过硬件接口连接在一条闭合的环形通信线路上。数据传输只

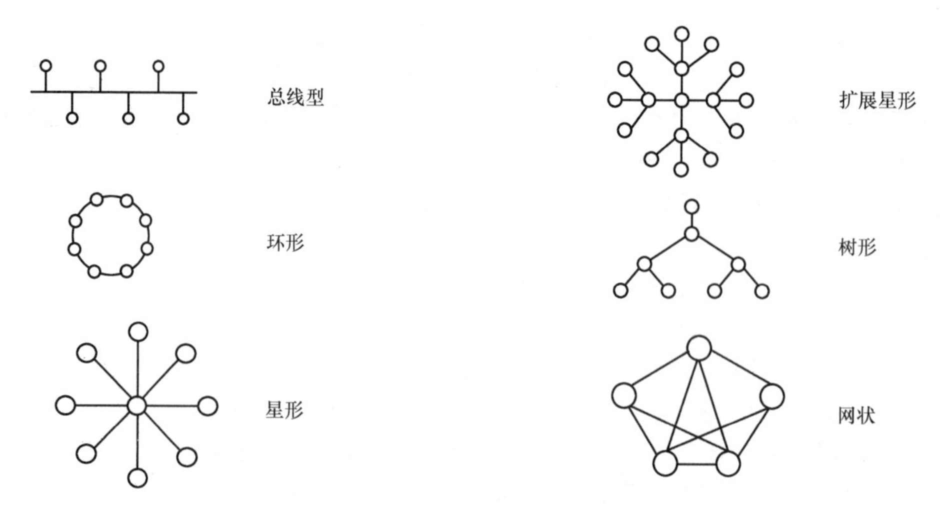

图 5-3　常用的网络拓扑结构

能按照事先规定好的方向从一个节点传到下一个节点，如果下一个节点不是目的节点，则再往下传送，直到被目的节点接收为止。这种结构具有路径选择控制方式简单的特点，但是如果某个节点发生故障就会阻塞信息通路，故可靠性较差。

3）星形结构：通过点到点链路接到中央节点的各站点组成的。通过中心设备实现许多点到点连接。在数据网络中，这种设备是主机或集线器。在星形网中，可以在不影响系统其他设备工作的情况下，非常容易地增加和减少设备。星形拓扑的优点是：利用中央节点可方便地提供服务和重新配置网络；单个连接点的故障只影响一个设备，不会影响全网，容易检测和隔离故障，便于维护；任何一个连接只涉及中央节点和一个站点，因此控制介质访问的方法很简单，从而访问协议也十分简单。星形拓扑的缺点是：每个站点直接与中央节点相连，需要大量电缆，因此费用较高；如果中央节点产生故障，则全网不能工作，所以对中央节点的可靠性和冗余度要求很高。

星形拓扑结构是目前在局域网中应用得最为普遍的一种，在企业网络中几乎都是采用这一方式。星形网络几乎是 Ethernet（以太网）网络专用，它是因网络中的各工作站节点设备通过一个网络集中设备（如集线器或者交换机）连接在一起，各节点呈星状分布而得名。这类网络目前用得最多的传输介质是双绞线，如常见的五类线、超五类双绞线等。

4）扩展星形结构：如果星形网络扩展到包含与主网络设备相连的其他网络设备，这种拓扑就称为扩展星形拓扑。它可以满足更多、不同地理位置分布的用户连接和不同端口带宽需求。例如，一个包含两级交换机结构的星形网络，其中的两层交换机通常为不同档次的，可以满足不同需求，核心（或骨干层）交换机要选择档次较高的，用于连接下级交换机、服务器和高性能需求的工作站用户等，下面各级则可以依次降低要求，以便于最大限度地节省投资。

5）树形结构：采用分级的集中控制式网络，由多个层次的星形结构纵向连接而成，树形网络树的每个节点都是计算机或转接设备。一般来说，越靠近树的根部，节点设备的性能就越好。与星形网络相比，树形网络总长度短，成本较低，节点易于扩充，但是树形网络复杂，与节点相连的链路有故障时，对整个网络的影响较大。

6）网状结构：各节点通过传输线互相连接起来，并且每一个节点至少与其他两个节点相连。网状拓扑结构具有较高的可靠性，但其结构复杂，实现起来费用较高，不易管理和维护，在局域网中应用较少。

2. 网络的通信协议

在通信网络中，各网络节点、各用户主机为了进行通信，就必须共同遵守一套事先制定的规则，对数据格式、同步方式、传输速率、纠错方式、控制字符等进行规定，称为协议。1979 年国际标准化组织（ISO）提出了开放式系统互连参考模型 OSI（Open System Interconnection），该模型定义了各设备连接在一起进行通信的结构框架。所谓开放，就是指只要遵守这个参考模型的有关规定，任何两个系统都可以连接并实现通信。网络通信协议共分七层，从低到高分别是物理层、数据链接层、网络层、传输层、会话层、表示层、应用层。PLC 网络很少完全使用上述七层协议，最多只是采用其中的一部分，一般由 PLC 制造厂自己制定专用的通信协议，或者使用无协议通信。

在 PLC 控制系统中，习惯上将仅需要对传输的数据格式、传输速率等参数进行简单设定即可以实现数据交换的通信，称为“无协议通信”。而将需要安装专用通信工具软件，通过工具软件中的程序对数据进行专门处理的通信，称为“专用协议通信”。

1）专用协议通信：指通过在外部设备上安装 PLC 专用通信工具软件，在 PLC 与外部设备之间进行数据交换的通信方式。专用协议通信的优点是可以直接使用外部设备进行 PLC 程序、PLC 的编程元件状态的读出、写入、编辑，特殊功能模块的缓冲存储器读写等；还可以通过远程指令控制 PLC 的运行与停止，或者进行 PLC 运行状态的监控等。但是外部设备应保证能够安装，且必须安装 PLC 通信所需要的专用工具软件。一般而言，在安装了专用的工具软件后，外部设备可以自动创建通信应用程序，无需 PLC 编程就可直接进行通信。

2）无协议通信（无顺序协议）：指仅需要对数据格式、传输速率、起始/停止码等进行简单设定，PLC 就可以与外部设备间进行直接数据发送与接收的通信方式。无协议通信一般需要专门的 PLC 应用指令才能进行通信。在数据传输过程中，可以通过应用指令的控制进行数据格式的转换，如 ASCII 码与 HEX（十六进制）的转换、帧格式的转换等。无协议通信的优点是外部设备不需要安装专用通信软件，因此，可以用于很多简单外设如打印机、条形码阅读器等的通信。

3）双向协议：指通过通信接口、使用 PLC 通信模块的信息格式与外部设备进行数据发送与接收的通信方式。双向协议通信一般只能用于 1∶1 连接方式，并且需要专门的 PLC 应用指令才能进行通信。在数据传输过程中，可以通过应用指令的控制进行数据格式的转换，如 ASCII 码与 HEX（十六进制）的转换、帧格式的转换等。双向协议通信在数据发送与接收时，一般需要进行“和”校验。双向协议通信的外部设备如果能够按照通信模块的信息格式发送/接收数据，则不需要安装专用的通信软件。在通信过程中，需要通过数据传送响应信息 ASK、NAK 等进行应答。

5.1.3 Q 系列 PLC 的网络系统

随着计算机网络技术的飞速发展和工业自动化程度的提高，自动控制系统也从传统的集中式控制向多级分布式控制方向发展，作为构成控制系统的 PLC 均具有通信功能，能够相互连接，远程通信，构成网络。PLC 通信从设备的范围划分，可分为“PLC 与外部设备的通信”和“PLC 与系统内部设备之间的通信”。PLC 与外部设备的通信，主要包括 PLC 与计算机之间的通信和 PLC 与其他外部设备（如扫印机、条形码阅读器、变频器等）之间的通信。PLC 与系统内部设备之间的通信，主要包括 PLC 与 PLC 之间的通信和 PLC 与远程 I/O 之间的通信。

Q 系列 PLC 可以构成的网络系统分为工厂信息网（Ethernet）、PLC 控制网（MELSEC-NET/H）和现场总线网（CC－Link）三个层次，如图 5-4 和图 5-5 所示。

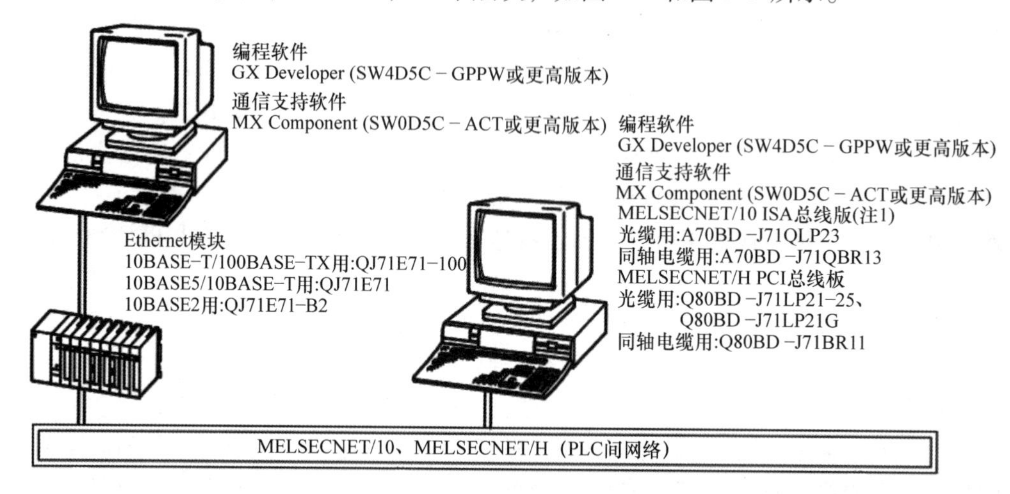

图 5-4　以太网构成与 PLC 控制网的连接

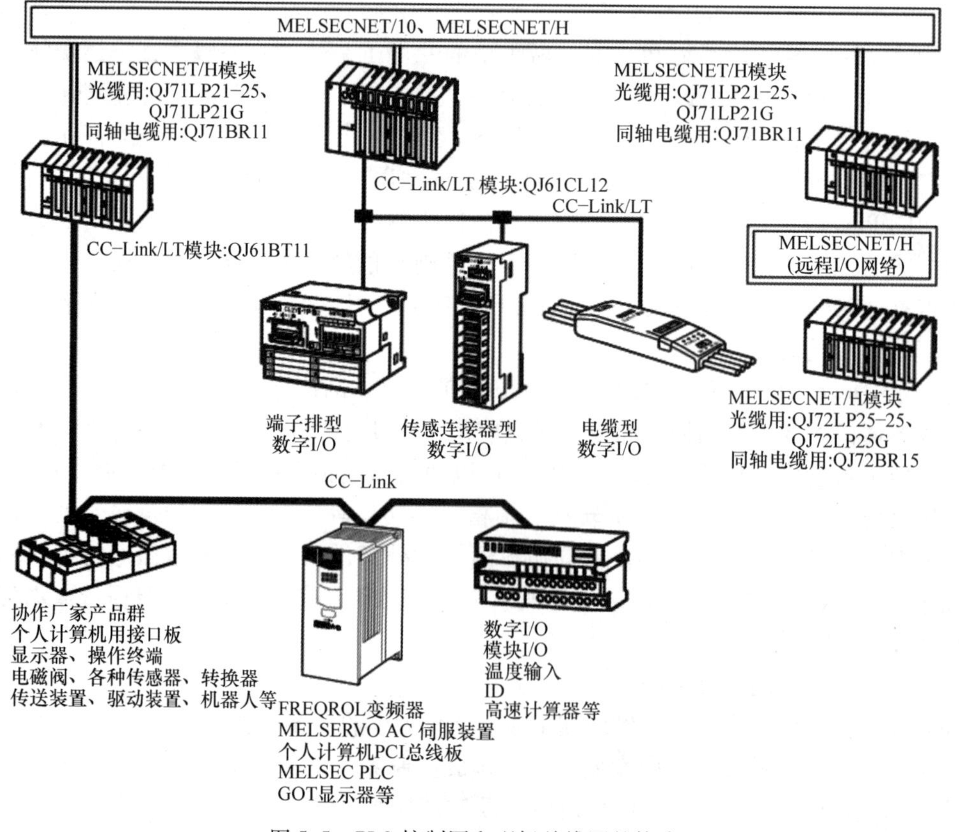

图 5-5　PLC 控制网和现场总线网的构成

1. 工厂信息网（Ethernet）

工厂信息网一般为PLC网络系统的最高层，速度可以达到100Mbit/s，作为PLC与生产管理个人计算机之间进行关于生产管理信息、质量管理信息和设备运行情况等进行通信的网络。它使用Ethernet（以太网），Ethernet不仅可以连接Windows类的个人计算机、UNIX类的工作站等各样的计算机，还可以连接各种FA（工厂自动化）设备。在PLC安装Ethernet模块后，通过网络支持软件，个人计算机可以方便地与PLC进行通信；通过编程软件，个人计算机可以监控PLC的工作状态。

2. PLC控制网（MELSECNET/H）

PLC控制网是PLC网络系统的中间层，它被设计成连接生产车间内各种PLC以及连接上位控制机的网络，通过采用高速与大容量的连接元件，可以进行控制设备之间的实时数据传送。PLC控制网通常需要专用协议进行通信，速度可以达到25Mbit/s。在可靠性要求高的场合，还可以采用“冗余”系统。

3. 现场总线网（CC－Link、CC－Link/LT）

CC－Link是控制与通信链接的简称，是一种开放式的高速现场总线，它可以同时高速处理控制和数据，也可以高效、一体化地进行自动化控制。它通过简单的总线，将一些工业设备（如变频器、触摸屏、伺服装置、电磁阀、限位开关等）方便地连接，对各种设备的工作状态进行集中管理，提高维护效率。CC－Link/LT是安装在控制箱内或装置内的省配线网络，它不用在现场进行复杂的配线作业，既可避免误配线，又能轻易实现在传感器、制动器与控制器之间的省配线。

4. 各种QCPU可用的通信模块

使用路由功能时，编程软件GX Developer（SW4D5C－GPPW或更高版本）、设定系统通信路径的软件MX Component（SW0D5C－ACT或更高版本）可访问的通信模块，见表5-2。其中，Q00CPU和Q01CPU可以利用CPU模块内部自带RS－232串行通信口，采用MELSEC通信协议进行串行通信。

表5-2 各种CPU模块可以选用的通信模块

<table>
<tr><th>种类</th><th>CPU模块</th><th>Ethernet模块</th><th>MELSECNET/H模块</th><th>CC－Link模块</th><th>串行通信模块</th></tr>
<tr><td>Ⅰ</td><td>Q00J/Q00/Q01/Q02/Q02H/Q06H/Q12H/Q25H/Q12PH/Q25PH</td><td>QJ71E71
QJ71E71－B2
QJ71E71－100</td><td>QJ71LP21－25
QJ71BR11
QJ71LP21G</td><td>QJ61BT11</td><td>QJ71C24
QJ71C24－R2</td></tr>
<tr><td>Ⅱ</td><td>Q2A(S1)/Q3A/Q4A/Q2AS(S1)/Q2ASH(S1)</td><td>AJ71QE71N－B2
AJ71QE71N－B5T</td><td>AJ71QLP21
AJ71QBR11</td><td>AJ61QBT11</td><td>AJ71QC24N
AJ71QC24N－R2/R4</td></tr>
<tr><td>Ⅲ</td><td>Q02－A/Q02H－A/Q06H－A</td><td rowspan="2">AJ71E71N－B2
AJ71E71N－B5T</td><td rowspan="2">AJ71LP21
AJ71BR11</td><td rowspan="2">AJ61BT11</td><td rowspan="2">AJ71UC24</td></tr>
<tr><td>Ⅳ</td><td>上述之外</td></tr>
</table>

5.2 Q系列PLC的串行通信

工作任务

1）请你根据实际需要使用Q00/Q01CPU的串行口进行串行通信。

2）请你根据现场条件使用串行通信模块 QJ71C24 进行串行通信。

3）请你根据生产现场的实际要求完成 Q 系列 PLC 串行通信功能的仿真调试工作。

相关知识

5.2.1 使用 CPU 串行口的通信

1. 硬件连接

Q00/Q01CPU 基本模式具有串行通信功能，对应 CPU 的 RS-232 接口能与使用 MC 通信协议的外部设备进行通信，使这两种 CPU 不再需要串行通信模块就能进行串行通信，从而降低了成本。利用 RS-232 电缆（6 针专用电缆 QC30R2，长度 3m）将 CPU 模块的 RS-232 接口与 PC、显示器等对应的串行口连接，通过 MELSEC 协议（简称 MC 协议）进行串行通信，如图 5-6 所示。利用串行口进行串行通信只能在 Q00CPU 和 Q01CPU 中执行，其他 CPU 模块均需要通过串行通信模块才能进行串行通信。

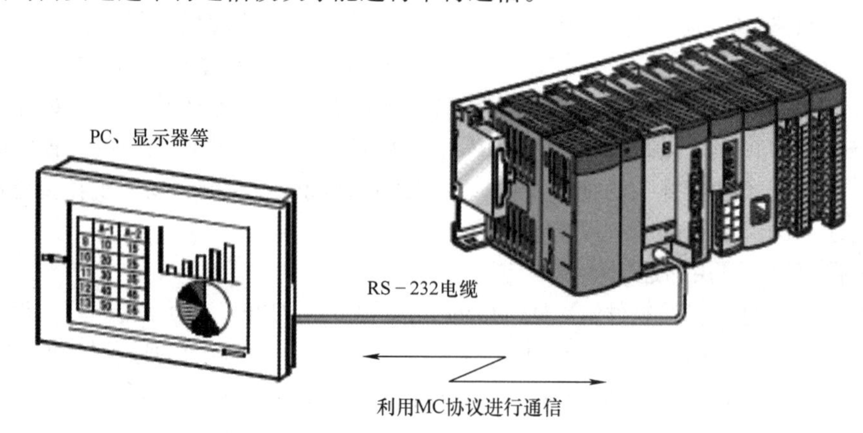

图 5-6　PLC 与 PC、显示器等的串行通信

2. 发送规格的设定

串行口通信的发送速度、总数检查、发送等待时间、RUN 中写入设定等，可以在编程软件 GX Developer 中的参数——PLC 参数设定中进行设定，见表 5-3。

表 5-3　串行口通信的发送规格设定

项目	默认	设定范围
通信方式	全双工通信	—
同步方式	起停位同步方式	—
发送速度	19.2kbit/s	9.6kbit/s，19.2kbit/s，38.4kbit/s，57.6kbit/s，115.2kbit/s
数据形式	起始位：1；数据位：8；奇偶校验位：奇数；停止位：1	—
MC 协议形式	形式 4（ASCII）；形式 5（BIN，二进制）	—
发送控制	DTR/DSR（数据终端就绪/数据设备就绪）	—

（续）

项目	默认	设定范围
总数检查	无	有，无
发送等待时间	无等待	无等待，10～150ms（以10ms为单位）
RUN中写入设定	不许可	许可，不许可

3. 可存取的软元件

在默认状态下，串行口通信中可存取的软元件见表5-4。如果事先已经用GX Developer软件对CPU模块的软元件点数进行了变更，请在变更后的范围内使用。

表5-4 串行口通信中可存取的软元件

软元件名称		软元件编码	软元件编号范围（默认值）		写入	读出
特殊继电器		SM	000000～001023	十进制	允许写入	允许读出
特殊寄存器		SD	000000～001023	十进制		
输入继电器		X	000000～0007FF	十六进制		
输出继电器		Y	000000～0007FF	十六进制		
内部继电器		M	000000～008191	十进制		
锁存继电器		L	000000～002047	十进制		
报警器		F	000000～001023	十进制		
变址继电器		V	000000～001023	十进制		
链接继电器		B	000000～0007FF	十六进制		
数据寄存器		D	000000～011135	十进制		
链接寄存器		W	000000～0007FF	十六进制		
计时器	触点	TS	000000～000511	十进制		
	线圈	TC				
	当前值	TN				
累积计时器	触点	SS	—	十进制		
	线圈	SC				
	当前值	SN				
计数器	触点	CS	000000～000511	十进制		
	线圈	CC				
	当前值	CN				
链接特殊继电器		SB	000000～0003FF	十六进制		
链接特殊寄存器		SW	000000～0003FF	十六进制		
直接输入继电器		DX	000000～0007FF	十六进制		
直接输出继电器		DY	000000～0007FF	十六进制		
变址寄存器		Z	000000～000009	十进制		
文件寄存器		R	000000～032767	十进制		
		ZR	000000～065535	十进制		

4. 执行MC协议的指令

通过串行口通信支持的MC协议指令，见表5-5。

表 5-5　串行口通信支持的 MC 协议指令

功能		指令	处理内容	处理点数
批量读出	位单位	0401（00□1）	以1点为单位读出软元件	ASCII：3584点；BIN：7168点
	字单位	0401（00□0）	以16点为单位读出软元件	480字（7680点）
			以1点为单位读出字元件	480点
批量读入（将RUN中写入设定为许可）	位单位	1401（00□1）	以1点为单位写入软元件	ASCII：3584点；BIN：7168点
	字单位	1401（00□0）	以16点为单位写入软元件	480字（7680点）
			以1点为单位写入字元件	480点
随机读出	字单位	0403（00□0）	以16点、32点为单位，随机指定位软元件及其编号后读出	96点
			以1点、2点为单位，随机指定字元件及其编号后读出	
测试（随机写入）	位单位	1402（00□1）	以1点为单位，随机指定位软元件及其编号后进行设定和复位	94点
	字单位	1402（00□0）	以16点、32点为单位，随机指定位软元件及其编号后进行设定和复位	按字、双字存取进行计算
			以1点、2点为单位，随机指定字元件及其编号后写入	
监视登录	字单位	0801（00□0）	以16点、32点为单位，将要监视的位软元件进行登录	96点
			以1点、2点为单位，将要监视的字元件进行登录	
监视	字单位	0802（00□0）	对进行了登录的软元件进行监视	监视登录点数

5.2.2　使用串行通信模块的通信

1. 通过串行通信模块可以实现的功能

除 Q00CPU 和 Q01CPU 自带串行通信口之外，其他 Q 系列 PLC 均需要通过串行通信模块，才能和其他能进行串行通信的设备相连。Q 系列 PLC 可以使用的串行通信模块有 QJ71C24 和 QJ71C24－R2。使用串行通信模块和串行通信电缆（RS－232、RS－422、RS－485）与外围设备相连，可以实现如下功能：

1）外围设备（个人计算机、显示器等）可以进行 PLC 数据的收集和变更，对 CPU 模块的运行进行监视和状态控制。

2）用外围设备（调温计、条形码读码器等）收集检测数据。

3）向外围设备（打印机）输出信息和数字数据等并打印。

4）与外围设备和其他 PLC 进行数据交换。

5）连接安装有编程软件 GX Developer 的个人计算机，对 Q 系列 CPU 进行编程操作等。

2. 串行通信模块可构成的应用设备

串行通信模块可构成的应用设备如图 5-7 所示。在图 5-7a 中，RS－232 电缆为 7/0.127 □P HRV－SV（D－Sub 9P）；采用 RS－422/485 电缆（SPEV（SB）－MPC－0.2×3P）时，终端电阻分别选用 2 只 110Ω/330Ω 电阻。每块串行通信模块均有 2 个通信端口，每个端口可以设置不同的运行模式（MC 协议、无顺序协议、双向协议），以便用于不同的通信用途，其性能指标见表 5-6。

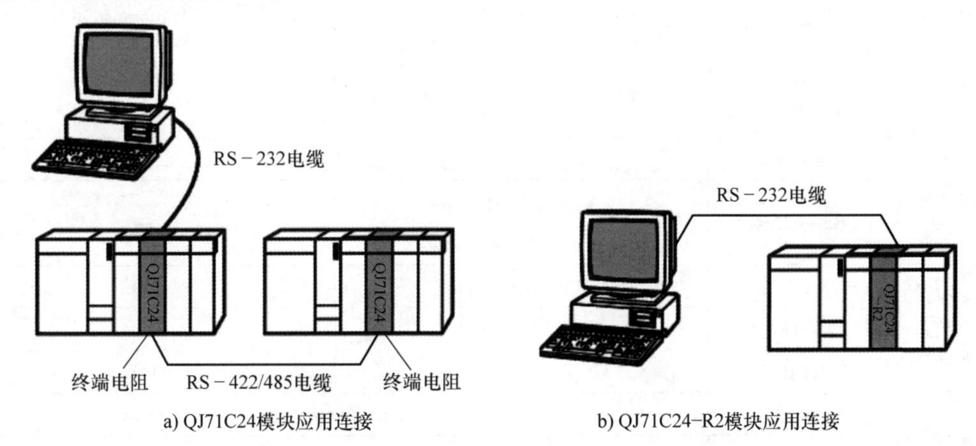

a) QJ71C24模块应用连接　　b) QJ71C24-R2模块应用连接

图 5-7　使用串行通信模块可构成的应用设备

表 5-6　串行通信模块的性能指标

项目		性能指标			
		QJ71C24 模块		QJ71C24－R2 模块	
接口	端口 1（CH1）	RS－232 标准（D－Sub 9P）		RS－232 标准（D－Sub 9P）	
	端口 2（CH2）	RS－422/485 标准（2 个端子排）		RS－232 标准（D－Sub 9P）	
通信方式	协议	协议支持	电路	协议支持	电路
	MC 协议	半双工	全双工/半双工	半双工	全双工/半双工
	无顺序协议	全双工/半双工		全双工/半双工	
	双向协议	全双工/半双工		全双工/半双工	
同步方式		起停位同步			
传送速度/(bit/s)		50、300、600、1200、2400、4800、9600、14400、19200、28800、38400、57600、115200 注意：2 个端口的合计传送速度不能超过 115200bit/s			
传送距离	RS－232	最长 15m			
	RS－422/485	最长 1200m（总计距离）			
数据形式	起动位	1			
	数据位	7 或 8			
	奇偶位	1 或无			
	停止位	1 或 2			
出错检测		奇偶校验（奇数或偶数）、和校验			

（续）

项目		性能指标		
		QJ71C24 模块		QJ71C24 - R2 模块
传输控制	控制信号	RS - 232	RS - 422/485	可选择 DTR/DSR 信号控制和 DC 代码控制
	DTR/DSR 控制	能使用	不能使用	
	RS/CS 控制	能使用	不能使用	
	CD 信号控制	能使用	不能使用	
	DC1/DC2 控制 DC3/DC4 控制	能使用	能使用	
线路构成方式	RS - 232	1:1		
	RS - 422/485	1:1、1:*n*、*n*:1、*m*:*n* （*n*、*n* + *m* 合计最大为 32）		—
协议支持的电气线路（数据通信）	MC 协议	1:1、1:*n*、*m*:*n*		1:1
	无顺序协议	1:1、1:*n*、*n*:1		1:1
	双向协议	1:1		1:1
每次通信的最多数据数量	MC 协议	最多 960 个字		
	无顺序协议	最多 3839 个字（2 个端口同时使用时，合计数最多为 3839 个字）		
	双向协议			
输入输出信号占用点数		32 个点		
DC 5V 内部消耗电流		0.31A		

关于串行通信模块可以使用的通信协议：MC 协议是指三菱公司专用的 MELSEC 通信协议；无顺序协议是指 PLC 和外围设备（如打印机、条形码读码器等）之间完全通过顺控程序来产生发送帧、接收获取数据、发送和接收步骤控制等；双向协议是指两台 PLC 之间或者一台 PLC 和一台符合 PLC 通信模块信息格式的外围设备之间通过专用指令进行任意数据的发送和接收的协议。

3. 串行通信模块专用指令

串行通信模块的专用指令见表 5-7。

表 5-7　串行通信模块的专用指令

指令	功能	协议
ONDEMAND	“按请求”功能（中断方式）发送数据	MC 协议
OUTPUT	指定数据数的数据发送	无顺序协议
INPUT	数据接收（接收数据的读出）	无顺序协议
BIDOT	数据发送	双向协议
BIDIN	数据接收（接收数据的读出）	双向协议
SPBUSY	用各专用指令进行数据发送和接收状态的读出	MC 协议/无顺序协议/双向协议
BUFRCVS	在中断程序内接收（接收数据的读出）（注：基本型 QCPU 不能使用）	无顺序协议/双向协议

（续）

指令	功能	协议
PRR	通过使用发送计划表的用户注册帧进行数据发送	无顺序协议
PUTE	将用户注册帧注册到（写入）闪存ROM中	MC协议/无顺序协议/双向协议
GETE	读出注册在闪存ROM中的用户注册帧	MC协议/无顺序协议/双向协议
CSET	清除无顺序协议的接收数据；PLC监视的注册和解除；接收发送数据数的单位（字/字节）和接收发送区域的设置	MC协议/无顺序协议/双向协议

工作任务重点

1）串行口通信的硬件连接。
2）串行通信功能的通信参数设定。
3）串行通信功能的仿真调试工作。

5.2.3 串行通信功能的仿真调试

通过串行通信功能的仿真调试，就能简单确认外部机器通过串行通信模块连接到PLC时所使用的通信帧（QCPU兼容3C/4C帧）是否正确。另外，因为该功能还可以读取/写入相应的软元件，所以可以在外部机器上简单地进行软元件内容的确认/改变的操作。如果不使用串行通信功能的仿真调试，那么外部机器必须和带串行通信模块的PLC相连后才能进行串行通信的调试工作。

1. 硬件连接

将能够串行连接的外部机器用RS－232电缆与安装GX Simulator软件的个人计算机相连。仿真调试使用RTS、CTS、DSR、DTR控制信号，其中，收发两端的数据线RXD和TXD交叉，控制信号RTS和CTS交叉、DSR和DTR交叉，通信电缆的连接关系见表5-8。

表5-8 串行通信仿真调试的电缆连接关系

安装GX Simulator的计算机	连接关系	外部机器
GND	←→	GND
TXD	交叉连接 RXD	TXD
RXD	交叉连接 TXD	RXD
RTS（RS）	交叉连接 CTS	RTS（RS）
CTS（CS）	交叉连接 RTS	CTS（CS）
DSR（DR）	交叉连接 DTR	DSR（DR）
DTR（ER）	交叉连接 DSR	DTR（ER）

2. 通信参数设定

串行通信功能的通信参数设定步骤如下：

1）将GX Developer和GX Simulator软件分别安装到计算机上。

2）在 GX Developer 中对 PLC 进行编程。

3）在 GX Developer 中进行 I/O 分配和程序参数设定。

4）单击 GX Developer 的“工具”→“梯形图逻辑测试工具（LADDER LOGIC TEST TOOL)”，来启动 GX Simulator 软件，弹出初始操作界面。

5）在 GX Simulator 的初始操作界面中，选择“开始”→“串行通信功能（SERIAL COMMUNICATION FUNCTION)”，进入串行通信参数设置窗口进行相关参数设定，主要设定参数见表 5-9。

表 5-9　串行通信功能的设置参数

设定参数	设定内容
COM 端口	选择要使用的串行端口（COM1、COM2）
传送速度	选择传送的速度
数据长度	选择数据长度
奇偶校验	选择奇偶校验
停止位	选择停止位
选择形式	选择通信帧的形式（形式 3、形式 4）
总数检查	选择有/无总数检查
流程控制	选择流程控制时，实行 RS/CS 控制

3. 软元件监视功能

通过软元件监视功能，可监视软元件在仿真运行中的变化，还可以强制设置位软元件的开关和字软元件的当前值，来进行串行通信程序的调试工作。在 GX Simulator 初始操作界面中，选择“开始”→“继电器内存监视”，进入软元件监视画面，再选择软元件监视画面中的“软元件”→“位软元件”或者“字软元件”。在弹出的软元件窗口中，选择要监视软元件的范围，再单击“监视”按钮，通过软元件窗口的颜色变化自动监视软元件的变化。

4. 监视软元件的强制

1）软元件的强行 ON/OFF：在监视软元件的过程中，可以通过强制改变位软元件的 ON/OFF 或者强制更换字软元件的当前值来满足测试条件。在位软元件的监视窗口内双击要强制 ON/OFF 的软元件编号，进行强制设置，然后选择“监视”→“测试”，进行调试。

2）改变软元件的当前值：把光标移动到字软元件值的文本框中，直接输入要改变的数值，然后按〈Enter〉键，选择的软元件值就变成修改的值。然后选择“监视”→“测试”，进行调试。

5. 时序图的监视

在软元件监视画面中选择“时序图”→“起动”，进入“时序图”监视画面，最多可以同时起动 4 个时序图。当要结束时序图监视功能时，执行操作“文件”→“计时结束”即可。

在时序图监视画面中可以进行如下操作：

1）监视开始：选择“监视”→“开始/停止”，进行时序图监视。

2）监视停止：选择“监视”→“开始/停止”，停止时序图监视。

3）打开保存文件：选择“文件”→“打开文件”，打开保存文件。

4）保存文件：选择“文件”→“保存到文件”，将数据保存到文件。

5）时序图的保存：选择“文件”→“时序数据保存”，保存时序数据。

5.3 PLC 现场总线网（CC－Link）

工作任务

1）请你完成 CC－Link 通信网络的硬件连接。

2）请你完成 CC－Link 网络主站和其他站的参数设置。

3）请你完成 CC－Link 网络主站和其他站的程序设计与调试工作。

相关知识

5.3.1 CC－Link 通信硬件

Q 系列 PLC 用于网络连接的特殊功能模块，根据不同的网络层次，主要可以分为三类：以太网模块、MELSECNET/H 网络模块、CC－Link 网络模块。其中，CC－Link 是 Control & Communication Link 的缩写，即控制与通信链接的简称，使用专用电缆连接如 I/O 模块、智能功能模块和特殊功能模块，连接后这些模块就可以由 PLC 的 CPU 控制。作为一种开放式的高速现场总线，它可以同时高速处理控制和信息数据，也可以进行高效、一体化和过程自动化控制，具有应用广泛、使用简单、节省成本等优点。

1. CC－Link 的特点

CC－Link 具有以下几个特点。

1）组态简单、减少配线、提高效率，能灵活地利用空余空间，有利于设备线路的维护。

2）能与电磁阀、传感器、温度控制器、条形码阅读器、网关、机器人、伺服驱动器、PLC 等设备相连，满足用户对开放结构以及可靠性的要求。

3）能实现最高 10Mbit/s 的通信速度，响应迅速、可靠、具有确定性，并且输入输出响应可靠，可以轻松满足高速 I/O 响应和大容量数据传输的要求。

4）采用 CC－Link 专用电缆，在通信速率为 156kbit/s 的情况下，单根 CC－Link 总线的最大总延长距离可达 1.2km；如果使用中继器或光纤中继器，可以进一步延长传输距离。

5）当主站发生异常时具有自动起动备用主站，自动切断故障从站的数据链接，自动恢复已经脱离的修复从站，自动纠正传输错误等功能，使 CC－Link 具有可靠性、可用性、可服务性，即具有 RAS 功能。

2. CC－Link 系统组成

CC－Link 总线通过简单的总线将一些工业设备（诸如变频器、触摸屏、电磁阀、限位开关等）连接成设备层的网络，而这个网络也可以与其他网络（诸如以太网、MELSEC-NET/H 等）相连，如图 5-8 所示。

在实际应用中，CC－Link 系统可以根据实际需要由主站、从站、本地站、备用主站、智能设备站、远程设备站、远程 I/O 站等组成，系统中必须有一个主站来对整个 CC－Link 系统进行控制，且系统中最多有 64 个从站。

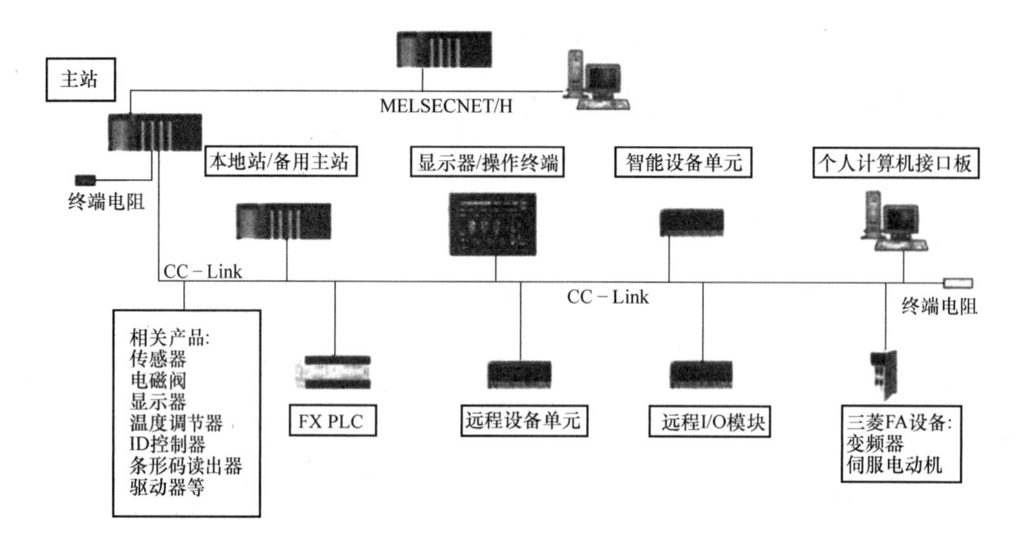

图 5-8　CC－Link 系统组成图

3. CC－Link 网络模块

使用 CC－Link 专用电缆，将 I/O 模块、智能功能模块、特殊功能模块和 PLC 相连后，这些模块就可以由 PLC 的 CPU 控制。Q 系列 PLC 用于 CC－Link 网络的本地站模块只有 QJ61BT11N 一种规格。三菱 Q 系列 PLC 用于 CC－Link 网络的特殊功能模块 QJ61BT11N 的外形如图 5-9所示，下面对 QJ61BT11N 模块的各组成部分的作用做简单介绍。

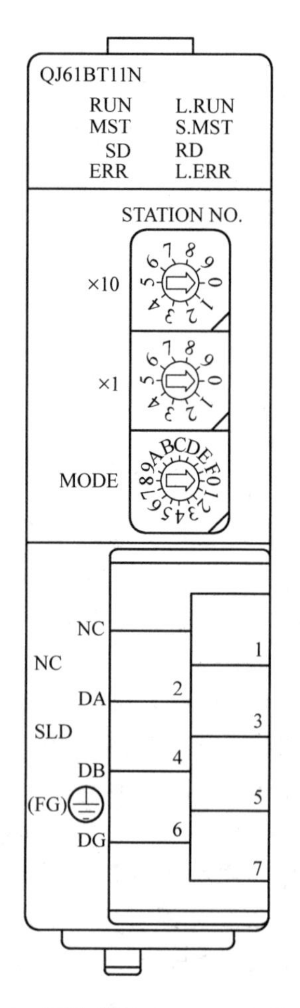

图 5-9　网络模块 QJ61BT11N 外形图

1）LED 指示灯：用于指示数据链接状态。

① RUN 为模块运行指示灯。该指示灯亮，表示模块工作正常。

② ERR 为模块出错指示灯。该指示灯亮，表示模块工作出错，可能原因有：模块设定不正确；主站被重复设置；模块网络参数设定错误；数据接收监视定时器动作；网络连接被断开。

③ MST 为主站工作指示灯。该指示灯亮，表示网络连接已经正常建立，且进入主站工作状态。

④ S. MST 为备用主站工作指示灯。该指示灯亮，表示网络连接已经正常建立，且进入备用主站工作状态。

⑤ L. RUN 为数据链接指示灯。该指示灯亮，表示正在进行数据链接。

⑥ L. ERR 为数据通信错误指示灯。该指示灯亮，表示数据通信出现错误。当该指示灯以固定频率闪烁时，代表没有安装终端电阻，网络模块和 CC－Link 专用电缆受到噪声影响。

⑦ SD 为数据发送指示灯。该指示灯亮，表示正在进行数据发送。

⑧ RD 为数据接收指示灯。该指示灯亮，表示正在进行数据接收。

2）站号设置开关：用于设定模块在 CC－Link 网络中的站号，由个位数开关和十位数开关组合而成。设定要求如下。

主站：设定 00。备用主站：设定 01～64。其他站（本地站）：设定 01～64。

如果开关设定值超过了 00～64，则模块 L. ERR 就会亮起（报警指示）。

3）传送速率/工作模式（MODE）设置开关：用于设定传送速率和工作模式，见表 5-10。

表 5-10　传送速率和工作模式的设定

开关位置	传送速率	工作模式
0	156kbit/s	在线通信
1	625kbit/s	
2	2. 5Mbit/s	
3	5Mbit/s	
4	10Mbit/s	
5	156kbit/s	线路测试 站号开关设置为 0 时，线路测试 1； 站号开关设置为 1～64 时，线路测试 2
6	625kbit/s	
7	2. 5Mbit/s	
8	5Mbit/s	
9	10Mbit/s	
A	156kbit/s	硬件测试
B	625kbit/s	
C	2. 5Mbit/s	
D	5Mbit/s	
E	10Mbit/s	
F	不允许设置	

4）CC－Link 专用电缆连接端子：共有 7 个端子，用于连接 CC－Link 专用电缆（三芯屏蔽双绞线电缆）。其中，端子 1、端子 2 为悬空状态（NC）；端子 3 为 DA 端（数字线 A，红色），端子 4 为 SLD 端（抗干扰接地），端子 5 为 DB 端（数字线 B，黄色），端子 6 为 FG 端（保护接地），端子 7 为 DG 端（数字地，蓝色）。CC－Link 专用电缆的屏蔽线连接到每个模块的 SLD 端子上，而 SLD 端子和 FG 端子在每个模块内部是连通的，所以屏蔽线的两端是通过 FG 端子与工厂的接地点连接。

4. 终端电阻

在图 5-8 所示的 CC－Link 系统中，在整个系统的电缆两端需要连接两个终端电阻，这两个终端电阻可以减少终端部分的信号反射，从而可以有效防止信号的干扰。所选用的终端电阻的规格需要与使用的 CC－Link 总线配套，一般来说，支持 Ver. 1. 10 和 Ver. 1. 00 的 CC－Link 专用电缆需要 2 只 110Ω/0. 5W 电阻，支持 CC－Link 专用高性能电缆需要 2 只 130Ω/0. 5W 电阻，每只电阻跨接在 DA 线和 DB 线之间。

5.3.2 CC－Link 通信功能

1. 主站和远程 I/O 站的通信

工业控制现场往往面积很大，很多信号需要由很远的地方引入，如果直接用导线来连接，则会造成很大的浪费。因此，需要使用通信设备来将远端信号接入控制系统。CC－LINK 是三菱公司专为工业控制研发的通信总线，具有实用简单、抗干扰能力强的特点。通过编制程序，实现主站 PLC 对远程 I/O 站的信号采集与控制。

当主站和远程 I/O 站通信时，数据是通过远程输入 RX 和远程输出 RY 进行通信的。主站和远程 I/O 的通信过程示意图如图 5-10 所示。其中，远程 I/O 模块可以选择小型输出模块 AJ65SBTB2N－16R：16 点继电器输出、2 线型［DC 24V/AC 240V（2A）］；小型输入模块 AJ65SBTB3－16D：16 点 DC 24V/7mA 正公共端（漏型）/负公共端（源型）共用输入、3 线型。

① 数据链接启动。PLC 系统电源接通时，PLC CPU 中的网络参数传送到主站，CC－Link 系统自动启动。

② 远程输入状态读取。远程 I/O 站的输入状态自动存储（每次链接扫描时）在主站的“远程输入 RX”缓冲存储器中。

③ 远程输入。“远程输入 RX”缓冲存储器中存储的输入状态存储到用自动刷新 PLC 的 CPU 软元件中。

④ 远程输出。用自动刷新 PLC CPU 软元件开/关数据存储到“远程输出 RY”缓冲存储器中。

⑤ 输出送至远程 I/O 站。“远程输出 RY”缓冲存储器中存储的输出状态自动输出（每次链接扫描时）到远程 I/O 站。

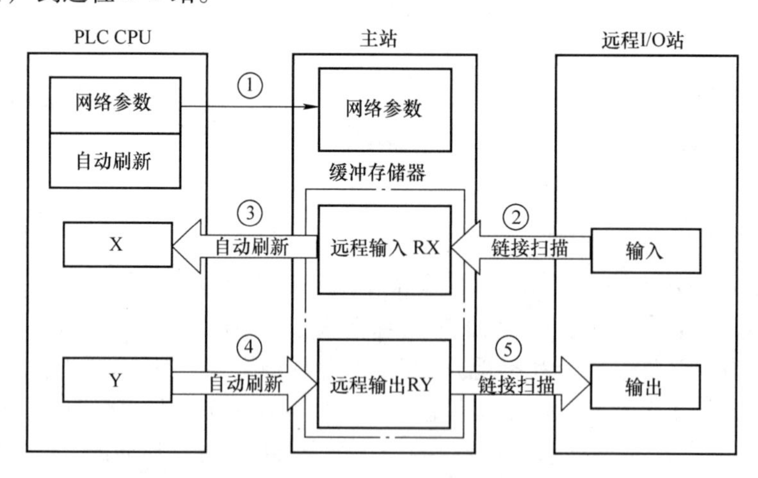

图 5-10　主站和远程 I/O 站的通信过程示意图

2. 主站和远程设备站的通信

当主站和远程设备站通信时，主站和远程设备站交换的信号（初始数据请求标志、出错复位请求标志等）使用远程输入 RX 和远程输出 RY 进行通信；而数字数据（平均处理规格、数字输出值等）使用远程寄存器 RWw 和 RWr 进行通信。

主站和远程设备站的通信过程示意图如图 5-11 所示。

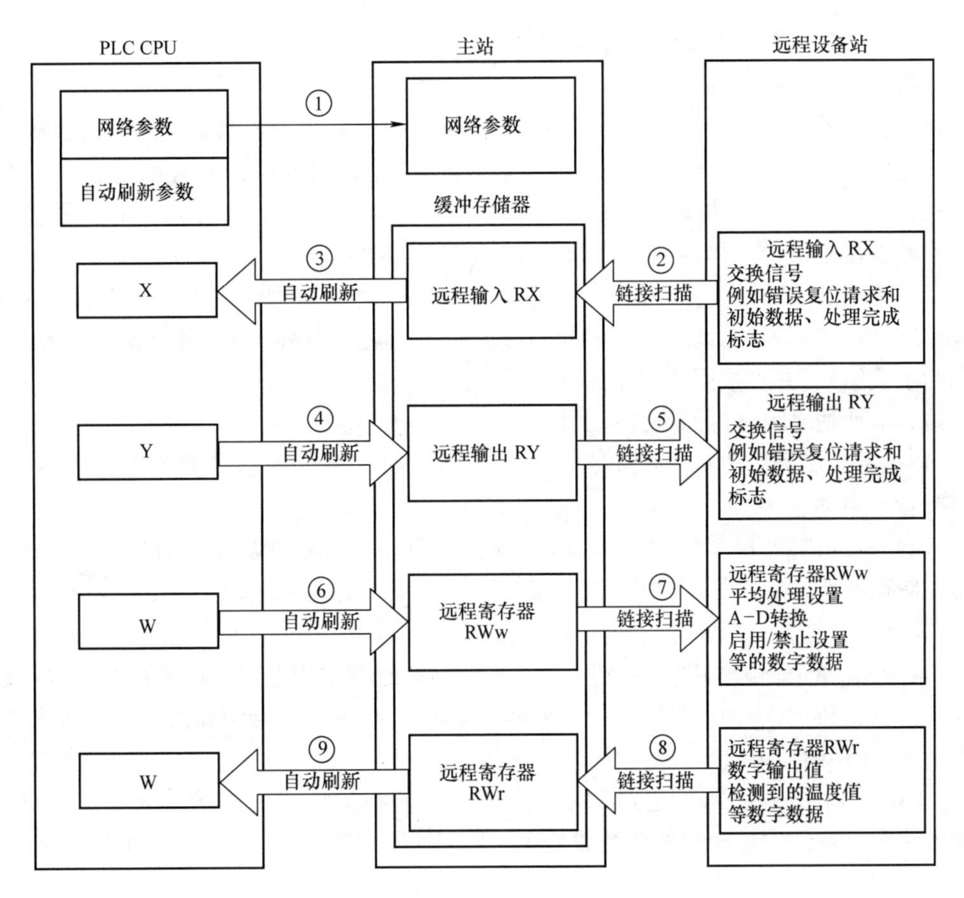

图 5-11　主站和远程设备站的通信过程示意图

① 数据链接启动。PLC 系统电源接通时，PLC CPU 中的网络参数传送到主站，CC - Link 系统自动启动。

② 远程输入状态读取。远程设备站的远程输入状态自动存储（每次链接扫描时）在主站的“远程输入 RX”缓冲存储器中。

③ 远程开关信号输入。主站的“远程输入 RX”缓冲存储器中存储的输入状态存储到用自动刷新 PLC CPU 软元件中。

④ 远程开关信号输出。用自动刷新 PLC CPU 软元件开/关数据存储到主站的“远程输出 RY”缓冲存储器中。

⑤ 开关信号输出送至远程设备站。根据主站的“远程输出 RY”缓冲存储器中存储的输出状态，远程输出 RY 且自动设定开/关状态（每次链接扫描时）。

⑥ 数据远程输出。用自动刷新参数设置 PLC CPU 软元件的传送数据存储到主站的“远程寄存器 RWw”缓冲存储器中。

⑦ 数据输出送至远程设备站。主站的“远程寄存器 RWw”缓冲存储器中存储数据自动送到远程设备站的远程寄存器 RWw 中。

⑧ 数据读入主站。远程设备站的远程寄存器 RWr 的数据自动存储到主站的“远程寄存器 RWr”缓冲存储器中。

⑨ 数据送到 PLC CPU 软元件中。主站的“远程寄存器 RWr”缓冲存储器中的数据存储

到用自动刷新参数设置的 PLC CPU 软元件中。

3. 主站和本地站的通信

工业控制中需要实现控制站与控制站之间的通信，或者上层控制站与下层控制站之间的通信。三菱公司 CC - Link 通信总线同样可以适用于三菱公司各种 PLC 之间的通信。通过编制程序，实现主站 PLC 与本地站 PLC 之间的通信。一个本地站可以占用 1 ~4 个站地址，每个站地址可以占用 32 位开关量信号与 4 个 16 位寄存器数据。

主站和本地站之间通过循环传送通信，PLC CPU 之间的数据通信可以使用远程输入 RX 和远程输出 RY（本地站系统中使用的位数据）以及远程寄存器 RWw 和 RWr（本地站系统中使用的字数据），并且按照 *N*: *N* 的模式进行通信。

主站和本地站之间进行循环传送通信的主要过程如下：

1）数据链接启动。PLC 系统电源接通时，PLC CPU 中的网络参数传送到主站，CC - Link 系统自动启动。

2）CPU 软元件的开/关量数据送到本地站。用自动刷新参数设置的 CPU 软元件的开/关量数据存储在本地站的“远程输出 RY”缓冲存储器中。此远程输出 RY 用作本地站的输出数据。

3）本地站“远程输出 RY”送到主站。本地站“远程输出 RY”缓冲存储器中的数据自动存储（每次链接扫描时）到主站的“远程输入 RX”缓冲存储器中和其他本地站的“远程输出 RY”缓冲存储器中。

4）主站“远程输入 RX”送到 CPU 软元件。存储在主站“远程输入 RX”缓冲存储器中的输入状态存储到用自动刷新参数设定的 CPU 软元件中。远程输入 RX 用作主站系统的输入数据。

5）本地站“远程输出 RY”送到 CPU 软元件。存储在本地站“远程输出 RY”缓冲存储器中的输入状态存储到用自动刷新参数设定的 CPU 软元件中。

6）CPU 软元件的开/关量数据送到主站。用自动刷新参数设置的 CPU 软元件的开/关量数据存储到主站的“远程输出 RY”缓冲存储器中。

7）主站送到本地站的开/关数据。主站“远程输出 RY”缓冲存储器中的数据自动存储到本地站的“远程输入 RX”缓冲存储器中。

8）本地站的“远程输入 RX”送到 CPU 软元件。存储在本地站“远程输入 RX”缓冲存储器中的输入状态存储到用自动刷新参数设定的 CPU 软元件中。

9）CPU 软元件的字数据存储到本地站。用自动刷新参数设置的 CPU 软元件的字数据存储到本地站的“远程寄存器 RWr”缓冲存储器中。但是，数据仅存储在与自己站号相对应的区域。

10）本地站的“远程寄存器 RWr”送到主站。本地站“远程寄存器 RWr”缓冲存储器中的数据自动存储（每次链接扫描时）到主站的“远程寄存器 RWr”和其他本地站的“远程寄存器 RWr”中。

11）主站的“远程寄存器 RWr”送到 CPU 软元件。主站的“远程寄存器 RWr”缓冲存储器中的字数据存储到用自动刷新参数设定的 CPU 软元件中。

12）本地站的“远程寄存器 RWr”送到 CPU 软元件。本地站的“远程寄存器 RWr”缓冲存储器中的字数据存储到用自动刷新参数设定的 CPU 软元件中。

13）CPU 软元件字数据送到主站：由自动刷新参数设定的 CPU 软元件字数据存储到主站的“远程寄存器 RWw”缓冲存储器中。

14）主站的“远程寄存器 RWw”中的数据送到本地站：主站的“远程寄存器 RWw”中的数据（每次链接扫描时）自动存储到所有本地站的“远程寄存器 RWw”缓冲存储器中。远程寄存器 RWw 用作本地站系统中读取的字数据。

15）本地站的“远程寄存器 RWw”中的字数据送到 CPU 软元件：本地站的缓冲存储器“远程寄存器 RWw”中的字数据存储到用自动刷新参数设置的 CPU 软元件中。

4. 主站和智能设备站的通信

主站和智能设备站之间的交换信号（定位开始、定位完成等）使用远程输入 RX 和远程输出 RY 进行通信；数字数据（定位开始数、当前进给值等）使用远程寄存器 RWw 和远程寄存器 RWr 进行通信。主站与智能设备站之间进行循环传送通信的主要过程如下。

1）数据链接启动。PLC 系统电源接通时，PLC CPU 中的网络参数传送到主站，CC - Link 系统自动启动。

2）智能设备站的“远程输入 RX”送到主站。智能设备站的“远程输入 RX”（每次链接扫描时）自动存储到主站的“远程输入 RX”缓冲存储器中。

3）主站的“远程输入 RX”送到 CPU 软元件。主站的“远程输入 RX”缓冲存储器中的输入状态存储到用自动刷新参数设定的 CPU 软元件中。

4）CPU 软元件的位数据送到主站。用自动刷新参数设定的 CPU 软元件的开/关状态存储到主站的“远程输出 RY”缓冲存储器中。

5）主站的“远程输出 RY”送到智能设备站。智能设备站的“远程输出 RY”是由主站的“远程输出 RY”缓冲存储器中存储的输出状态设定的（每次链接扫描时）。

6）CPU 软元件的字数据传送到主站。用自动刷新参数设定的 CPU 软元件的字数据传送到主站的“远程寄存器 RWw”缓冲存储器中。

7）主站的“远程寄存器 RWw”送到智能设备站。主站的“远程寄存器 RWw”缓冲存储器中的数据自动发送到智能设备站的“远程寄存器 RWw”中。

8）智能设备站的“远程寄存器 RWr”送到主站。智能设备站的“远程寄存器 RWr”中的数据自动存储到主站的“远程寄存器 RWr”缓冲存储器中。

9）主站的“远程寄存器 RWr”中的数据送到 CPU 软元件。主站的“远程寄存器 RWr”中的数据存储到用自动刷新参数设定的 CPU 软元件中。

5. 网络模块 QJ61BT11 专用指令

网络模块 QJ61BT11 有周期通信功能和瞬时通信功能两种。周期通信功能是指主站、远程 I/O 站、远程设备站、智能设备站和本地站之间的链接软元件 RX/RY/RWr/RWw 使用的通信功能；而瞬时通信功能是指通过 CC - Link 专用指令进行数据传送或者通过主站、智能设备、本地站之间的 GX Developer 编程软件读写程序的通信功能。网络模块 QJ61BT11 瞬时通信的专用指令见表 5-11。其中，主站和本地站之间、主站和智能设备之间通过瞬时传送进行通信，是以任意时刻指定对方，并按 1∶1 模式发送和接收数据，通过执行 RIRD 与 RIWT 指令进行数据的读写操作。

1）使用 RIWT 指令把主站的数据写入本地站的缓冲存储器中，具体操作过程如下：

① 将要写入本地站的数据存储在主站模块的发送缓冲区中。

② 把主站的数据写入本地站的缓冲存储器中。

③ 本地站向主站回送一个写入完成的信号。

④ 接通由 RIWT 指令所指定的软元件。

2）使用 RIRD 指令从本地站的缓冲存储器中读取数据，具体操作过程如下：

① 访问本地站缓冲存储器中的数据。

② 把读取的数据存储到主站的接收缓冲区中。

③ 将数据存入 RIRD 指令所指定的软元件中。

表 5-11　网络模块 QJ61BT11 瞬时通信的专用指令

指令	目标站	指令功能
RIRD	主站 本地站	从目标站的缓冲存储器或目标站的 CPU 软元件读取数据
RIWT		把数据写入目标站的缓冲存储器或目标站的 CPU 软元件
RIRD	智能设备站	从目标站的缓冲存储器读取数据
RIWT		把数据写入目标站的缓冲存储器
RIRCV		自动进行信号交换，从目标站的缓冲存储器读取数据
RISEND		自动进行信号交换，将数据写入目标站的缓冲存储器
RIFR		读取目标站的自动更新缓冲存储器的内容
RITO		把数据写入目标站的自动更新缓冲存储器
RLPASET	主站	为主站设置网络参数并起动数据链接

3）使用 RIWT 指令把主站的数据 R 写入智能设备站的缓冲存储器中，具体操作过程如下：

① 将要写入智能设备站缓冲存储器中的数据存储在主站模块的发送缓冲存储器中。

② 将数据写入智能设备站的缓冲存储器中。

③ 智能设备站向主站回送一个写入完成信号。

④ 接通由 RIWT 指令所指定的软元件。

4）使用 RIRD 指令从智能设备站的缓冲存储器中读取数据，具体操作过程如下：

① 访问智能设备站缓冲存储器中的数据。

② 把读取的数据存储在主站的接收缓冲区中。

③ 将数据存入 CPU 的软元件存储器中，并且接通由 RIRD 指令指定的软元件。

工作任务重点

1）完成硬件选择与接线。

2）进行相关参数设置。

3）完成控制程序设计与调试工作。

5.3.3　CC－Link 应用实例

CC－Link 进行数据通信时，在完成硬件连接后还要进行参数设置。参数设置是在 GX Developer 软件环境中进行的，它根据实际应用系统的具体情况规定了整个系统的连接站数、各种操作模式、通信缓冲区等。下面以主站和本地站之间的通信为例，来介绍 CC－Link 应用方法。

1. 系统硬件连接

两台 Q02HCPU 之间采用 CC - Link 总线进行数据通信，每台 PLC 均通过 QJ61BT11N 模块与 CC - Link 总线相连，其中一台 PLC 为主站，另一台 PLC 为本地站，主站和本地站采用 CC - Link 专用电缆连接，在整个系统的电缆两端连接 2 只 110Ω/0.5W 终端电阻，每只电阻跨接在 DA 线和 DB 线之间，以减少终端部分的信号反射，如图 5-12 所示。

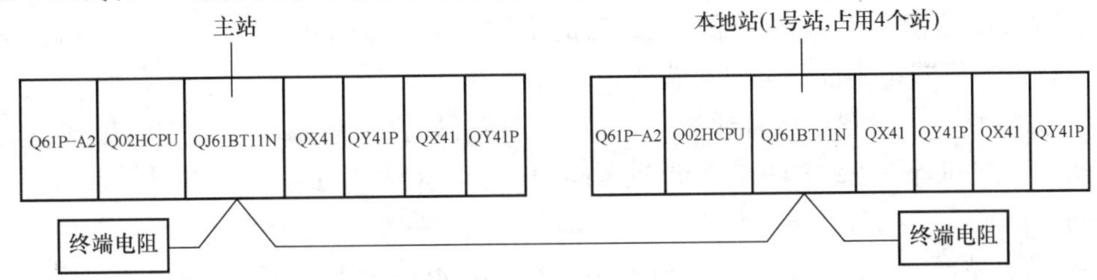

图 5-12　主站与本地站的硬件连接

2. 主站参数设置

在完成主站和本地站连接后，需要对系统中的各个模块的参数进行设置。主站参数设置分为网络参数设置和自动刷新参数设置。

1）网络参数设置：开始使用网络前，需要对模块上的设置开关和相关网络参数进行设置。CC - LINK 网络内所有相连的设备必须采用相同的通信速率，同时每个模块需要设置不同的站号，站号 0 默认为主站。在主站的 QJ61BT11N 模块上进行站号开关和模式开关的设置工作。站号开关设置为 00，为主站站号；模式开关设置为 0，选择传送速率 156kbit/s 和在线通信工作模式。

① 起始 I/O 号设置。在 GX Developer 中选择对主站的 CC - LINK 参数进行设置。运行 GX Developer 软件后，创建一个新工程，正确选择 PLC 型号。在“工程”框中，选择“参数”⟶“网络参数”⟶“CC - Link”，进入设置对话框如图 5-13 所示。模块数：选择 1；起始 I/O 号：输入 0000。

模块数 1 块　空白:未设置

	1	2	3	4
起始I/O号	0000			
动作设置	操作设置			
类型	主站			
数据链接类型	主站CPU参数自动启动			
模式设置	远程网络Ver.1模式			
总连接个数	1			
远程输入(RX)刷新软元件	X1000			
远程输出(RY)刷新软元件	Y1000			
远程寄存器(RWr)刷新软元件	D1000			
远程寄存器(RWw)刷新软元件	D2000			
Ver.2远程输入(RX)刷新软元件				
Ver.2远程输出(RY)刷新软元件				
Ver.2远程寄存器(RWr)刷新软元件				
Ver.2远程寄存器(RWw)刷新软元件				
特殊继电器(SB)刷新软元件	SB0			
特殊寄存器(SW)刷新软元件	SW0			
重试次数	3			
自动恢复个数	1			
待机主站号				
CPU宕机指定	停止			
扫描模式指定	异步			
延迟时间设置	0			
站信息设置	站信息			
远程设备站初始设置	初始设置			
中断设置	中断设置			

图 5-13　主站网络参数设置对话框

② 操作设置。单击“操作设置”，可以选择保留输入数据或强制清除，这里设置为强制清除（CPU 停止时的设置）。

③ 类型设置。设置站的类型，包括主站、主站（对应于冗余功能）、本地站、备用主站，这里根据系统要求设置为主站。

④ 总连接个数设置。设置整个系统连接的从站的数目，设置范围为 1 ~ 64（默认值为 64），这里设置为 1。

⑤ 重试次数设置。设置发生通信错误时的重试次数，设置范围为 1 ~ 7（默认值为 3）。在远程 I/O 网络模式下不能对其进行设置。

⑥ 自动恢复个数设置。设置通过一次链接扫描可以恢复到系统运行中的远程站、本地站、智能设备站和备用主站的总数，设置范围为 1 ~ 10（默认值为 1），这里设置为 1。在远程 I/O 网络模式下不能对其进行设置。

⑦ 待机主站号设置。设置备用主机的站号，设置范围为 1 ~ 64、空白（默认值为空白，未指定备用主机）。这里设置为空白。

⑧ CPU 宕机（DOWN）指定。指定主站 PLC CPU 发生错误时的数据链接状态，设置范围为停止、继续（默认值为停止），这里设置为停止。

⑨ 扫描模式指定。指定顺控扫描是同步模式还是异步模式，设置范围为同步、异步（默认值为异步），这里设置为异步。

2）自动刷新参数设置：设置主站与本地站刷新的软元件缓冲区范围。这里的设置如图 5-13 所示。“远程输入（RX）刷新软元件”设置为 X1000；“远程输出（RY）刷新软元件”设置为 Y1000；“远程寄存器（RWr）刷新软元件”设置为 D1000；“远程寄存器（RWw）刷新软元件”设置为 D2000；“特殊继电器（SB）刷新软元件”设置为 SB0；“特殊寄存器（SW）刷新软元件”设置为 SW0。注意，这里设置的特殊继电器和特殊寄存器的范围没有与其他网络中的软元件地址重复。

通信时，主站与本地站相互刷新各自的软元件缓冲区，即对于站号为 1 的主站，可以控制其输出 Y1000。在主站侧读取此信号时，信号为 X1000。同样，对于本地站，也可以控制其输出 Y1000。在本地站侧读取此信号时，信号为 X1000。主站和本地站的这两个信号不是一个信号。同理，字软元件的读取也是如此。

3. 本地站参数设置

本地站的参数设置也分为网络参数设置和自动刷新参数设置。在本地站的 QJ61BT11 模块上进行站号开关和模式开关的设置工作。站号开关设置为 01，为本地站站号；模式开关设置为 0，选择传送速率 156kbit/s 和在线通信工作模式。设置模块数为 1；起始 I/O 号为 0；操作设置、模式设置和主站设置相同；类型为本地站；本地站的总连接个数、重试次数、自动恢复个数、待机主站号、CPU 宕机（DOWN）指定、扫描模式指定等项都不能设置。而本地站的网络参数和主站的网络参数设置相同。

4. 主站和本地站的软元件映射关系

根据主站和本地站的自动刷新参数设置和实际系统的配置，可以得到 PLC CPU 的软元件和主站及本地站的远程输入/远程输出、远程寄存器之间的映射关系，如图 5-14 和图5-15 所示。

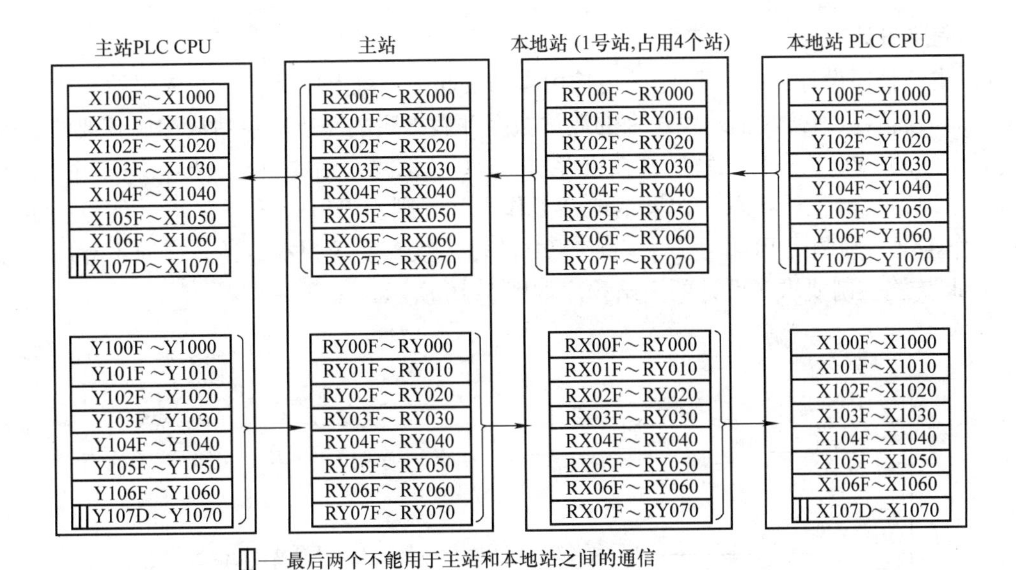

图 5-14　PLC CPU 软元件和主站及本地站的远程输入/远程输出之间的关系

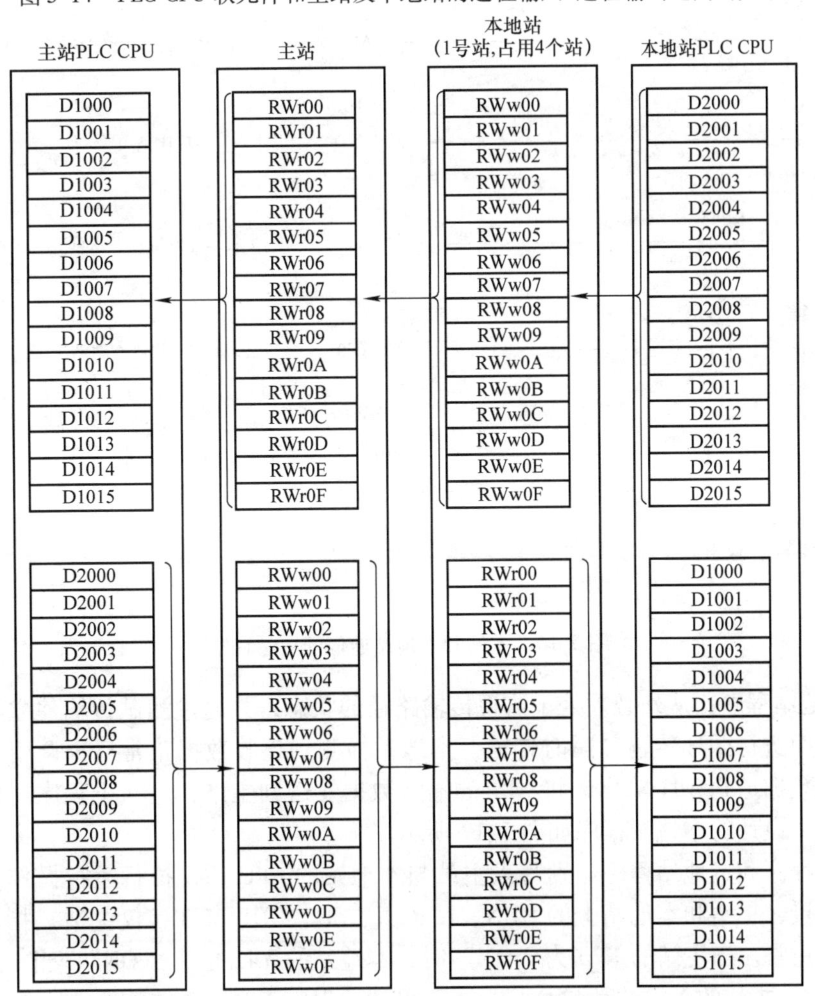

图 5-15　PLC CPU 软元件和主站及本地站的远程寄存器之间的关系

5. 程序设计

1）主站程序设计：CC－Link 的传输由主站发起，系统上电后，主站依照站号依次进行测试轮询，然后从站接收主站发送来的测试数据并做出测试回送。主站从存放其他站链接信息（各个站的 CPU 状态）的特殊链接寄存器 SW80 读取每个站的数据链接状态，并且判断 1 号站（本地站）的工作状态。如果本地站工作异常，则由 Y50 输出异常指示信号；如果本地站工作正常，则调用 P1 子程序，并将 X20 的输入状态发送到本地站，返回主程序。按照 CC－Link 传输控制要求，设计的主站程序如图 5-16 所示。

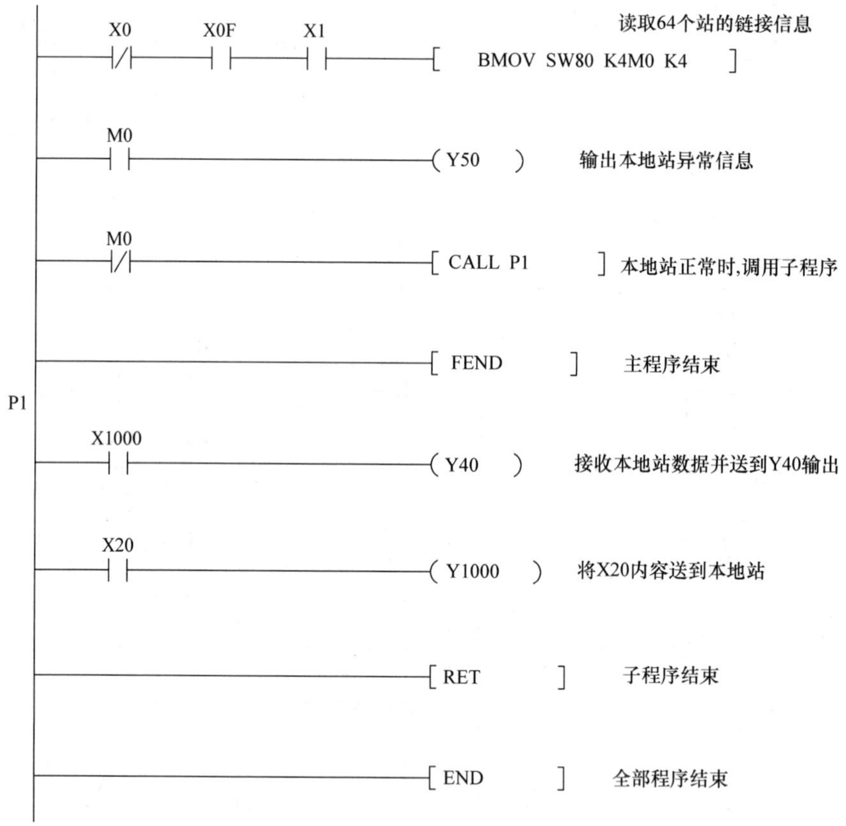

```
     X0     X0F    X1                       读取64个站的链接信息
|---|/|----| |----| |--------[ BMOV SW80 K4M0 K4 ]

     M0
|---| |----------------------( Y50 )        输出本地站异常信息

     M0
|---|/|----------------------[ CALL P1 ]    本地站正常时,调用子程序

|----------------------------[ FEND ]       主程序结束
P1
     X1000
|---| |----------------------( Y40 )        接收本地站数据并送到Y40输出

     X20
|---| |----------------------( Y1000 )      将X20内容送到本地站

|----------------------------[ RET ]        子程序结束

|----------------------------[ END ]        全部程序结束
```

图 5-16 主站和本地站通信的主站程序

2）本地站程序：从站必须处于监视传输路径的状态，并通过测试传输建立与网络的数据链接，进而进行循环传输和瞬时传输。本地站检测到接收数据正常后，调用 P2 子程序，将接收到的数据送到 Y41 输出，将 X21 的输入数据发送到主站，返回主程序。根据本地站的控制要求，设计的本地站程序如图 5-17 所示。

将主站程序和本地站程序分别写入主站与本地站的 CPU 后，执行运行操作，系统进行正常数据链接，主站和本地站上的 RUN、L. RUN、SD、RD、MST（仅主站）指示灯亮，表明系统通信正常。当主站的 X20 为“ON”时，本地站的 Y41 也为“ON”；当本地站的 X21 为“ON”时，主站的 Y40 也为“ON”，表明设计的程序正确，系统数据链接正常。

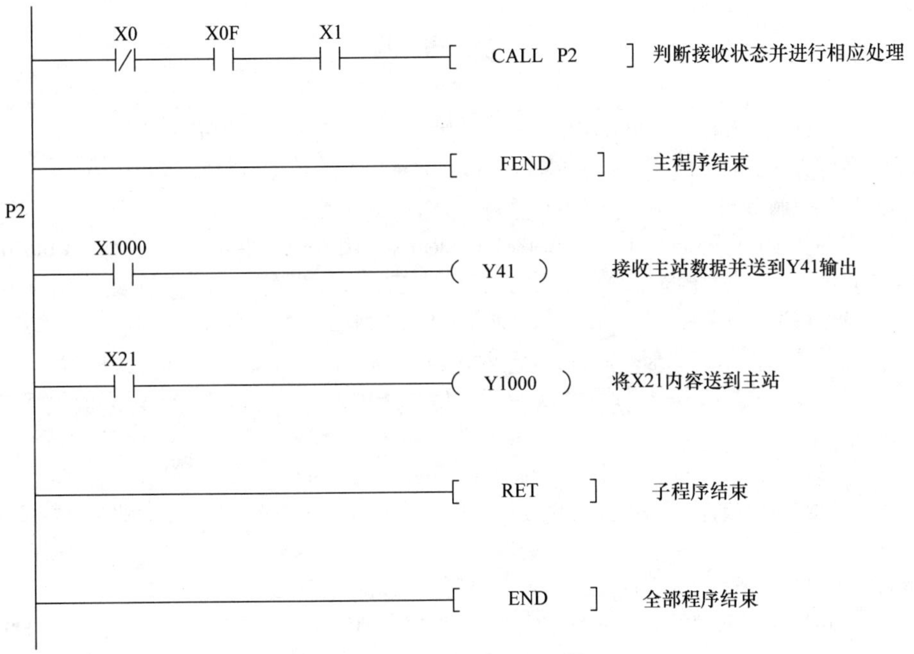

图 5-17　主站和本地站通信的本地站程序

复习思考题

1. 串行通信有哪些主要特点？PLC 有哪些串行通信接口？
2. RS－485 串行通信接口为何成为工业应用中数据传输的首选标准？
3. PLC 通信网络中有哪些常用传输介质？
4. PLC 控制系统的通信协议有哪些？各有何特点？
5. Q 系列 PLC 组成的网络系统可以分为哪些网络层次？
6. CC－Link 现场总线网有何特点？
7. 怎样使用 Q00/Q01CPU 的串行口进行串行通信？
8. 通过串行通信模块可以实现哪些功能？
9. 通过串行通信功能的仿真调试可以实现哪些功能？
10. 在 CC－Link 系统中，为什么要在整个系统的电缆两端连接两个终端电阻？
11. 简要分析两台 Q02HCPU 之间采用 CC－Link 总线进行数据通信的过程。

参 考 文 献

[1] 郭艳萍，张海红．电气控制与 PLC 应用［M］．2 版．北京：人民邮电出版社，2013.
[2] 刘守操．可编程序控制器技术与应用［M］．2 版．北京：机械工业出版社，2012.
[3] 阮友德．电气控制与 PLC 实训教程［M］．2 版．北京：人民邮电出版社，2012.
[4] MITSUBISHI. Integrated FA Software GX Works2 Version1 操作手册（公共篇）［Z］．MITSUBISHI，2012.
[5] 满永奎，边春元，赵苏，等．三菱 Q 系列 PLC 原理与应用设计［M］．北京：机械工业出版社，2010.
[6] 李良仁．变频调速技术与应用［M］．2 版．北京：电子工业出版社，2012.
[7] 李建国．基于 PLC 的气动分拣装置控制系统设计［J］．液压与气动，2011（6）：83－85.
[8] 蒋少茵．材料分拣装置的可编程控制系统设计［J］．华侨大学学报（自然科学版），2005，26（4）：442－444.
[9] 张还，李胜多．三菱 FX 系列 PLC 控制系统设计与应用实例［M］．北京：中国电力出版社，2011.
[10] 吕爱华，吴艳花，陶慧，等．电气控制与 PLC 应用技术（三菱系列）［M］．北京：电子工业出版社，2011.
[11] 尹秀妍，王宏玉，等．可编程控制技术应用［M］．北京：电子工业出版社，2010.
[12] 苏家健，顾阳．可编程序控制器应用实训（三菱机型）［M］．北京：电子工业出版社，2009.